Indices, Glossary and Additions & Corrections to BGA I vols. 1-3

Bibliotheca Geographorum Arabicorum

VOLUME I-4

The titles published in this series are listed at *brill.com/bga*

Indices, Glossary and Additions & Corrections to BGA I vols. 1-3

Indices, glossarium et addenda et emendanda ad part I-III

Compiled by M.J. de Goeje (1879)

BRILL

LEIDEN | BOSTON

This volume was originally published in 1879. For historical purposes, the original prelims have been retained.

Cover illustration: 'Mappemonde arabe', Manuscrits orientaux, Arabe 2214, Bibliothèque nationale de France.

ISSN 2214-5737
ISBN 978-90-04-25871-6 (paperback)

This book is printed on acid-free paper.

BIBLIOTHECA GEOGRAPHORUM ARABICORUM.

PARS QUARTA.

CONTINENS

INDICES, GLOSSARIUM ET ADDENDA ET EMENDANDA AD PART. I–III

AUCTORE

M. J. DE GOEJE.

LUGDUNI BATAVORUM.
APUD E. J. BRILL.
1879.

PRAEFATIO.

Pauca sunt quae ad editionem meam geographorum Istakhrî, Ibn Haukal et Mokaddasî praefanda habeo. Anno 1871 in opere *Zeitschrift der deutschen morgenländischen Gesellschaft* (t. XXV, 42—58) egi de quaestione uter, Istakhrî an Balkhî, auctor libri al-Masâlik appellari deberet, et ad hanc veni conclusionem: Balkhîum revera commentarium concinnum ad mappas edidisse, quem Istakhrî adeo auxit, ut eodem fere iure nomine auctoris dignus sit, quo Ibn Haukal, qui Istakhrîi librum basin fecerit sui operis. Eo tempore codicem Constantinopolitanum Mokaddasîi nondum consulere potueram, exceptis capitibus de Khûzistâno et de Perside, quae Belin transscripserat in usum Cl[i]. Barbier de Meynard, quaeque hic qua est liberalitate amice mihi commiserat. In introductione autem huius codicis est locus, quem edidi in annotatione ad p. ٥ meae editionis, et quae magni est ponderis ad illam quaestionem illustrandam. Mokaddasî nempe dicit, se diversis locis vidisse tria operis Masâlik exemplaria, quorum unum in titulo adscribebatur Balkhîo auctori, alterum absque titulo erat, sed habebatur pro opere Ibno 'l-Marzobâni al-Karkhî, tertium secundum titulum auctorem habebat Ibrâhîm ibn Mohammed al-Fârisî, i. e. al-Istakhrî. »Atque hoc, ait, verum est, nam plures viri mihi affirmaverunt, se hunc in hoc libro componendo occupatum vidisse, inter eos Abû Hâmid al-Hamdânî et Abû Naçr al-Harbî". Addit mappas huius libri bonas esse, non vero ubique sine mendis, sed descriptionem non easdem laudes mereri, divisionemque provinciarum desiderari. — Mirum est, in altera Mokaddasîi redactione, quam codex Berolinensis exhibet, Balkhîum appellari auctorem libri Masâlik, sine ullo verbo de Istakhrîo, licet quoque in hac redactione in capitibus de Perside, de Kirmâno et de India Ibrâhîm ibn Mohammed al-Fârisî laudatur. Solutio huius aenigmatis difficillima est, quoniam non liquet utra redactio prior sit. In annotatione ad locum laudatum Mokaddasii iam observavi, me male conclusisse e loco Mokaddasii ۴۷۵, 10 Istakhrîum quoque Karkhîum appellatum fuisse.

In confirmationem eorum quae in disquisitione supra laudata de Istakhrîo auctore libri Masâlik dixi, addendum habeo, quod auctor huius operis narrat p. ۳۱۸ quae ipse in urbe Samarkand viderat, dum Abû Zaid Balkhî, teste Mokaddasîo, nunquam traiecerit Oxum. Observari quoque meretur, quod notitia ex anno 324, itaque duobus annis post mortem Balkhîi, quam in annot. c ad p. ۱۳۹ meae editionis edidi, non tantum in epitome Gothana et in optima versione Persica occurrit, sed quoque in alia epitome operis Masâlik nuper reperta, quae ceterum additamentis caret. Hinc verosimile fit hanc notitiam, quamquam in codd. A et B non exstet, ipsius auctoris operis Masâlik esse.

Epitomen hanc in Aegypto tribus abhinc annis emit Cl. A. von Kremer et qua est nobili liberalitate statim mihi misit. Scripta est anno 589 et magni mihi usus esse potuisset in textu constituendo. Iucundissimum nunc saepe praestitit munus confirmandi lectiones quas receperam. Codex, quod deplorandum, multa damna passus est, quoniam mappae coloratae pleraeque paginis oppositis agglutinatae fuerunt et deinde vi solutae sunt, quo factum est ut et mappa et pagina opposita partim pessum datae sint. Porro compluria folia deperdita sunt. Universe bene est exaratus, sed puncta diacritica saepe desiderantur, praesertim in nominibus propriis. Ipse textus non malus est, sed non a vitiis mendisque vacuus: Ex mea aestimatione epitomator tertiam circiter partem totius operis omisit. Redactio codicis quo usus est, plerumque consentit cum ea quam in epitome Gothana et in excerptis Jacûti cognovimus In Addendis et Emendandis varias lectiones maximi ponderis cum lectore communicavi, quibus addidi ea quae e versionibus Persicis quas demum post textum editum consulere potui, notatu digna visa sunt. Si haec adminicula prius habuissem, fortasse hic illic lectiones epitomes Gothanae, quam C appellavi, et epitomes nuper repertae nunc Leidensis, quam L nuncupavi, praetulissem lectionibus quas ex codice Bononiensi (A) et codice Berolinensi (B) recepi. Non tamen necesse habui, omnes eas varias lectiones codicis L notare quae ad sensum nihil faciunt, praesertim si iam ex uno pluribusve codicibus eas in annotatione memoraveram. Versio Persica quam compendio O designavi est codex East India Office 1026, e quo Ouseley fecit suam versionem Anglicam sub titulo »The Oriental Geography of Ebn Haukal". Compendio F significavi codicem Bodleïanum 373 Ous.

Ut de Istakhrîo, sic quoque de Ibn Haukale nihil reperire potui, nisi quas ipse notitias descriptioni interspersit. Nam Abû Ahmed Ibn Haukal, qui memoratur ab Ibno 'l-Athîr, VIII, ۴۹۹, a nostro cuius konja Abu 'l-Kâsim erat, diversus esse videtur. Itinerarium suum quod se ad calcem libri daturum esse in introductione (p. ٦, ٤) promittit, ad nos non pervenit. Sed cum lectore communicat se anno 331 iuvenili adhuc aetate Bagdâdum reliquisse motus desiderio terras populosque cognoscendi et simul mercatu quaestum faciendi. Ad finem prioris partis sui libri, p. ٢٣٥ seq., dicit se in itineribus semper secum habuisse opera Djaihânîi, Ibn Khordâdbehi et Kodâmae ibn Dja'far. Ad Kodâmae librum praesertim multas fecerat annotationes, mappas quoque nonnullas delineaverat, quum Abû Ishâk al-Fârisîo i. e. al-Istakhrîo incidit. Hic non tantum quae Ibn Haukal fecerat approbavit, sed etiam ei emendandas mandavit quas ipse confecerat mappas, quarumque imprimis mappae Indiae, Aegypti et Maghribi revisione indigebant. Ibn Haukal mandatum suscepit et operis Istakhrîi huius sub nomine novam curavit editionem. Deinde vero consilium cepit ut totum se dederet huic operi, mappas emendaret et textum corrigeret aut suppleret, ubi necesse videretur. Concursus ille cum Istakhrîo probabiliter circa annum 340 obtinuit. Ibn Haukal itinera continuavit nec ante initium anni 367 suo libro conscribendo vacavit (p. ٢٠, 15). Revera hic liber nititur opere Istakhrîi quod plerumque verbotenus recepit, passim paucis adiectis aut relictis. Nonnullis capitibus fere prorsus nova substituit, ut descriptiones Aegypti, Africae, Hispaniae et Mesopotamiae. Duos tantum codices ad meam editionem parandam habui, Leidensem ex archetypo satis bono descriptum, sed a librario adeo imperito, ut non viderit ordinem foliorum turbatum fuisse. Quo ordine codex legendus sit, iam Uylenbroeck in Dissertatione de Ibn Haukale, uno loco excepto, bene praescripsit. Passim corruptus et lacunosus est. Alterum Oxoniensem qui cum Leidensi quoque in vitiis plerumque consentit, sed multo peiore versatur conditione, quum multa folia mutila sint et magna pars libri desideretur. Eo maioris momenti mihi fuit epitome Ibn Haukalis sexto saeculo facta a viro docto qui de suo passim nonnulla adiecit. Hoc compendio usi sunt Makrîzî et Makkarî ubi Ibn Haukal laudant. Bibliotheca Parisiensis bonum eius possidet codicem. Mirum est quod hic orditur dedicatione operis principi Saifoddaulae ibn Hamdân, qui anno 356 obiit, licet dubium non sit, compendium hocce e libro nunc edito anno 367 conscripto esse concinnatum. Unicam quam video solutionem huius rei est admittere nostrum librum fuisse alteram editionem, priorem ab auctore qui Mosulensis itaque civis principatus Hamdânidarum fuit Saifoddaulae dedicatam fuisse, hanc autem dedicationem in nonnullis exemplaribus alterae editionis conservatam mansisse, licet in ea Hamdânidae vehementer perstringantur. Quamvis multam operam huic textui restituendo navaverim, restant tamen loci quos corruptos esse existimo, verum emendare nequeo. Additamenta ex epitome in prima capita in Addendis et Emendandis inveniet lector, cetera in annotatione ad textum recepi. In mea Istakhrîi editione descriptio Transoxaniae abbreviata legitur quam codices A et B continent. Textum fere integrum Istakhrîi Ibn Haukal in suum opus recepit, quapropter varias lectiones aliorum codicum Istakhrîi ad illius textum dedi, tum in annotatione, tum in Add. et Emend.

Mokaddasî i. e. Hierosolymitanus, quemadmodum de urbe natali appellari solet, itinera exorsus est iuvenili aetate. Anno 356, quum viginti annos natus erat, iam Meccam visitavit (p. ١٠١, 5) Non vero ante exactum annum quadragesimum aetatis, anno 375, opus edidit, ut ipse in introductione narrat (p. ٨ seq.). Utraque vero quae ad nos pervenit redactio eius libri paullo recentior est. Nam anno 377 quum Meccae esset, auctor ab Hispano relationem accepit de regionibus Hispaniae (p. ٢٢٣ *i* et ٢٣٥, 16). Principem regnantem familiae Bowaih dicit esse Abu 'l-Fawâris Scharafoddaula (p. ١٣٣, 2 et ٤٥. *b*), qui biennio amplius regnavit, annis 376—379. Jacût, I, ٩٥٣, 10, pro certo affirmat Mokaddasîum opus conscripsisse anno 378. Falsam inde quidem facit conclusionem (vid. ad M ٢٣. *e*), sed res ipsa vera esse videtur. Ad eundem etenim annum nos quoque ducit notitia p. ١٨٩, 2, quae probabiliter scripta est postquam Bakdjûr, dux Hamdânidarum, depositus fuit a khalifa Fatimida al-Azîz (Ibno 'l-Athîr, IX, ١٣ et ٤٠). Sed quod mirum est, de utraque rèdactione hac in re idem valet. Praeproperum itaque tuli iudicium, quum in annotatione ad p. ٥ et ١٤ *e* scripserim codice Constantinopolitano (C) priorem, codice Berolinensi (B) posteriorem editionem contineri. Certam discrepantiam, ut supra dixi, in chronologia nullam inveni. Revera quaestio anceps est, et in utramque partem disputari potest, sive C ex B esse abbreviatam, sive B esse alteram auctam editionem C. Utrum ponatur, manent quaestiones quas dirimere nequeo. Quomodo e. g. casu priore explicari potest, kâdhîum Abu 'l-Hasan Alî ibno 'l-Hasan quem C plus semel nominat et cui tum in introductione (p. ٩٩), tum in carmine ad calcem libri opus suum disertis verbis dedicat, in B bis tantum memorari (p. ٨, 8 et ٣٩٩, 21) sub titulo *al-kâdhî al-mokhtâr* (egregius iudex), nusquam nominari, neque de dedicatione verbum existere, nisi quod dicit auctor se librum suum eius iudicio submisisse? Fere inclinaremur ad statuendum, kâdhîum illum diem iam obiisse quum B edita fuit, aut auctori tunc temporis parvi interfuisse, eum primo collocare loco. Cum his copulandum est, quod loco p. ٩, 2 coll. ann. *c*, ubi C principem Samanidam memorat, in cuius dominio kâdhî ille degebat (cf. p. ٢٩١ *e*), B eius loco habet khalifam Fatimidam al-Azîz billâh. Quum eo tempore imperium Fatimidarum crescendo, Samanidarum diminuendo esset, probabilius est B recentiorem esse, quoniam substitutio Samanidae pro Fatimida non ita facile explicari potest. Eandem forte ob causam locus de origine Fatimidarum, quem C habet p. ٢٤٤ *b*, in B omissus est, dum haec contra p. ٢١٢, 8 seqq. Fatimidas laudibus ornat. Taceo de multis rebus maximi momenti quas B continet et quarum omissio in C admodum mira est, si haec est posterior editio. Contra in C passim verba melius ordinata sunt aut locus omnibus numeris perfectior est, ut in ultimo utriusque partis capite.

Haec quoque editio res notabiles continet quas B non habet. Ut hoc tantum dicam, vix intelligi potest, cur auctor bonum suum iudicium de vero auctore libri **Masâlik**, quod in C cum lectore communicat, in B reticuerit.

Vitam Mokaddasîi apud biographos quos consulere potui frustra quaesivi. Ipse de familia nonnulla refert. Avus paternus Abû Bekr al-Bannâ celeber fuerat architectus, qui in Palaestina multa opera publica exaedificavit (p. ۴۹, 22, ۱۹۳, 2 seqq.). Nobilissimum eius opus, portus urbis Acca, quem iussu Ibn Tùlûni fecit, a nepote in libro describitur. De patre suo Ahmed nihil tradit, sed memorat patruum Abû Alî al-Hasan, a quo de avo nonnullo acceperat (p. ۴۹, 19). Nomen familiae paternae probabiliter erat al-Basschârî. Familia matris oriunda erat ex urbe Biâr, quae in provincia Djordjân, non procul a confinio Khorâsâni iacet. Avus paternus Abu 't-Tayib as-Schawâ inde migraverat Hierosolymas (p. ۳۵۷, 7 seqq.). Erat vir opulentus, architecturae amantissimus (p. ۳۹۷), unde verosimiliter notitia eius cum avo paterno nostri explicanda est. P. ۱۸۸, 4 seqq. auctor historiolam narrat quam ab avunculo Abdollah ibno 's-Schawâ acceperat. Ipse quoque Mokaddasî architecturae non imperitus fuit, ut multi eius operis loci testantur. Bona educatione fruitus erat et non solum in variis disciplinis, praesertim theologo-iuridicis edoctus erat, sed mercatura et operis fabrilibus (p. ۱۰۰, 6 et 10) victum quaeritare poterat. Librum eius opera decessorum, quamvis meritoria, valore longe superare, notum iam est. Non tamen hoc excusat immodicam sui aestimationem quam auctor iterum atque iterum prodit. Facile quoque carere possemus una et altera docta dissertatione, quibus libenter indulget auctor et quibus ipse sibi impense placet, nec sine assensione legimus quae lector scripsit in margine codicis Berolinensis (vid. p. ۳۸۸ *e*), talia futilia esse nec aliae rei inservire quam paginae implendae, quando auctor nihil ad argumentum pertinens habeat. Sermo Mokaddasîi plurimas offert difficultates, imprimis quia verbis non raro utitur in certa regione valentibus, alibi ignotis. Consilium nimirum eius erat, ut ipse exponit p. ۳۲, in descriptione singularum regionum sermonem incolarum imitari, in introductione autem uti sermone suae patriae i. e. Syriae. Quantum potui, difficultates illas in glossario illustrare conatus sum. More solito non tantum omnia recepi quae in lexicis Freytagii et Lanei desiderantur aut explicatione indigent, sed quoque locos nonnullos difficiliores tractavi et composui in usum lectoris locos ubi de certo producto aut de sectariis sermo fit. Quum glossarium conscriberem, sexta ferme pars Supplementi Dozyani typis expressa fuit; summa benevolentia vir amicissimus mihi permisit reliquam partem e suo manuscripto conferre. Sic dum lectorem ad Supplementum relegare potuerim, non pauca tanquam superflua omittere licuit. Vix addere necesse est, praestantissimum illud opus mihi saepe insigni usui fuisse. In praefatiuncula ad textum Mokaddasîi a lectoribus petivi, ut mecum communicare vellent, si quae ad illustrandum emendandumve textum observanda invenirent. Satisfecerunt invitationi imprimis V. V. Cl. Cl. amicissimi von Kremer, Nöldeke, Thorbecke, Rosen, quibus quae debeo in Glossario et Add. et Emend. videre licet.

Indices ut quam utilissimos redderem, quoque recepi nomina in annotatione obvia, formas nominum rariores cet. Falsas si quando in textu inveni lectiones in indices non recepi, et lectorem rogatum velim ut nusquam negligat conferre Add. et Emend. Usus sum compendiis I pro Istakhrî, H pro Ibn Haukal, M pro Mokaddasî.

Bibliothecam geographicam hoc tomo claudere nequaquam consilium est meum. Sed utile visum est, iam nunc edere indices cet. ad haec tria opera. Ut primum alteram seriem inchoabo, cuius fortasse primum opus erit compendium Ibno 'l-Fakîhi, cuius editionem parat amicissimus Loth. Momenti huius rei gratia rogo omnes qui libros geographicos noverunt, quorum editio optabilis est, ut me consilio suo et imprimis manuscriptis apographisque adiuvent.

L. B. mense Iulio 1879. M. J. DE GOEJE.

INDEX GEOGRAPHICUS.

INDEX HISTORICUS.

GLOSSARIUM.

آرَنْج. ثياب آرنج, M ٣٢٥, *b*, sive simpliciter آرنج, Thaâlibî, *Latâif*, ١٢٩, 7, appellantur panni certi in Khowârizm fabricati colorati. Nomen enim a Persico آرنك *color* habere videntur.

آفْرُوشَةٌ, placentae genus celeberrimum, e farina, butyro et melle paratum in provincia Djordjân, M ٣٥٦, 14, ٣٧., 2 seqq. Vid. porro Vullers, Lagarde, *Ges. Abh.*, 211 et Levi, *Neuhebr. u. Chald. Wörterb.* sub אברושך et ברושא.

آكران s. اكران, M ٣٥٨, 3, est epitheton aquae pessimae. Videtur esse vocabulum Persicum compositum ex آك s. اك *noxa* et ران a verbo راندن *proferre*. Libenter legerem كران (كُران) *gravis* (= ثقيل), sed lectio cum ا est in utroque Codice.

آئِينٌ, vocabulum Persicum, occurrit apud H ٧٨, 10 significatione *lex*. Male ibi edidi بابانين et correxi بافانين. Khafâdjî ١٨ vertit recte per عادة. M saepe eo utitur sensu *splendor*, *decus*, de urbe, ut opponatur obscuritati (خمول) pagi, ٧١, 3, ١٧٦, 17, ٣٥٧, 10, ۴.٢, 18, ۴٣٢, 3, de incolis ٢٨٥, 1, ٢٩۴, 18, ٣.۴, 13, ٣٩., 16, de moribus ٣١٥, 2 آئين رسوم, cf. ۴٩۴, 4 واحسنها رسمًا وآئينًا.

ابر. المأبورى, species dactylorum in provincia Basra, M ١٣. *p*.

الأبْراهيمىّ appellatur M ١٣. *p* species dactylorum in provincia Basra. Codex ibi habet الابرهيم, sed emendationem probant tum lexica Arabica (تمر اسود, Freytag sub برة male »fructus niger"), tum locus in opusculo حكاية ابى القاسم البغدادى, Cod. Mus. Britt. Add. 19,913, f. 41 r., quem locum ut alios ex eodem libro debeo amicissimo V. Rosen. Enumerat auctor fructus qui in mensa Ispohanensium frustra quaeruntur, et post alia haec dicit: ولا بسر ماء سكر ينفثّ فى الفم كانه الفانيذ الخزاينى بسرة منه خير من نخلة وشمراخ خير من قراح ولا السكر ولا الجيسوان (Cod. s. p.) ولا الطبرزد ولا الازاد والقرش (والقرشة .s) والخاستوى والمشمس والعبدسى والجركان والعروسى والهلباث (sic) والحمران والهيرون والباذنجان والماديان ولا المشان والصعترى والمعقلى والبسر مطبوخ (المطبوخ .l) ولا التمر المصنّع الابرهيمى والصرفان والبرنى ولا الملغف ولا الصبحانى والعمرى والقرشى ولا البدالى ولا البرنيا (sic) والازاد العلك اللزج الذى كانه القند او شهد مقمع بالعقيق انما ارى ساف امرود وبهمرود (Cod. s. p.) ونارمرود (Cod. s. p.) وسلم رود قد اوجعنى والله الرود مما اكل (sic) البهمرود.

ابروط M ١٨٨, 7 videtur ortum ex אברוטי ἁβροτης, *venustas*. Sophocles in Lexico habet ἁβροδιαιτα »luxurious living". De *abrotono*, Arab. قيصوم, cogitari nequit, tum quia nusquam hoc modo decurtatum occurrit nomen, tum quia haec planta nequaquam rara aut pretiosa est.

ابض. الاِبَاضيّة, sectarii in Africa interdum potentissimi, H ٢٨, 11, ٦٨, 2 seqq., ٦٩, 2, M ٣٧, 8.

ابى. In Djânât, loco provinciae Istakhr, vestimenta bombycina tenuia pulchra fabricabantur, quorum nomen الابابى sine punctis diacriticis scribitur in Codd. Istakhrîi, p. ١٥٥ ult. Fortasse pronuntiandum est الأَبانىّ de oppido Abân in Rûdhân. In hac enim regione bellae vestes conficiebantur, teste M ٤٤٣, 7. Sed probare nequeo locum ad hanc regionem pertinere. Neque orthographia nominis certa est. Cod. L locum appellat خانات et vestimenta الخانات.

ابو قَلَمُون secundum M ٢٤٠, 16 est nomen conchylii, proferentis lanam maritimam (صوف البحر) quae dicitur. Vid. Dozy, *Supplément aux Dictionnaires Arabes*, in v.

ابى V c. عن r., ut syn. امتنع, *noluit*, M ٧٥, 6.

اتى I *fecit*, opp. وذر *reliquit*, H ٥٧, 10, Ibno 'l-Athîr, I, ١٣٣, 4 a f.; — significatione *evasit*, quam e Zam. dedit Lane, H ٢٩٣ ult., ubi I جرى. Vid. Gloss. Edrîsî; — أُتِىَ sensu obscoeno H ١٠٣, 10. Vid. Dozy; — اتى على ذكره, *commemoravit*, I ١٢, 14, H ١٩ ult.

اثر. أَثَرٌ, *patrimonium*, H ٥, 14 لاستيفآء الرزق والاثر »lucri et patrimonii tuendi causa". Cf. Dozy. — آثارات, pl. pl. ab أَثَرٌ, s. آثارات, pl. ab آثارة, *monumenta*, M ٨٢, 11, ١٣٠, 4, ٢٥٤, 7. — أَثِيرٌ, panis quali in Tabaristân utuntur, M ٣٥٩, 11, ٣٦١, 6. Est Graecum ἀθάρα s. ἀθήρα, Syr. ܐܬܝܪܐ, vid. Payne Smith.

اثم. أَثَامٌ trop. *vinum*, M ٤١٠, 5, ut إِثْمٌ, quod hoc sensu habet Lane et cuius duo exempla dat Ibn Dihja in *Tanbîh al-baçâir* Cod. 581 (1) in v. Hinc أَثِيمٌ est *ebrius*, Agh. X, ١١٩, 12 يميد كما ماد الاثيم من السكر.

اجص. إِجَّاصٌ s. إِنْجَاصٌ v. Dozy. Commemorantur ab M duae species nobiles prunorum العبرى ٧, 3 et ٤٤٣, 8 et الكافورى ١٨١, 8. Illa crescit in Schirâz, haec in Palaestina. كافورى quoque est epitheton mali Armeniaci, *Alif Laila*, III, ٢٥٤, 6 a f. لوزى وكافورى والمشمش.

اجن. مأجن, *cisterna*, pl. مَواجِن, H ٢٥, 14, ٤٤, 7, ٤٥, 14, ٤٧, 19 cet., et مواجين, M ٢٢٥, 7—12, ubi Cod. B مواجير, quae lectio, nisi de Kairawân sermo esset, recipienda videri posset, tanquam pl. a ماجور, vid. Dozy, coll. Samhûdî, *Hist. Medinae*, ١٧٢, 3 a f. مواجير للماء. Forma ماجن pro ماجل quoque in Arabia non incognita est, nam de piscina una e portis Meccanis appellatur باب الماجن, *Chron. Mekk.*, II, ١١٩ ult. seqq., ١٣٠, 6 a f. seq. Magnus ماجل Kairawâni potius piscina, quam cisterna appellandus est, vid. Jacût, IV, ٣٧٩, 11 seqq et Bekrî, ٢٦.

اختمى vid. sub ختم.

اخذ I, *occupavit*, I ١١٣, 7 de territorio tribus, quod trium provinciarum partem occupat. — Verba اذا اخذوا, M ١٧٣, 2, significant »si accipere velint", fere pro اذا احبّوا اخذه.

ادب. مُتَوَدِّب, *discipulus*, M ٤٣, 16. Lectio non certa est.

اذى. أَذَايَةٌ, pl. اذايات, *noxa*, *insalubritas*, M ٢٠٢, 3, Ibn Batûta, IV, 329. Vid. porro Dozy.

ارب II, *obliquum cursum habuit*, I ٤٨ ult., Dozy. Exemplum hocce addendum habeo. Cod. Leid. 92 (Catal. III, p. 291), f. 25 v.: واذا اربت

ان تَضْرِبَ عنق رَجُلٍ فاقِمْه بين يَدَيْكَ مَكْتُوفًا وأَحْنِ ظَهْرَهُ شيئًا واجْعَلْ وجْهه الى الارض واضرِبْ على النُّقْرَة مع مفْصَلِ القحْفِ واجْذِبِ السيفَ مُوَرَّبًا اليك مَعَ الضَرْبَة.

أَرْبِيَان, qui inter pisces Tigridis enumeratur M ١٣٠ *p*, est *cancer* s. *locusta marina.* Vid. Dozy. In mensa divitum non apparet. Vid. locum Mowasschae in Gloss. Moslim sub ملح et *Mafâtîh al-Olûm* f. 51 v. الحلزون والاربيان والصدف من حيوان البحر ياكلها الملّاحون والغوّاصون.

ارز. أَرُزَّة, n. un. ab أُرُزّ, *granum oryzae*, M ٤١٧, 13.

أَرْزَن M ٤٤٣, 14 non videtur esse Persicum vocabulum pro Arab. دخنة *milium*, sed Persicum ارژن, species amygdali montani, cuius lignum pretiosissimum est. Noti sunt العصىّ الارزن (الارزنية), baculi ex eo ligno parati, المَقارِعُ الأَرْزَنِيّات in versu apud Arîb, Ms. Gotha, f. 91 r. Vid. Kazwînî, II, ١٤٠ in fine, Jacût, II, ٥٧٦, 8 seqq. Hinc دشت الارزن habet nomen.

ارف. أَرِيف, *accurate terminatus*, epitheton praedii, M ٤٣٢ *o*, ubi corr. اريفة pro اريقة.

ارمن. الأَرْمَنِىّ s. الأَرْمِينِىّ, *pannus Armeniacus* s. *in Armenia textus*, I ٩٤, 5, ١٥٣, 3 a f., ١٨٨, 5, H ٧٩, 1, ١٧٦, 12, ٢١٤, 7, ٢٤٤ ult., ٢٤٩, 14, Jacût, I, ٢٧٢, 18, Aghânî, V, ١٧٣, 12 a f. بيت منجّد بالارمنى ارضه وحيطانه, Mowasschâ Ms. f. 122 v. المطارف المنقوشة الارمنية, Girgas et Rosen, Chrestom., ٤٨, 3 ubi l. وفرش.

أَزاذ s. آزاد, species dactylorum nobilis, M ١٢٨, 16, ١٣٠ *p*, ٤٧٠, 12. Vid. Gloss. Fragm. et Dozy.

الازدهرى, nomen melopeponis, qui in vicinia urbis Marâgha crescit, H ٢٣٩, 1.

ازر VIII, *femoralia* (مئزر, سراويل) *induit*, M ١٠٠, 1, coll. ١٨٣, 16. — إِزار, *antepagmentum parietum*, M ٣٠٢ *d*, et hinc verbum denom. أَزَّر M ٣٥٧, 15. Vid. Dozy. — مِئْزَر eodem sensu quo سراويل, *femoralia* (Dozy: *caleçon*), cum plur. ميازر pro مآزر (ut ابيار Jacût, IV, ٦٩٥, 10 pro آبار), I ٩١, 13, ١٧٧, 6, ٢١٢ *i*, M ١٨١, 3, ٣٢٨ *e*, ٤١٦, 5, ٤٢٩, 10, ٤٤., 18, Jacût, IV, ٩٤, 11 et ٧٧٦, 11, Kazwînî, II, ٢٣٧, 9, ٢٧., 12 a f. Huic vestimento oppositum إزَار est indumentum superne, I ٩١, 13, ١٧٧, 6, M ١.., 1.

اِسْبَرَك e Persico اسپرك »herba flava tingendo inserviens", M ٣٢٤, 11.

اسبول, nomen speciei piscis in Tigride, M ١٣. *p.*

اِسْبيددال, *salix alba*, M ٣٧١, 14. Est Pers. اسپيدار, nam saepius دال pro دار *arbor* ponitur.

اِسْبيذَروى (s. اسبيذروى), *stannum*, M ٣٢٤, 21, ٣٩٦, 2.

أُسْتَاذ, *magister operum*, opp. روزكارى, *operarius*, M ١٢١, 9, ٤٤., 9; — *magister*, titulus eunuchi, ut quoque معلّم *doctor* et شيخ, M ٣١, 7; Khafâdjî, ١٣: والعامّة تقوله بمعنى الخصى لانه يؤدّب الصغار غالبًا. Eodem modo, ut mihi scribit amicissimus Nöldeke, a Syris euphemistice ܡܗܝܡܢܐ *fidus* appellatur et ܒܢ ܒܝܬܐ, נִוְאָה, qui interiorem partem domus (اندرون) curat. Hoc autem nomen propter euphemismum deformatum est e נְוָא quod proprie eunuchum significat.

اسكندروس, M ٩٧, 12, videtur esse forma prava pro سندروس, *sandarax*, orta ex assimilatione populari cum nomine الاسكندروس.

الاسماعيليّة, nomen sectae notae, M ٢٣٨, 8. — الدراهم الاسماعيلية, nomen monetae Transoxaniae, I ٣٢٣, 4, H ٣٧٤, 1.

أُشْتُرْغاز planta cuius radicem condunt et inter delicias habent (cf. Vullers). Optima species provenit e provincia Merw, I ٣٦٣, 2, H ٣١٦, 5, M ٣٢٦, 1. Kazwînî, II, ٣٥., 18 describit *oschtorghâz* in Khowârizm crescentem tanquam plantam spinosam, longis spinis praeditam (طويل الابر), in qua cadit (i. e. e qua exsudat) manna (الترنجبين). Quae de more incolarum narrat, semen melopeponis in ipso huius plantae abscissae radice inseri, confirmat Polak, *Persien*, II, p. 146, qui hanc Astragalum tragakantham appellat et p. 285 docet optimam speciem mannae provenire ex astragalis in vicinia Ispahani.

أُشْمُونى appellatur panni species de nomine urbis Aegyptiaci al-Oschmûnain, ubi primum fabricabatur (I ٥٣, 8, H ١٠٥, 1, Edrîsî ٤٥, 13), deinde quoque alibi, ut Bokhârae, M ٣٢٤, 17.

اصطلك vid. sub صطك.

أَصْل saepius, ut iam observavit Dozy (q. v.), designat ipsam plantam, ipsam arborem, I ١٣٠, 3 اصول تين, Persice درختان انجير (H ٢٠٠ *f*), I ٢٠٠ *l*, ubi Cod. L اصل كرم يحمل, eodemque sensu dimin. اصيلات نخيل I ٢٣٣, 9 (A et L اصلات), ubi H ٢٩٣, 6 tantum habet نخيلات. Vid. quoque M ٤٩٤ *i*; — *opus*, *liber*, M ٣٢, 10, ٢٤١, 9, ٢٨٠ *a*, ٤٧٥, 6; — *urbs primaria*, M ٢٩٨, 7 وهى (جوزجانان) اليوم احد الاصول.

أَطْرَابُلُسِّى, epitheton corii optimae qualitatis, M ٤٤٣, 9.

إِقْلِيم, *regio*, I ٣, 11 seqq., H ٧, 8 seq., M ٩, 6 seqq., Jacût, I, ٣٦, 20 seqq.; — *provincia*, I ٤, 5, ٣٦ paen., H ٩, 13, ٥١, 18; — dialecto vulgari Syriae et Mesopotamiae (بلغة الجرامقة), ut quoque Hispanorum, *ager* urbis, syn. رستاق, M ٢٣٥, 10, Jacût I, ٣٦, 9 seq. In Hispania quoque e$_0$ designant *pagum magnum cum territorio* قرية كبيرة جامعة, Jacût, I, ٣٦, 23, ٣٥٥, 21. Hamza apud Jacût, I, ٢٧, 2 docet: »quando Hispanus dicit: ego ex hoc illove climate sum, vult certum oppidum pagumve". Cf. quoque Dozy.

اكر. اكارة, abstr. pro concr., *arva*, H ٨١, 3.

اكل. Observa phrasin M ٣١١, 4 لستُ ممّن ياكل بعلمه غيفه, quae vertenda videtur: »non sum ex iis qui scientiâ suâ panem suum comedunt, i. e. vivunt, quaestum faciunt", ut dicitur منى تاكل خبزك بلحوم الناس (Thaâlibî in Chrestom. ad Roordae Gramm. 2dae ed., p. ٢٣, 2). — أُكْلَة, *malleus*, M ٣١, 9, ubi edidi آكلة secundum lexica Arabica. At docuit me Nöldeke vocabulum Aramaïcum אַכְלָא pronuntiandum esse, teste dialecto Mandaïca (e. g. *Sidra Rabba*, I, 33, 5). Idem in dubium vocat explicationem lexicographorum Arabicorum per »baculum ferratum" (العصا المحدّدة *Mohît*).

الف II, *apte cecidit lapides, ut arcte coniungi possent unus cum altero*, M ١٥٧, 9, ١٦٥, 11, ١٦٨, 7, ٤٢٥, 6, ٤٤٠, 4. — أَلِيف videtur significare *bene dispositus* apud M ٣١١ *a* الدولة الاليفة, ubi in textu الدولة الشريفة, ٣٦٠, 4 العساكر الاليفة, ۴٣٢, 11 المنازل الاليفة, ubi Cod. C الشريفة.

ام. أُمَّهات المدن, *urbes primariae*, *metropoles*, M ۴, 12, Jacût, III, ٨٣٦, 3 et eodem sensu الامّهات M ٣٠٦, 11, امّهات القرى, *pagi praecipui*, Jacût, III, ٨٢٧, 4, امّهات الكور, *provinciae maximi momenti*, M ٢٩٨, 7, امّهات الانهار *flumina maxima*, M ۴۴٦, 4, امّهات المفاصل, *praecipui artus*, M ۴١ *q*, امّهات المصاحف, *codices summae auctoritatis*, Nöldeke, *Gesch. des Qorâns*, p. 310, امّهات الطيب, *aromata exquisitissima*, Thaâlibî, *Latâif*, ١٢۴, 3 a f. Vid. quoque Dozy. Apud philosophos الامّهات significat *elementa* e. g. Birûnî, ed. Sachau, ١۴ ult. — إمام. Codex Othmâni Medinensis appellabatur الإمام, M ١۴٣ *e*, Baidhâwî, I, ٩, 4 cet., Khafâdjî ٣٣, Nöldeke l. l. p. 235. — أُمَّة, *certus numerus* = عِدَّة, M ۴٨٩, 6 امّة رهائن. Numerus autem horum obsidum erat octoginta, vid. ۴٨٧ *m*.

امن. أَمَانَة, *mutua fides*, H ٢٠, 5: decimarum exactio in portu Adeni non secundum pactum conventum, sive conductionem fit, sed mutua fide. — المُؤْمِنون, *orthodoxi*, M ٣٧, 17. — المأمونيّة, nomen sectae, M ٣٨, 2.

أَنْبَج, fructus Indicus *mango*, I ١٧٣, 11 seq., ١٧٦, 12, H ٢٢٨, 13, M ۴٨٢, 7. Vid. TA sub نبج. Ortum est nomen e Persico أَنْبَه (male Freytag انب) et ab auctoribus serioris aevi عنبا s. عنبه appellatur, e. g. Ibn Batûta II, 185, III, 125 seq., IV, 6, 229, Ibn Baithâr et Antâkî in v. v. Quum hic fructus melle conditus plerumque in Irâkum adveheretur, nomen الأَنْبَجَات de fructibus melle conditis varii generis adhibitum est, ut de malis citreis, myrobalanis cet. (*Mafâtîh al-Olûm* f. 53 v.; cf. Khâfâdjî, ٣٦). Hoc sensu sumendum est I ١٥٣, 6, ubi male secundum Freytag edidi الانْبجات, et Thaâlibî, *Latâif*, ١١٠, 3. In versione Persica loci Ist. redditur per انكبين, cf. Vullers sub انگبينه.

انث. ماءٌ أُنْثَى M ١٢۴, 1, opp. ماءٌ ذَكَر ib. ١٢۴, 9. Constructio est secundum analogiam رجل خنثى. H ١٠٦, 16 seq. eodem sensu habet ماءٌ انيث.

أَنْطُونِيَّة, *sipho*, ei similis qui in Irâko مُرَمَّلَة appellatur, quique Dainawari orificio fontis imponitur, aquae ducendae causa, M ٣٩٤, 4. Nomen, ut Chald. אַנְטַל s. אַנְטִילָא, oriundum est e Graeco ἀντλιον.

انف. أَنِيف, *altus*, de aedificio, M ٣١٠, 14, ٣٦٠, 2, ٤٣٢, 8. Lectio انيقة »amoenus", quam in unoquoque horum locorum unus Codex habet, propter homoioteleuton ferri nequit. Sin minus saltem ٣١٠, 14 et ٣٦٠, 2 praeferenda videri posset, coll. ٨٤, 2.

أَنْفَاق. زيت الانفاق, *oleum omphacinum* (Berggren in Append.), M ١٨١, 3. Ibn Djazla sub زيت habet هو الزيت المعتصر من الزيتون الاخضر, Ibn Baithâr in v. v. هو الزيت المعتصر من الزيتون الفِجّ الذى لم يكمل نضاجه. Vid. porro Dozy.

الأَنْقَلاء s. الأَنْقَلَى, species dactylorum, a Djauharîo et in *Kâmûso* (sub نقل) memorata, crescit ad meridiem maris mortui apud Zo'ar, I ٩٤, 15, H ١٢٤, 6, M ٤٧٠, 12. De origine nominis coniecturam proposuit Movers, *Phoenicier*, III, 1, p. 234.

الاهليّة vocabantur Schâfi'itae in urbe Sarakhs, M ٣٣٦, 11 (Cod. C habet الاهكية).

اوب. رِيحُ الآيِبِ, *ventus vespertinus*, M ١٠٢, 3 (ubi male edidi الآبن, quod non potest probari quia TA sub ابن de die habet: اشتدّ حرّه وغمّه وسكنت ريحه فهو آبن). Dicitur آبن الشمس et hinc ريح مؤوّبة qui vesperâ flat تاتى عند الليل. Secundum alios, qui flat per totum diem تهبّ النهار كلّه (TA).

أُوقِيَّة vid. sub وقى.

اول. آلَاتٌ, *disciplinae* (Dozy), M ٤٦٦, 7, ubi dicitur urbs esse قليلة العلم والآلات. — آلات (آلة) الصيادلة sunt *merces pharmacopolae*, M ٩٧, 10, ٣٩٧, 17, ٤٥٢, 4 et 8.

دُهْنُ بَاذْرَنْك s. دُهْنُ بَاذْرَنْك, *oleum citri*, M ٤٤٣, 2.

بَاذْكُذْا., pl. بادكذارات, *narrator rerum gestarum*, I ١١٨, 3, H ١٨٩, 1 et

Jacût, III, ٧٢٥, 7, ubi pro والبازكارات (var. l. والتذكارات et والباذكارات) leg. والباذكذارات.

البَاذِنْجَانِىّ, species dactylorum in provincia Basrae, M ١٣. *p*. In loco Abu 'l-Kâsimi (v. supra sub الابراهيمى) appellatur الباذنجان.

بَاذْهَنْج, pl. باذهنجات, *ventilator*, M ٢٠٥, 14. Vid. Dozy. Adde Samhûdî, ١٦٩, 3 a f. باذهنج للضوء والهواء. Hodie بادگير appellatur, vid. Polak, *Persien*, I, p. 63, ubi describitur. Khafâdjî, ٤٧ بادكير او بادخون معرب.

بارزة apud M ١٢٨, 10 videtur esse pro بيرزة ut بارزد pro بيرزد (Ibn Djazla in v. et sub قنة) et significare *galbanum*, Arab. قِنَّة. Provenit e Perside, itaque iure locum obtinet inter merces Basrenses. In tabula mercatoria hodierna haec legi: »*Bereize*, Baredché ou Barzed. Gomme Galbanum. Il provient de la plante Ferula Galbaniflua qui croît sur les montagnes de la Perse". Quae confirmantur a Polak, *Persien*, II, p. 281.

بازار, *forum*, in textu Arabico I ٧٦ *k*, Jacût I, ١٨٨, 5, ٤٦٨, 14 (سوق وبازار), ٧٧٩, 11, III, ٧١٠, 5, ٩٠٣, 10 (سوق وقيسارية وبازار), IV, ٤١٨, 8, Ibn Djobair, ٢٤٣.

بازهر apud M ٤٢٠, 10 ipsum hircum montanum (تيس) designat e cuius ventriculo colligitur lapis Bezoar, lapis hirci (حَجَرُ التَّيْسِ). Cf. Vullers sub پازهر.

بأس. De significatione verborum لا بَأْسَ به egit Dozy. Exemplis adde H ٩٣, 9 et 15, ١٥١ annot., l. ult., M ١٢٨, 10, ٤٩٣, 16, Jacût, III, ٩٨, 12. Specialiter de traditionario adhibetur Jacût, II, ١٤٢, 19, ١٥٠, 1, ٩١٥, 13, III, ٤٣٩, 8.

باناط. Bis occurrit vocabulum: M ١٣٨, 13 de cathedrali in urbe Mosul: كله ازاجات من حجارة باناط et ٣١٠, 15 de urbe Merw: الجامعان باناط لا خشب ولا سقيفة. Lectio uno tantum Codice C nititur, nam prior locus in B desideratur, in altero B habet ساباط. De origine nominis nihil, de significatione tantum coniecturam habeo. Nempe videtur eo designari genus marmoris mollis, quod in vicinia Mosulensi reperitur. Ibi sunt, ait Southgate, *Narrative*, II, p. 237 »extensive quarries of marble», of so soft a quality, that it can be cut and hewn like wood. It is brought to the city and used very extensively in building for door-posts, window-sills, arches and pavements, while the layer of rough stone which lies above it in the quarry, furnishes abundant materials for the walls". Locus ٣١., 15 itaque vertendus videtur »cathedrales e lapide *bânât* aedificatae sunt; lignum in constructione non adhibitum est (cf. Polak, *Persien*, II, p. 56, l. 7 seqq.), porticis carent". Haec scripseram quum amicissimus Dozy mihi comparandam proposuit vocem بلنط, quam ipse in Gloss. secundum Abu 'l-Walîd pronuntiandam jussit بَلَنْط (non بَلْنَط ut Freytag e *Kâmûso* habet), recte ut metrum docet in versu Amri ibn Kolthûm, *Moall.* 18. Secundum al-Laith in TA est lapis marmori similis, الا انه دونه فى الهشاشة واللين والرخاوة, quae verba videntur significare, hunc lapidem esse molliorem itaque inferiorem marmore. Haec descriptio in lapidem Mosulanum cadit, sed difficilius est, etiam si pro باناط legimus بلناط, conciliare pronuntiationem huius et vocis بلنط.

باو. بَأْو, *superbia*, *insolentia*, H ٢.٧, 1 et in versu Hâtimi:

فما زادنا بأوًا على ذى قرابة   غنانا ولا أزرى باحسابنا الفقرُ

Lane omisit ut quoque auctor *Mohîti*.

بت. بَتُوتَة, *seorsum*, M ١٨٥ *g*.

بجاذى s. بجادى s. بزادى, lapis pretiosus, hyacintho similis, I ٢٧٩ ult., H ٣٢٧, 8, Thaâlibî, *Lataîf*, ١١٩ et ١٢١, Jacût, I, ٥٢٩, 2, Kazwînî, II, ٣٣٤, 2 (ubi l. البزادى), Mas'ûdî, I, 242, l. 3 (ubi pro البرازى l. البزادى). Cf. *Journ. asiat.*, 1868, I, p. 120, 122 et Dozy, *Lettre*, p. 12. Vid. porro Dozy sub بزد.

بجر. بُجْر I ١١٧, 1, H ١٨٨, 7, pl. ab أَبْجَر, *funis*. Codd. Ist. C, L et Jacût, II, ٧١١ habent المحاجل *corbes*.

بَجَاوِىّ, *dromedarius*, M ٧٥, 5. Nomen habet hoc genus a Bedja populo, qui eximios camelos educat, I ٥٤, 17 Add. ومنه تجلب النجب التى يقال لها البجاوية لا يكون فى النجب اسير منها, Jacût, I, ٤٩٥, 8 seq., Mas'ûdî, I, 334, l. 1, III, 5.

بجبح. II, *gaudere*, M ٢١٨ *h*. Vid. Dozy.

بحر. V, de fluvio 1) sensu quem Lane habet *largum fieri*, M ٢٢, 9,

٤١١, 20; 2) *lacum stagnumve formavit*, M ٢٢, 16 et *q*, ١٩٢, 1, ١٨٤, 16 et 17, ٤١١, 14, ٤٤٤, 12. M ١٩٨, 2 verba وفى المساجد عشرون جبًّا متبحّرة significare videntur, hasce cisternas cohaerere et stagnum subterraneum formare. Cf. Baedeker, *Palaestina und Syrien*, p. 182 in fine; 3) de terra *aquâ tecta fuit ut maris similis fieret*, M ٢٠٩, 19. Eodem sensu adhibetur استبحر e. g. Jacût, IV, ٥٥٢, 15 sec. corr. (vid. V, p. 437) et Makrîzî I, ٩٠, 14 a f. Vid. porro Dozy. — بَحْرِىّ. الحجارة البحريّة, *lapides idonei constructionibus maritimis*, scil. lapis calcaris *kaddhân* (v. Gloss. Edrîsî), M ١٩٧, 4. Eodem sensu Makrîzî, I, ١١٤, 6 loquitur de الجبس البحرى »gypsum maritimum". — بَحَائِر, pl. a بُحَيْرَة, *horti olitorii*, H ٨٩, 1. Vid. Dozy.

بخر, بُخَارِىّ. الثياب البخاريّة, vestes qui Bokhârae conficiuntur et inde nomen habent, H ٣٩٤, 2, coll. M ٣٢٤, 16.

بخس I significat *deprètiavit*, vid. Dozy. Hinc M ٣٩٢ *a* يبخسون الاكسية الرفيعة »vestes pretiosas quotidie induunt, tanquam si parvi valoris essent". — أَبْخَس, compar. a باخس, *fraudulentior* in mercatura, M ٣٤, 8. — مَبَاخِس, agri non arte, sed sola pluvia rigati, I ٩٢, 13, ٩٥, 4, ٧٣, 3 cet., H ٣٢٠, 17 et saepe, M ٢, 7 et saepe. Vide Gloss. Belâdh. sub بعل. Apud eosdem passim quoque بُخُوس et مزارع بخسيّة (e. g. M ٢٨٣ *a*, ٣٠٨ *q*) appellantur.

بدأ I tanquam verbum auxiliare cum alio verbo coniungitur ope coniunctionis و (non tantum cum ف ut in Grammatica v. c. Wright, II § 140, p. 310, 2dae ed.) e. g. I ١٥٧ paen. et ult., ubi pro نُدّى corrigatur بُدِئ, Abu Ishâk Schirâzî, ٣٠٥, 13, 15 فان بدأتْ وطالبت.

البدال, genus dactylorum, M ١٣٠ *p*, Abu 'l-Kâsim supra sub الابراهيمى.

بدن. بَدَن, pl. أَبْدَان, *tunica lintea* (vid. Dozy), H ٢٤٢, 7. Eadem significatio esse videtur vocabuli بَدَنَة, de quo in Gloss. Fragm. minus rectam coniecturam protuli, formam esse aliam vocis بدلة (ut بدن pro بدل adhibetur, *Morgenl. Forschungen*, p. 137). Nam بَدَنَة quoque ut بدن

significat *thoracem parvam*, *Hamâsa*, ٩٥, 7, Mas'ûdî, III, 166 paen. Lectio الامويّة البدنة constat, nam non tantum in Cod. *Kit. al-Oyun*, in Cod. optimo Ibn Miskowaihi, in uno saltem Cod. Ibno 'l-Athîri, sed quoque in Cod. Constantin. Tabarîi est. Quod nos vetat ut cum Dozy sub بدل legamus بدلة. Haec scripseram quum tandem inveni locum diu frustra quaesitum. Dicit Makrîzî, I, ١٧٧, 7 a f. وكان يصنع فيها (فى تنيس) للخليفة ثوب يقال له البدنة — لا تحوج الى تفصيل ولا خياطة تبلغ قيمته الف دينار.

بر. بَرّ significat *desertum* ut بَرِّيّة, Jacût I, ٣٧٢, 10, coll. ٣٧٣, 10 et Lane. Hinc H ٢٧٢, 16 habet pl. بُرُور. Lectio est orta e false lecto loco Ist. ٢١٢, 10, sed ipsius Ibn Haukalis est, teste additamento ومحلّ الارض.

بربر. بَرْبِير, *papyrus*, H ٨٩ (= بَرْدِى). Docet hic maiorem partem conficiendis rudentibus adhiberi, particulam conficiendis chartis in usum principis. Eo enim tempore in Occidente praecipue pergameno utebantur, M ٢٣٩, 5. Cf. Dozy sub بربر. Antâkî sub بردى habet بابير. — عيد بَرْبَارة, *festum S. Barbarae* in Syria, M ١٨٢, 17 seq. et ann. *o*.

بربق I occurrit M ٨٤, 16, ١٤١, 9, ٤١٣, 13. Non sine longa dubitatione lectionem Codicum receperam et adscripseram significationem verosimiliter esse *gypsavit*, nam aliunde mihi hoc verbum plane ignotum erat. Communicavit mecum amicissimus Thorbecke verbum occurrere in Scharbînîi opere c. t. هزّ القحوف, ٣١, 26, sed nulla ibi significationis indicatio additur. Nunc vero de origine verbi habeo coniecturam probabilem, de significatione certum testimonium. Nempe repetitio primae radicalis post secundam, loco reduplicationis mediae radicalis multis verbis quadrilitteris originem dedit in verbis mediae geminatae, sed quoque in aliis. Sic, ut mihi scribit D^mus^ Hartmann, hodie in Syria dicunt فرفك pro فرّك (*zwischen den Fingern zerreiben*). Eodem modo بربق videtur esse pro برّق sensu quem lexica habent »ornavit domum suam". — De significatione mihi scribit amicissimus Von Kremer: »das Wort بَرْبَق bedeutet die flache Terrasse eines Hauses oder die Seiten desselben mit einer Steinmasse bestreichen, um sie gegen den Regen zu sichern. Es ist noch hier (in Aegypten) im Gebrauche. Man nennt diese Steinmasse, eine Art

Cement, in Beirût خَجَرِيَّة". De hac calce arenata v. locum *Mohîti* apud Dozy.

بَرْبَهَار, *merces Indicae pretiosae*, H ٢٠٧, 5, ٢٥٢, 11, M ٤٤٢, 4, 7, ٤٩٣, 9, ٤٩٩ *e*, ٤٧٠ *i*, *Lobbo 'l-Lobâb*, ٣٣ هو ما يجلب من الهند s. accuratius in Supplem. p. 27 الادوية التى تجلب من الهند. Mercator qui hasce vendebat بَرْبَهَارِىّ vocabatur et hoc nomine inclaruit theologus al-Hosain ibno 'l-Kâsim ibn Obaidollah, de quo secta orthodoxorum fanatica البربهاريّة appellabatur, M ١٣٩, 14, Ibno 'l-Athîr, VIII, ١٢, 7 seqq., ٢٠٤, 3, ٢٣٠, 5.

برج. بارجه vid. sub بيرجه.

برد II. Dicit M ٩٨, 4 فبرّد اللهُ عزّ اسمه ذلك على قلبى بموت شريك »Deus O. M. desiderium hocce morte socii refrigescere fecit". Cf. apud Dozy برّد همّته. — بَرْد, *frigus*, sensu figurato de indole hominum, M ٢٧٦, 7, ٢٧٨, 10, ٢٩٤, 18, ٣٠٥, 16. — بَرِيد in Asia Minore unius parasangae erat, H ١٣٠, 2, itaque dimidium *barîdi* Orientalis. — اصحابُ البُرُد, I ١٥٥, 3, H ٢١٤, 17, ٣٠٩, 10, M ٣١٤, 2, est plur. a صاحب البريد, ut دور السكك a دار السكّة (Gloss. Edrîsî), ليالى الجُمَع a ليلة الجمعة (v. infra sub جمع), بيوت اموال a بيت مال (v. infra sub بيت) cet. Quod apud H ٣٠٩, 14 legitur اصحاب اخبار وبرود (a sing. صاحب خبر وبريد ٣٠٧, 12) est forma vulgaris pro بُرُد; alia ex. in Gloss. Fragm. sub فصل et Gloss. Moslim sub طرق. Plur. الطروق quoque Kazwînî, II, ٣٢٥, 13 a f.

برز II, *in campum egredi* expeditionis causa, I ٢٢٥, 1 (cf. H ٢٨٥, 2). Vid. Dozy.

برسوح, nomen piscis in Tigride, M ١٣٠ *p*. Fort. leg. بَرْشْنُوج = برشنوك (nomen piscis marini, *Kâmûs*).

برض. بَارِضّ, *paucus*, *rarus* de qualibet re, H ٣٩٨ *i*. Lane totum radicem omisit. Obiter moneo verbum تبرّض eodem sensu occurrere quo ابترض »*pauca emanavit* aqua", e. g. Jacût, I, ١٤٨, 11 (ubi l. يَتَبَرَّضُ), ٤٠٩, 12, TA in v.: البرضة ايضا ما تبرضت من الماء القليل.

برعانى, nomen navigii, M ٣٢, 2, ubi Cod. B درعانى *sic*. Utrum recte sic ediderim, affirmare non ausim, nam originem vocis frustra quaesivi.

برك. بَرْكَةٌ, *barca*, M ٣٢, 1, Vocabulista sub *barca*. In Codd. C, L et F Istakhrîi ad ١٣٩ *d*, legimus anno 324 mercatores in urbe Omâni incendio amisisse inter alia 400 barcas. Additur in Cod. C والبركة خمسون وقراً, Cod. F docet hac voce intelligi naviculam (وبركه كشتى كوجك است), quod confirmat L dicens والبركة زورق معروف عندهم يسع كل بركة خمسين وقرا. — بِرَاك, piscium genus rostro praeditum (له مناقير) secundum *Kâmûs*, degit in Tigride, M ١٣. *p*. Fortasse non differt ab eo بِرَاق a Dozy memoratum. — بَرَاكِيَّةٌ, nomen navigii, quod iam Djauharî habet, M ٣١, 15. — بَرَّكَانٌ, pl. بركانات, iam decimo saeculo pannum bonae qualitatis designabat. Optimus fabricabatur in urbe at-Tîb in Khûzistân, H ١٧٩, 16, in Tabaristân, H ٢٧٢, 10 et 11, et in vicinia Schirâzi, M ٤٣١, 4 et *e*, ٤٤٢, 13, ٤٤٣, 8.

برم. برمة est nomen navigii, M ٣٢, 2. Lectio confirmatur loco Abu 'l-Kâsimi ibi laudato in ann. *a* (vid. infra sub خيط). — بَرَامٌ. Optime Dozy: »Au lieu de *pierre* de Barâm, حجر البرام chez Bait. I, 289 f, on a dit برام tout court, dans le sens de *terre ollaire*", nisi quod pronuntiare debuisset *birâm*. Est enim proprie pluralis vocis بُرْمَةٌ et significat *ollas*. Deinde significare coepit materiem, lapidem e quo ollae fabricabantur. Motarrizî sub مر habet: وعن الشافعى رحمه فى حَصَى الرمى ومن حيث اخذ اجزأه اذا وقع عليه اسم الحجر مَرْمَرٍ او برام او كَذَّان او فِهر — والبرام بالكسر جمع برمة وهى فى الاصل القدور من الحجارة الا انه اراد هنا الحجارة انفسها. Similiter Abu Ishâk as-Schirâzî, *Tanbîh*, ١٥٥, 13 (ed. Juynboll), memorans res quas qui primus occupat, possidet, enumerat picem, naphtam, mumiam, hyacinthum, beryllum, *birâm*, sal, stibium, gypsum, lutum. Hinc dicitur معدن البِرَام, Jacût, IV, ٣٩, 14, ubi false البُرام, ut quoque IV, ٨٢٥, 1, Makrîzî, I, ٢٨, 15 a f., القدور البِرَام s. قدور البرام, H ٣١٣, 7, coll. ann. *t* (in locis parallelis I ٢٥٨, 1, M ٣١٩, 9, ٣٢٤, 3 tantum البرام est), طنجير برام Nowairî, Ms. 273, p. 809 cet. Vid. porro Dozy. Antâkî habet tantum برام حجر معروف وهو من الرخام. Addendum ab altera parte vocem برمة quoque de vaso metalleo adhiberi e. g. al-Kabbâb, Ms. 138, f. 102 v. بُرْمة من نحاس. Recte igitur Beaussier: »grande marmite en terre ou métal".

بَرْنِيّ, species dactylorum in provincia Basrensi, M ١٣٠. *p*, Abu 'l-Kâsim l. l. supra sub ابرهيمى. Vid. Lane.

بُرْنَاج appellatur species dactylorum in provincia Basrensi, M ١٣٠. *p*, ubi sic emendandum pro البرناج; nomen enim originem habere videtur e Persico برنا (برناه, برناك) »bonus, pulcher", ut بَرْنِيّ e برنيك »bonus fructus".

برنس. Berberi nomades appellabantur اصحاب البَرَانِس, H ٧٢, 6, quia vestimento *bornos* plerumque utebantur, Ibn Khaldûn, *Hist. des Berb.*, I, ١٠٦, 7 a f.

برى III, sensu malo M ٤١١, 1 مباراة وتعصّب »obtrectatio et partium studium".

بُزْبُوسْت, *pellis caprina*, inter merces e Khowârizm et Tirâz allatas enumeratur M ٣٢٥, 1 et 16. In vicinia maris Caspici iam antiquitus pro vestimentis in usu erant, vid. Dorn, *Caspia*, p. 19, ann. 5. Nomen formatum est e vocibus Persicis بُز »caper" et پُوسْت »pellis".

بزر. البِزْر, inter merces Schâschi et urbium Darâbdjird et Fordj in Perside enumeratus M ٣٢٥, 12, ٤٤٢, 9 et 10, est *semen lini* s. fortasse *oleum lini*. Vid. Lane et Dozy. In loco M ٤٣٢, 11, ubi de urbe Djûr dicitur بزورها بالخافقين معروفة, intelligi videntur variae species olei aromatici et aquae odoratae, quae inde exportantur. Cf. I ١٥٣, 2 seqq. — بِزْر دُود القز »ova bombycis" (vid. Lane) optima e provincia Djordjân advehebantur, I ٢١٣, 2 seqq., ٢٦٣, 4, H ٢٧٣, 4 seqq.

بُسْتَان. Saepius بستان et روضة iuxta memorantur e. g. H ٣٧٤, 4. Discrimen est quod hoc praesertim hortum olitorium, illud potius arboretum significat, spec. palmarum. Imo pro ipsa palma adhibetur in versu al-'Aschae apud Djawâlîkî, ٢٢ paen.

بسط I, sensu quem exemplis illustravit Dozy »*étendre par dessus, couvrir*", M ٤٣٨, 8; — *iubere, praescribere*, M ٢٤٠, 9 بَسَطَ صبّها »iubet pondera de novo fundere"; — بَسَطَ يَدَهُ, absolute *severus fuit*, H ٩٩, 16. In loco Makkarîi I, 859, 4, quem citat Dozy, البسط quoque *severitas* significare videtur. — بَسْطَةٌ. Lane iam recepit وبسطة, قامة (M ١٧٠, 3) idem esse quod قامة باسطة, *longitudo staturae hominis et cubitus.* Idem videtur significare solum بسطة I ٥٧, 5, ubi respondet quinque cubitis Ibn Haukalis ١١٢, 5. Sine causa Arnold, *Chrestom.*, Praef. XVI, proposuit in loco I legere باسطة. — مَبْسُوطٌ, *planus*, I ٣٥, 15, ٥٤, 15, H ٤٠ ult., ١٠٧, 10 ارض مبسوطة لا جبل فيها.

بشر III, eodem sensu quo VI, *se invicem congratulari* ut fit in festo novi anni, *neurûz*, M ١٠٠, 13. Sive, subintellecto العيدَ, significat *festum agere.*

بشكر, species dactylorum in provincia Basrae, M ١٣٠.*p.* Nomen videtur habere de loco Babyloniae Baschkar, quem memorat Levi, *Neuhebr. und Chald. Wörterb.*, in v. בִּשְׁכַּר.

بصّ I (et II), *fulsit*, de castello albo, I ١٣٩, 12, ٢٩٤ ult., H ١٩٧, 9, ٣٤٧, 6. Eodem sensu تبصيص adhibetur I ٢٩٥, 1, nisi ibi cum A et B restituendum sit ببَصيص.

بضع. بِضَاعَةٌ significat *id quod quis in qualibet re valet*, sic de arte poëtae apud Scharîschî, ed. Bul., I, ٥٣, 2, Jacût, II, ٣٠٧, 16, de scientia docti apud Dozy, de deliciis pueri formosi apud Scharîschî, I, ١٩٧, 6 adhibetur, et absolute dicitur قَوِىّ البِضَاعَةِ, *fortis*, *alacer*, H ٥ ult., opp. قليل البضاعة (Bocthor apud Dozy).

بطل I, de nummo, *pretio caruit*, M ٩٩, 11 et 12. —IV, de principe, *usum monetae abolevit*, M ٢٠٤, 10. — بَطَّالٌ, *abolitus*, *ex usu sublatus*, de mensura, M ٢٠٤, 12. Cf. Dozy.

بطن. بَطْنٌ, *partus*, H ١٠٦, 15, Mas'ûdî, II, 53 paen., Ibno 'l-Athîr, I, ٣١, 2, et hinc *generatio*, Ibno 'l-Athîr, X, ٣٨٣, 7 رأتِ البطنَ الرابعَ من اولادها, Abu Ishâk Schirâzî, ١٦٥, 2. Ut حَمْلٌ de fructibus simul decerptis adhibetur, M ٢٠٤ *c* يتثمّر الشجر سبع بطون. Dozy: *cueillette.* — بِطَانَةٌ,

pl. بطائن, *corium ovinum* (basane) M ٢٠٣, 8, vid. Dozy; — pannus subtilissimus, qui in urbe Zarand in Kirmân fabricabatur, I ١٦٨, 1, (ubi vers. Pers. جامها بطانه), H ٢٢٤, 8. Vid. Dozy. — بَوَاطِن apud H ٢٢٧, 4 significare debet *locos in terra interiore sitos*, nisi legendum sit cum P مواطن, coll. ٢٣١, 15. — البَاطِنِيَّة, nomen sectae notissimae, M ٣٧, 7, 10, ٣٩, 6, ٢٣٨, 9. — مُبَطَّنَة, *amiculum duplicatum*, I ١٣٨, 10 (ubi Cod. F vertit جامها بطانه داده), H ٢٠٥, 21, Aghânî, V, ١٠٩, 9 a f., Dozy.

بعثر I, *male fuit animo*, M ٧, 14. Habent lexica Arabica; sed Freytag explicationem verbi per غَثَيَان النفس et (sub بعثر) خُبْث النفس non intellexit et male reddidit per »turbatio animae" et »turpitudo s. pravitas animae".

بعد V, *longe distitit*, c. عن, H ٤, 10. — بَعِيدٌ. Fluvius et puteus dicuntur esse بعيد المُسْتَقَى, *ex quo haurire difficile est*, itaque *profundus* M ١٣٨, 8, opp. قريب المستقى q. v. Dicitur quoque eodem sensu بئر بعيدة الرشاء et بئر بعيدة القعر, s. brevius بئر بعيدة, M ٢٥٣, 17, Belâdhorî, ٢٧٤, 8, Jacût, I, ١٣٦, 7, ٤١٦, 6, ٤٢٢ ult., II, ٢٩٤, 5. Cf. Dozy. Tanquam epitheton visus بعيد est *acutus*, *longe prospiciens*, M ٣٥٩, 10 نظر بعيد بحسن ابصار, quibus verbis ٣٧١, 11 respondent حدّة الابصار وحسنها. — Constr. c. الى, I ١٨, 3, H ٣٦, 2 ابعد لحّل الى البيت الحديبية.

بعل. الزرع على البَعْلِ M ١٦٤, 13, ١٦٧, 6, ٤٧٤, 6. Iure Dozy explicationem meam loci Mawerdîi in Gloss. Belâdh. correxit.

بغدد. البَغْدَادِىّ, pannus pretiosus qui in urbe Bagdad conficiebatur, I ٩٣. Vid. Dozy, *Gloss. Esp. Arab.*, p. 234.

بغنس II, *imperiti instar egit*, M ٤٤٠, 14. Bocthor habet بغنوس *novice*, *peu exercé*, *peu habile* et بغنسة *lourdise* (vid. Dozy).

بَغَوِىّ est nomen denarii, valore decem drachmarum et dimidiae, M ٩٩, 9. Probabiliter nomen habet a viro البغوى dicto, non ab ipsa urbe Baghschûr.

بقّ. بُقَّةٌ s. بَقَّةٌ M ٣١ *k* reieci, sed potest esse contractio vocis بُقْعَةٌ s. بَقْعَةٌ, ut Chald. בקתא (vid. Levi) et fortasse n. loci بقّة (apud Jacût), secundum analogiam contractionis قَلَّة ex قَلْعَة (Dimaschkî ed. Mehren, ٢١٠, 4). Conferri quoque potest دمّة ex دِمْنَة, Zamakhscharî, *Fâik*, I, p. 369 paen. قَلَبَ نونَ الدمنة لوقوعها بعد الميم ميمًا ثم أَدْغَمَ الاولى فى الثانية وذلك لتقاربهما واتفاقهما فى الغُنَّة والهوى. Porro حَزّة ex حَجْزَة Jacût, II, ٢٠٤, 20.

بقع. بَقِيع. Legimus H ٢٧٢, 16 بطن طبرستان صقيع بقيع, quae adiectiva vertenda videntur *planus*, *depressus*.

بقل. بَقَّال, *eduliorum venditor* (Freytag, Lane, Dozy), M ٣١, 1, ٤٩٢, 1, Aghânî IX, ٣٩ ult. seq., Kazwînî, II, ٣٠٨, 5.

بقّم, arbor notus in insula الرمى (Sumatra) crescens, describitur M ١٤, 4.

بقى I, de vestibus diu subsistentibus H ٢٢٣, 9 ثياب باقية, 12 لثيابهم بقاء مستفيض. — بَقِيَّةُ الأَئِمَّة, *principes doctores*, M ٣٩, 4. (Lane, Gloss. Fragm. Hist., Dozy).

بك s. باك secundum I ٢٢٠, 4 (H ٢٧٨, 9) est titulus regis Khazarorum. Cf. sub بلك.

بكر. البَوَاكِر, H ٣٧٥ ult., idem est quod البواكير, M ٢٨٢, 15, *praecoces fructus*.

بلح. البَلَح H ١٩٨, 2, ٢٢٣ *a*, ut Jacût, III, ٨٩٢, 2 et Kazwînî, II, ٢٣٤, 1, iuxta الرطب occurrit et dactylos fere maturos significare videtur, coll. *Alif Laila* ed. Macn. III, ٢٥٤, 3 a f. (= ed. Fleischer X, ٥), Bocthor sub *datte*, Lane ad vers. *Alif Laila* I, 197. Sed verosimilius est locis laudatis legendum esse الثلج coll. I ٩٣ *k* (ubi L والثلج, F برف), ١٢٧, 12, ١٩٩, 11, ٢٠٠, 5, ٢١٣, 5, H ٢٢٣, 1, Jacût, III, ٤٤٣, 12.

بلد. بَلَد, *ager*, *territorium* urbis, M ٤٩٤, 6 بَلَد للمدينة.

بلذ. بَلِيذ, *immundus*, *spurcus*, M ١١٩, 3, ١٤٠, 20, ٣١٩, 7, ٣٨٩ *b*, ٤٢٩, 7, ٤٨١, 1, et بَلَاذَة, *spurcitia*, *immunditia*, *excrementa*, M ١٢٩, 16, ٢٠١, 15, ٢٨٨, 2 et 4, ٣٣٢, 3, ٣٧٧, 19, ٤٣٠, 9 e Persico پليد, پلاده orta vocabula, ut Chald. פלארא, observante Cl. Fleischer, *Beiträge zur arabischen Sprach-*

kunde in Berichte der K. Sächs. Ges. der Wissensch. 1866, p. 304. Hinc derivatum est verbum بلّد I, *alvum deposuit*, M ١٣٩, 15, et V, *impurus evasit* fluvius, M ٣٨٩, 2.

بلسم. Apud H ١٠٦, 7 البَلْسَم appellatur planta, e qua paratur balsamum quod دهن البلسان vocat. Idem in plerisque Codd. I ٥٣.

بلط. بَلَاطَة generali sensu *lapis*, M ٤٤٠, 7 (ubi aedificando servit), ٤٨٩, 2.

بلطح. مُبَلْطَح, *latus* et *planus* de capite, M ٤١٨, 6, ut quoque مفلطح مفرطح. Lexicographi dicunt formam مفلطح esse purissimam. Vid. TA sub فلطح et cf. Dozy sub بلطح et فرطح. Figura مفرطح appellatur quae rapo plano (سلجمة مجوّفة) similis est, Cod. 117, p. 8. Reducendae sunt formae ad مفطّح. Cf. Fränkel, *Beiträge zur Erklärung der mehrlautigen Bildungen im Arabischen*, p. 18 et 24.

البلعيسى et plur. coll. البلعيسية, M ١٨٠, 17, ١٨١, 1, videtur significare pannos qui in Kadas et in Damasco fabricabantur, sed coll. ١٦٢, 2 fieri quoque potest, ut storeae intelligantur. De origine nominis nihil invenire potui.

بلغم. بَلْغَمَانِى, *phlegmaticus*, M ٤٧٩, 9. Ibn Djazla sub نَدَى de morbo البلغمانية loquitur, eosque qui eo laborant مبلغمون vocat.

بلن. بَلَّان, *minister balnei*, M ٣١, 3, ut quoque Chald. בַּלָּן (vid. Levi). Male Lane vocabulum sub بل collocasse, iam observavit Dozy, ubi plura exempla.

بلنط vid. sub بالاط.

بلا VIII. اِبْتِلَآءٌ, *tentamen*, *seductio*, a M ٣٦٨, 12 appellantur incolae urbis Kûmis, quia adeo pulchri sunt, ut moribus perniciosi fieri possint, quemadmodum puella formosa فتنة dicitur e. g. *Alif Laila* ed. Macn. II, ٣٣٢ seq., ٣٤١ يا فتنة الزمان et يا فتنة العالمين.

بم. بمى, piscis in Tigride, M ١٣. *p.* — البَمِّى, pannus qui in urbe Bamm in Kirmâno fabricabatur, M ٤٣٨ *q*, ٤٤٣, 7, ٤٦٦, 3, ٤٧٠ *i*, coll. ٤٥٩, 10, ٤٦٠, 9, ٤٧٠, 2 seqq., H ٢٢٣, 8 seqq.

بن. بُنِّيٌّ, piscis notus Nili (Gloss. Edrîsî) et Tigridis, M ١٢٨, 17, ١٣٠ *p*, Jacût, III, ۴٩۴, 20. Hinc ad lacum Kadasi in Syria translatus est, M ١٦٣, 2, Ibn Fadhlo'llâh apud Ibn Schihna, Ms. f. 109 r. de lacu apud Emessam: البحيرة — ذات السمك المنقول من الفرات اليها حتى تولد فيها. Ibn Djazla sub سمك dicit nobilissimum genus piscium esse الشُّبُّوط, deinde الهازِبَى, deinde البنّى. Vocales apposui secundum receptam pronuntiationem. In Syria autem plerumque بِنِّى efferunt, vid. Fleischer ad Levi, *Neuhebr. und Chald. Wörterb.*, I, p. 285.

بنبوزِيَّة, pannus in urbe Chorasanica Nasâ fabricatus, M ٣٢۴, 2. De derivatione nominis incertus sum, videtur autem inesse Persicum پنبه *gossypium*.

بَنْجِ أَنْكُشْت lexico Persico addatur tanquam nomen mali citrei qui in Susiana crescit, I ٩٣ *b*.

بُنْدَار, pl. بَنَادِرَة, *officialis vectigalibus percipiendis*, I ١۴٨, 1, H ٢٠٨, 7, ٣٠٧, 12, ubi legimus كاتب سلعة يعرف بالبندار يطالب بالخراج ووجوه المال الواجبة للسلطان, ٣٠٩, 10, 13, 15, ٣۴٢, 11, 14; Tabarî sub anno 186 in syngrapho ولا يبعث (الامين) عليه (المامون) ولا على احد من عمّاله وولاة اموره بندارًا ولا محاسبًا ولا عاملًا. Dignitas huius officialis appellatur بندرة, H ٢٣٢, 4.

بنق. بَنِيقَة, pl. ات, recte a von Kremer, *Culturgesch.*, II, p. 218 ann. 1 explicatur per »einen Hals und Schultern bedeckenden Mantelkragen" et quidem pelliceus est, ut e descriptione huius vestimenti apud Vullers sub گريبان (Arab. بنيقة = جربان) patet. Optime idem emendavit locum *Fragm. Hist.* ١٠٧, 10, ubi male edidi المناطق, l. البنائق. Haec vestimenta e Schâsch exportabantur, M ٣٢٥, 12.

بنى. البُنَيَّاتُ pro بنيّات الطريق, *viae minores*, *semitae* opp. المحجّات s. الامّهات, M ٢٥٢, 3, ۴٨٨ *q*, ۴٩٠ *i*, ۴٩٥, 8.

بهر. الباهِرَة M ٣٥٩ ult. est *res extraordinaria*, *res admirabilis*. — بُهَارٌ, *pondus trecentarum librarum* Mokaddasîi tempore Meccae in usu erat, M ٩٩, 6.

بهم. بَهِيمَة in loco M ۴۲۹, 18 significat *iumentum onerarium*, ut quoque in Locmani Fabula 19 ed. Rödiger p. ۱۹. Fateor me diu suspicasse ibi بهيمة esse vocabulum peregrinum, *plaustrum* significans, quoniam ovis, capra et sus in dorso iumenti non ita facile vinciri posse videntur. Respondet vero Chardin, *Voyages*, II, p. 117 (ed. 1735) agens de urbe Schirâz: »Tout sans exception y est apporté sur le corps des bêtes". Quod M de Schirâz, idem fere dicit Polak de Teheran, *Persien*, I, p. 76: »An manchen Stellen können kaum zwei beladene Thiere einander ausweichen". Addo exemplum ex Abû Ishâk Schirâzî, ۳۰۷, 8 وان ترك المال على بهيمة ولم يَسْقُها فخرجت البهيمة بالمال.

بوب. البُوبِيَّة, panni genus quod e provincia Bagdadi exportatur, M ۱۲۸ ult. Nomen habere videtur ab البُوَيب prope Kûfam, quia iuxta cum القصرية (q. v.) memoratur.

بَيْبَاف s. بايْباف appellatur pannus de modo texendi, opp. حَقّيَّة (q. v.) M ۳۲۳, 18, Mowasschâ, Ms. f. 122 v. (ubi forma plenior et ubi opp. القوهى). Cf. Vullers sub پاى باف.

بيت. بُيَيْت appellantur singuli *plutei librorum* in bibliotheca M ۴۴۹, 13 et 15, ۴٥۰ *b* (۴٥۱ ann. l. 1), ubi بيوت مبيَّتة. — بيت مال habet in plur. بيوت اموال e. g. M ۳۱۷ *i*. Cf. supra sub برد.

بيرجه, M ۳۲, 3, navis Indica, quae vulgo appellatur بارجة. Vid. Gloss. Belâdh., Dozy sub برج et mea *Bijdrage tot de geschiedenis der Zigeuners* in opere *Verslagen der K. Akad. v. Wetensch.*, 2e Reeks, V, p. 60. Mokaddasî h. l. dat nomen quemadmodum ipse hoc efferri audiverat. Formam receptam habet ۱۴, 5 (cum quo loco cf. Jacût, III, ۱۰۲, 15 et imprimis Mas'ûdî, III, 37) sensu *piratorum Indorum*.

بيرون. البيروني, nomen generis dactylorum in provincia Basrensi, M ۱۳۰. *p*.

بيرى memoratur M ۳۲۴, 15 inter merces Walwâlidji. Fortasse est Persicum بيرى s. بير, *stratum*, *stragulum*. Lane autem ad vers. *Alif Laila*, I, p. 113 habet: »بيرى (bhyrae) a kind of hawk" et quoque haec significatio vocabuli admitti posset.

بيسار, *cibus Aegyptiacus*, *constans melûkhia*, *fabis*, *butyro et interdum carnibus*, M ۱۸۳, 18. Vid. Dozy sub بيصار. Diversae species describuntur in *Hazz al-Kohûf*, ۱۵۵ seq.

بيشكش. Loquitur M ۳۲۵, 5 de ديباج بيشكش »brocatum egregiae qualitatis, aptum donis regalibus". Est nempe Persicum پيشكش.

بيض. بَيْضَةٌ. بَيْضُ البَغْلِ est nomen generis dactylorum in provincia Basrae, M ۱۳۰ *p*. — ابيض. بِيضُ الثِيَاب appellantur sectarii in Transoxania, quorum doctrina a Zindicorum doctrina non multum differt, M ۳۲۳, 14 et qui quoque الأبيضيّةُ vocantur, M ۳۷, 9 et المُبَيِّضَةُ (Lane). Sunt asseclae notissimi al-Mokanna' (*Mafâtîh al-Olûm* f. 10 r.). — بَيْضَاوِىٌّ, nomen piscis in Tigride, M ۱۳۰ *p*.

بيع. بَيْعٌ, pl. بُيُوعٌ, *taberna* in foro, H ۷۸, 3 الاسواق والبيوع والخانات الخ et probabiliter quoque ۷۴, 7 بيوع الاسواق.

بين. بَيْنَ الثَّوْبَيْنِ, nomen vestimenti, M ۳۲۳, 19.

تاخْتَج, pannus pretiosus qui fabricabatur Naisâbûri, M ۳۲۳, 19 (ubi sic corrigas pro ناختج), Gloss. ad Thaâlibîi *Latâif*, al-Mowasschâ Ms. f. 121 v., ubi مبطّنات الناختج optimis vestibus annumerantur, et f. 149 v., ubi enumerantur بديع للحرير الصينى ومليح المُلْحَم النيسابورى وصفيق الدبيقى التَحفى ونقىّ الناختَج والقُوهىّ, Arîb, Ms. Gothan. f. 187 v.: ركب المقتدر بين الظهر والعصر فى قباء تاختج وعمامة سوداء. Tum apud M, quum apud Thaâlibî, ۱۲۰, 12 et Abu 'l-Kâsim, Ms. Mus. Britt. f. 32 r. (ولا رداء عدنى ولا باجج (l. تاختج) ولا رحاحج (l. راختج) iuxta collocantur تاختج et راختج. Illud derivatum videtur a verbo تاختن »torquere", hoc, quod quoque رَخْتَج scribitur (Dozy, *Lettre*, p. 29) ab adiectivo رَخْت »rectus".

ترجم I, *inscripsit*, *titulavit* (Dozy), كتاب غير مترجم *liber sine titulo* s. *sine nomine auctoris* et contra كتاب مترجم لفلان, M ٥ *a*, 3 et 4.

تجر, III, c. acc. p., *mercaturam facere cum aliquo*, H ٥۷, 14, Dozy. — تاجِرٌ, *eduliorum venditor*, M ۳۱, 1; — دارُ التجار, *deversorium mercatorum* (πανδοχεῖον), M ۳۱, 2. — مَتْجَرٌ, pl. مَتَاجِرُ, *mercatus* (marché), I ۱۹۹, 10,

۱۷٥, 12, ۲۲۲, 1, ۲۹۹, 7, H ۸۱, 8, ۲۲۲ ult., ۲۳۰, 9, ۲٥۱, 9, Jacût I, ۸۹۸, 3, III, ۲۴۰, 7, ۳۹۷, 7, Gloss. Edrîsî.

ترنجوع, *calamintha* (vid. Berggren). Optima crescit apud Hierosolymas, M ۱۸۱, 4 et apud Kazwîn M ۳۹۹, 5.

ترياق. الحَيَّاتُ التِرْياقيّة, M ۱٥۷ *b*, sunt viperae e quarum carnibus placentulae parantur الأفاعى اقراص dictae (Ibn Djazla sub قرص), quae inserviunt compositioni teriacae celeberrimae quae الترياقُ الكبير s. ترياق فاروق appellatur (Ibn Djazla in v., Lane ex TA, Bochart, *Hierozoicon*, II, p. 360 seqq., *Description de l'Égypte*, XI, 436) s. ترياق الافاعى (*Mafâtîh al-Olûm* f. 53 r.). Viperae illae potissimum apud Hierichuntem capiuntur, at theriaca optima paratur Hierosolymis, M ۱۸۱, 4.

تُرْمُس, *lupinus*, inter optimas res quas Aegyptus gignit enumeratur M ۲۰۳, 16. Quomodo edibilis fiat et exportationi paretur, describitur ۲۰۴, 5 seq. et imprimis ann. *c*.

تفّاح. التفّاح الشامى, M ۱۸۱, 9, omnium optima malorum species est, docente Ibn Djazla in v., ubi deinde enumerantur الاصفهانى, tum القوفانى, tum الملطى. Apud al-Mowasschâ f. 131 r. inter optimos symposii elegantiorum fructus memoratur. In حكاية ابى القاسم Ms. Mus. Britt. f. 40 v. inter eosdem locum tenent primum التفاح المسكى, deinde التفاح الدلامانى. Illud a nostro non differre videtur, hoc propter colorem rubrum (كانه جمرة المرجان Abu 'l-Kâsim) aeque ac propter saporem notus est. Vid. Jacût, II, ٥۳۸ ult. et de utraque specie Dozy.

تقن. أَتْقَنُ, *firmior*, M ۱۹۹, 2; *accuratior*, M ۳۳۰, 13.

تكّ. تِكّة. Optimae تِكَك in Armenia conficiebantur, ut iam observavit Dozy (*Vêtements*, p. 98), I ۱۸۸, 4, cf. ۹۴, 4 seq., H ۲۴۹, 13 seq., M ۳۸۰, 5, 8.

تلّ. تَلّ, pl. تُلُول et تِلَال, saepe *ruina* est (cf. Lane ex Lth), M ۳۱۳ *d* (l. ult.), Jacût, II, ۴۸۹, 1, ٥۲۲, 17, III, ۲۳۱, 5 et 7, ۹۰۰, 1, *Description de l'Égypte*, XI, 342.

تلس. تلّيس, mensura frumenti in Aegypto quae 8 waibas continebat. A Fatimidis abolita est. M ۲۰۴, 12. Cf. Dozy ex Burckhardt.

تلو. تَلَّوِىّ, navigii parvi nomen, M ٣١, 14, propter singularem formam a lexicographis receptum est. -

تمن. In provincia Khûzistân nomine تومنة s. تمنة, proprie *unum granum oryzae*, designatur *quarta pars grani* (habba) s. *pars quadragesima octava dâniki*, H ١٧٩, 9, M ٤١٧, 13. Neutra significatione alibi memoratum inveni vocabulum, sed hodie in urbe Bagdad oryza appellatur تمّن, vid. Memoirs by Commander James Felix Jones in *Selections from the Records of the Bombay Government*, n. XLIII, p. 343.

تنأ. تانِئ (تان), pl. تُنّاء et تَنَأَة (Jacût, IV, ٨٥٠, 17) est *praedii dominus*, Pers. دهقان, Ar. صاحب الضياع, Jacût, II, ٩٣٤, 3; vid. Lane. Exempla sunt I ١٣٨, 8, H ٢٠٥, 19, ١٣٠ ult., ٤٠٣, 5, Jacût, I, ٣٩٤, 22, ٣٩٥, 20, IV, ١٢٤, 1, Ibno 'l-Athîr, VIII, ١٩٩, 4 a f. cet. Collective تانئة, H ٢٥٣, 6. Hinc تَنَايَة est *agrorum possessio*, H ١٤٤, 9 لـهـم من التناية يسار, Jacût, II, ٢٠, 7 له ثروة ويرجع الى تناية واسعة, et اهل تناية sunt *agrorum domini*, H ٨٩, 8, ٢٥٦, 2, Jacût, IV, ١٥, 7 اصحاب التنايات. Idem significat تناوة e. g. Abû No'aim, *Hist. Ispah.* Ms. 568, II, f. 166 r. ابو المظفر التانى رئيس التناوة, cf. f. 172 r.

تنّوب. التَّنُّوبِيَّة, *lignum tannûbi* qui est cedri species, M ١٩٩, 12, coll. 11, et ١٩٥, 11.

تنيس. التِّنِّيسىّ, pannus qui in urbe Tanis fabricatur, H ١٠٢, 3, Edrîsî, ١٥٩; cf. M ٢٠٣, 9.

تُوتِيَاء. De التوتياء المرازى (M ٤٥٩, 9, ٤٧٠, 7 seqq.) vid. infra sub رزب. Quae Lane s. v. e Golio habet errorem continent, locus Jacûti ex Abu Dolaf est (III, ٤٥٥, ٤٥٩).

توز. تُوز, *cortex populi albi*, de cuius usu diserte egit Dozy, e Khowârizm exportatur, M ٣٢٥, 2. Antiquitus quoque papyri instar adhibebatur, teste loco memorabili Bîrûnîi, ed. Sachau, p. ٢٤, 10—12 et loco Abu Ma'schari apud Hamza, ١٩٧ seq. quem quoque descripsit Abû No'aim in Historia Ispahâni. (Hic pro طين الشقيق, p. ١٩٨ ult., ubi Cod. Leid.

السعتق, habet الشيفتق طين). — تُوزِىّ, pannus in urbe Persica توّز s. توّج fabricatus, H ٢١٣, 13, M ٤٣٥, 9, cf. ٤٣٤, 1. Vid. Dozy.

تومنة v. sub تمن.

تُونِسِىّ, pannus linteus qui de urbe Tunis nomen habet (vid. Dozy) et in Perside in usu erat, H ٢٠٥, 20.

توه II, c. ب, *aberrare fecit*, *a cursu devertit*, M ١٠, 16, secundum analogiam verbi طوّح (q. v. apud Lane).

تير. تَيَّار, sensu hodierni temporis, quem Lane memoravit »the current of a great river", H ٣١٥, 14, ubi perspicue *flumen*, *aquae volumen* significat.

تِيم, pl. ات, in Transoxania est *deversorium mercatorum* (πανδοχεῖον), M ٣١, 9, ٢٧٢, 17, ٢٧٧, 1, ٢٨١, 8, Jacût, I, ٩٠٩, 1, ubi quoque diminut. تيمك memoratur, Witsen, *N. en O. Tartarije*, I, p. 380 *a*, Kostenko apud Petermann, *Mittheilungen*, 1874, p. 124 *a*: »ein grosses steinernes Gebäude mit hohen gewölbten Arkaden, Tim genannt. Die Gewölbe haben oben sechseckige und runde Öffnungen, um das Tageslicht einzulassen, in den Kapital-Mauern der Wände und Arkaden sind Nischen angebracht, in welche hölzerne Schränke oder vielmehr Miniatur-Buden eingelassen sind, wo der Verkäufer in der Mitte seiner Waare sitzt. Vom Tim aus bis zur Westpforte der Citadelle (in Khîwa) zieht sich ein Basar hin, dessen Buden ganz einfach, wie alle dergleiche Buden in Mittel-Asien, gebaut sind, und hier verkauft man die Waaren zu geringeren Preisen als im Tim selbst".

تِين, pl. أَتْيَان M ١٩٣, 11, ٢٥٩, 11. Memorantur species الدمشقى, M ٧, 3, ١٨١, 8, ١٧٦, 24, السباعى, M ١٨١, 8 et النمرى, M ١٨١, 12, omnes in Syria. His annumeranda species الرملى, optimum fici siccati genus, teste Ibn Djazla. Omnium in Oriente optima appellatur الوزيرى, Ibn Djazla et حكاية ابى القاسم f. 40 v. Ibno 's-Schihna, Ms. f. 100 v. in ditione Halebi enumerat species الماسونى, السلطانى et الوردانى. Nigram Alexandriae speciem Nowairî, Ms. 274, p. 757 appellat الغرابى. Bekrî, ٤١ in agro Tunetano memorat الخارمى (= Jacût, I, ٨٩٨, 18; Kazwînî, II, ١١٩, 10 الخازمى).

ثبت X, c. acc. r., من p., *rogavit ut confirmaret* rem, H ٢٥٢, 20.

ثرد. ثُرْدَة s. ثَرِيد, *iusculum* (bouillon), M ٢٤٣, 15, ٣٧٠, 6 et *k*, Ibn Djazla sub ماء وملح: وثردة هذا الطبيخ يعرف بالكلاج et praescribit quomodo haec ثردة paranda sit.

ثرا IV, *divitem reddidit*, M ٨٥, 5. — ثَرْوَة, *opulentia*, اهل الثروة, *divites*, I ٢٩٠, 4, H ٣٣٩, 3 et saepe.

ثقف II, *curavit* camelos, H ٧٠, 7.

ثقل. ثِقَل, *pestilentia*, *gravitas* loci, H ٤٩, 16, ut ثقيل significat *pestilens*, *noxius sanitati*, Ibn Batûta, III, 126, 2. — ثقيل. Notum est dici مرحلة ثقيلة, opp. خفيفة. M pluralem ثقال interdum iungit cum duali e. g. ٣٨٣, 2. — مُثَقَّلَة, instrumentum profunditati examinandae (*Senkblei*), I ١٥١, 6. — مِثْقَال, moneta in Aegypto a Fatimidis abolita, M ٢٠٤, 9, 11. — مِثْقَالِىّ. ثياب مثقاليّة sunt panni pretiosissimi, I ١٥٣, 12, Dorn, *Caspia*, p. 292 ult. seq. Utrum sic appellati sint, propter figuras texturae, mithkâlo similes, an in oppositione ثياب الدراهم (v. infra), an alia de causa, nescio. Dorn confert Russicum Mischkal »espèce de grosse mousseline".

ثلث. ثُلَاثِىّ est nomen monetae, quae est tertia pars mithkâli aurei, M ٩٩ *n*, *Hidâya*, p. ٢٨٣. — مُثَلَّث, M ٢٠٣, 8, probabiliter est nomen panni eiusmodi qui مثلوث appellatur, nempe e lano, pilis camelinis et pilis caprinis textus (v. Lane). Jacût, I, ٢٧٢, 18 memorat الدبيقى المثلث, unde verosimile est pannum مثلث praecipue lino constitisse. — مُثَلَّثَة, nomen navigii, M ٣١, 15.

ثمن. ثُمْن 1) nomen mensurae Kairawâni, quae 6 *modd* continet, M ٢٤٠, 3 seq. 2) nomen parvae monetae, quarum dirhamus unus continet octo, M ٢٤٠, 13. Similis moneta eodem nomine Bagdade in usu erat quinto saeculo, teste Jacût, III, ٤٣٤, 6, ubi de calligrapho sermo est qui in tali moneta septuaginta s. octoginta versus scribebat. Cf. Karabacek, *die Bedeutung der arabischen Schrift für Kunst und Gewerbe des Orients*, p. 10. Dozy memorat monetam huius nominis quae octavam partem denarii valebat.

ثوب. مَثَابَةٌ. جعل هذا مثابةَ ذلك, *hanc rem illius instar posuit*, M ٣٨, 15. Dozy »comme".

ثور. M ٣٧٧, 8 pro ثور quod ex C minus recte recepi, B habet ثوران, quam lectionem tuetur homoioteleuton. Sed quomodo explicanda sit forma, haereo. Auctor barbarismo interdum peccat, sed ut ثوران pro ثيران scripserit admitti non potest. Potius sumendum dualem esse numerum, casumque rectum propter homoioteleuton fuisse scriptum, ut quoque ٣٥٨, 5. — الثَّوْرِيَّةُ, asseclae Sofjâni at-Thaurî, M ٣٧, 8, ٣٨, 9, quoque اصحاب سفيان appellati, ٩٩, 7, ٣١٩, 2.

جب. جُبٌّ, pl. جِبَابٌ, *cisterna*, M ١٦٤, 15, ١٦٧ *p* (ubi Jacût صهريج), ١٦٨, 2 et 3 et *e* (ubi in textu صهاريج), ٢٢٤, 5, ٢٣٩, 9 et 10.

جبح. جَبْحٌ quoque جِبْحٌ (Ibn Doraid in *Djamhara*) et جُبْحٌ (Dozy), pl. أَجْبَاحٌ, أَجْبُحٌ et جِبَاحٌ, est proprie *alvearium naturale* (TA حيث تعسل النحلُ اذا كان غير مصنوع, Ibn Doraid موضع النحل) et hoc sensu videtur occurrere H ٥٢, 13 et in versu Tirimmâhi, ubi alloquitur filium:

وان كنت عندى انت احلى من الجنا جنـا النحل اضحى واتنًا بين اجبح

Deinde, ut iam habet TA, quoque *alvearium arte factum* (خلية العسل), vid. Dozy. Forma dialectica جبح in TA memoratur.

جبر. جَبْرٌ aliam significationem habet apud Karrâmitas, aliam apud Motazilitas, M ٣٧, 18, 19 seq. Cf. Houtsma, *De strijd over het dogma*, p. 57—64. — الْمُجْبِرَةُ, nomen s. potius convicium orthoxorum illorum, qui hominis libertatem agendi omnino negant, M ٣٧, 16, ٣٨, 8. In *Mafâtîh al-Olûm* f. 9 v. pronuntiatur الْمُجْبَرَةُ.

جبس. جَبَاسَةٌ, *improbitas*, *turpitudo* morum, H ٩٩, 3. Mirum quod Lane vocem جِبْسٌ »abiectus, vilis" omiserit cum derivatis, quia neque nova, neque rara est. Apud Freytag unum et alterum addendum et corrigendum est, praesertim ridicula explicatio vocis مُجبوس, quae ut quoque جبيس significat cinaedum.

جبل. جَبَلُ الذَّهَبِ, *mons auri*, trop. de loco ditissimo, M ٢٠١, 12. —

جَبَلِىٌّ. الدَّوَابُّ الجَبَلِيَّةُ, *equi montani*, montibus ascendendis assueti, M ۴۶۲, 2. — جَبَلِيَّةٌ, navigii species, probabiliter ita vocata de nomine urbis Syriae Djabala, M ۳۱, 1, cf. Mas'ûdî, I, p. 282 seq.

جبن. جُبْنٌ s. potius جُبْنَةٌ, *caseus*, habet pl. أَجْبَان, H ۵۱ ult., ۲۵۹, 3, Dozy. — جَبَّانٌ, *eduliorum venditor*, M ۳۱, 1.

جبى I, *adduxit*, *apportavit* fructus aliasve res ad (الى) urbem, syn. حمل et جلب, M ۳۱۵, 5, ۳۲۰, 10, ۴۱۰, 15, Kazwînî, II, ۲۱۰, 11 a f. — جِبَايَةٌ quoque *tributum non canonicum* significat, H ۱۴۳, 19, M ۹۴, 13. — جُبَاةٌ, pl. a جاب, *exactor tributi*, H ۳۴۲, 9, Dozy. — مَجْبًى, *locus ubi tributum solvitur*, H ۱۴۳, 18.

جَخْوَار, uti legatur M ۱۲, 3, est apparatus in malo quae in prora navis est, de quo speculatur nauta (Gallice: *hune*). Describitur sic, non vero nominatur, ab Edrîsîo, loco qui in vers. Jaubert, I, 135 legitur: والربانيون فى هذه المراكب لهم آلات متخذة بحكمة مهندمة موضوعة فى اعلى السارى الذى يكون فى مقدم المركب فيجلس فيه الربانى ويبصر ما لاح امامه من النروش التى تحت الماء مخفية. Puncta diacritica adscripsi, suspicatus hoc vocabulum proprie idem esse ac Persicum گهواره s. گاخواره s. گاهواره et گاواره *cunae*, quoniam haec sedes cunarum corbisve similitudinem referebat et hinc nomen habet: Belgice *mars* et *mastkorf* (ut quoque Germanice), Anglice *scuttle*, *bower*, Gallice fortasse *hune*, si hoc incertae originis vocabulum (vid. Jal 837) a Latino *cunae* derivare licet. Huius loci est observare vocem Arabicam مَهْدٌ »cunae" quoque sensu *lectica* usurpari, Kazwînî, II, ۲۸۰, 11.

جدّ. جديد. Notabilis est locus M ۴۳۴ ult. جديدة بندجان pro نوبندجان »nova Bendadjân." — جادٌّ, epitheton fori, *frequens mercatoribus et emtoribus*, syn. حارٌّ et دارٌّ, H ۳۶۲ *m*, ۲۴۹ *d*, M ۴۳۴, 2, ۴۳۵, 2, ۴۶۹, 14. — جادّة. Dicitur طريقُ الجادّة I ۲۷, 9, ut الطريق جادّة I ۲۰۰ *q* et in plur. جَوَادُّ الطُّرُق, Jacût, IV, ۷۱۳, 10, ubi vid. emendationem.

جدب. مَجَادِبُ, *terrae steriles*, M ۹۴, 16, plur. a مَجْدَبَةٌ.

جدر. جِدَارٌ, *murus*, habet quoque pl. جدارات, M ٢.٢, 2, ٣١٥, 18. — جدر v. sub جذر.

جذب I, intrans. de fluvio, secundum analogiam verbi synonymi مدّ, *se extendit*, *fluxit* versus (الى) mare, H ٢٧٦ ult.

جذر. جِذْرٌ, *quaestus meretricius*, M ٤٨٣, 7, versio Arabica Hoseae ed. Schroeter in Merx', *Archiv*, 1867, I, p. 28 seqq., Cap. 9, vs. 1 et vers. Ar. Sam. ad Deut. 23, vs. 19, quem locum laudat Schroeter, ubi Hebr. אתנן s. אתנה vertitur per جَدْرٌ (sic). Hosea 2, vs. 14 est verbum denominativum جَدَّرَ c. acc. p. *mercedem meretriciam dedit alicui.* Apud Nowairî Ms. 273, p. 267 de catamito nigro inter alia dicitur eum esse, رخيص الجدر. Opinatur Schroeter l. l. p. 51 seq. ann. ex significatione verbi Arabici جَدُرَ »dignus fuit" oriri significationem »meruit" et »alicui dedit quod meruit", quo casu orthographia جدر esset cum د. Ego secus opinor. Originem vocis extraneum esse, nullus dubito. De explicatione vero coniecturam modo habeo. Nempe videtur mihi Rabbinicum גֶּדֶר, quod sensu *pudicitiae* adhibetur (Levi sub גֶּדֶר et גִּדּוּר), κατ' ἀντίφρασιν hanc significationem obtinuisse. Quo casu orthographia Mokaddasîi, vocales versionis Arabicae Hoseae bonae sunt, et pronuntiandum est جَذْرٌ. Haec scripseram quum incidi in versum Ibno 'l-Mo'addhali, ubi certissime pronuntiandum est جُذْرٌ, Agh. XII, ٩١, 8.

جذم. مَجْذُومٌ habet quoque pl. مجاذيم, M ٤٣٩ *n*.

جرّ I, *duxit* canalem ad urbem, Jacût, I, ٩٨٤, 15 et, ut videtur, coll. Dozy: *s'étendre*, intransitive dicitur de canali يجرّ الى المدينة, *fluit* ad urbem, M ١٢٣, 8. [Apud Dimaschkî, ٢١٨, 8 legitur تنجرّ بها المياه, sed ibi legendum est تبخر, ut quoque apud Jacût, I, ٤١٣, 8 et 9 pro نجرت restituendum est بخرت, cf. de Jong ad Thaâlibî, ١.٩]. — *Adiunxit* locum urbi, *recepit* in urbem, M ٣١٧ *k*. — جرّى inter pisces Tigridis enumeratur M ١٣. *p*. Notandum est quod dicitur السمكُ الجرّيُّ, Jacût, I, ٥١٩, 22, III, ٧٦٢, 11, ut quoque السمكُ الجرّيثُ, ib. III, ٧٣٩, 6 (cf.

V, p. 329). — جَرَّار, de fluvio *rapidus* (Dozy), M ٢٢٤, 11, ٢٢٩, 11, ٢٣١, 11, ٢٣٣, 19, Jacût, II, ٩٠٤, 3, Aghânî, III, ١٤٩, 3 a f. — جَرَّارَة, scorpio Askari Mokram, describitur I ٩٢, 16, Damîrî, II, ١٧٥, 7, Jacût, I, ٤١٣, 2 seq., Polak, *Persien*, I, 87. Cf. infra sub كزودة. — مُسْتَجَرّ, quasi n. a. ab استجرّ, *attraxit*, M ٣٨٥, 13.

جرج V, *vacillare*, M ١٥٤, 2.

جرد II, in recitando Korâno *se distinxit* ab aliis, usus lectione alia quam incolae, quod improbatur a quibusdam, M ١٤٤, 9 et 11. Cf. تجرّد apud Lane ex Harîrîo. Notare hic lubet ad traditionem Ibn Mas'ûdi: جَرِّدُوا القُرْانَ لِيَرْبُوَ فيه صغيركم ولا يَنْأَى عنه كبيرُكم فان الشيطان يَخْرج من البيت تُقْرأ فيه سورة البقرة, Zamakhscharîum in *Fâik*, I, p. 170 aliam praeferre explicationem quam Lane ex TA habet et valet e. g. Baidhâwî, I, ٣, 18. Verba eius sunt: قيل اراد تجريدَه عن النُّقَط والفواتح والعشور لئلّا ينشأ نَشْءٌ فيُرَى انها من القران وقيل هو حثٌّ على ان لا يُتَعَلَّم معه غيرُه من كتب الله لانها تؤخذ عن النصارى واليهود وهم غير مامونين وقيل ان رجلًا قرأ عنده فقال استعيذُ بالله من الشيطان الرجيم فقال ذلك وفيه وجهٌ اسلوبُ الكلام ونظمُه عليه ادلُّ وهو ان تُجعل اللامُ من صِلَة جَرِّدوا ويكونَ المعنى اجعلوا القرانَ لهذا وخُصُّوه به واقصُرُوا عليه دون النسيان والاعراض عنه من قولهم جَرِّدْ فلان لامرِ كذا وتجرَّد له وتلخيصُه خُصُّوا القرانَ بان يَنشأَ على تعلّمه صغاركم وبان لا يَتَباعَدَ عن تلاوته وتدبُّره كبارُكم فان الشيطان لا يَقِرُّ فى مكان يقرأ فيه.
Est igitur fere synom. verbi خصّ utraque significatione transitiva et intransitiva. Quam quoque habere videtur in locis a Dozy laudatis علمتُ القران تجردة et وجرد ختم. — X, *eripuit* aliquid alicui, c. acc. r., من p, M ١٩٥ *b*.

جرش. جَرْش, eodem sensu quo جَرِيش, H ٣٠, 19.

جِرَاغ سَنْك, *asbestum* ut videtur, quod Arabice حجر الفتيلة appellatur (v. infra), I ٣١٣, 2, ٣٣٤, 5, H ٣٩٧, 3. Fieri tamen potest eundem lapidem intelligi, de quo loquitur Jacût, III, ٤٤٨ ult. لهم (لاهل الصين)

حجارة تسرج بالليل يستغنون بها عن المصباح, et M ٣.٣, 16 seq. De carbone minerali sermo esse nequit, cf. I ٣١٣, 4, H ٣٩٧, 4, Ibn Batûta, III, 12, neque videtur intelligi πυρίτης, Arabicum مرقشيثا et حجر النور, de quo vid. quae secundum G. Hoffmann docuit Sadebeck in *Neues Jahrbuch für Mineralogie* 1878.

جرف. جُرْف variis significationibus quas illustravit Dozy 1) *bord escarpé d'un fossé*, I ٢١, 2, Ibno 'l-Athîr, I, ٤٣٧, 1—3; 2) *colline*, M ١٣٩, 5 (coll. Ritter, XI, 665), ٢٧٧, 4; 3) *quai*, *digue*, M ٢.٩, 6 et 9; 4) *alluvion*, *banc de sable*, *promontoire*, H ٥٤, 14. — Sensu *ravin* Dimaschkî, ٩٥, 5. Sensu *collis artificialis*, quem quoque habet in locis M supra sub 2) laudatis, Jacût, I, ٨٢٩, 13 فافضى به الهدم الى جُرْف عظيم, et *rupis* Jacût, II, ٥٩٧ ult. مدينة على جُرْف عال وذلك الجرف على سنّ جبل. — مِجْرَفَة, *pala*, M ٣١, 12, Dozy, Lexica Arabica sub مسحاة.

جرم. جُرُومِيّ, *ad zonam calidam pertinens*, الفواكه الجرومية, *fructus mitioris coeli*, I ٢٥, 15, H ٣٢, 16, ٣٣ *c* cet.

جرن. جُرْن, *cavitas naturalis in rupe*, I ١٥١ ult., ١٥٢, 1, H ٢١٢, 11—14, ubi dicitur eam esse amplitudine كالجفنة الصغيرة وكالغضارة الكبيرة. Iis quae Dozy de hoc vocabulo scripsit, addendum habeo pluralem اجرنة, Mas'ûdî, II, 416, 4 (sarcophages), exemplum significationis *baptisterii*, Aghânî, VI, ١١٢, 9 a f., Ibno 's-Schihna Ms. f. 22 r. Ibid. f. 40 r. altare (مذبح) concavum appellatur جرن, sed improbante Ibno 's-Schihna. De etymologia vocis vid. Fleischer ad Levi, *Neuhebr. und Chald. Wörterb.*, I, p. 437 seq.

جرى II, eodem sensu quo IV *fecit ut flueret*, *duxit* aquam, M ٤٤٤, 14. — جِرَايَة *stipendium* (جامكى): للسلطان عليهم جراية يستكفّهم بها »principes iis annuum stipendium solvit, quo eos ab infestando dominio retinet", I ١٦٤, 4, H ٢٢١, 2. — *Reditus*, *summa certa constituta quam quis ex aerario accipit quotannis*, H ٢١ ult., ٢٢, 1.

جز. جَزّ, *pannus sericus*, vid. Dozy, habet plur. جُزُوز M ٤٢. *n*.

جزر. جزيرة النخل, *oasis*, H ١.٢, 10, Dozy. Recte hic pluralem جُزُر

»insulae", qui quoque occurrit Ibn Batûta, IV, 331, 4, sub جَزْر collocavit. Haec forma singularis legitur Jacût, III, ١٤٧, 1 (ubi جَزَر).

جزع II. الرخام المجزَّع I ٩٠, 10, H ١١٥, 12, M ١٥٧, 12, ١٥٨, 4. Vid. Dozy. Exemplis addi possunt Jacût, IV, ١٣٢, 2, ١٧١, 7, et ubi de venis marmoris sermo est, I, ٢٩٩, 16: columna مانع مجزَّع بحمرة (ib. 15 l. حجارة مانعة ut quoque IV, ٥٨, 1).

جسّ. جاسُوسٌ, nomen navigii, M ٣١, 14 et حكاية ابى القاسم Ms. Mus. Britt. f. 98 *a*, q. v. infra sub خيط.

جسر II, *pontem iniecit* fossae, M ٤٩١, 9 خندق مجسَّر, *fossa ponte munita.* — جِسْرٌ *agger* significat M ١٩١, 9, ١٩٣, 15. Vid. Gloss. Belâdh. Synom. حِبْس M ١٩١ *h*.

جعل I. Observa phrases جُعلت المدينة على الخليج »urbs iacet ad canalem", H ٩٠, 18 et جعل لله على نفسه »spopondit", M ٢١, 6.

جل. جَليلٌ, epitheton viri illustris, quod inter et فاضل discrimen gradus est, M ٩٤ *k* (٩٥ ann. l. ult.). — جَليلٌ, H ١٣٤, 3, et جَليلَةٌ, M ١٣٩, 5, sunt nomina abstracta eiusdem significationis ac جَلَالَةٌ *magnitudo*, *splendor*.

جلب. جَلَبَةٌ, proprie *clamor* (رفع الاصوات) ut M ١٢٤, 8, apud M speciali significatione de *factione* adhibetur, non quidem dominante, sed tamen *spectabili*, ٤٢٣ *l*, ١٤٢, 12, ٢٠٢, 17, ٣٢٣, 7, 9 et 12, ٣٩٥, 10, ٣٩٥, 5 et 8, ٤١٤, 17, ٤٤١ *a*, ٤٩٩, 8. — جَلْبَةٌ, navigii genus in mari Rubro, M ٩٧, 16, Makrîzî, I, ٢٠٣, 3 seqq. 12 seqq., Dozy. — مَجْلَبٌ, pl. مَجَالِبُ, *merces*, *quae exportantur*, H ٥, 5, ٤١, 20, ٧٨ ult., ٢٤٩, 11, ٢٥١, 14.

جلد. جُلُودِيٌّ, *coriarius*, M ٣١, 8, Dozy.

جلس I dicitur de navi quae *terrae illiditur* (*toucher*), I ٣٢, 7, H ٣٨, 2. Cf. apud Dozy II et V. — مَجْلِسٌ, sensu medic. *sedes*, *evacuatio alvi* (vid. Lane et Dozy), I ١٥١ paen., H ٢١٢ ult.

جمجم. الجَمَاجِمِيُّون factio in urbe Aden, cuius antagonistae apud

M ۱۰۲, 5 sunt *nautae* (الملاحون), apud Jacût, III, ۹۲۲, 4 المربّون.

جمز. جُمَّيْز, *sycomorus*, in Palaestina (M ۱۹۳, 5, ۱۷۴, 6, Jacût, II, ۷۹۹, 9) et in Aegypto crescens, describitur M ۲۰۴, 5 et *c.*

جُمْشَت secundum H ۳۱ ult. quoque e monte Schibâm provenit.

جمع I, *comprehendit*, *communis fuit:* هذه الاسامى تجمع الكور والقصبات »haec nomina regioni et urbi sunt communia", M ۴۰۴ ult. — *Comprehendit*, *secum coniunctum habuit:* بلد يجمع رستاقه »urbs quae dominatur agrum circumiacentem", M ۹ *l*, ۴۷, 10. Cf. infra جامع. — جُمْعَة. ليلة الجمعة et يوم الجمعة in plur. habent ليالى الجُمَع et ايام الجُمَع, M ۱۵, 9, ۱۴۹, 8, ۲۰۵, 10, ۲۰۹, 11 et saepe, cf. supra sub بريد. — جَمَاعَة. اهل السُّنّة والجماعة, *orthodoxi*, M ۳۷, 16, ۱۴۲, 10, ۱۷۹, 17, ۲۸۳, 14, ۳۰۹, 4. Vid. Dozy. Eodem sensu dicitur اهل جماعة, I ۳۹۷, 3, 5, 14, ۳۹۹, 7. — *Consilium municipale*, ut videtur, I ۳۹, 5 بها امامهم وبقية (وبيت) مالهم وجماعتهم. Vid. Dozy. Ad significationem *ordre*, *corporation*, *confrérie* optimum exemplum addi potest Ibn Batûta, II, 45. — جامِع, *officialis vectigalibus colligendis*, H ۹۲, 14, ۹۴, 1. — جَوَامِع saepe eadem significatione quam جُمْلَة s. جُمَل, *summa rerum*, *conspectus universalis*, I ۳, 4, ۱۵, 7, ۲۸, 15 et 20, ۳۲ paen., ubi C, D et L جملة, ۱۱۹, 14 et saepe. Eodem sensu dicitur صفة جامعة I ۳۳, 1. — جامِع tanquam epitheton urbis potest esse a رستاقها, جمعت, v. supra, ut syn. sit epitheti مجتمع الكور, Gloss. Edrîsî. Hinc المصر الجامع est *metropolis*, Dimaschkî, ۱۸۷, 11 et alibi. Sed quoque significat *aedificia esse continua*, ut M ۳۹۰, 3, ubi plur. جوامع. Eodem sensu Ibn Batûta, IV, 295, 1 مجتمعة habet. Plerumque autem de urbe pagove significat *populosus* (v. Lane), M ۴۷, 9, ۱۱۹, 13, ut quoque مجتمع M ۳۱۳ *d* (۳۱۴ ann. l. 3), Edrîsî, ۲۲, 5 a f., et de foro pandocheove *mercibus abundans*, Jacût, III, ۹۹۱, 7 وبها سوق جامع كبير وفنادق جامعة كبيرة. — امور جامعة, *conditio florens*, de urbe, M ۱۳۸, 7, ۱۹۴, 12. — مَجْمَع, pl. مجامع, *emporium* (entrepôt), I ۹۳, 6, ۳۱۸, 16, Jacût, I, ۳۴۲ ult. Apud I ۳۱۳, 12 habere potest significationem *conventus mercatorum* ut ٢٤ *d* (vid. Dozy). *Conventus religiosus*, I ٩٢, 5, H ١٧٤, 18. — مُجْتَمَعٌ pro n. a. *conventus*, I ٢٤, 5, H ٣٤, 15.

جمل V, *belles induit vestes* die festo, M ١٢٩, 10, ubi constr. c. على causae [1]); *pro festo ornatu induit*, c. بِ, M ٣١٥, 5, Aghânî, VI, ٣٠, 3. — جَمَلٌ. M ٣٥٨, 5, ٣٧١, 9 intelligitur البدنة, camelus qui in sacrificium mactatur. — Idem significat quod جُمْلُونٌ (vid. Lane et Dozy et cf. Khafâdjî ٧٥), tectum quod in angulum terminatur, M ١٤٩, 4. Cf. apud Payne Smith sub ܓܡܠܘܢܐ. Opponitur tali tecto tectum fornicatum قبو e. g. Ibno 's-Schihna, Ms. f. 22.: وكان سقفها جملونًا خشبًا فعزم الامير على عمارتها قبوًا. Cf. ib. f. 25 r. عقد الجملون على الحائط. Aedificium tali tecto munitum appellatur مُجَمَّلٌ, M ١٨٢, 9, ٣١٩, 12. Synonymum est مسنّم e. g. I ٢١١ ult. — جَمَلَةٌ, *comitatus* principis, H ٧٧, 12, Mas'ûdî, III, 73, 8 (ubi sic l. pro ܚܡܠܬܗ, Gloss. Fragm. — Quod attinet جملا apud I ٢٩, 15 nunc firmiter mihi persuasum est, pronuntiandum esse جُمَلًا, nec facere possum cum Dozy, qui hanc formam tanquam singularem usurpatum fuisse opinatur. Nam aliis locis ubi جمل occurrit, ubique pluralis vocis جُمْلَةٌ esse potest, nonnullis debet e. g. I ٢٨٩, 11, H ٢١٩, 3, Mas'ûdî, III, 254, 7, et est synonymum vocis جوامع (q. v.) e. g. I ٩٩, 12, ١٧٠, 3, ٢٨٣, 18, Sîbawaih apud Girgas et Rosen, ٣٧٢, 6 هذا موضع جُمَلٍ وسنبيّن ذلك فيما يستقبل. Si porro comparamus locum I ٢٩ cum H ٣٩, 15 patet جملًا ut مفصّلا esse adverbiale complementum verbi وساصف et pronomina in عليه et قراه referenda esse ad ما في اضعافه. Simul probabile fit utrumque vocabulum fere idem significare, nempe hoc *specialiter* (en détail), illud *summatim*, sensu quod summa, res praecipuae tractantur. Cf. apud Dozy جملا جملا ex Ibn Khaldûn et usum e. g. Agh. XI, ٧٩, 21 اخبرني بخبره الذى حكيتُ جملًا منه »quam historiam supra summatim retuli". Apud M in unoquoque capite recurrit inscriptio جُمَل شؤون هذا الاقليم »expositio summaria conditionis huius regionis". Interdum pro جمل varia lectio جملة exstat e. g. M ٩٥ *a*.

1) Cod. ibi habet وتحلموا عليه *et de eo somniant* (constr. c. على ut Agh. IX, ١٣٩, 8), quod sensum dare posse non videtur.

جن. الجِنّانيّ, species dactylorum in provincia Basrae, M ١٣. *p.*

جنب. جَنْبٌ. • جنب في, *iuxta* (en comparaison de), H ١٧٤, 13. Dozy. — جانِبَ, *iuxta* (à côté de), M ٤٢٨, 16. — جَنَّابِيّ, *in urbe Djannâba fabricatus* pannus, H ٢١٣, 13 المناديل الجنّابيّة, Mas'ûdî, I, 238, 8; in *al-Mowasschâ* f. 121 v. inter pannos linteos enumerantur الدبيقى والجنّابى.

جنبد. جُنْبُذَةٌ, *aedificium fornicatum*, I ٢٣١, 14, H ٢٩١, 6. Vid. Gloss. Fragm. et Dozy. Omnino assentior verbum denominativum esse جَنْبَذَ.

جنح. Edidi M ٣١, 10 جُنِحَتْ ولَحِتَتْ, nempe النّاقة, *onerata fuit supra quod ferre poterat.* Prius verborum synonymorum proprie significat *costas ruptas habuit ex oneris gravitate.* — جَنَاحٌ, *fenestra prominens* qualis a Lane describitur in Cap. I operis *Manners and customs of the Modern Egypt.*, s. *coenaculum prominens viae fenestra praeditum*, M ٧١, 7: domus Meccanae sunt كثيرة الاجنحة من خشب الساج, ١٩٩*l*, ٢٨., 5, Azrakî, ٣٢٩, Agh. II, ١٣٢, 10 a f., III, ٧٩, 8 a f., IV, ١٩., 6 a f., V, ٤, 11, ١٢٥, 9 a f., ١٣٩, 13, VII, ٥ med.; اشرع جناحًا significat *talem fenestram aperuit*, Abû Ishâk as-Schirâzî, ١١٩, 17 ed. Juynboll et Ibn Kâsim in Gloss. laud., Abû Schodja', p. 85 ed. Keyzer (Hiçnî Ms. f. 126 r. et v. et *Mohît* (روشن ومنظر).

جند. جُنْدٌ, pl. اجناد, terminus technicus apud M quo designatur *oppidum* (ville de province), ٤٧, 8, ٤١٥, 5, ٤١٩, 7.

جنى VIII, *collegit tributum*, c. dupl. acc. = جبا, H ٧., 22, Jacût, I, ٣, 21.

جهد III, c. ل p., على r., *severe punivit*, H ٩٩, 18 (cf. ٩٨, 13).

جهرم. الجَهْرَمِيّ appellantur tapetes in urbe Djahram fabricati, I ١٥٣, 17, H ٢١٤, 3. Vocatur quoque talis tapes جَهْرَمٌ, vid. Jacût, II, ١٩٧, 15 seqq.

جهز. جَهَازٌ, *merces*, I ٣١٨, 1, H ٤٤, 15, ٤٥, 11, ٤٩, 9, ٤٧, 4, ١٩١, 2, Mas'ûdî, I, 303, Jacût, I, ٨٢١, 5, Gloss. Edrîsî.

جهم. الجَهْمِيَّة, secta nota, M ٣٧, 11, ٣٨, 9, ٣٢٣, 15.

جو. Persico lexico addenda sunt vocabula جَوفدری et جَوِديــوان I ٩١ Add.

جوب X in loco M ۴.٦, 8 لما استجاب له الزنج فاجابوه videtur significare *ad obedientiam ipsius invitavit* nigros atque hi obtemperaverunt. — جَوَابٌ, *assensio*, H ١۴٢, 9 »et ut assensionem daret vindicanti sibi ius *al-mokâsimae*" i. e. ut ratam faceret eius petitionem.

جَوجَق, pl. جَوَاجِيق, *pullus gallinaceus*, M ١۴٥, 10. Est a Persico جوجه, چوجه, جوزه s. چوزه.

جوز I, sensu *valere*, *in commercio adhiberi* de pecunia (= تروّج), I ٣١۴, 14, H ٣٦١٣, 14. Cf. Lane. — II, sensu quem Lane ex TA habet, *opinatus est rem esse haud absurdam*, I ٨٠, 13. — V, *pervenit*, *descendit* (passer), M ٣٢٩, 2, ubi C نزل (ann. *f*). Cf. usum verbi جوّز apud Jacût, I, ۴۴۴, 11 *praeteriit*, Khafâdjî ٩٥: واما تجوز من المجاز فمحدث. Forte autem vult usum impropriae locutionis; — *contentus fuit* c. ب, M ١٠٥, 13; — *succinctus*, *brevis fuit* in narratione, I ٣, 9, ٣٦٢, 8. Videtur esse derivatum transpositione litterarum a وجز. — جَوَازٌ. بَعْدَ جَوَاز c. gen. *excepto* (sans compter), H ١٩٨, 3. (Est hoc loco n. a. verbi جاز). — مَجَازٌ, *fretum*, M ٢٣٢, 15. — مُجَازٌ, *quod improbabile est*, *nec tamen absurdum*, M ٣, 3. Est proprie ما اجازه العقل.

جوف. جَوفَ, *intus*, I ٢٠٣, 5, ٢٠٨ *c*, H ٣٦٦, 5, M ٥٨, 11, ٣٣٩ *o*, Kosegarten, *Chrest.* 121, 12, ubi male جُوْف.

جوهر. جَوْهَرِيَّةٌ, *natura rei*, idem quod جوهر »the constituent of a thing", H ٣٩, 21.

جَيْسُوان, optimum genus dactylorum in provincia Basrae, M ١٣٠ *p* (ubi sic corrigendum pro الخيشوان, vid. Dozy). Quoque appellatur بسر السكّر et بسر ماء السكّر, vid. Abu 'l-Kâsim supra in v. ابرهيمى.

جبلٌ saepe apud M occurrit pro جير *calx*. Explicatur ٣٢٩ *c* per نورة.

جيلان s. جيلاندار, nomen optimi generis dactylorum quod Kârzîn in Perside profert, I ١٥۴, 11 (L الجيلان, F حملان).

حبّ. حَبُّ الرُّمّان s. رمّان حَبُّ (cf. Dozy حبرمان) est *ipsum pomum granatum*, vid. e. g. Aghânî, X, ٨٢, 1. Exportatur e Mosul et Sindjâr, M ١۴٥, 4 et 5. Vid. quoque لبّ الرمان. Jacût memorat III, ٢٨١, 19 حبّ الرمّان الشوشى e pago vicino Mosuli. Paratur ex iis pulmentum الرمّانيّة dictum, Payne Smith I, 1306, Ibn Djazla in v., Golius ex Mar. Succus ماء حب الرمان dictus in deliciis habetur et in praeparatione ciborum adhibetur e. g. Abu 'l-Kâsim l. l. f. 37 v. — حُبٌّ, pl. حَبَاب et أَحْبَابٌ, speciatim dicitur de situlis aquae in plateis positis in usum viatorum, I ٢٩٠, 15 (ubi male edidi جباب), H ٣٣٩, 14, *Mowasschâ*, Ms. f. 145 v., ubi dicitur homines morum elegantiorum لا يشربون ماء الاحباب ولا الماء فى دكاكين الشراب ولا ماء المساجد والسبيل. — حَبَّة, minimum pondus, in Syria unius grani hordei, M ١٨٢, 3, ٢۴٠, 11, alibi duorum granorum ut syn. طَسُّوج, M ٣١, 3. Hoc enim pondus esse quartam partem dâniki, ut habent lexica, testatur e. g. Jacût, IV, ٥١٢, 5 et 8, Kazwînî, II, ٣٠٧, 4 a f. seqq. Vid. porro *Mohît*. — Moneta parvissima, H ۴٧, 1, M ١٢١, 10 (cf. Dozy), ut quoque طسّوج M ٩٩, 14, ubi forma طسوه (q. v.). Quoque *habba* aurea exstitit. Jacût, I, ٨٢٢, 17 narrat se anno 610 in urbe Tabrîz emisse octo libras melorum Armeniacorum dimidio *habbae* aureae. — حُبِّيَّة, secta quae anthropomorphismo favet, sed nomen habet ab amore (حُبّ), quoniam Deum neque propter metum, neque spe retributionis inducti colunt, sed tantum propter amorem (*Mafâtih al-Olûm* f. 10 r.), hinc annumerantur Sufiis, secundum hanc descriptionem in توضيح المذاهب (*Dictionary of the technical terms*, I, ٢٧۴): فرقة من المتصوفة المبطلة وقول ومعتقد ايشان آنست كه بنده چون بدرجۀ محبت رسد تكليفات شرعيه ازو ساقط شود ومحرمات برو مباح ميگردد وترك صلوة وصيام وحج وزكوة وسائر شعائر اسلام وارتكاب آثام برو مباح گردد نعوذ بالله من هذا الاعتقاد فانه كفر صريح بلا ريب. Multos huius doctrinae asseclas esse in Khûzistân docet M ۴٠۴ *a*, ۴٠٧, 13, ۴١٥, 5. Loco postremo ex B restituendum est وحبّية. Inductus in errorem fueram a C h. l. et ۴٠٧ *m*, ubi حبية exstat quasi epitheton Hanbalitarum, et false explicaveram tanquam »qui modum excedunt in veneratione Moâwiae (يفرطون فى حُبّ معاوية M ٣٨٤, 14)". — مَحَابّ, *vota*, *optata*, *voluntas*, H ٥٧, 5 et 18, est, ut videtur, plur. a مَحَبَّة, quod sub حُبَّة ex TA memoravit Lane. — مُحَبَّب proprie *granatus* (vid. Dozy), de lapide significat quod Gallice dicitur *granulé*, M ٣٩٧, 7.

حبر. الحابيران, sic coniectura scribo M ١٣٠ *p*, ubi Cod. sine punctis, species dactylorum in provincia Basrensi, ob colorem, ut videtur, sic appellata.

حبس II, *incarceravit*, I ١٤٣, 7, Gloss. Fragm. et Dozy.

حبك. حَبِيكة, pl. حَبَائك, primum ut حَبَاك (vid. Lane) significare videtur *locum septum pecoribus destinatum* (حظيرة), deinde *agrum fruticibus septum* ut M ٤٩٣ *s* (٤٩٤ ann. l. 2) وثَمَّ اشجار توت وحبائك قليلة تزرع.

حتّ. حَتَّى sensu *antequam* (vid. Dozy) post se habet لا, si negatio praecedit, M ٢١٣ *g*: لا يمكن احد نسج شيء من عمل شطا والملونة حتى لا يختم عليها بختم السلطان ولا تباع حتى لا يحضر صاحب السلطان.

حجب. حَاجِب apud M est nomen technicum quo significatur *urbs primaria provinciae*, cuius urbes ceterae جُنْد appellantur, dum metropolis terrae ملك vocatur. Vid. ٤٧, 8, ٤٨, 8, ٢٧٠ *k* et *l*, ٣٠١ *b*, ٤٣٦, 1.

حجر I, *exportationem interdixit* c. على mercis, I ٤٢, 8. Dozy locum vertit *se réserver l'usage de*, sed mecum facit M ٢٤١, 1, ubi ويمنع السلطان من حمل ذلك الى البلدان. Versio Persica (E) quoque habet ونكذارند كى برون ارند. — مِلْح مُسْتَحْجِر, *sal fossilis*, H ٣٧٧, 1.

حجز. حَاجِز, pl. حَوَاجِز, *agger in canali constructus*, I ٨٥, 1 et 3, H ١٦٥ ult., ١٦٦, 1.

حدّ I, *inclusit* canalem lapidibus, *oras* lapidibus *instruxit*, M ٢٥٣, 9; — *ferro obduxit*, M ١٧٤ *k*, ٢٣٩ *g*, vid. II. — II, *ferro obduxit* ianuam, M ٨٤, 2, ١٧٤, 10, ٢٠٠, 13, ٢٣٦, 8, ٢٨٠, 6, ٢٨٩, 5, ١٣٥٧, 5. — III, c. acc., *conterminus fuit*, ut Lane ex uno loco habet, H ٧, 15, ٩٩ *d*, ١٣٣, 17, ١٣٤, 11, ١٤٥, 9, ٢٨٩, 10, Djawâlîkî ed. Sachau, ٣٨ et ann. p. 19. — حِدَّة quoque de dulcedine adhibetur, H ٢٣٩, 1 يزيد على العسل فى حدّة حلاوته.

حدأ. حُدَأ, *milvus*, M ٢٠٥, 19. Vulgo pronuntiant حِدَأ, sed lectionem Codicis mutare nolui, quoniam quoque حُدَّى dicebatur (vid. Lane sub حدأ). Iuvat adscribere quae mecum communicavit von Kremer: »Die vielen Sperber, Falken und Weihe sind noch jetzt ein Charakteristicum der Aegyptischen Städte".

حدث V, plane eodem sensu quo تكلّم, M ٢٠٣, 5, cf. ann. *f.* — اصحاب الحَدِيث memorantur M ٧٣, 7, ٣٨, 1, 7, 8, 13, ٣٩, 9, ٤٠, 11, ٤١, 7, ١٨٠, 1, ٢٧٣, 16, ٣١١ *s*, ٣١٨, 12, 19, ٣٢٧, 2, ٣٥٩, 3, ٣٦٥, 9, ٣٧٩, 1, ٣٩٥, 7, ٤٣٩, 10, ٤٤١ *a*, ٤٦٩ *b*, ٤٨١, 7. In *Mafâtîh al-Olûm* f. 9 v. iis annumerantur Mâlikitae, Schâfi'itae, Hanbalitae, Dawuditae, Kollâbitae et Asch'aritae. — أُحْدُوثَة tanquam epitheton occurrit M ٣٩١, 2 دار الكتب الاحدوثة, *bibliotheca admirabilis* (proprie bibliotheca res admiranda).

حدر. المحدر appellatur species dactylorum in provincia Basrae, M ١٣٠ *p.* — مِحْدَار, *facile*, *celeriter descendens*, *defluens* aqua, M ٣٥٧, 3.

حذو. حُذْوَة, *solea*, *calceus* (vid. Lane ex TA et Dozy), habet plur. حُذْو, M ٢٠٣, 14, Mowasschâ f. 122 v. ومن زيّهم (من زىّ الظراف) لبس النعال الزيجيّة — والحذو اللطاف.

حرّ II significat quoque *summatim tractavit* ut H ٦, 12, ٣٣١, 2 بنينا الكتاب على التحرير. Hinc التحرير est idem quod التلخيص, *summa summarum* e. g. *Septem Mo'allakât* ed. Arnold, ١٠٠ paen., ١٠٤, 2, ١٠٥ paen. cet. — حُرُور, pl. ab حَرّ, legitur H ٦٥, 21 pro جروم, *regiones calidae.* — حَرُورِيَّة, schismatici, M ٢٩٣, 20. — حارّ de foro idem significat quod جادّ (v. supra) et دارّ, *frequens mercatoribus et emtoribus*, H ٤٤, 5, ٢٣٩, 10, ٣٦٣, 18 (ubi I ٣١٤, 3 a f. دارّة), M ٨٣, 7, ٨٤, 2, ٣٠٣, 4, ٣١٨ *d*, ٣١٩, 5, ٣٢١, 1 (ubi compar. احرّ), ٣٥٩, 6 (ubi C جادّ), ٣٩٣, 10. — Tanquam epitheton aquae est *pravus*, *insalutaris*, M ٢٠٨, 19, ubi C ردى, coll. ٤٣٦, 8 غير صحيح.

حرب. حَرْبِىّ. سفينة حربيّة, *navis bellica*, I ٧١, 12, الشرنديات الحربيّات H ١٣٢, 2 et 19. Vid. Dozy. — مِحْرَاب, pl. مَحَارِيب, apud M ٤٤٤, 7 significationem habet quam ad locos Ibn Djobairi illustravit Dozy »des figures qui ont la forme d'une niche".

حرث. الحَرْثِيّ appellatur species dactylorum in provincia Basrensi, M ١٣٠ *p.* Fortasse nomen habet a حَرْثٌ »what is grown — by means of date-stones" (Lane).

حرس. مَحْرَسٌ, pl. مَحَارِسُ, apud H ٤٧, 18, M ١٧٤, 6 et 8 habet significationem notam *praesidii* sensu *castelli* (vid. Dozy). Sed I ٣٣ ult. legimus وهو رباط كان فيه محارس للقطرية, ubi quemadmodum Vers. Pers. vertit پاسبانان et H ٣٩, 11 المحاربون, *praesidium* sensu *militum* significat.

حرف II, *arte fabricavit*, H ٢٤٩ ult. Cf. Dozy »facetter, tailler à facettes". — VII. Legimus H ٨ ult. ما انحرف منها (من) الجبال بدخول مفازة خراسان وفارس على حدودها, ubi vertendum est: quae partes protenduntur, prosiliunt". Cf. Dozy »s'éloigner du juste milieu".

حرق. حراق, nomen piscis in Tigride, M ١٣٠ *p.*

حرم II, *haeredem aliquem esse negavit* iudex, M ٢٧٠, 6, ubi opp. ورّث. — In verbis حلّت به الحرمة, H ١٧٥, 10, pronuntiandum est الحُرْمَة *adversa fortuna* (vid. Lane sub حرم I).

حزب. حِزْبٌ, *imperio alicuius subditi*, صاروا حزبًا لهم, I ٢٢, 5, H ٢٩, 2. Cf. apud Dozy حزب النصر .id. — حَزِبٌ, fem. ة, compar. أَحْزَبُ, *frequens* incolis, militibus, M ٢٠٢, 1 et 4.

حزر I, *numeravit*, constr. c. dupl. acc., I ٣٩١, 5, et c. acc. r. et ب numeri, H ٣٧٩, 9. Utroque loco est constr. passiva. Notandus est usus verbi apud I ٣١٥, 10 كان عمل ولاية بخارا يحزر مفردًا من خراسان, *provincia Bokhârae a praefectura Khorasâni separata habebatur.*

حزك. الحزكان appellatur species dactylorum in provincia Basrae, M ١٣٠ *p.* In loco Abu 'l-Kâsimi supra sub ابرهيمى laudato legitur الحركان.

حسب. بالحِسْبَة M ٢, 20 est idem quod حِسْبَة s. احتسابًا.

حسن. حَسَنٌ. M ١٢٨, 8 de lingua Iracanorum dicit eam esse حسنة فاسدة i. e. *grata auditu, sed minime legibus grammatices parens.* — Ubi de colore faciei adhibetur idem significare videtur quod Anglicum *fair.* Nam

M ۳۱, 4 tum e contextu hic sensus vocis patet, tum hinc quod incolae Khowârizmi hic memorantur, quos ۳۴, 10 omnium deformissimos appellavit auctor. P. ۳۳۱, 2 et ann. *e*, ubi opponitur اسمر, alia significatio admitti vix potest. Vid. quoque ۳۹۸, 11 et H ۷۲, 14. Denique in loco Aghânî, V, ۹, 14 seq. لم يكن الناس يعلمون الجارية الحسناء الغناء وانما كانوا يعلمونه الصفر والسود واول من علم الجوارى المثمنات اى, ubi puella fusci coloris opponitur puellae حسناء, aliter verti nequit. — الحَسَنِيُّون, sectarii (Schî'itae) in Djordjân, M ۳۷۱, 9.

حش. حُشَّة, *palmetum* = حُشّ, M ۲۵۳, 5. Freytag habet حُشَّة *magnum sacellum* (القبّة العظيمة) et sic in omnibus Codd. *Kâmûsi* exstat, sed legendum est auctoritate الصاغانى عن ابن عباد, ut in TA observatur, القنّة, *collis*. — أَفْلَتَ بِحُشَاشَتِه, *vix evasit*, H ۲۱۰, 13. Vid. Gloss. Belâdh., Ibno l-Athîr, XI, ۱۴۹ et porro Dozy.

حشر. مَحْشَر, sensu n. a. *congregatio mortuorum*, M ۱۹۹, 17. Jacût, IV, ۵۹۲, 1 habet مَحْشَر.

حشو. الحَشْو est *anthropomorphismus* et qui huius rei accusantur appellantur اهل الحشو s. الحَشْوِيَّة s. الحَشَوِيَّة, H ۹۵ ult., ۲۰۷, 16, ۲۵۰ ult., (القول بالحشو), ۲۵۹, 7, M ۳۸, 7, Mas'udî I, 269, 7, IV, 64, 7 (حشوية الفلاسفة) V, 443, 3 (ubi male vertitur »l'école éclectique"), Jacût, IV, ۹۹, 8. Vid. porro Dozy, qui laudat Gloss. Edrîsî, Khafâdjî ۸۱ et Houtsma, *De strijd over het dogma*, p. 126.

حصد. حاصُود, pl. حَوَاصِيد, *messor*, M ۱۳۸, 11, Payne Smith, I, 596, 10 الرغيف الذى يعطون للحواصيد بالغداة, 620 paen. (p. 1351 tantum habet حاصد et حَصَّاد). Unde Freytag petiverit suum حصّاد, pl. حواصيد, non liquet. TA habet: وحكى ابن جنى عن احمد بن يحيى حاصود وحواصيد ولم يفسره قال ابن سيدة ولا ادرى ما هو.

حصر. حَصَّار, *qui storeas fabricat* s. *vendit*, M ۴۱۳, 14, Dozy.

حصل II. تَحْصِيل, *intelligentia*, H ۷, 7, ۱۹۴, 7 (ubi I ۱۲۳, 7 habet synon. تحقيق). — مُحَصِّل, *intelligens*, *doctus*, H ۱۸۷ *l*, M ۱۹۹, 10, Jacût,

II, ٦, 22. Vid. Dozy. — V, *calculari*, H ٢٧٦, 8 وارتفاع طبرستان غير متحصّل *calculari nequit.* Vid. Dozy.

حصن. حِصْن, *murus qui circumdat urbem*, I ٨٧, 13, ١١٦, ١٧٥, 1 (ubi pl. حُصُون), ٢٣٩, 3., ٢٧٤, H ١٦٣, 11, M ٣٥٧, 3, 4. Vid. Gloss. Edrîsî, Belâdh. et Dozy. — حَصِين, fem. ة, *munitus*, M ٤٨٤, 5.

حضر IV, *praeparavit editioni* (cf. Lane ex TA), *edidit* librum M ٨, 9 (ubi Cod. C اظهاره ut l. 15). Hinc مُحْضَر الكتاب *quae pars libri praeparata est*, *adversaria*, M ٨, 8.

حطّ VII, *decrevit* aqua, I ٨١, 8, H ١٦٠, 9, calor H ١٠٢ ult., ubi sic coniectura edidi (Codd. انهد).

حطب. مُحْتَطَب, *lignatio* utroque sensu, I ١٩١, 8, ٢٦٥, 13 seq., ٣١٢, 5, H ٣١٧, 18, ٣٦١, 8. Dozy. — حُطْب pro عُطْب *gossypium* scribitur in Codd. M ٤٣٣ *u.* In textum recipere ausus non sum.

حظّ I transitive (cf. Lane) *fortunam dedit*, H ٢٠٦, 11 ولقد حُظُّوا من ذلك بحظّ جليل, pro quo I ١٣٩, 1 et 4 وقد أُعْطُوا من ذلك حظًّا جزيلًا, *magnas inde opes acquisiverunt*, Vers. Persica (E) vertit ومردمان سيرافرا از بازركانى دريا روزى تمام هست.

حفّ. حَفِيف sensu مَحْفُوف, *circumdatus*, M ٨٧ *l* بلد حفيف الرمال, *in medio arenarum.* — حَفّى, *instrumento* حَفّ s. حَفّة *textus* pannus, opp. بيباف, M ٣٢٣, 18, 19. Vid. Dozy.

حفر I *sculpsit*, M ١٦٥, 11, Aghânî, VIII, ٤٤, 4 a f. (ubi مفحور), Jacût, I, ٦٧٥, 22, II, ٦٤٦, 2, Dozy. — مَحْفُور est epitheton speciei strati in Armenia fabricatae, H ٢٤٦, 16, Makrîzî, I, ٤٤٩, 5, Dozy (ubi l. Payne Smith 1491). Tale stratum appellatur مَحْفُورة, Jaçût, IV, ١٤٤, 7, ubi dicitur stratum fimbriatum, antiquitus قَطِيفة vocatum, nunc زوليّة et محفورة appellari, et مَحْفُورِى, M ٣٧٤ *m*, ubi in textu الزلالى, et ٣٨٠, 8, ubi pl. محفوريّات. Significatio epitheti secundum Fleischer ad Abu 'l-Mahâsin II, 139 et 176 est »in cuius superficie sunt fossae i. e. striae, quasi sulci depressiores", coll. Makkarî II, ٣٩٧, 14 seq. Quam explicationem, reiecta Slanei interpretatione apud Dozy, tuetur hisce in rebus optimus iudex Karabacek, qui mihi scribit: »Die Bezeichnung geht auf den Dessin. Dieser weist *Streifen* auf, deren Farbenschattirung dem Auge des Beschauers den Eindruck einer Cannelirung hervorbringt. Noch heute werden — wie zur Zeit des Ibn Haukal — in Armenien von Siwâs herab bis Diârbekr derlei cannelirte Kleiderstoffe verfertigt, indem die Aufeinanderfolge der Streifen in blau, schwarz, roth, grün, weiss und gelb auf ihnen die Täuschung hervorbringt, als wären sie ausgekehlt". Epitheton محفورى seduxit lexicographos (Çaghânî secundum TA et *Kâmûs*) ut locum محفور dictum exstare statuerent, quem quia ex Armenia panni sic appellati exportabantur, in littore maris Mediterranei (بشط بحر الروم) posuerunt.

حفظ III c. على p., *honoravit*, *comiter tractavit*, H ٧٣, 7, ut احتفظ apud Dozy (ubi addatur احتفظ quoque sensu *curam alicuius habuit* construi c. على ut *Alif Laila* ed. Macn. III, ۴٨١, 6 a f.). — مَحْفُوظٌ de templo quod bona tuitione gaudet, M ۴٣٣, 3.

حق. حَقِيقَةٌ. Dicitur حقيقة المغرب, *Maghrib propria*, H ۴٢, 4. Pl. حقائق, *proprietates*, H ٥, 9, ٦, 11. — تَحْقِيقٌ, *iudicium*, *intelligentia*, I ١٢٣, 7, ubi H تحصيل. Vid. Dozy: *pénétration*.

حقب. حَقِيبَةٌ habet quoque pl. حقيبات, M ٣٢۴ *k* (in textu l. 13 الحقائب).

حقو. حَقْوٌ et حَقْوَةٌ, proprie *media pars corporis*, pro *dimidio staturae hominis* adhibetur M ٧٢, 5 et ann. *f*.

حكرم. الحكرم appellatur species dactylorum in provincia Basrae, M ١٣٠ *p*.

حكم. مُحْكَمٌ de principe idem significat quod راتب (q. v.), *stabilis*, *domicilium perpetuum habens*, M ٣١٥, 12, ۴۴٧ *b*. De panno significat *bene* (solide) *textus*, *validus*, M ۴۴٢, 12 الانماط المحكمة, ubi C الجيّدة. Hinc مُحْكَمٌ est nomen panni, M ١٢٨, 16 محكم بغداد. Dicitur quoque الزجاج المُحْكَم, *bene*, *solide fabricata vasa vitrea*, Jacût, II, ٦١٨, 18.

حكى I dicitur de delineatione quae *refert* formam regionis, I ٣, 2 (ubi L كل قطعة منها مفردة تحكى موضع ذلك الاقليم). De re pellucida quae *prodit quod ea tegitur*, I ٧٤, 3, ut syn. وصف (v. Gloss. Moslim). H ١٤٩ ult. يبيّن ما فى قعورها. — III, *narravit*, H ١٠٠*a*, ubi المحاكون *narratores.* — IV id. M ٤٤٠, 8. Dozy.

حلب V dicitur de aqua in corpore humano, M ١٠١, 10. De rivulis, qui *derivantur* e flumine, I ٨٤, 10, H ١٦٥, 14. Difficile est statuere utrum hoc verbum rescribendum sit Mas'ûdî, I, 214, 3 a f., Ibn Khaldûn, *Proleg.* I, 80, 2 a f.; 81, 4, 138, 2 etc., an lexico addendum sit verbum تجلّب sensu *colligi*, *confluere*. Posterius mihi videtur, nam quod in lexicis Arabicis desideratur (hac nimirum significatione, nam alia occurrit TA ٢٠٠, 6), vix argumento esse potest. In poëmate Akhtali Cod. 287 f. 11 r. sermo est de جوالب الفرات i. e. موادّه *rivi affluentes* [1]). Verbum جَلَبَ significat aquam *deduxit*, Dozy et Ibno 's-Schihna, Ms. f. 57 v. جلب قناةً الى المدينة, ut quoque اجتلب Jacût, I, ٣٠١, 14. Syn. est verbi سوق, Harîrî ٤٤ (2dae ed.). Iure vero Dozy aliis Ibn Khaldûni locis reposuit تحلّب pro تجلّب. Sensu *l'eau lui vient à la bouche* تحلّب فوه antiquum est. Tradit Ibn Omar de patre suo: رايت عمر يتحلّب فوه فقال اشتهى جرادًا مقلوًّا i. e. ut additur in TA يتهيّأ رضابه للسيلان.

حِلْتِيتٌ et حِلْتِيتٌ, *assa*, magna copia crescit in deserto inter Sidjistân et Kirmân, et magni usus est in culina, I ٢٤٤, 11, H ٣٠١, 17, cf. Lane et Polak, II, 282. Exportatur quoque e Tirmidh, M ٣٢٤, 14 et in regione inter Schirâz et Sâbûr frequens est, M ٤٤٣, 16. Nowairî, Ms. 273, p. 789 infra, speciem albam edibilem appellat السرخسى.

حلف. محلّف vid. sub خلف.

حلم. حالُومٌ, species casei in Aegypto, vid. Lane et Dozy, M ٢٠٤, 1, ٢٠٦, 2.

---

1) Houtsma, vs. 22 edidit e Cod. Petrop. حوالبه cum explic. امواجه.

حم. حَمَامَةٌ, nomen navigii, M ٣٢, 2. — حُمَّائِيٌّ, *pestifer*, *febrem causans*, H ١٣ *c.* — حَمِيمَانِ, *ignis inferni*, M ٤٦٧, 6.

حمد. المُحَمَّدِيَّةُ 1) nomen dirhemorum Meccae, M ٩٩, 10; 2) dirhemi nigri coloris, qui tantum in Transoxania valebant, I ٣١٤, 15, ٣٢٣, 5, H ٣٧٤, 2, M ٣٣٩, 11, ٣٤٠, 2 seqq.

حمر. الاحمر, species dactylorum in provincia Basrensi, M ١٣٠ *p.* — حُمَّرٌ, *bitumen*, I ٩٤, 14, H ١٢٤, 2. *Teschdîd* praescribitur ab Abulfeda ٢٢٨. Cf. Dozy.

حمل I, c. عن p., loco H ٧, 3 (ubi est passivum) significat *clementia uti erga* (vid. Lane). Vertendum est: »eum iudicet ut qui clementia dignus est propter studium veri"; hinc التحامل apud I ١٤٨, 13 est *indulgentia vituperabilis;* — *allevavit* tributum alicuius H ٢١٧, 21, ubi I ١٥٨, 16 syn. خفّق. — VI, *cum gravitate*, *lente*, *languide protulit* verba, M ٣٣٤, 10, 12, 16. Non video quare Dozy meam interpretationem loci Fragm. Hist. Arab. ١٨١, 11 *cum molestia locum attigit*, ubi de viro venenato sermo est, condemnavit. Dicitur enim تحامل في المشى sensu »*he constrained himself to walk*, *notwithstanding dificulty*, or *trouble*, or *inconvenience*, *and fatigue*", et loco laudato nudum verbum تحامل idem significat. Et revera in hoc verbo notio *molestiae*, *operae* inesse solet, nam ibi quoque ubi *properanter aufugit* significat, proprie est *intentis viribus ivit.* Cf. etiam apud Dozy *braver la douleur.* — VIII. Dicitur de fluvio احتمل السفنَ, *navigabilis fuit*, I ٣٠٢, 6, ٣٢٠, 6. Eodem sensu dicitur حمل السفن, H ٣٥٢, 14, ٣٦٩, 7. — حَمْلٌ, collective *merces* = جهاز, M ١, 15. Sensu quem illustravit Dozy *l'envoi qui était fait au souverain du produit des revenus d'une contrée*, et, par suite, *la somme elle-même qui était portée au trésor du prince*, H ١٩, 16 وتدرّ عليهم الحمول من اخلافها (cf. Lane sub خِلْفٌ). Pl. pl. حُمُولَاتٌ, *merces quae exportantur*, I ٣٣, 5, ١٩٩, 3, ٢٦٥, 11, ٢٧٣, 2, H ٢٨ ult., ٢٩١, 11, M ١٥٢, 2, ٤٢٧, 15. Eodem sensu H ٣٢٤, 2 habet مَحْمُولَاتٌ, et occurrit quoque حَمَالَاتٌ, Aghânî, II, ٢١, 7 a f. وكانت لزيد الف ناقة للحمالات, ut H ٢٩١, 11 جمال للحمولات. — حَمَّالَاتٌ, pl. coll., *agger quo sustinetur aquae ductus*, I ٣١٩ *l*, ubi laudatur Abulfeda ٤٩٣, 2.

حمى. حَمَايَةٌ, *tributum non canonicum*, M ٩۴, 12, ١٨٩, 4, ٣٧١ *a*. Vid. Dozy. — أَمِيرُ الحَمَايَةِ titulus est eiusdem praefecti qui والى المعونة appellatur (q. v.), M ٣٣٠, 12, coll. I ٢٩٢, 1. Habet in hoc titulo الحماية propriam significationem *protectio*.

حنّ. حَنَّانَةٌ, *machina hydraulica*, M ٣١, 11. Dozy. Adde *Mafâtîh al-Olûm* f. 76 v. الحنّانات آلات تُعمل فتحنّ بصوت مثل صوت المعازف والمزامير.

حنبل. الحَنْبَلِيَّةُ memorantur M ٣٧, 7, 18, ١٣٩, 5, 14, ١۴٢, 11, ٢٠٢, 17, ٣٦٥, 8, ٣٧٥ *r*, ٣٧٩, 1, ٣٨۴, 14, ٣٨٨, 15, ٣٩٥, 5 et *g*, ۴٠٧, 10, ۴١٥, 5, ۴۴١ *a*, ۴٨١, 11.

حنف. الحَنَفِيَّةُ memorantur M ٣٧, 5, ٣٨, 9, ٣٩, 8, 19, ۴٠, 13, ۴١, 2, ٩٦, 6, ١٢٧, 1, ١۴٢, 11, ١٨٠, 1, ٢٣٦, ٢٣٧, ٢٣٨, 14, ٣١١, 14, ٣٢٣, 7, 17, ٣٢٧, 11, ٣٣٦, 8, 10, ٣٣٩, 3, ٣٥٦, 14, ٣٥٧, 17, ٣٥٩, 4, ٣٦٥, 8, 12, ٣٧٩, 1, ٣٩١, 10, ٣٩٥, 1, ۴١٥, 5, ۴٣٩, 11, ۴۴١ *a*, ۴٦٩ *b*, ۴٨١, 10.

حنك II العمامة = V, M ۴٨٢ *e*.

حوج VIII seq. Imperf., يحتاج يسير, H ٢٣۴, 4. — حَوَائِجُ, pl. a حاجة, *impedimenta*, *res*, H ١٣٥, 2. Dozy »effets”.

حور. حُوَّارَةٌ, pl. حَوَاوِيرُ, *lapis calcarius* s. *cretarius* in Syria, M ٢, 4, ١٨۴, 5. Ibno 's-Schihna: الحوارة s. الحوارة الاحجار Ms. f. 7 v., 9 v., 96 r. وعمارتها من الحجارة الحوارة. Cf. Jacût, II, ٣٥۴, 2—9 حُوَّار s. حُوَّار, Berggren in v. *craie* حَوَّار, in v. *pierre calcaire* حوارة, Bocthor *craie* et *tuf* حوارة, Huart in *Journ. asiat.* 1878, II, 488 حَوَّارة (sorte de craie). Cf. Dozy qui habet حَوَار et حَوَارَة. — Ex حُوَّارِىٌّ, adiect. formatum ab الحُوَّارَى (vid. Dozy) omisso الخبز, oritur novum substantivum الحُوَّارِىُّ, secundum analogiam بوصىّ (vid. Gloss. Moslim), idem significans quod الحُوَّارَى, M ١٩۴, 9 (nisi ibi sit legendum حوّاريها pro حوّاراها). — مِحْوَرٌ. مِحْوَرُ الشَّمْسِ, *axis solaris*, H ٣١ *e*.

حوز. حَوْزَةٌ spec. dicitur de *pratis circa urbem*, H ٥١, 18 ولهم اقليم واسع وبادية وحوزة بها نتاج كثير.

حوس. I ٢٨, 5 seq. de breviore via ex Jemano Meccam ducente per medias tribus dicit تسلكه الحُوّاس منهم i. e. si lectio sana est, *viri audaces* (cf. *Hamâsa*, ٩٩, 11 seq.) *vagantes* s. *ii qui expeditionem suscipiunt sive diripiendi causa sive talionis erga*, spec. *nocturnam*. Nempe sunt verba حاس et جاس synonyma, explicatur حَوّاس in lexicis per عَوّاس (*Kâm.*, *Mohît* et *TA* false غَوّاس) i. e. طلّاب بالليل, et الحواسة est tum الطلبة بالدم tum الغارة. Vid. porro Dozy. Unus autem Codex ibi habet الحُرّاس (*latrones*), L الحواص, H ٣٥, 6 الخوّاص ut quoque Jacût, IV, ٦٢٢, 11 et versiones Persicae (E vertit *qui amicitiam cum iis colunt*). Lectione الخواصّ admissa vertendum esset »viri principes harum tribuum". In H autem lectio يسكنها certissime falsa est. Posset quoque legi الخُوّاض, *qui audacter penetrant in desertum*, coll. H ١٤٠, 15, ubi lectio P ويخرسون forte ex ويحوسون corrupta est.

حول VIII c. ل, I ١١٨, 5, H ١٨٩, 3, Gloss. Belâdh.; c. في, I ١٢٤, 2, H ١٩٥, 4, Dozy. — حَالٌ. على كلّ حال et على الاحوال كلّها, *omnimodo*, *omnino*, M ٦, 5, ١١, 11 et saepissime. — حَوْلَ, *circa* = تَحْوَ, M ٩٩, 13 وزنته حول الدانق.

حوم. حَوْمَةٌ, *campus*, *arena*. Dicitur حَوْمَةُ الحَرْبِ, quod ab Ibn Doraid in *Djamhara* sub حمو explicatur per موضع الوقعة (الوقيعة), pl. حومات الحروب (*Asâs*), حومة القتال (vid. Lane), حومة الميدان, *Alif Laila* passim. *Locus congregandi*, حومة القوم est مجتمعهم (Ibn Doraid), حومة النعم est locus ubi res gratae coniunctim inveniuntur, H ١٩٧ *h*. Hinc *urbs*, Jacût, IV, ٤٠٩ ult., I ٢٣٧, 2, ١٢٥, 8 (pro quo ١٠٠ paen. et Jacût, IV, ١٠١٧ ult. قصبة, Jacût, IV, ٧١١, 21 مدينة). Eandem significationem habere videtur I ١٥٨, 13, H ٢١٧, 18. In Hispania *pagus* ita vocatur, vid. Dozy. Hic addit significationem *vicus* urbis, quae quoque valet Harîrî ١٥, 1 (2ae edit.), ubi Scharîschî جهاتها. Denique حومة الدار est *impluvium* teste TA, ubi sub حَوْبَة legitur وسط الدار لعل الباء بدل عن الميم.

حير. حَيْرٌ, *sepimentum*, spec. dicitur de loco sancto muro cincto, M ١٧٢, 10, Jacût, II, ١٩٥, 8, 14, 15, 17 (ubi male حبر) et ١٨٩, 10 ubi الحَيْر est nomen sancti sepulchri Kerbelae. De portu Tyri M ١٦٤ *b*.

حيس. حَيْسٌ, cibus qui describitur apud Lane et quem optime praeparant Aegyptii, M ٢٠٤, 1, ubi sic recte restituere iussit von Kremer. N. unit. حَيْسَةٌ exstat Bokhârî III, ٤٣٥, 6 a f. sensu unius ferculi, ut dicitur لحمة, نبيذة, عسلة, ارزّة (Gloss. Fragm. p. 2 et 129), سمكة (Mobarrad ١٧٣, 4). Vocatur haec terminatio التاء للتخصيص, *Fâik*, II, 323, ubi e *Kitábo 'l-aini* adducuntur عسلة et نبيذة. I, 417 adduntur exempla الشحمة et الشهدة cum explicatione الطائفة والقطعة في.

خان et خانبار v. sub خون.

خانقاه v. sub خنق.

خبر. خَبَرٌ صاحِبُ, pl. اخبارٍ اصحابُ, H ٣٠٧, 12, ٣٠٩, 16. Vid. Dozy. — خبار pro خبر, H ٤٣ *m*.

خبط. خَبْطٌ, pl. خُبُوطٌ, *error*, H ٢١١, 1. Cf. Dozy sub خبط I »se tromper".

ختم. اختمىّ, nomen monetae Meccanae, dimidium *motawwaki*, M ٩٩, 11. — مَخْتُومٌ, nomen mensurae, vid. Lane et Gloss. Belâdh., in Khûzistân duos صاع continebat, M ٤١٧, 17.

ختن. خَتَنٌ, *sponsus*, M ٣٦٩, 14. Cf. Dozy »nouveau marié".

خُتُوٌّ, cornu pretiosum (vid. Vullers) quod e Saghâniân et huc ex oriente exportatur, I ٢٨٩, 1, H ٣٣٧, 14, Gloss. Thaâlibî, Jacût, III, ٤٤٧, 21, ubi sic restituendum pro الخُتور. Locus, coll. emendatione Wüstenfeldi V, p. 290, sic legatur فيه اصنام من الختو وقرون غزلان المسك.

خدم. خادِمٌ, *eunuchus*, ٣١, 7, ٢٤٢, 13.

خَدَنْكٌ, *populus albus*, cuius lignum est optimum durissimum, Pers. خدنك (vid. Vullers), I ٢٨٩ *a*, H ٢٣٧ *k* (in Codd. in خديد corruptum est), Jacût, II, ٨٤٠, 2, ubi scribitur خدنج, Dozy. Cortex huius arboris appellatur تُوز (q. v.).

خرب. خَرَابٌ adiectivum (vid. Dozy), cum terminatione feminina occurrit H ٣٢٥ *g* المدينة الخرابة. — خَرُّوبٌ (خَرْنُوبٌ) v. sub قضم قريش et sub

قبيط. — خَرُّوبَةٌ (خَرْنُوبَةٌ) in imperio Fatimidarum erat nomen monetae parvissimae = 1/16 dirhemi, M ٢٤٠, 13. Vid. Dozy.

خرج V recte explicatum ab editoribus Harîrîi ad 2am edit. p. XVIII, ann. 4 de discipulo »qui, grâce aux leçons de son maître, se met en état de devenir maître à son tour", constr. c. ب magistri, M ٢٣٧, 11, Jacût, IV, ٥١٢, 2, Ibn Kotluboghâ, ed. Flügel, n. ١٩٧ cet. — خَرَاجٌ habet quoque pl. خراجات, H ٧٤, 6, Dozy. — *Tributo kharâdj subiectus* de terra, H ١٩٣, 2, Dozy. — خَارِجٌ, *campus qui urbem circumdat*, I ١٢٣, 13, ٢٩٣, 5, H ١٩٤, 14. Vid. Dozy. — Adverb. *extra muros* M ٤٩٥, 12 وبقية الاسواق خارج, cf. ٤١٢, 1 ubi منه quoque in B deëst. — الخَوَارِجُ memorantur M ٣٧, 7, ٣٨, 10, ٣٠٥, 16, ٣٠٦, 3, ٣٢٣, 5. — مُسْتَخْرَجَةٌ M ٢٥٩, 4, habet fere significationem n. a. i. e. *excolendi dotes naturales.*

خردل. خَرْدَلَةٌ, prop. *granum unum seminis sinapi*, metaph. *res minutissima*, cf. cum *Korâno* 21, vs. 48, H ٤٧ *b* ولا غرامة مثقال خردلة et Harîrî, ١٥٧, 2 وما معي خردلة مطبوعة من ذهب. Hinc denom. خَرْدَلَ adhibetur de minuto genere sermonis, fere *nodum in scirpo quaerere* in controversia, M ١٨٧, 5.

خرط. خَرَّاطٌ, *tornator*, M ٥٨, 15, Gloss. Edrîsî. — مَخْرُوطٌ, *brevis, curtus*, I ٨٨, 12, H ١٧١, 4. Idem significat منخرط, Gloss. Edrîsî. De vitreo significat *arte elaboratum et incisuris ornatum*, ut patet e loco Abu 'l-Kâsimi Ms. Mus. Britt. f. 42 r., ubi opponuntur بلور مخروط et محكم مجرود i. e. زجاج مُحْكَمٌ مجرود *vitreum solidum politum*, Jacût, II, ٦١٨, 18. Occurrit H ٢٥٠, 1. Substantivum المخروطة exstat in loco Mowasschae f. 125 v. واتّخاذ السُّبح اللطاف من المخروطة الخِفاف de rosariis ex baccis eiusmodi vitrei factis.

خرق V, c. acc. s. في, *perfluxit*, H ١٩٤ *e*, ٢٩٣, 2. Cf. Dozy. — VII et VIII de rivulis بعضها الى بعض, *influxit, communicationem habuit cum*, H ١٩٠, 7, I ٨١, 5. — VIII, c. acc. s. في, *perfluxit*, I, ٣٠٦, 4, ١٢٠ ult., H ٤١, 6, Jacût, I, ٤١١, 18; *fluxit* absol. I ١١٩, 11, c. الى, I ٨٥, 4, ١٩٣, 4, H ٢٢٠,

12, Gloss. Edrîsî et Dozy. — خَرْق, pl. خُرُوق, *canalis subterraneus*, I ٣٠٤, 12. Cf. Dozy *aqueduc*.

خَرْكَاهات, *tentoria lignea coactis tecta* (vid. Dozy), I ٢٢٠, 15, H ٢٧٨, 10 seq., M ٣٩١, ٤٤٢, 17 cet. Motarrizî sub خركاه et قبّة scribit formam Arabicam vocis esse خرقاهة.

خَرْكُوش e Pers. خرگوش *lepus*, apud M ٣٢٥, 1 est *pellis leporinus*, cuius species colorata inter optimas Khowârizmi merces numeratur.

خرم II, *incidit* ligna (*canneler*), et eodem modo in Syria lapides, ut arctius inter sese coniungerentur, M ٤٤٠, 9 seq.; *sculpsit* الخشب المخرّم, M ٣٠٢ *d* (ann. l. 13). Dozy. Sensum *exsculpendi* quoque habere videtur in loco Mowasschae de amuletis f. 125 v. المعاذات المخرّمة بشرابات الذهب المشبّكة.

الخُرَّمْدِينيّة, sectarii qui proprie Moslimis annumerari nequeunt, M ٣٧, 9, ٣٩٨, 14 seqq.; I ٢٠٣, 9 seqq., H ٣٦٦, 17 seqq. eos ut solent historici الخرّميّة vocant, et forte sic legendum est M ٣٥٧, 8 pro الخمرية.

خزّ. خَزّ, *castor*, جُلُود الخَزّ, *pelles castorini*, I ٢٢١, 14, H ٢٨١, 6 et 8 et simpl. الخَزّ I ٢٢٤, 1, H ٢٨٣, 12, Chrestom. ad Roordae Gramm. 2ae ed. p. ٢٩ ult. seq. (n. 76), ad quem locum male Glossar. »sericum, bombyx". Idem significat خَزْبُوسْت M ٣٢٥, 1. Hinc quoque derivatum est nomen خَزْمِيَان, *castoreum*, M ٣٢٥, 2. — Deinde significat pannum mollissimum lana et serico confectum, bene distinguendum a قَزّ, quocum male vocem composuerunt Golius et Freytag. Hoc e Persico كج s. كز est ortum et est *sericum bombycinum*, vid. Pariset, *Histoire de la soie*, II, p. 113. Saepissime iuxtaponuntur tamquam diversi e. g. M ٤٠٢, 10, Ibn Doraid, *Djamhara* sub زقق: وأُخْبِرَ عن الخليل انه قال سمعتُ ابا الدُّقَيْش يقول فى كلامه بزوز العراق من قزوزها وخزوزها, Djawâlîkî ed. Sachau, p. ١٢٤, 6, Mowasschâ f. 122 v. cet. Imprimis الخزّ السوسى propter mollitiem est celeber (cf. I ٩٣, 1) et dicitur انعم من الخزّ السوسى e. g. Abu 'l-Kâsim, Ms. Mus. Britt. f. 32 v.

خزر. خَيَازِيرُ, *tubi aquae ductus*, M ٢٣١, 16, pl. a خَيْزُورٌ = خيزران. Eadem significatione pluralis huius vocis irregularis videtur esse خُزُرٌ, uti restitui iussi Jacût, I, ٣٠١, 15 et 17, ubi certissime *tubi* designantur, quorum alter in alterum immittitur. [Lectionem خَرَز »vertebrae dorsi" = فقرات hic defendi posse, non opinor].

خزل VIII, *occupavit, sumsit, iniuste retinuit* rem alienam, Thaâlibî apud Dozy, Kazwînî, II, ٣٠١ ult. اختزل حتى اعتزل وخان حتى هان, H ١٤٦, 12 المستغلّات المُخْتَزَلَة من اصحابها, *praedia confiscata*. Cf. Lane ex TA.

خزن. خِزَانَةٌ, *horreum*, vocatur urbs unde multae merces exportantur, M ١٩٧, 11, ubi Fostât dicitur esse خزانة المغرب, ٤١١, 2, ٤٦٣, 6. Ut خزانة الكُتُب, quoque simpl. خزانة, pl. خزائن, est *bibliotheca*, M ٣, 17, ٥, 2 et *a*, ٦ *a*. Tum vero خزانة est *cella bibliothecae*, M ٤٤٩, 12 seq., et hinc quoque plur. الخزائن sensu *bibliothecae* occurrit M ٤ *l*.

خس. خَسٌّ, in Syria leguminibus annumeratur, in provinciis Basrae et Ahwâzi inter delicias aestimatur, M ١٨١, 13. Obiter moneo خَسّ الكلب (vid. Dozy) secundum Nowairîum Ms. 273, p. 789 esse *cynaram scolymum* (*artichaut*, خرشف).

الخستواني appellatur species dactylorum in provincia Basrae, M ١٣٠ *p*. Fortasse derivatur nomen a Persico خستو. Eadem probabiliter species ab Abu 'l-Kâsim designatur nomine الخاستوى (vid. supra sub الابراهيمى), et a Niebuhr apud Dozy nomine خَسْتَاوِى.

خسف. خَسِيفٌ, pl. خُسُفٌ, est nomen puteorum profundissimorum Râsaini in Mesopotamia, H ١٥٠, 2 et *f*. Cf. Lane. Quoque appellantur خَسْفَة, Jacût, II, ٧٣٢, 2, quod quoque significat *cavum*, Mas'ûdî, II, 48 et 49.

خشب. خَشَبَةٌ, pl. خشبات, *palus, sublica*, vid. Dozy. Hinc observatorium sublicium in vado Basrensi appellatur الخشبات, et deinde ipsum vadum eo nomine designatur, I ٣٢, 5—10, H ٣٧ ult., ٣٨, 3, M ١٢, 13. *Mafâtîh al-Olûm* f. 38 r. الخشبات اساطين مُنصوبة فى البحر يُوقَد فوقها بالليل سراجٌ ليهتدى به اصحاب المراكب.

خشم. الخَيْشُوم est nomen speciei dactylorum in provincia Basrae, M ١٣٠ p.

خشن. خَشِن, *asper*, *minime delicatus*, epitheton aquae M ١٨٤, 13, ٤١٤, 12, et eodem sensu فيه خُشُونَة, ١٨٤, 13, ٤١٤ p.

خصّ. خُصُوص. ليس ذلك بالخصوص, *hoc singulare non est*, sed saepius accidit, H ١٠٩ k. — خَصِيص, *amicus intimus*, c. ب p., H ٤, 6, El-Fachrî, ١٨١, 4 a f., Dozy. — خاصّ. Dicitur: pecuniam expendunt الى خاصّ انفسهم, *in suum ipsorum commodum*, I ٢٩٠, 5, H ٣٣٩, 4. — خاصّة. Eodem sensu quo خاصّة et خُصُوصًا, *praesertim*, dicitur بخاصّة, M ١٥ f, ٩٨, 1, ١٢٩m, ١٢٨, 8, ٢١٣, 4, ٤١٥, 1, بخاصّيّة, M ١٢٩, 1, ٤١٠, 8, et خَصَاصًا, Jacût, I, ٨٢١, 11.

خصر. أَخْصَر, *brevior*, ut Lane ex A habet, I ٩٩, 3, H ٣٤, 9 (ubi I ٢٧ اقصر), ١٧٨, 3.

خصم IV, *argumento vicit* aliquem, c. acc., M ٣٢٩ e. Lexico quoque addatur خصم II, intensiva significatione occurrens in versu Kothayiri, Jacût, IV, ١٩٤, 16. — خُصُومَة de lingua est *asperitas*, qualis est litigiosi hominis, M ٣٣٤, 10 في كلام اهل سجستان تحامل وخصومة يخرجونه من صدورهم ويجهرون فيه, coll. ٣٣٥, 1 لسان يصلح للقتال et Jacût, I, ٩٩٠, 22 وكلامهم سبّاب.

خصى VIII. الاختصاء, *castratio*, M ٢٤٢, 16, ubi B الاخصاء. — خُصْوَة pro خُصْيَة memoratur a Lane; الخصوتان, proprie *testiculi*, significatione *scroti*, M ٢٤٢, 16, ut الخصيتان in locis lexicographorum a Lane laudatis et Kazwînî, II, ١٩١, 8 a f.

خضر. خُضُور, *legumina*, plur. irregul. pro خُضْر, I ١٧, 17, ubi L habet خُضُر, H ٢٥, 17 خضر (probabilitur خُضَر). — مُخْضَرّ, de colore faciei, *fuscus*, ut اخضر (vid. Lane), M ٣٩٨, 11.

خطّ II, *delineavit*, I ٨٨, 3, pro quo H ١٩٩, 6 اثبات. — خَطّ. Dicitur locus esse على خطّ alterius, M ٩٠, 2, eodem sensu quo في سمت, ib. ٥٩, 13, *eadem latitudine*.

خطى IV, *non attigit, non invenit, reliquit.* Qui hosce dactylos comedit et aquam Masrokâni bibit لم تخطئه الحمّى, *febrem non effugiet, febri corripietur*, I ٩. ult. Lectio تخطّه vix defendi potest, et etiam minus تَخْطُه ut L habet. Aliter legit H ١٧٣, 10 لم يُخْطِئْهُ منه رائحة الحمر. — *Defuit*, I ٩١, 8, H ١٧٣, 19. Quod Dozy scripsit me errore edidisse اخطأ الغنى جهده in Diwano Moslimi (vid. Gloss.), non concedo. Est enim similis constructio ut in اخطأهُ الحَقُّ apud Lane ex *Miçbâh*, et in exemplis quae debeo amicitiae Fleischeri, Jacût, III, ٧٥., 10 (coll. V, 332, 4) et IV, ١٨١, 10.

خطب I construitur vulgo cum ل principis, cuius nomen in oratione solemni memoratur, sed quoque cum على, H ٢., 14, M ٣٣٧, 1, ٣٣٨, 13 seq., ٤.., 3 seq., ٤٧٢, 8, ٤٨٥, 2 et *c.* — III. Notandus est locus H ٢٥., 7 جعل لها دواوين وعليهم فيها قوانين ولوازم يُخَاطَبُ على مرافقها وبقاياها »iussit ei regioni tabulas confici, in quibus tributa fixa a principibus solvenda statuerentur. Quod autem attinet tributa extraordinaria atque debita nondum soluta (البقايا cf. ٢٥٤ ult.) *colloquia de conditionibus admisit.* — VII = خُطِبَ M ٤٤٩, 23. — خَطْبٌ, *eloquentia*, proprie n. a. a خطب, M ٣.٥, 9. Forte quoque est *rhetorica* (= خطابة), Jacût, II, ١٢١, 21 واخذ الخطب فى كثير من كتبه, sed de lectione اخذ dubito.

خطر. خَطَرٌ. عِظَمُ خَطَرِهِ فى نفسه, *magna sui ipsius existimatio, admiratio*, H ٨٤, 21. Cf. Dozy.

خطف I de navi *portu solvit* (= قلع), Lane ex TA, Reinaud, *Relation*, ١٥ et passim, H ٢.٧, 6. Locus hic sic est vertendus: »si quando in navem huius viri versus Indiam, Zandjorum terram sive imperium Sinense navigantem merces alius mercatoris imponuntur sive aliquis ipse ea vehitur, hoc gratuito fit, sine mercede". — مُخْتَطَفٌ = مُخْطَفٌ, *gracilis*, H ١.٧ *c.*

خفّ I de urbe *paucos incolas habuit*, M ٣٥٦, 5, ٤٣٣, 13. Proprie supplendum est من اهلها, ut dicitur مدينة خفيفة من اهلها, M ٣١١, 5, ٤٩٤, 9. — خِفَّةٌ, *dexteritas* in opere manuali, M ٤٤., 11. Eodem sensu dicitur خفّة اليد e. g. Baidhâwî, I, ٧٩, 12, ubi de praestigiatore adhibetur. — خِفَّة, proprie pro خفّة الهواء, *levitas aëris*, est *grata temperies*, M ٢٥٢, 20, ۴٣٩, 7. Dicitur quoque de aqua (opp. ثقل), M ١.١, 6, 12 cet., Thaâlibî, *Latâif*, ١٢۴, 2. — خفيف, *incundus*, *gratus*, praesertim de loco bonae temperiei, M ٣٩, 13, ٨٥, 4, ١١٩, 12, ١٥٥, 6, ٣١., 14, ٣٩., 15; *levis* de aqua, M ١.١, 7, 10 cet.; *brevis* يوم خفيف, مرحلة حفيفة, I ٩٩, ٩٧ et passim. Vid. Dozy.

خفر. خفارة, pl. خَفَائِر. Dicit H ١٣٩ ult. de incolis oppidorum Khabûri قد لجأ الى الخفائر والاذمّة اهلها »securitatem sibi obtinent praemiis, sub titulo praesidii et clientelae".

خلد. خُلْدِيّ, pannus qui *taffetas* appellatur (Dozy), M ٣٢۴, 4.

خلط II, c. acc., *errores commisit in* re خلّط الصورة, H ٢٣٩, 5. — IV, *miscuit*, *addidit* rem alteri, c. acc. et على, M ١٨٩*a* واخلطوا عليه شيئًا, cf. ١٨٨ ult., ubi passive يُخْلَطُ به. — تَخْلِيط, pl. تَخَالِيط, *error*, ٢١١, 1.

خلع. لَحْم مُخَلَّع, *carnes absque ossibus*, M ٢٧۴, 12, ٣٧. *k*. Textus loco posteriore habet لحم قد اخرج عظامه. Loco priore C habet اللحم الخلع, quae lectio quoque bona esse potest.

خلف II. خَلّف = تخلّف, H ١۴١, 9 المخلّفون عنهم, ubi P habet من تخلّف عنهم. — III de pedibus dicitur, ubi dextra loco sinistrae et sinistra loco dextrae ponitur, M ٧٣, 1, coll. Mas'ûdî, III, 97 et Azrakî ٢٧٩, 4, ubi منحرفتان. Eodem modo de duobus canalibus oppositae directionis dicitur كل واحد يخالف صاحبه, Jacût, III, ۴٥١, 14, et funis circa collum, cuius duae extremitates alia alio abeunt, vocatur حبل مخالف, Jacût, II, ٨٣٩, 8. Hinc quoque مخالف significat *distortus* e. g. Jacût, III, ٩.٩, 12. — V de tributo nondum soluto, *residuum remansit*, H ٣٢٨ *f*; — *domi se continuit*, *iners fuit* (vid. Dozy), H ٢٢, 8 لم يتخلّفوا بانفسهم. — ماء الخلاف vid. infra sub ماء. — مُتَخَلِّف, *superstes*, *haeres*, H ٢١, 5, Mobarrad ٥٧٥, 3, Arîb Ms. Goth., f. 103 v. واخذت السيّدة امّ المقتدر بالله من مخلّفيه من العين مائة الف دينار, — In Hispania officialis, qui fere idem munus habebat quod لخبر صاحب in Oriente, appellabatur مُخَتَلِّف, H ٨١, 2 et 17, ubi sic reponatur pro مخلف. Hoc receperam contra auctoritatem Cod. L, secutus Dozyum, qui nunc vero etiam lectionem مخلّف praefert (vid. *Supplém.* sub حلف et خلف). Idem officialis quoque vocabatur مُسْتَخْلِف.

خلق. خَلَقٌ, fem. ة (vid. Dozy), M ١٨٩ *l* كتابة خلقة, *inscriptio attrita*, Bîrûnî, ٢٩٨, 4, 6. — خِلْقَة, *qualitas rei innata*, H ٢٦, 21. Vid. Dozy. — خَلِيقٌ, de aëre *temperatus*, M ٣٠٨, 15. — خَلَوْقِيّ, *subrufus*, H ٤٣, 19. Dozy. — مَخْلُوقَة proprie *res creata*, fere significatione vocis خِلْقَة, *dotes naturales*, M ٢٥٩, 2, opp. مصنوعة.

خَلَنْجٌ, arbor cuius lignum est pretiosum (v. Lane et Dozy), crescit in meridie maris Caspii, in Tabaristân H ٢٧٢, 6, Kazwînî, II, ٢٥١, 6 a f. seq., in Djordjân, Kazwînî, II, ٢٣٤, 10 (ubi male الخليج), et, sed minoris qualitatis, ad orientem Ardebîli, Jacût, I, ١٩٧, 22. Restituatur Agh. XIV, ٩, 7, ubi خوان خليج.

خمر. الخمرية, nomen sectae, M ٣٥٧, 8, sed fort. leg. الخُرَّمِيَّة q. v.

خمس. الأَخْمَاس vocantur *famuli templi Hierosolymitani*, quoniam Abdolmelik eo servitio assignavit quintam partem (خُمْس) captivorum, M ١٧١, 9.

خمشر. الخماشرة sunt *nobiles* apud populum Caucasi qui اللكز appellatur, I ١٨٤ *i* (p. ١٨٦ ann. l. ult.).

خمل. مُخَمَّل adi. (*velouté*) المناديل المُخَمَّلَة, M ٤٤٣, 5; subst. (*velours*) M ٤٤٢ *i*, Polak, *Persien*, II, 172, Dozy.

خُمَاهَن lapis pretiosus (v. Dozy خماهان), qui in Aegypto reperitur, I ٥١, 4, H ٩٩, 4, et in montibus Nûkâni in Khorâsân, H ٣١٣, 9.

خنث. المخانثة, pl. a مخنّث, eodem sensu quo المخنّثون, M ١٧٤ *a*. Cf. Dozy.

خنق. خانقه s. خانقة (de pronunt. cf. Dozy, Ibn Bat. I, 71 et Jacût, II, ٣٩٣, 10), pl. خَوَانِق, *coenobium* Karrâmîorum s. Sûfîorum, M

١٧٩, 19, ١٨٢, 14, ٣٢٣, 12 et 13, ٣٦٥, 10, ٣٧٩, 9. Altera forma خانقاة (acc. خانقاهًا Jacût, II, ٥٩٠, 5, Ibno 's-Schihna Ms. f. 25 v. (اظنّه كان خانقاهًا) habet quoque plur. خانقاهات, Jacût, IV, ٣٩٠, 9. In *Alif Laila*, III, ٤٤٩, 2, tertia forma خانكه exstat. — الخانقائيون, *coenobitae*, M ٤٤, 6. — خَنَّاقَة, *collare* = مِخْنَقَة, M ٣٩٩ *g*, Dozy.

خوخ. مُخَوَّخ, *perforatus* de lapide, M ١٤٧, 6.

خور. خَوْر nota significatione (vid. Gloss. Belâdh.), I ٨١, 11, ٩٤, 2, H ١٦٠, 14 seq., M ٤٣٩, 7 et 10, habet quoque pl. خوارات, H ٣٧ *l*, ut alia vocis forma هور (q. v.) habet هوارات. Ad quaestionem de origine etiam conferri debent Djawâlîkî, ٥٧, Jacût, II, ٤٨٨, 20, ٤٩٧, 10.

الخُوَارِزْمِيّ appellatur species dactylorum in provincia Basrae, M ١٣٠ *p.*

خوص. Lectio A et B احواص i. e. أَخْواص, pro اخصاص, *casae*, *tuguria*, I ١٦٨, 3, fortasse defendi potest. Nam خُصّ proprie quoque *arundo* esse videtur, v. locos apud Dozy, Jacût, I, ٦٩٠ ult. et Kazwînî, II, ٢٣٦ paen., ٣٥٠, 9, unde significationes *sepes* (Dozy et Jacût, III, ٢٢, 5) et *tugurium* derivatae sunt. Vocabulo autem خُوص varii generis *fibrae* ut *folia palmae*, *arundo*, *stramen* cet. significantur (Lane ex TA, Jacût, III, ٣٧٢, 13 et Dozy) et est fere synonymum vocis خُصّ, ut apud Ibn Djobair, ٧٣, 4 et 10 الصروح الخُوصيّة et بيوت من الاخصاص idem est. Hinc quoque significationem *casa* derivatam fuisse, non improbabile est, sed locos non habeo et alibi apud I hoc sensu اخصاص exstat (١٧٩, 9, ١٨٠, ٢٢٧).

خوض I, *ingressus est*, *penetravit in* terram hostis, H ١٤٠, 15, Dozy. — مَخَائِض, pl. a مَخَاضَة, *locus ubi facile accessum ad terram habet hostis*, H ١٢١, 12.

خون I est fere synonymum verborum سرق et غصب sensu *cepit rem alienam*, nisi quod سرق dicitur quando *furtim*, غصب quando *vi*, خون quando *per fraudem* facit (Fayûmî in v.). Vid. exemplum H ٢١٨, 4 seqq. et alterum Agh. XIII, ٩٢. Hinc خون VIII significat *per fraudem sibi acquisivit*, Mobarrad ٧١, 13, ٧٢, 1, *Asâs* اختان المال. Deinde fere sensu *furandi* adhibetur, Fayûmî: وربما قيل كل سارق خائن دون عكس. Sic

Hamâsa, ٥٥, 14 خَوّانٌ tanquam syn. vocis سَرّاق occurrit, et خائن est *fur*, *Alif Laila*, II, ١٠٥, 1 (et cf. Dozy). Similiter بائق tum *perfidum*, tum *furem* significat. — خانٌ, pl. خاناتٌ, in provincia Naisâbûr vocatur urbs secundae ordinis post metropolin, M ٣٠٠, 6 et *l.* — خانبار, pl. ات, *horreum*, ubi merces reconduntur, H ٢٠٧, 6, ٣١١, 17. — خَوانٌ, ut recte habet Vullers, est *stratum cui cibus imponitur*, M ٣٠٣, 15, ubi Jacût, I, ٥٢٩, 7 habet مناديل غلاظ للخوان (pro quo male Kazwînî, II, ٢٠٤, 5 قناديل).

خير. الخَيْرات saepe significat *fruges*, H ٥١, 17, M ٤٠٩, 7 الفواكه والخيرات, ٤١٤, 7, ٤٢٥ *n*, Jacût, I, ٧٢٣, 2, Ibn Batûta, IV, 366, ubi recte versio »les denrées alimentaires". Vid. porro Dozy »les blés".

خيس. الخَيْسيّة M ٢٠٤ *a* sunt البقر الخيسية, de quibus vid. Jacût, II, ٥٠٧, 7, Makrîzî, I, ٢٧٠, 22.

خيش. بيوت الخَيْش M ٤٤٩, 17. Vid. Dozy.

خيط II, *coniunxit* trabes, M ١٦٣, 5 et 10. Cf. usum verbi Chald. Esra IV, 12 וְאֻשַּׁיָּא יַחִיטוּ. — خيطيّة, navigii species, M ٣٢, 1. Locus Abu 'l-Kâsimi in ann. *a* laudatus, hic est: يحتاج ان تعرف الوان المراكب من السُفن والسُمَيريّات والمراكب العماليات والزبازب والطيارات والسدوات (l. والشذوات) والبرمات والحراقات والزلالات والمالست (sic) والكمندوريّات والبالوع والطبطاب والمالسّت (sic) والجدى والجاسوس والورحيّات والقوارب والخيطيات والشلملى والجعفريّات. Fortasse nomen habet a constructione, quippe مخيّطة بامراس من القنبار (Ibn Djobair, ٦٨, 2).

خيف V. تحوّف, تحيّف, تخوّف et تخيّف sunt synonyma, quorum تحيّف usitatissimum est, proprie تَفَيْعَل ab حافة sensu تنقّصه من حافاته, Gloss. ad *Fâik*, I, 329 coll. 275. Sed p. 248 ult. seq. legimus:

وتحوّفه بمعنى تنطّفه قال

تحوّف غَدْرُهم مالى وأَهْدَى سَلاسِلَ فى الحُلُوق لها صَليلُ

واما تحيّفه فمن الحَيْف. In marg. تحوّف explicatur per اهلك. Significat verbum *noxa affecit* e. g. Jacût, I, ٧٢٠, 6 لامرٍ على الاسلام فيه تحيُّفٌ

(vid. Dozy) et hinc significat *invasit* sive de hostibus diripiendi causa (Dozy, H ٢٤٠, 4, ubi Codicis lectio تخيفها servari potuisset) sive de principe subiiciendi ergo, H ٢٤٥, 10, et hoc sensu I ١١٥, 9 occurrit verbum تخيّف secundum Cod. B, coll. H ١٨٧, 1 تخيفهم. (L habet تحيفهم رام, F vertit ظلم وتعدى). Illud تخيفهم apud H probabiliter est خوف IV.

خيل V. تَخَيُّلٌ, *imaginatio*, H ٨٩ ult., Dozy.

خيمال sec. M ٤١٨, 5 est nomen quo in Khûzistân appellatur الكباد, sed adeo plane ignotum est mihi, ut statuere nequeam, utrum الكُبَاد (dolor hepatis) sit pronuntiandum, an الكُبَّاد, *malus citreus*, vid. *Mohît*, Bocthor in v. *poucire*, *Alif Laila*, ed. Macn. III, ٢٥٤ (ed. Fl. X, ٥) et Lane ad versionem I, 198.

دانشومند (Pers.), *sapiens*, *doctus*, M ٤٣, 17.

داود. داوديّة دُرُوعٌ, thoraces antiqui, qui etiam 10mo saeculo Taimae servabantur, M ٢٥٣, 4. Cf. Thaâlibî *Latâif*, ٥, 4 a f., Lane ad versiosionem *Alif Laila* I, 545, n. 5. — الداوديّة, secta orthodoxorum, memorantur M ٣٧, 5, ٤٠, 9, ٤١, 5, ٩٩, 10, ١٧٩, 20, ٤٣٩, 11, ٤٤١ *a*, ٤٨١, 8.

دبس. دِبْسٌ, sudor plantarum, qui Gallice *miellat*, *nielle* appellatur, M ٤١٠, 13, coll. ٩٥, 7 et ١٢٥, 11.

دبغ. مَدَابِغُ, pl. a مدبغة, H ٢٠, 21, Jacût, III, ٤٩٩, 9.

دبق. الدَّبِيقي non tantum est pannus Aegyptiacus, H ١٠١, 7, M ١٠٤, 12, Jacût, II, ٥٤٩, 7, ٥٤٨, 2, Thaâlibî *Latâif*, ١٢٩, 9, qui quoque in Siût fabricabatur, Jacût, I, ٢٧٢, 18, sed etiam pannus huic similis alibi confectus, ut Kâzerûni, M ٤٤٣, 5. — دبقاء, nomen piscis (*viscosus?*), M ١٣٠ *p.*

دحرج. مُدَحْرَجٌ (*rotundus*) appellatur species dactylorum in provincia Basrae, M ١٣٠ *p.*

دخل I دخل الشيء يدَه, *cepit* rem, H ٧٢, 4 حسب ما يدخل ايديهم على المارّة بهم, *pro ratione eius quod a viatoribus transeuntibus poscunt.* — III eodem sensu quo أَدْخَلَ (ut ساقط pro اسقط cet.), *intrare fecit*, *inseruit*, M ١٩٣, 10

وعن لجرجانى, Motarrizî: كلّما بلغ البناء الى الحائط لحائط القديم داخله فيه وخيّطه به اتّصال المداخلة ان يكون اجرّ الحائط لحائط مداخلاً لحائط المدعى. Vid. porro infra sub مداخل. — IV c. ب p., *introduxit eum*, M ٤٥. *b*, l. 6. Cf. de Sacy apud Freytag. — دَخْلَة, *lingua terrae*, *tractus terrae angustus*, I ١٥٩, 1, H ٢١٩, 4, M ٤٩٨, 8, Kazwînî II, ١٩٣, 15 (coll. Jacût, I, ١٩٧, 21); spec. addito sive omisso فى البحر, *lingua terrae* quae in mare se protendit, *peninsula*, I ٢١٩, 3, H ٢٧٧, 14, M ٢١١ *n* (ubi in textu جزيرة); et دخلة من البحر الى البرّ, *sinus maris*, Mas'ûdî, I, 229, aut simpl. دَخْلَة, M ٢١٢, 7, ٤٩٨, 7. — مُدَاخَل, *caelatus* (orné de bas-reliefs) de ianua, M ١٩٥, 11, ١٩٩, 11; probabiliter eodem modo explicandus est locus Ibn Batûtae III, 59 ونقوش مبانيها مُدخلة باصبغة اللازورد »et ornamenta horum aedificiorum caelata sunt, colore lazuleo''.

دخن. دُخَان, *fuligo*, H ٢١٥, 8, M ٢٣٩ ult., Dozy; de fuligine metallica, M ٣٣٩, 9, Jacût, III, ٤٥٥, 7, ٤٥٩, 22. — دخان apud H ١٣٢, 20 explicatur per بيت *domus*, ١٣٣, 4 *domus viri principis qui servos*, *pecora*, *hortos et agros possidet*, quae interpretatio si accurata est, in hac voce, composita ut videtur e vocc. Pers. ده et خان, pars posterior debet significare *domus*, *palatium* (= خانه, خن). Fieri tamen potest vocem esse explicandam per ده خان = دهقان, *dominus pagi.* Apud H ١٣٤ ult. دخان est pro ضريبة دخان, *tributum a dihkâno solvendum.*

درّ. دَرِّىّ, de lingua purissima (vid. Lane) derivatur a دَرّ sensu *aula regia*, M ٢٥٩, 15, ٣٢٥, 12.

درج. دَرْج, *charta convoluta* (vid. Lane) habet pl. دُرُوج, M ١٠٠, 6, Dozy. — مَدْرَج. Dicitur urbs iacere على مدرج طريق العراق, *ad ipsam viam* quae Irâk cum Syria iungit, I ٩١, 13, H ٣٧٨, 1. — مَدْرَجَة, *scalae*, M ٤٤٤, 7.

درس. دَرْس, pl. دُرُوس, *lectio academica*, M ٤٣٩, 11, ٤٤١ *a*, Jacût, II, ٢٩١, 14, ٣٨٧, 2, Dozy.

درق. Species mali Persici praestans appellatur الخوخ الدارقىّ, M ٧, 6.

درك X, *invenit*, *assecutus est*, I ۲۲v paen., H ۲۸۸, 2. — ديوان الاستدراك in Perside probabiliter illud officium erat quod examinavit acta publica antequam ederentur (bureau de contrôle), I ۱۴۸, 3, H ۲۰۸, 8.

دِرْمَنَة (Pers.), *absinthium*, M ۴۴۳ *s.*

درهم. دِرْهَمٌ in Khowârizm $4^1/_2$ valebat dânikos, M ۳۴۰, 8, alibi 6, M ۱۸۲, 4. — ثياب الدراهم sunt *panni qui parvo pretio venduntur*, M ۳۳۷, 8. Cf. locum Ibn Kotaibae, ed. Rittershausen, ۲۲, 7 خمارٌ بوافٍ ومُطْرَفٌ بآلاف »velamentum pretii unius monetae argenteae, vestis praetexta mille drachmis constans", tropice pro »id quod perparvi pretii, vulgaris est, et contra quod pretiosum et rarum est". — دِرْهَمِيّ, *albus*, *nitidus ut moneta argentea*, H ۳۳۷, 14, ubi corroboratur additamento مغرنقة, ut oriatur sensus *candidissimus*, *nitidissimus*. Hoc sensu مُدَرْهَمٌ quoque in usu est, vid. Dozy et Jacût, III, ٥٠٣, 17 ورد مدرهم.

دروازة. الدروازات الصغرى والكبرى, porta parva et magna Khorâsâni, introitus ad barbaros orientales, M ۴۷۲, 16 seq.

دَرْوَنْد in descriptione muri Gog et Magog est *limen superius portae*, M ۳۹۳, 12 seqq. Ibn Khordâdbeh p. 100 habet دربند.

درى IV. De phrasi Koranicâ وما أَدْرَاكَ, quam Zamakhscharî in *Asâs* recepit, vid. Dozy. Saepius occurrit وما يُدْرِيك de re admirabili, celeberrima, M ۱۹۹, 5, ۳۷۸, 4, ۴۱۰, 8. Hinc per contractionem ortum est vulgare مُدْرِيك, *Morgenl. Forsch.* 145 ult. Apud Jacût, II, ۳۷۲, 8 et 9 وما ادريك scribendum est وما أَدْرِيكَ, ut quoque in Codice Leidensi *Asâsi*. — دِرَايَة apud M ۴۱, 6 est *astutia*. — مِدْرًى, pl. مدارٍ, *contus*, *lignum quo impellitur navis*, I ۸۱ ult., H ۱۰۳, 3, ۱۹۲, 4, pro مِرْدًى, (ut I ٥۱, 16). Vid. Gloss. Belâdh. et Lane sub ردى, Dozy sub درى.

دَسْتَك, pl. دَسَاتِك, apud H ۲۷۲, 13 videtur idem significare quod دَسْتٌ pud Harîrî (vid. Lane), *pulvinar*. Loco Harîrii addendum habeo hunc locum Abu 'l-Kâsimi Ms. Mus. Britt. f. 32 v. (post locum infra sub سامان

laudatum): والدسوت الشقيرية المفصّلة بالذهب ودسوت ممزوج بذهب عراقيّ وديباج مثقل مفتل ومحيّل. In his شقيريّ est epitheton panni pretiosi, cuius explicationem nondum reperi. Occurrit quoque in loco Arîbi, Ms. Goth. f. 126 v. الشقاق الدبيقيّة الشقيريّات.

دَسْتَنْبوى et دستنبويه, *melo aromaticus*, de quo vid. Vullers in v, Defrémery in *Journ. as.* 1847, I, 434 et Dozy sub دستبويه (quare hic formam nostram reiicit, non intelligo), H ٢٦٣, 4, M ٤١٧, 1. In al-Mowasschâ f. 149 r. occurrit n. unit. الدَّسْتَنْبُوَة et f. 182 r. pl. دستنبويات.

دسم. دَسَمٌ. Verba ويحتاج ماء دمشق وايليا الى الدسم, M ١٨٤ *k*, significant »qui aquam Damasci et Hierosolymorum bibunt, cibos pingues edere debent", ut patet coll. ٣٣٢, 12 cum ٣٠٠, 1. Aqua contrariae qualitatis appellatur ماء دَسِمٌ, Mas'ûdî, III, 53.

دعا I. الدُّعاء in precibus publicis est precatio libera qua antistes Deum orat res spirituales et mundanas quas petere licet (يدعو بما يجوز من امر الدين والدنيا), potissimum vero secundum formulam prophetae: اللهمّ اغفر لى ما قدّمتُ وما اخّرتُ وما اسررتُ وما اعلنتُ وما اسرفتُ وما انت اعلم به منّى انت المقدّم وانت المؤخّر لا اله الا انت. Haec precatio plerumque obtinet ante salutationem concionis (Abu Ishâk Schirâzî, ٢٤ ed. Juynboll). Hoc sensu occurrit M ٤٤, 5, ١٠٠, 2, ٣١٦, 3. — دَعْوَة, *distantia parva, quatenus vox clamantis audiri possit* (= صيحة q. v.), على دعوة, I ٤. *d*, Ibno 'l-Athîr, VI, ٣٢٢, 15, Jacût, III, ٤٧٦ ult. على قدر دعوة; ib. ٣٣٥, 22 طوله — الشوط مقدار الدعوة, quod TA sub شوط reddit مبلغ صوت داعٍ. In hac vero explicatione دعوة fortasse scriptum est pro عَدْوَة. In partem cf. Lane. — Legimus apud M ٣١١, 5 راغب فى دعوة كنيفة, pro quo Cod. C دعوة مؤمن عطيفة. Perspicua est allusio ad Korân. 40, vs. 42 seqq. et دعوة debet significare *invitatio ad vitam beatam.* Haec quum per se *benigna* sit, et verbis عطف et كنف haec notio inest, adiectiva كنيف et عطيف hoc sensu recipere ausus sum. — دَعْوَة est *confessio fidei* (Lane), et hinc *fides, religio;* يفرقون الدعوة, M ٢٤٤ *b*, idem est quod يفرقون الدين, vid. Lane sub فرق, et اجتماع الدعوة apud Mobarrad ٥٥٧, 8 idem quod جمع الكلمة ib. l. 13; — *dynastia:* صُبغ فيها سواد دعوة بنى العباس, *vestes nigrae dynastiae Abbasidarum ibi tinctae sunt*, I ٢٦٠, 4, ٢٦٢, 4, ubi var. l. دولة. — فى دعوة امير المؤمنين, *sub imperio principis fidelium*, H ٥٨, 7. Verbum دعا لفلان est idem quod خطب له, *agnovit imperium eius* (Dozy), et hinc دعوة synon. est vocis خطبة e.g. Wright, *Readingbook*, 64 وكان يدعو للمنصور ثم قطع دعوته. Fortasse hoc modo locus nostri est explicandus. Verti tamen quoque potest *partibus principis fidelium addicti*, vid. Dozy, quo casu دعوة proprie *invitatio* est. Non credo دعوة hic habere sensum specialem quem ei tribuerunt Fatimidae, Makrîzî, I, ٣٩١ seqq. — داعِيَةٌ, pl. دَوَاعٍ, eodem modo ut صُبَابَة (q. v.) usurpatur sensu *affluens*, *rivulus*, M ١٩٨, 2 لها دواعٍ من الازقّة, coll. Jacût, IV, ٥٩٤, 18 لكنها مياه رديّة اكثرها يجتمع من الدروب.

دفع VII, *prorupit*, *se effudit* de fonte, H ٢٥٩, 12 وعيون مندفعة, ubi Cod. P متدفقة. Cf. Dozy.

دقّ. دِقٌّ, *pannus linteus subtilissimus Aegypti*, M ٢٠٣, 15, Thaâlibî apud Dozy et Motarrizî apud Lane sub دقيق.

دقل. دَقَلٌ, *malus*, per synecdochen *navis*, M ٤٥٩, 15 ولا نهر يجرى به الدقل. Eodem modo سُكّان, *gubernaculum*, secundum Vocabulistam quoque est *navis*.

دكّ. دَكّة est structura lapidea quae Gallice dicitur *plate-forme*, ut luculenter patet e descriptione templi Hierosolymitani, I ٥٧, 2, H ١١٢, 2, M ١٦٩, 6 et 7, ubi Jacût, IV, ٥٩٤, 8 seqq. et Kazw. II, ١٠٨ مصطبة eodem sensu. Idem patet e Jacût, II, ٥٤٠, 11, ut quoque I, ٣٧٨, 19, *Chron. Mekk.* II, ٩٥, 5 a f., ٩٩, 4. Talis structura interdum alta est, e. g. I ١٣٤, 7, ٧٣, 3 (ubi pro دير restituatur دكّة), interdum non magni ambitus, ut M ٤٩, 11, 20.

دلس II, *supposuit fraudulenter* merces viliores (acc.) melioribus (فى s. ب), I ٩٣, 6 et paen. (ubi L وتدلس فى البغدادى), H ١٧٥, 17, ١٧٦, 4,

Jacût, I, ٥٩١, 21 et ٩٥٩, 6 habet constr. c. ب. Cf. Dozy: *mezclar con engaño.* Notio substitutionis dolosae in hoc verbo antiqua est. In traditione apud Tabarî, I, ٣٥٩, 9 Jacobus dicit Labano: دلّست علىّ غيرَ امرأتى.

دلم. دُلَّمٌ. Dicit M ١٧٤, 9 de urbe Ascalon ودلمها مؤذ, quid vero potissimum velit, incertus sum. Quod Lane habet, non videtur convenire. In *Mohît* lego avem fortissimo ventriculo praeditum sic appellari, sed definitio est vaga. Melius placet quod habet Dozy: *ramier*, *pigeon sauvage*, quia columbas olim Ascaloni permagno numero fuisse constat, vid. Sepp, *Jerusalem und das heilige Land*, II, 602. Sed probabiliter hic valet significatio *ricinus*, quam habent Damîrî: قال نوع من القراد العرب فى امثالها فلان اشدّ من الدلم et Antâkî: دلم الورشان ويطلق على القراد. Consului amicissimum Socin, qui nomine D[mi] Klein hanc explicationem confirmat: »Eine kleinere etwas andere Art, als die قراد Zeche, komme, wie es scheine, mehr im Sandboden vor. Er sei einmal schauerlich zerbissen worden, als er sich in Jâfa auf lockeren sandigen Boden gesetzt habe, woselbst vorher Mukâri's mit ihren Thieren gelagert hätten und er meine sich zu erinnern, die Leute hätten diese Schmarotzerthierchen دَلَم genannt, sei aber nicht ganz sicher''.

دَلَه (Pers.), pro quo solent Arabes scribere دَلَق (Dozy), *pellis mustelae*, M ٣٢٥, 1.

دمّ. دمّة *felis*, M ٣١, 7. Vid. Dozy.

دمس. دامُوسٌ, Chald. דימוס et דִימוס, pl. دوامِس, *strues lapidum*, M ١٦٣, 7; pl. دَوَاميس, iam decimo saeculo in Syria significatio *mola* (cf. Dozy) valebat, M ١٦١, 10, ١٧٤, 18 et *s*, ubi explicatur per طواحين.

دُمُسْتُقٌ, *domesticus*, logothetâ uno gradu inferior, H ١٣٠, 14.

دمن IV c. على, I ١٧, 15, H ٢٥, 16. Vid. Gloss. Fragm. et Dozy.

دِمْياطىّ, *pannus in urbe Damiata fabricatus*, H ١٠٢, 3.

دَنْدانَكَه s. دندانجه (Pers.), i. q. دندانه, *dens clavis* (vid. Vullers), M ٣٦٤, 1 et *b*.

دنر. دينَارٌ. Comparatio ponderis cum pondere dirhemi M ١٨٢, 3 seq. —

مُدَنَّرٌ, *nitidus ut denarius* (Dozy), H ١٠٧ *d*, ubi الاصفر المدنّر (vid. infra sub قمر). Significat quoque *ruber*, opp. مدرهم *albus*, de rosa, Jacût, III, ٥٠٣, 17, uti rubor et nitor faciei comparatur cum nitore denarii, *Hamâsa*, ٦, 9, Mobarrad, ٤٩, 11, Jacût, IV, ٥٤٧, 10.

دنا VI. تدانت احوالهم, *conditio eorum prosperare coepit*, H ٧٣, 3. — الدنيا. Memorabilis est phrasis M ٢٣٠, 1 قسطيلية نظيرة البصرة فى الدنيا, quae fortasse vertenda est »Kastilia Basrae similis est inter urbes imperii", coll. ٣٥٧, 10 مشاكلة رملة فى البلدان, aut »Kastilia Basrae similis est opulentia", sed probabilius est فى الدنيا esse locutionem adverbialem sensu *valde*. Adverbialiter, sed alio sensu, quoque sumenda est in loco Agh. IX, ٦٩, 11. Janitor Mohammedis ibn al-Fadhl al-Djordjânî veniam intrandi petit celeberrimo musico Ishâk al-Maucilî. Exclamat Mohammed cum indignatione: يدخل فى الدنيا انسان يستاذن لاسحق »intrabitne *mehercle* quis veniam intrandi petens Ishâko?" i. e. huic ianua semper patet, stupidissimus est qui huic veniam petit. Cf. porro usum adverb. vocis الدنيا apud Dozy. — دانٍ, *facilis nactu* de fructibus, M ٤٢٤, 4, ut dicitur دنيا دانية, *vita grata*, in qua quis quae velit facile obtinet (*Asâs*).

دهس. دَهْسٌ, *mollis*, *in qua pes mergitur* arena, M ٩ *i*, ٣٠٦, 18, ٤١٤, 14, Jacût, I, ٤٠٥, 13 = *Fâik*, I, 114, ubi in optimo Codice quoque adduntur vocales, et ubi in commentario habet Zamakhscharî ضَرِسٌ خَشِنٌ دَهِسٌ لَيِّنٌ. Hi loci probant nos recte in Gloss. Edrîsî hoc adiectivum pronuntiasse. Eodem sensu quoque دَهَّاسٌ occurrit, Jacût, II, ٣٦٧, 11. Notandum est Codd. Mokadd. plus semel habere دَهِشٌ, ut quoque habet Jacût, IV, ٧٩٩, 17 in loco ex Bekrîo desumto, de quo vid. Gloss. Edr. (Cf. Golius ex Mar.). In TA adiectivum non memoratur. Substantivi دَهْسٌ pluralis datur أَدْهَاسٌ, et quoque دِهَاسٌ (quod Nawâwî singularem appellat = دَهَاسٌ). Huius formae alia exempla sunt Mas'ûdî I, 211, 3 رمال ودهاس, 348 paen. (ubi corrigatur versio).

دهقن. دَهْقَنَةٌ, *sagacitas*, H ٤٩, 8, ٥٣, 8, Gloss. Fragm.

دهن. دُهْنٌ. Memorantur دهن بادرنك, *oleum citri*, v. sub بادرنك; —

دهن بَنَفْسَج, *oleum violarum*, I ١٥٣, 5, H ٢١٣, 12, M ١٨١, 1, ٣٠٠, 2, ٣٣٢ *m*, ٤٤٣, 1. Lane in vers. *Alif Laila*, I, 199 »extract of violets". Praeparatio describitur ab Ibn Djazla; — دهن الخِلاف, H ٢١٣, 10; Dozy sub خلاف; — دهن الخِيرِىّ, I ١٥٣, 5, H ٢١٣, 12. Praeparationem describit Nowairî Ms. 273, p. 803 seq. pronuntians الخَيْرِى, ut *Vocabulista;* — دهن الراس, *unguentum*, M ٣٢٤, 18; — دهن رازقى, *oleum lilii albi*, I ١٥٥, 10, Gloss. Fragm. et Dozy sub رزق; — دهن الزَّنْبَق, M ٢٠٣, 13, ٤٤٣, 2, de Sacy, *Relation de l'Égypte*, 35 seq., Ibn Djazla هو المربّب بالياسمين الابيض, Lane sub زنبق; — دهن سوسن, M ٤٤٣, 2; — دهن الفاجل, M ٢٠٣, 13. Praeparatio describitur ab Ibn Djazla; — دهن كاره, M ٤٤٣, 1, vid. sub كاره; — دهن مَرْزَنْجُوش, M ٤٤٣, 2; — دهن مرسين, M ٤٤٣, 2; — دهن نارنج, M ٤٤٣, 2; — دهن نرجس, M ٤٤٣, 1; — دهن نينوفر, M ٤٤٣, 1.

دود V, *vermibus impleri*, I ٢٦, 15, H ٣٣, 14 et hinc Edrîsî l. l. apud Dozy.

دور I. De locutionibus كما يدور et بما يدور vid. Gloss. Fragm. et Dozy. Exempla huius sunt M ٨٥, 7, ١٥٧, 16, ١٦١, 9, ١٨٥, 10, ٢٨٨, 14, ٤٤٤ *q*, illius Azrakî, ٢٠٣ paen., Jacût, IV, ٧٤٦, 7. Eodem sensu dicitur بما استدار, H ٢٤٧, 13. — V, *circulo fluxit* (circuler), M ١٨٤, 15. — دارٌ, *atrium* (salle), M ٤٤٩, 9 ثلاثمائة وستون حجرة ودارًا, *trecenta et mille cubicula et atria;* Dozy. — الدارُ pro دار الفناء i. q. الدنيا, M ٣٤, 5, ٤٤٩, 20. Sed ٣٤ *d* تلك الدار est دار البقاء i. e. الآخرة. — دَوْرٌ, *ambitus*, *circuitus*, *circumferentia*, I ٢٧, 8, ٦٠, 3 a f., ٦٢, 4, ٢٢٨, 12, H ٣٤, 6 cet. — دَيْر. Plur. أَدْيِرَة H ١٥٦, 8, Jacût, II, ٦٦٣, 20, Dozy; pl. pl. دِيَارَاتٌ H ١٤٠, 9, Jacût, I, ٣٤٦, 3, II, ٦٤٢, 19, ٦٤٣, 14, Gloss. Belâdh. — دارَةً, *ordine* (à tour de rôle), M ٣٢٨ *a*. — دوار mensura aridorum in imperio Fatimidarum, M ٢٤٠, 5. — دَوَّارَة, *vortex aquae* (=دردور, Pers. گرداب), I ٣٠, 7 et 10, H ٣٧, 3, 6. Lexica Arabica videntur commendare pronuntiationem دُوَّارَة, sed دَوَّارَة habet Cod. P Ibn Hauk. Eodem sensu Codd. Istakhr.

C et L habent, ut Jacût et Kazwînî, دَوَرَان. Freytag e Reiske habet دَوَار, sed Bocthor: دوّار الماء *tourbillon.* — دائِر. سور دائر, *murus urbis* (mur d'enceinte), I ٧٩ *k.* — دائرة. ابدًا تدور عليهم الدوائر, *semper turbulenti et seditiosi sunt*, M ٣٠٥, 13; بئس قوم اذا دارت الدائرات, *in calamitatibus et tumultibus pessima gens*, M ٣١٩, 8. Cf. Lane.

دُوشَابٌ est, ut mecum communicavit Nöldeke, vox hybrida composita e דוש, abbreviatione vulgari vocis דּוּבְשָׁא *mel*, in qua ב obscuratur quia praecedit *û* (cf. *Gramm. der neusyr. Spr.* 49), et Pers. آب *aqua.* Plane idem significat quod Arabicum دِبْس, ut patet e H ١٧٧, 2 et 3, M ٤٢٥, 4, coll. I ٩٥, 1, ١٥٤, 6, M ٤٤٢, 3 et *f.* Optimus est الدوشاب الآسكى, bonus quoque الآرّجانى, bona notae etiam qui Bijâri in Djordjân paratur, M ٣٧٠, 4.

دول. دَوْلَة, *dynastia*, M ٧, 21; *prosperitas* urbis, M ٣٩٣, 4 de Hamadhân: اذهبت الرىّ دولتها; — pl. دُوَل, *artificia*, M ٤٥, 1. — دُوَيْلَة (صُغِّر للتعظيم) *periodus*, M ٤٧٢ ult.

دون. دُون, *inferioris qualitatis* e. g. كتّان دون, العُنّاب الدونُ, M passim, spec. vid. ٤٤٢, 8, ubi opponitur وسط, *mediocris qualitatis.* — دون post nomen loci significat *inferior*, M ٤٤٢, 6. — دِيوَان, *teloneum*, M ١٣٣, 19, Dozy.

دُونِيج, pl. دوانيج, *cymba*, *phaseolus* (chaloupe), e Pers. دونى coll. دونكى (cf. Vullers et Gol.), M ٣٢, 2, Jacût, IV, ٢١٩, 3, Edrîsî (vers. Jaubert I, 374), *Adjâib al-Hind*, Ms. Schefer, p. 29 فرموا بانفسهم الى الماء وتعلقوا بالقارب والدونيج, 33 وركبوا الدونيج, 39 واحاطت بنا الدوانيج, 40 فقام ومشى معنا الى الساحل مع جماعة من اصحابه وغلمانه ونزل فى الدوانيج وسار, 41 انقطع الدونيج من خلف المركب واخذته الامواج فطرح البابانية نفوسهم فى القارب ومضوا خلفه لياخذوه, 111 وقام لينزل الى دوانيجه فقطعنا حبال الدوانيج معنا الى المركب. Qui in hoc loco vocantur البابانية sunt *nautae*, *remiges*, ut e multis locis patet. Vera autem lectio videtur البانانية, *Bananae*, ut semel p. 19 in Cod. occurrit (بانيان المركب). Singularis est بابانىّ (l. بانانىّ), *nauta*, *remex*.

دوى. دَوَاءٌ: Legimus M ٣٣٩, 9 ex Ilâk provenire ذو الفار, quod est proprie fuligo argenti (ما يتصاعد من دخان الفضة). Pro ذو legendum esse دواء certum est, sed de lectione الفار adhuc incertus sum. Legimus in opere *Mafâtîh al-Olûm* f. 76 v. ومنها (من) عقاقيرهم الشّكّ وهو ضربان اصفر وابيض وهو معدنيّ ومعمول من دخان الفضّة ويسمّى دواء النارمج. Vocabulum النارمج mihi non minus obscurum est quam الفار in textu M.

ديكْدان (Pers. *dêgdân*, hinc quoque Arab. داكدان), *tripus ferreus cui olla imponitur*, M ٣٩٤, 13.

دين. دِينٌ, pl. اديان, apud I ١٣٩, 15 اديان المجوس non male in. vers. Pers. redditur per اداب كبركى, *ritus sacri*. Potest autem quoque verti *sanctuaria*, quod certe l. ult. praeferendum videtur. De hac signif. vid. Dozy. — مَدِينَةٌ, *provincia* (Aram.), M ١٣٩, 1.

ديوَاج pro ديباج, M ٣٢٥, 18.

ذا. Verba ما لك كذا, M ٢.٦, 1, significant »haec a te semper aliena sunto". — ليس لسوقها ذاك الكِبَرُ, M ٤٢٨ ult. »forum eius non talem ambitum habet (ut mentione dignum sit)".

ذر. مَذَرَّةٌ i. q. ذَرَّةٌ, *particula minima auri* (Lane), I ٢.٣ *n*, ubi bis sic Cod. C; L habet ذرة, F pessime بذرة.

ذرع. ذِرَاعٌ. ذراع السَّوَاد apud M ٣٩٤, 5 videtur eadem esse ulna quae appellatur ذراع المَلِك s. الذراع الهاشمية الكبرى s. الذراع الزِّيَادِيَّة, quia Zijâd ea usus est ad demetiendum Sawâdum, Mâwerdî, ٣٦٦, 12. Ibn Khordâdbeh eius loco habet الذراع السَّوْداء, quae secundum Makrîzî, I, ١١٤, 11 habet 24 digitos et quae eadem esse videtur quam Motarrizî appellat ذراع العامّة, Fayûmî ذراع القياس, et quae intelligitur ubi dicitur »unus *djarîb* est 3600 ulnae quadratae" (ذراع مكسَّرة; perperam hoc explicavit Lane). Haec quoque ulna Mawerdîo est basis comparationis aliis ulnis, p. ٣٦٥ seq. *Ulna regia* uno pugno (قبضة q. v.) s. accuratius ut habet Mawerdî $5^2/_3$ digitis maior est. Apud M ١٧١, 4 appellatur ذراع الملك الاشبانيّ, quod aliunde illustrare nequeo. In traditione, *Fâik*, I, 152, vocatur ذراع الجَبَّار et additur commentarius وكان هذا ملكًا من ملوك الاعاجم تمّ الذراع et in marg. كان هذا الملك اتخذ الذراع للناس بمقدار ذراع يده. Jacût, III, ١٧٥, 4 eam appellat ذراع المسافة, opp. الذراع المرسلة. Vid. quoque infra sub نجر. — أَذْرَع, epitheton lupi (aut hyaenae), H ١١٣٧, 17, probabiliter *celer*, sed fortasse *avidus*, *famelicus* coll. ذَرِع, aut i. q. مُذَرَّع, *sanguine victimarum inquinatus*.

ذكر. مُذَكِّر, *concionator* (Gloss. Belâdh. sub قصص, p. 89, Dozy), M ٢, 13, ١٣٩, 2, ١٤٢, 9, ١٧٩, 16, ١٨٢, 13 والمذكّرون به قُصّاص »concionatores ibi sunt fabulatores", ٢٠٥, 2, ٣٠٧, 4, ٣٢٧, 9, ٤٠٧, 12, ٤١٠, 4, ٤١٤, 17, ٤٨١, 6. Verbum ذكّر apud M ٢٨١ *h* لا يذكّر الّا فقيه او مفسّر »concionatores ibi tantum sunt doctores theologiae et exegesis".

ذكى. ذكيّ tanquam epithèton mali citrei Susiani, I ٩٣, 2, H ١٧٥, 13, est *fragrans*, *boni odoris* (خوش بوى), nam inter الرياحين (flores) numeratur ab Abu 'l-Kâsim, Ms. f. 41 r. — تَذْكِيَة (n. a. verbi ذكّى) habet pl. تَذَاكٍ, H ٢١٥, 7 لانها جميعًا من تذاكى النيران المجوسيّة المتقادمة.

ذلّ IV, *subiecit*, I ١٤٤, 1 (= ذلّل, ١٤٣ antep.); Gloss. Belâdh.

ذنب. ذَنَبانيّ, *caudatus*, M ٤٠٣, 18.

ذهب I seq. imperf. *incepit* (Gloss. Fragm., Dozy), M ٣٩٩ *f* ان ذهبنا نحتجّ, pro quo in textu l. 9 وان شرعنا فى الاحتجاج. — ذَهَبيّ, *flavus* de arena, M ٩, 9, ١٩٥, 7. — مذهب ابن مسعود, M ٩٦, 9.

راخْتَج, pannus de quo supra sub تاختج, M ٣٢٣, 19.

رأس. رَأْس, *mancipium* (Gloss. Belâdh., Dozy). In tributo regionum subditarum unum mancipium valorem habebat 300 drachmarum, M ٣٤. *d* (4 a f.) وعلى غزنة الفا راس قيمتها ٦..... , Ibn Khord. 39, 1 ubi pro الفدية l. الغزّية. Apud Kremer, *Culturgesch.* I, 152 paen. »600 Dirham" lapsus calami est pro 300. — *Extremitas*, *terminus* (Dozy), H ٣٩٢, 2, ٣٩٤, 5, M ٧٩, 12, ٢٨٣, 1, ٤٢٧, 12, Jacût, I, ٤٨٧, 14, ٤٩٧, 14; على راس الحدّ, *in ipso termino*, M ٢٧٢, 16, ٤٢٧, 7 et 14. — راس pro رئيس sensu *navarchus*, M

٣١, 13, Mas'ûdî, I, 282, ubi pl. رؤساء. — براسه, *sui iuris*, *non pendens ab alio*, M ٨٦, 6, Gloss. Fragm. — Quid significet راس, اهل apud H ٢٥٣, 6 وكان لها تانئة جلّة من اهل راس فهلكوا, dicere nequeo.

راسُخْت, *aes ustum* (النحاس المحرق), M ١٢٨, 11, Dozy et Vullers.

الرَّاهُوِيَّة, sectatores Ibn Râhûiae, M ٣٧, 7.

راى I. De تَرَى tanquam adverbio exclamationis, vid. Dozy et quos laudat auctores [1]). Addendum est hunc usum iam antiquum esse, testibus verbis Djarîri باىّ شىء يشبه ترى, *quacumque tandem cum re comparabitur*, Agh. VIII, ١٨٢, 16 et Ishâki al-Maucilî ترى من اين لهذا السواط هذا الصوت, *unde tandem hic pistor dulciarius hunc modulum accepit* (السوّاط est is qui يسوط الناطف), Agh. V, ١٢٥, 7 a f. Fortasse quoque significat *scilicet*, *ecce*, nempe M ٣٦٤, 9 aliter vertere nequeo. Sed alia exempla non habeo. — VI ترايا pro تراءى, c. ل p., *in conspectu esse*, M ١٤, 14, *in conspectum venire* ٢٥٦, 3, spec. de navi, ١٧٧, 5, ٣١١, 13. Cf. in partem Lane. Lexico addendum est, eodem sensu quo dicitur راى المكانُ المكانَ (Lane) quoque dici تراءى الموضعان e. g. Agh. V, ١٦٥ med. pag. (= تقابلا). — اصحابُ الرَّأْيِ. Egregie de الراى in iurisprudentia disputavit Sachau, *zur ältesten Geschichte des Muh. Rechts*, p. 10—18 (*Sitzungsber. der K. Akad. der Wiss. in Wien*, LXV, 708—716) et refutavit errorem Schahrastânîi et Ibn Khaldûni. Antiquitus idem est quod القياس et الفقه. Quos M ٣٧, 5 appellat فقهيّة, Hanafitae, Mâlikitae, Schâfi'itae et Dawuditae, sunt اصحاب الراى, opp. اصحاب الحديث. Inter Schî'itas quoque inveniuntur, M ٩٩, 4, coll. ٣٧, 7, etiam inter Motazilitas, Jacût, III, ٦٧٧, 10. Vid. porro I ١٦٧, 5 et apud Jacût, I, ١٩٨, 20, H ٢٢٣, 18, M ٣٢٧, 2. Cf. quoque M ١٢٧, 3 et ١٨٠, 1. Multo serioris temporis est quod soli Hanafitae ab aliis hoc nomine distinguuntur.

ربث. رُبَيْثاء v. sub ربلى.

ربح. مَرْبَح, pl. مَرَابِح, *lucrum* in commercio, H ٢٣٩, 10, ٢٤١, 1, Gloss. Edrîsî.

---

1) Cf. Fleischer in *Beiträge zur arab. Sprachkunde* (Ber. der K. Sächs. Ges. der Wissensch. 1878), p. 112 „Mit aufgehobener äusserlicher Rection".

ربض. Apud M ١٠, 17 genus hominum maris peritorum in Cod. B appellatur رباضيون (*sic*), in C رفاصون (*sic*). Veram lectionem nondum inveni. Cogitavi de رقاحيّون, *mercatores*, de رباطيّون, *excubitores*, qui oram maritimam contra piratas defendunt, sed lectio litterae ص s. ض constare videtur. E lectione C efficeres رقّاصون, *tabellarii* (TA البريد), sed dubium est utrum in Oriente in usu fuerit (vid. Dozy) et tantum de cursoribus valere videtur.

ربط. رِبَاطٌ, *xenodochium* (v. Lane), I ٣١٤, 6 seq., H ٣٣٩, ٣٦٣, 4 seq., ٣٨١, Jacût, I, ٨٢٩, 12. Designat quoque *hospitium* vetularum et viduarum, Jacût, I, ٣٧٨, 22.

ربع II abs. i. q. رَبَّعَ رِجْلَيْهِ, *croiser ses jambes* (Dozy) et تربّع, H ٢٢٩, 5 (ubi l. مربّع), coll. I ١٧٤, 6, et Abulfeda ٣٥١. — رَبْعٌ spec. *taberna exactoris vectigalium*, hinc صاحب الربع ipse *exactor*, M ٣١, 4. — رُبْعٌ, *mensura aridorum in Hispania*, *quae* 18 رطل *continebat*, M ٢٤٠, 4. — Moneta aurea parva in regno Fatimidarum (quarta pars denarii), M ٢٤٠, 11 et moneta argentea parva ibidem, M ٢٤٠, 12. — رَبَاعِيٌّ eadem moneta aurea quae رُبْع vocatur, H ١٣٩, 4, Kazwînî, II, ١٤٢, 14, Dozy. — تَرْبِيعٌ. ترابيع جدار المسجد sunt *quatuor latera templi*, I ٦٠, 12 (ubi C et L تربيع), H ١١٥, 14.

ربلى, nomen piscis in Tigride, M ١٣٠ *p*. Suspicor autem legendum esse الرُّبَيْثَى, ut vocantur pisciculi e Tigride qui conduntur et obsonium exquisitum praebent, vid. Dozy. Plerumque una appellantur cum الصحناة, Ibn Baithâr et Ibn Djazla (qui eos male comparat cum الاربيان), Mowasschâ in Gloss. Moslim sub ملح, ubi pro والاربيثا l. والربيثا, Kazwînî, II, ٢٩٩, 17, Abu 'l-Kâsim l. l. f. 35 v. وسكاريج فيها بن مقلو وصحناة وربيثا, *Mafâtîh al-Olûm* f. 51 v. الربيثاء والصحناء والصِيرُ والسُّميكات تُعمَل من السمك الصغار والملح.

ربا II. Liberius dicit I ١٨٣, 3 الابريسم يربّى على توت مباح.

رتب II, *in praesidio collocavit* (Gl. Belâdh. et Fragm. et Dozy), I ١٨٥ ann. ult., ١٩٣ *a*, 2; spec. in re tabellaria *in statione collocavit tabellarios* (الفيوج), Kodâma apud Sprenger, *die Post- und Reiserouten des Orients*, p. 3 ann. Hinc المرتّبون (s. المُرَتَّبون ut habet *Mafâtih al-Olûm* f. 21 r.) sunt *tabellarii*, Sprenger, p. 5 et 6, H ١٣٥, 1 et 2. — راتبٌ, *perennis* de fluvio, M ٩٤ *k* (٩٥ ann. l. 9); *stabilis*, *domicilium perpetuum habens* de praefecto (= محكم), M ٤٤٧, 1, cf. apud Dozy راتب امام cet.; *stativus*, *perpetuus* de praesidio, exercitu, H ٢٧٩, 4, M ٣٧٨, 1; *constans*, *perpetuus* de stipendio, M ٤١٣ *g*, unde subst. راتبٌ.

رجأ. المُرْجِئَة memorantur M ٣٧, 16, ٣٨, 1—4, 11 et *i*, ٣٩, 2, ٣٩٨, 14.

رجح. راجِحٌ, *integer*, *completus*, non tantum de pondere adhibetur (Lane), sed quoque de distantia, I ٢٥٢, 4, H ٣٠٦, 17 مرحلة راجحة, et de pretio, H ٢١٤, 2. — رَجَاحَةٌ, *moderatio animi*, H ٩٥, 13, vid. Dozy et Lane.

رجع I c. الى r. non tantum significat *rationem habuit rei* (Gloss. Fragm.), sed saepe *exercuit* virtutem (*se conformer à*, *pratiquer*), ut I ٥, 2, ١٢٣, 7, ١٥٠, 2, ٢٠٨, 7 et 10, ٢٤٥, 8, ٢٨٧, 3, et *possedit*, I ٤٤ ult., ٤٥, 1, ٢٧٣, 7, ٣١٨, 14, *acquisivit*, Jacût, II, ٢٠, 7. Cum hac significatione cohäeret *professus est* religionem, Ibn Bat. IV, 224. — VI, *collecta est* aqua, *confluit*, I ٨١, 6, ٨٣, 3, ٩٢, 3, Belâdh. ٣٥٩, 3 a f. (male explicavi in Gloss.). — مَرْجُوعَةٌ, *reditus*, tanquam n. a. a رَجَعَ, M ٣٥٧, 2.

رجل. رِجْلٌ, *gubernaculum*, M ٣١, 13, Gloss. Moslim, Dozy. Quoque hoc sensu habet pl. أَرْجُلٌ, ut Mas'ûdî, I, 282 اصحاب الارجل. — رَجُلٌ. Pl. الرِّجال, *viri illustres*, *proceri*, M ٣١٥, 8, et eodem sensu الرِّجَالَات, H ٦, 3. Vid. Dozy. — راجل. رَجَّالَةٌ, *satellites*, *praetoriani*, M ١٩٧, 5, syn. اعوان (vid. ann. *h*), Dozy.

رجا. أَرْجَى, *inspirant plus d'espoir* (Dozy), H ١٥٣, 5, ubi lectio Codd. constat, ut non legendum sit ارخاها.

رحل. رِحْلَةٌ, *unius diei iter eiusve spatium*, H ٢٢٤ ult., Jacût, I, ٢٤٥, 9, ٧٠٧, 13, IV, ٩٩٠, 20, pl. رحلات, II, ٧٨٥, 22, III, ٧١٠, 9. Dozy.

رَخْبِينٌ, casei species, Ibn Djazla: نوع من المصل وهو ماء اللبن المطبوخ; est vocab. Pers. (vid. Vullers) pro Arabico كُبْخ, quod describitur in lexicis tanquam نوع من المصل اسود او هو الرخبين. Exportatur e Walwâlidj et Khowârizm, M ٣٢٤, 15, ٣٢٥, 7. Quoque scribitur رخفين (vid. Dozy), ut restituendum est apud Thaâlibî, *Latâif*, ١٢٩, 3 pro الرحقين, quod igitur deleatur in Gloss. de Jong et hinc apud Dozy.

رختج vid. راختج.

رد. رِدٌّ, *proventus*, *reditus*, M ٤, 5, Lane ex *Asás*.

رز. رُزٌّ, *oryza*, habet pl. أَرْزَازٌ, M ٣٣, 6, ٤٠٢, 8, ٤٠٨, 12, ٤٧٤, 3, ٤٨٤, 5, Dozy.

رزب. مِرْزَبَة pl. ات, explicatur M ٣١, 9 per أَكْلَة q. v. et est *malleus* ut ٣٦٤, 6. — التوتياء المَرَازِبِيّ sic appellatur, quia in canalicularum (مرازيب) formam redacta est, M ٤٧٠, 7 seqq., coll. ٤٥٩, 9. Antâkî inter species tutiae memorat الرقيق الصفائح هو المرازبى وعند الصيادلة يسمى الشقفة.

رزق VIII, de operariis *fixam mercedem accepit*, construitur c. على operis, I ٢٩٢, 1, H ٣١٥, 16. Cf. M ٣٣٠, 12. Similiter de mercatore dicitur ارتزق على البضائع الارباح, Jacut, II, ١٢١, 4. — رِزْقٌ, sensu mystico *dotes spirituales*, M ١٣٩, 10, ١٤٢, 10, ٣٧٩, 9.

رستاق. رُسْتَاقِيٌّ, *rusticus*, *paganus*, M ٣١, 8, ٤٤١*a* in fine, Jacût, II, ٧٧٠, 18. — رغيف رستاقى, *panis rusticus*, qualis in pagis coquitur, M ٢٥٥ ult. — الرستاقيّة proprie *sectarii pagorum*, M ٣٧, 4, appellantur iidem qui الزعفرانية, M ٣٨, 7.

رسخ II, *inculcavit*, قد رسّخوا فى قلوب الناس ان, H ٣٩, 12 Add.

رسم IV, *delineavit*, *descripsit* architectus, M ٣٥٩, 11 (cf. ad h. l. ٣٦٧, 10 sq.). — VIII sensu *secutus est praecepta religionis* (Lane) non tantum constr. cum acc. (H ١٠, 4), sed quoque c. ب, I ٥, 3 فانهم نصارى يرتسمون بمذاهب الروم. — رَسْمٌ, pl. رُسُومٌ, *mos*, *consuetudo* (Dozy), M passim. Dicitur كان من رسمهم ان = من عادتهم, H ٢٢, 4 et 6; — *tributum*, H ٢١, 2, ٧٤, 7 (= 6 الاموال المرسومة), ١٥١*b*, l. 9 et 6 a f., ٢٤٥, 9, ٣٠٧, 16, ٣٥٠, 5,

M ٢١٣, 9, Dozy; — *salarium*, H ٣٤٢, 14, Dozy et Vullers. — بِرَسْمِ, *pertinens ad*, H ٧ ult.; *destinatus ad*, M ١٨٨, 12. Cf. Dozy. Significationi ibi illustratae addatur *in potestate*, *sub imperio* (*à la disposition*), Jacût, II, ٧٩٩, 8 ولها والى معونة برسمه عدّة من الجند, et significatio *versus*, Ibn Bat. IV, 436 ثم سافرتُ منها برسم تكدّا.

رسا. رَاسِيَةٌ, pl. رَوَاسٍ, *olla*, *cacabus*, M ٣١١, 8. — مِرْسًى, *ancora*, H ٤٩ ult., Dozy.

رشف. رَشِيفٌ, fem. ة, apud M ٣١١, 8 sumi potest sive active ut sit *quae omnem humorem absorbet*, *siccus*, sive passive *cuius humor omnis absorbetur*, *aridus*. Lexica nihil illustrant, nisi forte quod *Asâs* habet حوضٌ رَشَفٌ لا ماء فيه, quod apud Lane desideratur.

رشق. رَشِيقٌ, *elegans*, *pulcher*, de aedificiis M ١٩٤, 9, ٣١٥, 1, ٣٦٠, 2, ٣٩٢, 4, de foro M ٢٢٨, 18, de urbe M ٢٧٨, 5. Compar. أَرْشَقُ M ١٦٥, 4, pl. رِشَاق (cf. Dozy) M ٣٥٩, 8 de faciebus.

رشن. رَوْشَنٌ, pl. رَوَاشِنُ (Jacût, III, ٣٤٩, 5 رواشين), *fenestra prominens*, fere idem quod جناح q. v., M ٣٧٧, 19, ٤٢٦, 10 et 18. Cf. Dozy: *balcon*.

رصد. رَصَدٌ, pl. أَرْصَادٌ, certissime ut suspicatus est Dozy significat *portorium* (*péage*), I ١٤١, 1, ٢٢١, 3, H ٢٧٩, 7. — مَرْصَدٌ, *teloneum*, *locus ubi portorium solvendum est*, I ١١٧, 1, ١٣١, 1, ١٣٢, 11, H ١٣٥, 8, ut Persice رَصَد (vid. Vullers); — pl. مَرَاصِدُ, *portorium*, I ١٥٧, 1, ١٥٨, 9, H ٢١, 7, ٥٢, 20, ٥٩, 16, ٩٩, 13, ٧٤, 6, M ١٠٥, 3, Dozy. — رَصَدِيٌّ s. مَرْصَدِيٌّ, *exactor portorii*, M ٣١, 5 et *g*. De priore cf. Dozy.

رصف. رَصِيفٌ adiect., epitheton fori, سوق رصيف, *forum bene dispositum*, M ٤٣٦, 3. — Subst. sensu quem habet *Mohît*: بقعة من الارض مبلّطة بصفائح الحجارة; *propatulum lapidibus stratum*, M ٨٢, 11, ٤٣٦ *h*. Apud H ٣٥٥, 4 videtur significari *via strata;* verto: »provincia Bokhârae iacet ad ipsam viam regiam quae ex Khorâsân ducit ad provincias Transoxaniae". — تَرْصِيفٌ, *iunctura*, *series*, I ٣٠٥, 7, ubi L habet على ترصيف كور خراسان

وما وراء النهر, H lectionem mutavit, H ٢٩٩, 3 على الترصيف eodem sensu quo I ٢٣٧, 4 habet على الترتيب.

رضى. راضٍ, pl. راضيّة, moneta in Africa ante Fatimidas usitata ab iisque servata, M ٢.۴, 10 et *e.*

رعب. يرعوب secundum I ٣٩ *r* appellatur *rex simiarum.*

رعى. مَرْعًى. Post annum 250 Ahmed ibno 'l-Modabbir in Aegypto pascua publica tributo subiecit, de singulis bestiis a dominis solvendo, quodque المَرَاعِى appellavit; vid. Makrîzî, I, ١.٣, 3 a f., ١.٧, 12 a f. seqq. Alibi, in Perside et in Africa principes hoc exemplum secuti sunt, I ١٥٧, 1, ١٥٨, 9, H ٩٩, 13, ٢١٩, 5, ٢١٧, 14.

رفرف. رَفْرَفٌ. H ٢٢٣, 10 loquens de tailesânis dicit تنسج برفارف, quod vertimus in Gloss. Edrîsî, 371, 1 per »que l'on tisse en festons". Aliunde locum illustrare nequeo.

رفض. رَوَافِضُ est convicium quo proprie Zeiditae petebant eos Schî'itas qui Zeid verum imâmum esse negabant (Ibn Khaldûn laud. apud Dozy), sed deinde Schî'itae orthodoxos eo designant, et invicem, M ٣٧, 16, ٣٨, 5 seq. et *d.* Ipse M ١٢٨ *a* sic appellat Schî'itas stolidos (جهّال الشيعة), orthodoxi fanatici رافضىّ vocant quoque orthodoxos moderatos, M ١٣٩, 19, ٣٩٩, 13.

رفع I, *exportavit*, *transportavit* merces, I ٩١ *g*, ١٩٨, 1 et 3, Jacût, I, ٣٨٥ ult., Ibn Batûta apud Dozy; — *transtulit* administrationem provinciae ad diwânum metropolis, H ١٩٣, 16; — *solvit* tributum, H ٣.٧, 15, Gloss. Belâdh. — VI de plur., c. acc., *locuti sunt de re tanquam nota*, *pro certa regula habuerunt*, M ٣٣٩, 9. — VIII, *demtus*, *amotus fuit* (syn. سُلَّ), M ٢٢٥, 5; — de aqua fluvii, c. الى, *venit ad*, *attigit* plantationes, I ٨۴, 8 (ubi L syn. يقع), H ١٩٥, 12; — *provenit* de productis (syn. وقع), c. من, I ٢۴, 5, ٢٥, 2, ٣٢, 1, ٥٣, 7, ٧۴ *h*, ١٥٢, ١٥٣ cet., c. ب, I ١٥٣, 2, ١٨٨, 4, 6, ١٩٩ paen., ٢.., 1 secund. lect. C, L et Jacût, c. فى, I ٢١٣, 1, ubi C et L بها, F et Jacût منها; *exportatus est*, I ٣٥, 15, ۴٥ *k*, ١٢٢, 15, ٢٨٨, 16; — *rediit*, dicitur ارتفع له عن (من) هذا المكان

اكذا, *reditus eius ex hoc loco hic fuit*, H ٢٠, 6, Jacût, I, ٧٨٢, 2; — *derivatus fuit* canalis e fluvio, H ٣٥٣, 16; — quum in diverso sensu verbum ارتفع synonymum factum fuisset verbi وقع, ab hoc etiam mutuavit significationem *iacuit* de urbe, I ١٧٠, 12 Add., H ٢١٩, 7, ٢٣٦, 16 et quoque *cecidit* ut I ٢٨٠ paen. sec. L (vid. Add.), de aqua quae cadit in fluvium, I ٢٩٩ *p.* — أَرْفَعُ, comp. a رَفِيعٌ, *subtilior*, de panno pretioso, I ١٥٣, 15. — مَرْفُوعٌ, *bene conservatus*, *pretiosus*, I ٥٧, 13. — مُرْتَفِعٌ, *subtilis*, *pretiosus* (= رفيع), I ٥٢, 15, ٩٣ *a*, ١٥٣, 10, 13, 16, ١٩٩ *b*, ٢٧٥, 3, H ٤٩, 9, Agh. ed. Koseg. ١٥٤, 4 a f., Dozy.

رفق VIII, *emolumenta accepit* officialis, H ٩٩, 19, spec. modo illegali, cf. Dozy. — مرفق. مَرَافِق, *emolumenta*, appellantur tributa diversa non canonica, coll. Makrîzî, I, ١٠٣ paen. وكان (المال) الهلالى يعرف فى زمنه (زمن ابن المدبّر) وما بعده بالمرافق والمعاون, H ٢٠, 20, ٢١, 7, ٦٥, 5, ١٤٥, 15 et 17, ١٤٩, 8, ٢٥٥, 9, M ٣٧١ *a*.

رفه II quoque dicitur de subtilitate opificis in opere exercendo, H ٣٨٤, 3 »quia ferrum Ferghânae admittit subtilem tractationem quam fabri illius regionis exercere didicerunt". — أَرْفَهُ, *commodior*, H ١٣٠, 5, Gloss. Edrîsî.

رقّ. رَقَاقٌ, *macer* de solo, M ٢, 4. — رَقِّيَّة fortasse pronuntiandum est nomen navigii apud M ٣١, 14. Nomen habere posset sive ab urbe Racca, sive hinc quod navigationi in aqua tenui (رقيق ماء, رقّة الماء) aptum esset (?).

رقب. رَقَبَة. In Gloss. Belâdh. et Moslim egi de رقبة الارض (*dominium soli*). Dicuntur etiam homines possidere terram على رقبة من, *sub dominio aliorum*, i. e. tanquam metoeci, H ١٥٠, 9.

رقع. رُقْعَة est *solum quod occupat* aedificium, I ٦٠ ult., H ١١٥, 16, urbs, Jacût, I, ٦٧٧, 20, hinc *ambitus* urbis aut regionis (Gloss. Edrîsî), I ٥٨, 7 (pro quo H ١١٣, 10 موقع), H ٥١, 12, ٧٦, 17, ١٣٣, 19, ٢٩٣, 10, ٢٩٥, 13, M ٢٦٦, 9, ٢٧٣ *o*, ٢٧٥, 5 et 12, Jacût, I, ٤٠٩, 7, ٦٨٤, 20, II, ٣٣١, 3, IV, ٢١٤, 5, ٦٨٣, 1.

رقى I c. ب, *sustulit*, *ergatâ levavit*, passive I ١١٧, 1 (ubi L ارتقى), H ١٨٨, 7. — VIII, c. ب, pass. ارْتُقِىَ به, *ascendit*, I ١٤٨ paen., ١٤٩, 1; — *altus fuit*, H ٢١٢, 17, Gloss. Edrîsî.

ركب I, c. على s. c. acc., dicitur de urbe quae *adiacet* flumini, I ٥٢ *k*, H ٥٤, 20, Jacût, I, ٦٧٢, 10, ٨٤٣, 14, ٨٥٢, 6, ٨٦١, 11, II, ٦٧٤, 16, ٦٨١, 4, ٨٤٠, 14, III, ٣٣٩, 22; cf. Gloss. Fragm. sub ظهر. — VIII, *suscepit*, opinionem spec. absurdam, M ٤١٣, 6. — رِكَابٌ in vers. Pers. I ٢ *b* habet significationem quam ex Hamakeri libro recepit Freytag, *servitium*: »princeps in cuius ركاب vitam dego". — مَرْكَبٌ. تأريخ الْمَرْكَب in dimidium posterius saeculi sexti cadit, H ١٦١ *c*. — مُرَكَّبٌ est epitheton mali citrei, I ٩٣ *b*, H ١٧٥ *n*, limonis, Abu 'l-Kâsim l. l. f. 41 r. ومركب الليمو والليمو الصينى, mali aurantii, Vullers in v., et Polak, Persien, II, 139 habet »Südfrüchte — Murekebat" i. e. مركّبات. Significatio epitheti probabiliter est *insitus* (cf. Dozy sub ركب II et تركيب). — مَرْكُوبٌ, *iumentum*, H ٧٩, 7, M ١٦٣, 12, Ibno 'l-Athîr, VI, ١٤٥, 16, Dozy.

ركز. مَرْكَزٌ, *statio militaris*, appellantur castella Caucasi I ١٨٦ annot. l. 3; — *sedes* regis, M ٤٠٥, 4, ٤٠٨ *p*, *Mohît* apud Dozy.

رَمٌّ, pl. رُمُومٌ, *tribus Kurdorum et regio quam occupat* secundum Jacût, III, ٨٣٦ ult., vers. Pers. I ٩٨ *b* et ١١٤ *i* (ubi رم = حىّ). Codices omnes I et H habent زمّ, ut quoque ex Ibn Khaldûn recepit Dozy, sed Codd. M habent رمّ ut praescribit Jacût, quodque non differre videtur a Persico رم s. رمه, *caterva hominum*, *exercitus* (Vullers). Hodie pro رمّ in usu est ايل, quod idem significat. Constat porro litterae ر in vocibus Persicis ab Arabibus saepe substitui ز e. g. ازدشير pro اردشير. Notare tamen debeo vocem احياء, I ٩٩, 2, in vers. Pers. O reddi per جُومها, quod fortasse vocabulum Kurdicum est et pro lectione زم facere posset. In *Mafâtîh al-Olûm* f. 38 r. legimus: زمّ الاكراد محالّها واحدها زمّ زمُوم. — رِمَّةٌ. Legimus apud H ٣٠٧ ult. هو مجمول برمّته ومجموع على جهته, ubi annotavi fortasse legendum esse جبهته, coll. Lane sub رهمة. Nempe hoc casu جبهة sumendum foret sensu *agmen*, quo fere synon. est vocis جملة, quam auctores TA et *Mohît* ei substituere volunt.

رمل. رَمْلَةٌ, *tractus arenosus*, I ٣٦, 5, Jacût, I, ١٥٩, 9, II, ٨١٩, 20, Gloss. Belâdh., Dozy.

رمن. رمايِن, nomen piscis in Tigride, M ١٣٠ *p*.

رندج I, *tegit corio nigro* quod ارندج s. يرندج (Pers. رنده) appellatur, M ٧١ *w*. Vid. de hoc corio praeter Lane sub ردج et Djawâlîkî ١٥٩, Ibn Doraid in *Djamhara*, III, f. 287 v. الأَرَنْدَجُ الجُلُود التى تُدْبَغُ بالعَفْص حتى تسوادّ ارنْدَهٌ قال الراجز

كَأَنَّهُ مُسَرْوَلٌ أَرَنْدَجا كما رأيتَ فى المُلاءِ البَرْدَجا

اى البَرْدَة وهم العَبِيدُ.

رهب. رُهْبَانِىٌّ, *monachus*, I ٧٦, 6 Add., ubi L رهبانيون pro رهايين quod in textu est. Huius singularis secundum lexica (vid. Lane) est رُهْبَانٌ, alii aiunt singularem esse رَهْبَانٌ (vid. Gloss. Belâdh. sub مثل).

رهدن. رَهَادِنَةٌ, *qui byssum venundant*, M ٣٠ ult. et Dozy. Ab iis porta Kairawâni nomen habebat, M ٢٢٥, 15. Alia forma vocis probabiliter est رَهَادِرَةٌ (Dozy sub راهدار). Origo adhuc latet, licet verosimiliter a Pers. راه دار (دان) derivanda sit. Singularis est رَهْدَانِىٌّ, non enim a nostra voce diversum esse videtur epitheton mercatorum Judaeorum الرَهْدانيّة (var. الراهدانية) in Epitome Ibno 'l-Fakîhi, cuius editionem parat Loth, quodque apud Ibn Khordâdbeh, 115 scribitur الراذانية (var. الراذانية).

روج II. Pro *fecit ut probus esset nummus* in Gloss. Belâdh., *he made money to pass or be current* apud Lane, accuratius est scribere *cudit nummos probos*, ut patet e loco H ٣٨٩, 5. — أَرْوَجُ, *magis conducens*, *magis praesto*, *celerior*, *facilior*, M ٨, 6 (lectio B اروج quoque ferri potest).

روح. رِيحٌ, للريح, *vento secundo*, I ١٩٠, 3, ubi vers. Pers. جون باذ راست بود. — رَوْحَةٌ i. q. رَوْحٌ »*a gentle gale, a breeze*" (Lane), M ٣١, 14.

رود. مُرِيدٌ, sensu quem primo loco habet Lane, M ٢٥٥, 4. Notabilis est locus quia hic vocabulo iam utitur Sofjân ibn Oyaina.

روقل, nomen fructus in Armenia, I ١٨٢ paen., H ٢٤١, 4, M ٣٨٠, 9. Var. lectiones sunt زوقل, دوقل et روفل (F et L).

روى. رَوِيَّة. بالرَّوِيَّة, *considerate*, *sapienter*, H ٧٩, 6, ubi constr. تمتّع من الخذم »frui motione celeri sapienter".

رِيبَاس, *ribes* (vid. Dozy et Vullers in v. et sub زرنبلج); optimus in Naisâbûr crescit, M ٧, 4, ٣١٧, 2, ٣٢٩, 1, Jacût, IV, ٨٥٨, 1, Thaâlibî, *Latâif*, ٣٩, 5, ١١٤ paen., ١٢٣, 5. E succo paratur cibus الريباسيّة dictus, Ibn Djazla in v.

ربع IV (s. I) c. acc. القفيز الواحد ربّما يربع مائة قفيز »modius unus frumenti saepe producit centum modios", I ٣٢٢, 2, H ٣٧٢ ult.

ريف. رِيفِيّ, nomen generis dactylorum in provincia Basrensi, M ١٣٠ *p*.

ريم I quoque constr. c. عن, H ١٩, 15.

زب. زَبِيب. Memorantur species الدورىّ, M ١٨٠, 13, ١٨١, 4 et 8; الطائفىّ, I ٢٩٩, 7, H ٣١٨, 8, M ٧, 5, ٣٢٤, 4, cf. Thaâlibî, *Latâif*, ١١٩, 2, العينونىّ, M ١٨٠, 13, ١٨١, 4 et 8.

زبد. زُبْدِيَّة, pl. زَبَادِىّ, *patella*, *scutula* (vid. Dozy), I ١٥٥ *h*, Jacût, II, ٤٨٢, 17, III, ٤٥٢, 16.

زبرباذيّة, nomen navigii, M ٣٢, 1.

زَبْزَب, pl. زَبَازِب, navigium, de quo v. Lane sub زب, M ٣١, 15. *Vocabulista* sub *Barca*.

زبق. مُزَبَّقَة (cf. Lane sub زابق), nomen monetae argenteae, quae in usu erat Meccae, ubi partem vicesimam quartam *motawwaki*, M ٩٩, 10, et in Maghrib, ubi denarii partem quinquagesimam valebat, M ٢٠٤, 9, ٢٠٧, 21.

زجر. Lexicographi (vid. Lane ex TA) dicunt piscium certum genus in Irâko vocari tum الزَّجْر, tum الزَّجَر. Probabiliter duo genera in unum confusa sunt, nam M ١٣٠ *p* in catalogo piscium Tigridis memorat bis

الرجر, quod uno loco الزَّجْر, altero الزَّجَر pronuntiandum videtur.

زجا II. Edidi M ٢٨٥, 1 زجا, sed lectio Codicum videtur suadere زَجَّى, quod hoc casu idem fortius significat, scilicet »the *acting with penetrative energy*, and *effectiveness*, in an affair" (Lane).

زخرف. زَخْرَفَة, *ornamentum* = زُخْرُف, H ٣٦٣, 7 coll. I ٣١٤, 8. Vid. Gloss. Fragm. et Dozy.

زراقى, nomen piscis in fluvio Armeniae Cyro, I ١٨٣, 6, H ٢٤١, 10. Lectio non constat, nam pars Codicum legit الدراقى (L cum vocal. الدَّرَاقِى).

زرب. زَرْب, pl. زُرُوب, *rete magnum*, H ٤٧, 20; Dozy: »enceinte de filets". — زَارِب, *fluvius*, M ٢٥٩, 6 الزاربان, pro quo Ibn Khordâdbeh, ed. Barbier de Meynard, p. 124, 1 الوادبان.

زرع II = I *seminavit*, I ٢٩٤, 5, مزرّعا, ubi L et Jacût (III, ٣٩٥, 7), مزروعا, Jacût, I, ٢٨٩, 21. Cf. Dozy. — زَرِيع subst., *seges*, H ٢٩٥, 16, ubi I ٢٣٦, 10 زرع. Vid. Dozy et cf. Lane; — adj., fem. ة, *agriculturae idoneus*, M ٣٥٩, 8, ٤٦٥, 18 et hinc الزَّرِيعَة, *terra agriculturae idonea*, M ٤٣٩, 7. — زِرَاعَة, pl. ات, *ager*, I ٢٣٤, 15, H ٢٩٤, 4, Dozy, Lane ex *Hamâsa*. — مَزْرَعَة. Pl. مَزَارِع eodem sensu quo زروع, *fruges*, H ٢١, 9.

زرنق. زُرْنُوق, machina hydraulica quae describitur a Lane; M ٣١, 11. Exemplum plur. زرانيق Jacût, IV, ٥٧٢, 16.

زرور. زِرْوَار, pl. زَرَاوِرَة, s. زِرْزَار, pl. زَرَازِرَة, *dux Byzantinorum* qui ordine sequitur patricium, H ١٣٠, 16; TA sub زر habet: الزرازرة البطارقة كبراء الروم جمع زرزار بالكسر وفى التكملة الزراورة البطارقة الواحد زروار. Hinc الزرورة, *dignitas ducis*, H ١٣١, 1. Quod Freytag ex Jac. Schult. habet *dux inter Curdos*, fortasse desumptum est e commentario Abu 'l-Bakâi ad Homiliam Ibn Nobâtae LVII (Ms. 503 (1), p. 71). Cf. quoque Ibno 'l-Athîr, XI, ٣٢١ بعض امراء الاكراد الذين به من الزرزاريّة.

زرى VIII, *contempsit*, *vilipendit*, c. ب, M ٤٢ *a*, Dozy. — زَرِى, *contemptibilis* de re exigua, H ٤٣, 17, Dozy.

زعفر. الزَّعْفَرانِيَّة, sectarii qui memorantur M ٣٧, 9, ٣٨, 6.

زعق I, *clamavit*, de ذكر Sufîorum, M ٤١٥, 14.

زقّ I, sensu metaph., زَقَّه الفقهَ زقًّا, *imbuit eum scientia*, M ٢٣٧, 8. Cf. apud Lane ما زلت أزقّه بالعلم pro quo *Asâs* habet العلمَ. — زُقاق, pl. أَزِقَّة, *fretum*, M ٢٠١, 18.

زقف. زقافًا adverb., *adverso flumine* = صاعدًا, opp. شبالًا, M ٣١, 12, ١٢٤, 7, Abu 'l-Kâsim l. l. in precatione nautae وسلّمنى زقافًا وبلّغنى شبالًا بحقّ مشايخنا. Est Aramaïci originis a verbo זקף *elevavit*, *erexit*.

زكا I, *ferax*, *fertilis* fuit, de terra et de plantis, I ٢٠١, 3, H ٢٥٩, 4, ٢٦٣, 17, et hinc زَكِىّ, *ferax*, *fertilis*, comp. أَزْكَى, I ٥٩, 15 (ubi var. l. ارخى), ٩٠ *c*, ١٨٩ *e*, ٢٨٢, 6, ٢٩٥, 1, ٣٢١ paen., H ١١١, 17, ٣٣٠, 17, ٣٧٢, 17, ٣٧٣, 14, M ٢٧٩, 7, 12, Jacût, IV, ٢٩, 22. — زَكَاوِىّ, pl. زَكاوِيَّة, denarius urbis Aden, M ٩٩ *n*, ١٠٤, 14, ١٠٥ *d*. — مُزَكٍّ, *is cui mandata est probatio testium*, *fide digni sint necne* (= معدل), M ٣٢٧, 13, Jacût, III, ٨٩٧, 1.

زلّ I, *pondus nimis leve habuit* de nummo (vid. Lane), M ٢٤٠, 11. Hinc زالّ de nummo (vid. Lane), M ٢٤٠, 12, et metaph. de intellectu, M ٤٥٩, 12; compar. أزلّ de pondere, M ١٨٢, 1.

زلب. زلابيّة v. sub شبك.

زمّ. زَمّ vid. sub رم. — زمام. صاحِبُ زِمَامِ فلان, officialis cui cura aerarii est mandata, H ٢٥٤, 10. Dozy: *le chef du bureau des finances*, *le ministre des finances*.

زمن. زمان. صاحِبُ الزمان s. امام الزمان apud Karmatos et Fatimidarum asseclas est princeps, verus imâmus, successor legitimus Mohammedis ibn Ismâil, H ٢١, 15, ٢٣, 10, ٢٢١ *h*. Male verti titulum per »lieutenant" in *Mém. sur les Carmathes du Bahrain*, p. 61. — مُزْمِن, *chronicus* (Lane et Dozy), de scabie in Aegypto, M ٢٠٠, 3, coll. ٢٠٩, 2; — *morbo afficiens*, *insalubris* de carnibus avium, M ١٩٥, 6, coll. ٢٠٩, 1; ٣٥٩, 13, coll. ٣٧٠, 11.

زنبر. الزُّنْبُورِىّ appellatur species dactylorum in provincia Basrensi, M ١٣٠ *p*.

زَنْبَفْت (»manu mulierum textus"?), sic enim legendum videtur M ٣٢۴, 2 pro زنبقت, ut Codex habet, panni species in urbibus Nasâ et Abîward confecta. Vox Persica بفت saepius apud auctores occurrit e. g. Abu 'l-Kâsim l. l. f. 32 r. بفت قشيرى pannus pretiosus, f. 34 r. ثياب بفت خشن مروى غليظ من غزل البيت, et Dozy in v.

زنبق. زَنْبَقٌ, *iasminum* inter optima producta Armeniae et Persidis enumeratur, M ٣٧٣, 19, ۴۴٢, 9, ۴۴٣, 2. Cf. sub دهن.

زنجر. زَنْجُور, piscium genus in Tigride, M ١٣. *p*. In TA male confunditur cum زجور, pl. a زجر q. v.

زندق. الزنادقة memorantur M ٣٩, 1, ٣٢٣, 14.

زنق. زَنَقَةٌ (Codd. interdum habent زَنْقَة), *lingua terrae*, sive in aliam terram protensa, I ٩٩, 20, ٢٥٣, 11 seq., H ١٧٨, 19 seqq., ٣٠٩, 5 seqq., Abulfeda, ۴۴١, 5 a f. فتصير هاتان الزنقتان كالكمّين خارجين عن تربيعة خراسان, sive in mare, H ٨, 5, ubi Peloponnesus sic appellatur, ٣٢٣, 19. Ubi de mari adhibetur est *sinus maris angustissimus*, I ٢١٩, 13, ubi E et O vertunt دَهانة, H ٢٧٨, 2, Jacût, I, ٥٠١, 15, ubi corr.

زوبين, pl. زُوبِينَاتٌ, *iaculum* Ghilanensium (vid. Vullers et Freytag), M ٣٦٩, 3 (ubi C minus accurate فاس). Patet ex hoc loco hoc telum multo diutius in usu fuisse quam opinatur Lagarde, *Ges. Abh.*, p. 67 seq., 203.

زوج. زاج الحِبْر, *vitriolum atramenti*, M ٢٠٩, 3, est species flava (الاصفر), Kazwînî, I, ٢٣٩, 8, quae quoque الزاج الذهبى (Kazwînî, II, ١٩۴, 19), الاخضر المصرى (Ibn Baithâr et Ibn Djazla), القلقنت s. القلقند (iidem) et simpliciter زاج appellatur (Mas'ûdî, II, 407 et TA من اخلاط الحبر). Ab ea diversa est species etiam flava, quae زاج الصباغين s. زاج الاساكفة (vid. Dozy) vocatur (Kazwînî I, ٢٣٩). Species viridis (الاخضر) secundum Kazw. quoque القلقطار et القلقند appellatur, aliter Ibn Baith. et Ibn Djazla qui speciem flavam القلقطار (Dozy, Gloss. Esp. Arab. p. 257), viridem القلقنت vocant. Species alba (الابيض) quoque القلقديس et الشوغيار (Ibn Djazla) et الشب (Lane et Kazw.) appellatur, species rubra (الاحمر), pretiosissima omnium, quae ex insula Cypro provenit, quoque السورى (Ibn Djazla et Kazw. Dozy in v. σῶρυ). Species nigra a solo Kazw. memoratur. In *Mafâtîh al-Olûm* f. 76 r. additur species المنحاتى dicta, in qua venae virides sunt. Vid. quoque Vullers sub ساكى. Antâkî aliam habet divisionem.

زود. مَزْوَد, *cutis fructuum*, M ٢٠٤, 4. المِزْوَدَانِ, *scrotum*, M ٣٤٢, 11 et 12 (pro quo 16 خصيتان q. v.).

زور. In catalogo synonymorum apud M ٣٠, 10 edidi زوّر انقض, cogitans أَنْقَضَ hic habere significationem quam habet *Koran.* 94, vs. 3 ووزرك الذى انقض ظهرك i. e. secundum Ibn 'Arafa (TA p. ٩٣) اثقله حتى جعله نقضا اى مهزولا et verbo زوّر tribuens significationem *fecit ut inclinaretur.* Sed dubito an recte. Certo melius foret legere أَنْقَضَ زَوِرَ, nam verbum زوّر causativo sensu nunquam mihi occurrit.

زوى. مُزَوًّى, *angulatus*, I ٢٢٧, 2, H ٢٨٧, 1. Cf. Dozy.

زىّ VI sensu metaph. H ٢١١, 14 تزايا الورع, *habitum viri pii induit*, ut تزيّا apud Lane. Exemplum verbi sensu proprio vide apud Dozy. — مزىّ, *vestitus*, M ١٠١, 1.

زيت. زيت الانفاق v. sub انفاق. Ibn Djazla docet hoc oleum in Irâko appellari الزيت الرِّكَابِىُّ, de camelis (ركاب) qui oleum e Syria afferebant. — زيت الفجل, H ٨٩, 12, pro دهن الفجل.

زيد. زِيَادَة, *propylaeum* templi, M ١٥٩, 1, ١٩٩, 8, ٣٩٧, 12. Una e portis cathedralis Damasci hinc vocatur باب الزيادة, M ١٥٩ *a*. Vid. Dozy: *portail d'église.* — زِيَادَة in licitatione, vid. Dozy et cf. infra sub قبل. — الزَّيْدِيَّة memorantur M ٣٧, 11, ٣٨ *d.*

ساح, nomen speciei piscium in Tigride, M ١٣٠ *p.* Fort. l. ساج, cf. infra sub كرنك.

ساف, nomen melonum speciei in Bokhârâ, M ٣٢٩, 4 ubi sic restituendum. Cf. apud Vullers سافيسك i. q. دستنبويه, quod rursus cohaerere videtur cum سابيزك (Arab. سابيزج). Hinc piri species appellatur ساف امرود.

ut de malo cydonio (بِه) alia species vocatur بهمرود, de malo punico (انار = نار) species نارمرود. Memorantur in loco Abu 'l-Kâsimi Ms. Mus. Britt. f. 40 r., ubi dicit post enumerationem fructuum exquisitorum in mensa Bagdadensium, se apud Ispahanenses nihil videre nisi انما ارى ساف امرود وبهمرود (Cod. s. p.) ونارمرود (Cod. s. p.) وسلم رود قد اوجعنى والله الرود مما اكل المهمرود (sic). Fort. pro سلم رود l. شامرود i. e. شاهرود ut appellatur pirus optimus (bergamotte), vid. Ibn Baithâr apud Dozy sub حاجم et in v. et Avicenna apud Nowairî, Ms. 273, p. 761.

سامانٌ vocatur *iuncus* qui crescit in lacu Kedes (Hûla), vid. Dozy et cf. M ١٦٢, 1 seq. et Baedeker, *Palaestina und Syrien*, p. 391, ubi hic iuncus papyrus dicitur. Hinc optimae storeae plectuntur الحُصُر السامان dictae, H ١٦٣, 13, Makrîzî, I, ۴۴٩, 5, s. الحصر السامانيّة, Dozy et Makrîzî, II, ٣٩٧, 7 a f. (ubi male العبدانية pro العبادانية), s. simpliciter السامان, Gloss. Fragm., M ١٢٨, 15. Adde Abu 'l-Kâsim, Ms. Mus. Britt. f. 32 v. ولا تلم حصر سامان ولا عبادانى يطوى بالعرض كما تطوى الثياب اجلّ من الزرانى وانعم من الخزّ السوسى لطيفة العمل بديعة الصنعة دقيقة النسج. Quod in fine Gloss. Fragm. dixi, nunc mihi secus videtur. Potius significatio خانة تجملات و اثواب derivata est (cf. Gloss. Fragm. sub سعف).

سبّ. سَبَبٌ, pl. أَسْبابٌ, *res*, M ٣١٠, 2 اسباب مغيّرة, *novae res*, ۴٥٩, 4. — نواحٍ لها وُلاةٌ بأَسْبابها, *unaquaeque harum regionum proprium suum praefectum habet*, H ٣٠٢, 4.

سبح. سُبُحٌ, pl. a سُبْحَةٌ, *rosaria;* Hierosolymitana, ex olivarum nucleis facta (Baedeker, p. 150) iam decimo saeculo nota erant, M ١٨١, 4. — مسبّحيّة, navigii genus, M ٣٢, 1.

سبخ V = I et IV, *salsugine laboravit* terra, I ٩٠, 14, H ١٧٣ c. Cf. M ۴١٠, 16 تراب سَبِخٌ.

سبر. السابُورِىّ, pannus praestantissimus, qui vulgo السابِرىّ vocatur et secundum Thaâlibî, *Latâif*, ١١٩, 5 a f. seq. et H ١٧٩ ult. coll. *r* de nomine urbis Naisâbûr appellatus fuit.

سبع. تين السباعى v. sub تين.

سبق. سَابِقَةٌ, pl. سَوَابِقُ, *res gesta laudabilis*, H ٤, 4. Vid. Dozy.

سبل. سَبِيلٌ appellatur *res qua unusquisque gratuito uti potest*, M ٤٤, 19 جَمِّيزٍ عسقلان السبيل, ubi syn. est المُبَاحُ, Kazwînî, II, ٣٢٠, 5 طاحونة كانت سبيلاً. Speciatim adhibetur de puteo aut alio receptaculo aquae, v. exemplum ex Mowasschâ supra sub حُبٌّ, Chron. Mekk. II, ١١٦, paen. بمكة وحرمها عدّة سقايات وتسمّى ايضا السُّبُل — جمع سبيل وشهرتها عند الناس بالسُّبُل اكثر, Ibno 's-Schihna Ms. f. 56 r., 1 pl. pl. سُبُلَانات. Vid. porro Dozy. — سابِلٌ, *frequentatus*, de via, H ١١٩, 15, ٣٢٨, 11, *Asâs*: وسبيل سابل مسلوك. Lane tantum femin. memorat. Lexico addatur vocabulum سابل quoque significare مباح »publici iuris factus'', Mawerdî, ٣١٨, 4 فاذا ارتحلوا صارت البئر سابلة. — تَسْبِيلٌ, *legatum in pium usum*, H ٣٨١, 7 وعليه (الرباط) اوقاف وتسبيل. — مُسَبَّلٌ, *in pium usum destinatum*, ut ad bellum sacrum e. g. خيل مسبّلة, M ٣٠٦, 12; spec. (cf. Dozy sub سبّل) de aqua *qua gratuito unusquisque uti potest*, I ٢٩٠, 13 et 15, H ٣٣٩, 12 et 14, M ١٩٨, 3. — اسبول vid. sub ا.

سبن. سَبَنِيَّةٌ, H ٢٤٩, 17, ٣٢٨, 17, vid. Gloss. Moslim et Dozy.

سبا VII pass. a I, *captivum fieri*, *captivari*, H ٥٩, 14, ubi l. يُغْزَوْنَ ويَنْسَبُونَ.

سجد. مسجِدُ المنبر est illa pars templi, ubi suggestum est, M ٣١٩, 9.

سجر I s. II sensu *implevit* est syn. verbi سكر; item sensu *obstruxit* secundum M ٤٤٤ *n.*

سجن I. عيون مسجونة, *fontes sub ruinis absconditi et incarcerati*, H ٩٠, 10. Cf. Dozy sub سجّن.

سحدان vid. sub شحد.

سحل. ساحِلٌ, pl. سواحل, *locus maritimus*, *portus*, I ٣٣, 6, ١٣٨, 16, M ٨٠, 4, ٨٣, 11 cet. Dozy.

سخف. سَخِيفٌ, *laxus*, *dissolutus* de moribus, H ٤٢٩, 7. Interdum opponitur شريف e. g. Ibn Nobâta, Ms. 817, p. 23.

سخن. سُخْنَةُ عَيْنٍ (opp. قُرَّةُ عين) est convicium hominis exosi, M ٩٤ *k* (٩٥ ann. l. 11), ٣١٩, 3, ٤٩٢, 13.

سدّ. سُدَّةٌ, *refugium*, M ١٤, 5. Cf. Jacût, III, ١٠٢, 15 يأوى اليها.

سدل. مُسَدَّلٌ, *tricameratus* de tecto, M ٣١٩, 12. Cf. Lane et Khafâdjî ١١٨.

سذه. السَّذَقَة, *festum Persicum*, quod Arabes vulgo السذق vocant (Freytag) sive الصذق s. الصَّدَى (*Morgenl. Forsch.* 143) s. الصدق (Nowairî, Ms. 273, p. 47 seq. et Dozy), M ٤٥ *d*, ubi sic l. pro السندة. Cf. quoque Grünbaum in *Zeitschr. d. d. M. G.* XXXI, 280.

سرّ I. Secundum Abu No'aim Ms. 311 *b* f. 199 r. paen. فرح et سرّ ita distinguuntur, ut illud adhibeatur ubi quis obtinuit quaesitum, hoc ubi quis laudatur. Hinc سُرُورٌ est *elatio animi ob laudes acceptas*, M ١٢٥ *b*.

سرب. سَرْبٌ v. sub شرب.

سرج. البِغالُ لِلسَّرْجِ sunt *muli ad equitandum idonei*, I ٤٥ paen. (vers. Pers. استران زينى).

سرخس. السَّرَخْسِيَّة, sectarii, qui memorantur M ٣٧, 9, ٣٢٣, 15.

سرد. Interdum M pro صرود habet سرود, ٤٢١, 5 (ubi C مصارد), ٤٣٩ *a*, ٤٦٠, 4, ٤٦٨, 6, et سردسير ٤٦٢, 16, ٤٦٧, 18.

سردق. سُرَادِقَاتٌ, *castra munita extra urbem*, M ٢٩١, 9. Dozy: *camp.*

سرطن. Dicit epitomator Ibn Haukalis ٩٩ *i* in fine nonnulla aedificia Alexandriae fulciri columnis aeneis, quorum metallum variis medicaminibus ita praeparatum est, ut tempestati obnoxium non sit, singulas autem columnas inniti tribus aut quatuor سرطانات aeneis. Aliunde hoc illustrare nequeo.

سُرْمَاهِى, piscis in flumine Armeniae Cyro, I ١٨٣, 5, ubi L الشُورماهى ut Jacût, I, ٥٥٩, Kazwînî, II, ٣٣١ et ٣٤٤ الشورماهيج; ١٩٠ *h*, ubi L rursus الشورماهى, H ٢٤١, 9. Probabiliter forma شورماهى vera est, quia hic piscis salitur et exportatur. Hoc est illud سورماهى apud Ibn Khaldûn, *Proleg.*, I, 324, 3, in quo explicando haesitaverunt de Slane et Dozy. Infeliciter editor recepit المايح, reiecta vera lectione المالح quam A habet et confirmat Wassâf apud Kremer, *Culturgesch.*, I, 358 ann. 3. Lectio D المسابح probabiliter corrupta est e المالح. De significatione vocis مالح (مملوح) h. l. vid. Gloss. Moslim. — Ab hoc pisci diversus est شبرماهى, de quo Vullers et Ibn Batûta, II, 217.

سرو. سَرِىّ, *splendidus*, H ٢٤٠, 8, M ٢٧٨, 4, ٢٨٢, 18, ٣٧٧, 12, ٤٢٢ r, ubi in textu syn. نفيس, ٤٢٩, 5, Aghânî, XII, ٩١, 5 بستان سرى. Dozy.

سطح. سَطَائِح, pl. a سَطِيحَة, *uter*, M ٤٤٢, 11.

سطل II bis occurrit apud M de fasciis ١٢٩, 4 تسطيل العمائم et ٤٤٠, 1 ويسطّلون العمائم, quod videtur significare eos hoc capitis tegumentum altum gerere, quia sub fasciis pileum altum habent, teste I ١٣٨, 2 (cf. Dozy, *Vêtements*, p. 307). Quod si verum est, formatio secunda esse videtur verbum ab استطال (sec. anal. اسطاع et مسطار), ad quod verbum quoque adiectivum ساطل referendum esse probabile est.

سعد. سَعِيدِىّ, *pannus* de quo v. Lane sub سعيدية, qui in urbe Çan'â et Naisâbûri fabricabatur, M ٩٨, 11, ٣٢٣, 20, Bekrî, Ms. Schefer, p. 323 de Jemen dicit: انها اشرف البلدان سيوفًا وثيابًا من القصب والسعيدى والوشى والمعتمر والبرود والجند (l. والحبر) والاردية العدنيّة والصنعانيّة. Apud al-Mowasschâ f. 122 r. الوشى السعديّة l. السعيديّة inter vestimenta elegantiorum enumeratur.

سفد. سَفُّود, *fastigium turris*, M ١٧٠, 2 et 7, Dozy: *flèche* d'une tour.

سفر III c. ب *exportavit*, I ٢٧٢, 4, ubi pro يسافر بها var. l. يحمل. — سَفَّرُ الطاعة v. sub طوع. — سَفَّارَة, *itineratores*, a sing. سَفَّار vid. Dozy, H ٣ in titulo للسفارة والتجار. Apud Jacût, I, ٨٤٠, 19 pro السفارة l. cum c اسفارة.

سفل V non tantum, ut Lane habet, est contr. verbi عَلَى, sed quoque verbi علا, sensu *humilis fuit*, *Kitâb al-adhdâd* Ms. p. 141 ويقال لمّا تسفّل وجرى الماء فيه لانخفاضه تَلْعَة et p. 275 ونزل تسفّل اذا الركيّة ماء حلّق قد, Kazwînî, II, ٢٣٩, 17, et de fossa *profunda fuit*, I ٣١٦ paen.; cum عن *inferior fuit*, I ٥١, 9. — VIII idem significat nempe *humilis*, *depressus fuit*, Dozy et Jacût, III,

٨٣٩, 4 (ubi corr.), ٩٢١, 14; *profundus fuit*, H ٣٦٦, 7; c. عن *inferior fuit*, I ٧٤, 5, ٨٢ *b*, ٨٩ *d*. — سُفْلٌ (secundum *Mozhir*, ١٥١, سِفْل est pronunt. antiqua purior; cf. Lane), spec. *inferior pars domus*, opp. عُلْو, M ٤٤٩, 10. — سَفْل, *pelvis*, סֵפֶל, M ٣١, 2, ٢١١ *d*. Vid. Dozy et cf. Vullers سُفْلِی 'olla. — أَسْفَلُ. اهل اسفل v. infra sub فوق. — سُفْلَى, *pars inferior*, hinc سُفْلَى الاهواز »infra Ahwâzi", I ٨٩, 13. Pl. سُفْلٌ, *partes domorum inferiores*, I ٣٩, 8, H ٩٦, 16.

سفن. مِسْفَنَة, instrumentum lapicidae = مِسفن, M ٤٤٠, 7.

سقر. مُسْقِر, proprie *proferens mel* (سَقْر = دِبْس), nomen dactylorum qui Ailae crescunt, M ٤٧٠, 11 (Cod. s. p.).

سقس, pl. سقسات, significat *milliarium*, ut patet e comparatione itinerarii H ٨٩ seqq. cum aliis e. g. Edrîsî. Probabiliter est vocabulum Copticum antiquum, quod tamen in monumentis nondum repertum esse videtur. Jomard dicit in sua *Exposition du système métrique des anciens Égyptiens* in tomo VII operis *Description de l'Égypte*, p. 243: »Quand on aura plus de connaissances sur l'ancienne langue des Égyptiens, on saura comment ils appelaient leur mesure itinéraire de 1000 pas".

سقط. سَقَط, mercium genus, qusd *species* vocatur (Gloss. Fragm. et cf. Lane), H ٢٥٢, 11.

سقف. سَقْف est *tectum internum* (plafond), opp. سَطْح, *tectum externum* (toit), ut Pers. آسمانه et بام, I ٩. paen., Dozy. Hinc usurpatum est de contignationibus domus, Jacût, III, ٨١١, 12 بنى قصرا على سبعة سقوف. Obiter moneo secundum Jacût, II, ٤٢٧, 16 سُقُف esse pluralem a sing. سُقْف. — سَقِيفَة, *porticus* templi (vid. Dozy), M ٣١٠, 16, ٤٣١, 10. Pl. سَقَائِف eodem sensu adhibetur quo الْمُسَقَّف (cf. Dozy), portici qui circumdant aream templi (صحن s. رحبة), M ٨١, 3, Samhûdî passim e. g. ١٣٨, ١٤٢ paen. المسقّف الشامى المعبر عنه بسقائف النساء.

سِقْلَاطُون, pannus sericus de quo v. Dozy, fabricabatur quoque Ispahâni, I ١٩٩ *b*. In TA primum memorantur الثياب السقلاطونيات et

سقلاطون, deinde سقلّاط eodem sensu quo سجلّاط, cum observatione وهو الذى تسميه العامة سكرلاط. Sub سجلاط adnotat, quod lexico addendum, خزٌّ سجلّاطىٌّ qui colore est aut كُحْلىٌّ aut فستقىٌّ. Idem memorant Zamakhscharî, *Fâik*, I, 527 et Djawâlîkî, ٨٢.

سقى. سَقْىٌ, *terra rigata*, habet pl. أَسْقاءٌ, H ٩١٣, 2, ١٤٧, 6, ١٤٨, 13. — ساقية, pl. سَوَاقٍ, *machina hydraulica ad irrigandos agros* (Dozy et Lane) = سانية, H ٨٩, 18, M ٢٥٣, 5, ٢٥٤, 4. Metaphorice, ut homo eximiae liberalitatis aut doctrinae بَحْرٌ »flumen magnum" appellatur, vir his qualitatibus eo inferior ساقية »canalis" vocatur, e. g. M ٢٣٩, 15 et in versu aç-Çûlîi apud Arîb Ms. Gothan. f. 134 v.

هو بَحْرٌ وأَعالِى النّاسِ فى الجُودِ سَوَاقِى

In versu apud Jacût, I, ٩٩٢, 13 eodem sensu الجداول opponuntur البحر. — سِقَايَةٌ, *fons usui publico* (fontaine publique), I ٢٩٠, 15, H ٣٣٩, 14. Vid. Lane. Lexico addenda est significatio *latrinae publicae*, quam habet Samhûdî, ١٧٣, 4 سقاية كبيرة اى للوضوء فيها عدة من البيوت اى الاخلية.

سكب. سَكَبٌ vocatur *pannus subtilis e quo fascia conficiuntur*, M ٤١٩, 18 et *l* et TA السَّكْبَة وهى الخرقة التى تقوّر للراس كالشبكة يسميها الفرس السستقة (in marg. سستقة معرب سسنجه قاله عاصم) et cf. Lane sub سكب.

سكر. سُكَّرٌ appellatur species dactylorum dulcissimorum in provincia Basrae, M ١٣٠ *p*, Mas'ûdî, VI, 355, Abu 'l-Kâsim supra sub ابراهيمى. Cf. Lane. Palmae qui hos fructus ferunt, appellantur عُمْرٌ, Jacût, III, ٧٢٤, 12 seq.

سلّ I. Dicitur يسلّون الميّت سَلًّا s. ياخذون الميّت سَلًّا, vid. Lane, quod fit e ritu Schâfi'itarum in Syria et Perside, M ١٨٣, 12, ٣٢٧, 3 et 4, ٤٤٠, 19, ٤٤١ *a*. Abu Ishâk as-Schirâzî Schâfi'ita praescribit p. ٤٩ ed. Juynboll: ويُسَلُّ الميّتُ من قبَل راسه الى القبر. — Pro سلّ بيضتى الصبىّ dicitur quoque سَلَّه, *castravit eum*, M ٢٤٢, 8. Hinc مَسْلُولٌ est *castratus* (Lane).

سلح. مَسْلَحَةٌ, *exactor vectigalium, portorii*, M ٣١, 4.

سلطن. سُلْطانيّ, *vir principalis*, M ٢٩٩, 6 »antiquitus non sinebant virum principalem emere fundum".

سلف. سَلِيفَة, *ruina urbis antiquae*, M ٣١١, 6.

سلك I, *ascendit*, I ٢٤ paen., ٢٢٨, 14, ubi n. a. مَسْلَك, H ٣١, 16, ٢٨٨, 18. — مَسْلُوك, *frequentatus*, H ٣٨, 14 الجزائر المسلوكة, M ١, 14 منازلها المسلوكة. Cf. Dozy.

سلم. سَلِيم sensu activo, tanquam فعيل من أَفْعَل (Barth ad Tha'lab, p. 30), de mari aut flumine, quod navem incolumem servat, itaque *placidum*, opp. مخوف, M ١٢, 11, Kazwînî, II, ٣٣١, 8 a f. وزعموا ان الكرّ نهر سليم اكثر ما يقع فيه من الحيوان يسلم, opp. قتّال, ib. ٣٥٤, 5 وهو نهر قتّال قلّما ينجو غريقه. — السالميّة, secta Moslimorum, memorantur M ٣٧, 6, ١٣٦, 7. — الاسلام saepe est *imperium Moslemicum*, *ditio Islâmi* e. g. I ١٢, 4, ٥٠, 8. Vid. Dozy.

سم. سَمَام, *venenum*, M ٤١٠, 5, Jacût, IV, ٩٧٧, 11*, El-Fachrî, ١٥٥, 4, Gloss. Fragm. et Dozy. Apud Motanabbî ٣٥, vs. 35 hoc restituendum est pro سِمام.

سمت. Quid significet في سمت واحد, على السمت et كان على سمته explicavi in Gloss. Fragm., ubi loci Istakhrîi laudantur.

سمر. سمّاريّة, navigii species in Tigride usitata, H ١٥٩, 9 (maior autem quam زورق صغير quod eius loco habet I ٨٠, 12), auctore Djawâlîkî (*Morgenländische Forschungen*, p. 131) est prava pronuntiatio vocis سُمَيْريّة, quae secundum eum derivata est de nomine naupegi Basrensis سُمَيْر dicti. Si vero certum est illud esse pro سلاريّة, σελλάριον (vid. Dozy, ubi laudatur Fleischer), probabile est duo vocabula diversi originis esse. Tertia forma est سميلية s. شميلية, quae occurrit apud Arîb, Ms. Gothan. f. 148 v. ووجه السلطان الى الفرات بطيارات وسمىلات (sic) فيها جماعة من الناشبة, pro quo Ibno 'l-Athîr, VIII, ١٢٥, 7 خمس مائة سميريّة habet. Idem vero f. 100 r. utitur voce سميرية. — In loco H ٩٩, 13 ابنيتها بالعهد المسمّر, ut quoque in ann. *i* l. ult., المسمّر videtur esse substantivum pro الحجارة المسمّرة,

igitur *lapis qui solidus esse videtur, revera autem pluribus lapidibus arcte coniunctis constat* (cf. locos in Gloss. Edrîsî laudatos et Jacût, IV, ٧., 4). Nam quod in Glossario Edrîsîi coniectavimus, السمر propter homoioteleuton pro السمرة scriptum fuisse, vix admitti potest, nec valere potest de loco epitomes.

سمرقند. السَّمَرْقَنْدِيَّة appellatur pannus in urbe Samarkand fabricatus, M ٣٢٥, 8.

سمط. سِماط, *forum*, H ٨٥, 20. Vid. Dozy.

سمع. سُمْعَة est *ambitio*, *gloria* (vid. Lane et *Fâik*, I, 564 et 567), quae inter vitia lectorum Korâni enumeratur ab M ٤١, 10. Recepi quia viro docto ex amicis lectio suspecta fuit, qui ideo proposuit legere شنعة. — سَماع, *id quod tantummodo auditu accepit aliquis* (cf. Lane sub سَمْع), M ٤٣, 6.

سمق. سمقة, pl. سِماق, vocatur *lapis arenaceus ruber* (grès), ex quo et e lapide calcario plerique montes Syriae constant (cf. Baedeker l. l. p. 47 seq.), M ٢, 4, ١٨٤, 4, ٢.٩, 18 et ٤٥٩, 8, ubi l. سِماق ورمال. Nomen habet a colore, est enim derivatum ab Aramaïco סמק, *ruber*, unde quoque سُمّاق, *rhus*, nomen accepit (vid. Dozy). Hic fructus crescit in Syria, M ١٨١, 11, Jacût, IV, ١..٥, 19, speciatim in vicinia Halebi, ubi mons hinc جبل السماق appellatur (Ibno 's-Schihna passim, Kazwînî, II, ١٣٨, 8 seqq.) et in Mesopotamia, H ١٤٩, 1, M ١٤٥, 4 et 6.

سمك. سَمْك, *latitudo* liminis, M ٣٩٤, 4. *Tractus*, *cursus*, M ٤٨٨, 5 et cf. ٥٨ *c*. Utroque loco synon. est vocis سمت. — السمكيّة est cognomen Hanafitarum in Sidjistân, M ٣٣٩, 8.

سملق. In Aegypto superiore asini species est parva, quae secundum I ٥٥, 3 السملاقية appellatur. Lectio autem incerta est. Vid. in Addendis. H ١.٧, 17 habet السقلاقية. Si recipiatur lectio السقلابية conferri potest nomen equorum nobiliorum in Syria et Irâko الصقلاوية, vid. Dozy et *Selections from the records of the Bombay Government*, XLIII, p. 386.

سَمَنُوا, vocab. Persic., dulciarii genus idem, quod in Aegypto نيدة appellatur, M ٢٠٤, 7. Cf. Vullers.

سمو. سَمَاوِىّ s. سَمَائِىّ, *caesius* (Dozy: *azuré*). Dicitur ازرق سماوى H ٣٠, 18 (var. l. سماى).

سن. سَنَن de cursu aquae, I ٧٤ ult. لهم زروع واشجار — على سنن هذه المياه. H ١٥٠, 7 habet tantum على هذه المياه. — سُنَّة. اهل السنّة والجماعة v. sub جمع. — مِسَنّ, *cos*, habet pl. مَسَانّ, ut iam ex Ist. apud Arnold recepit Dozy, I ٢١ *q*, M ٩٨, 12.

سنج. سَنْجَة, pl. سِنَج, specialiter adhibetur de ponderibus monetarum, M ٩٩ *h*, ١٢٩, 2, ١٥٨ *e* (سنجة الدرهمين), ١٨٢, 3, ٢٤٠, 14, Abu 'l-Mahâsin, I, ١٩٩, 2, Jacût, IV, ٧٩٩, 19, ubi repone صُنَج, Kazwînî, II, ٣٨٩, 10 a f., ubi pl. صناج, qui quoque occurrit ٣٧٤, 9, de quo loco vid. Dozy, Djawâlîkî in *Morgenl. Forschungen*, p. 126, Djaubarî et *Alif Laila* locis a Dozy laudatis. Recte hic reiecit significationem *librae*, quam Lane auctoritate *Asâsi* dedit, ego vero in libro non invenio. E loco M ٢٤٠, 14 patet pondera monetarum in imperio Fatimidarum vitrea fuisse. Multa horum in Aegypto et Sicilia reperta esse constat, quae unus et alter vir doctus pro monetis false habuit. Vid. porro صنجة.

سندروس v. sub اسكندروس.

سنا. سَانِيَة, *puteus ad irrigandos agros*, I ١٥, 15 (pro quo H ٢٣, 22 السواقى), H ٢٦٤, 5 (من سوانٍ, ubi I ٢٠١, 4 habet على سوانٍ igitur sensu camelorum); *hortus* in dialecto Maghrib., H ٩٤, 12 et 15; vid. Dozy.

سِهْرِيز. (شُهْرِيز), dactylorum species in provincia Basrae, M ١٣٠ *p*. Memoratur in lexicis Arabicis, vid. e. g. Djawâlîkî, ٨٥, ٩. et ٩٤. Vidi quoque scriptum شَهْرِيز e. g. in Cod. Algeriensi Tabarîi sub anno 146 (= Cod. Berol. f. 154 r.), ubi inter dactylos Basrenses enumerantur haec species et البَرْنى et in Cod. Bodl. eiusdem operis sub anno 220, ubi quoque iunguntur برنى وشهريز.

سهل. سَهْلَة, *planities*, M ٢٣٣, 12, 14, 18, ٢٨٠, 5, ٣٠٥, 20; *campus*,

M ٢٨٠, 8 et 13, ubi I ٣٠٦, 10, ٣٠٩, 4 seqq. الريكستان, ٢٨٨, 20 seq., ٣٦٠, 12. Dozy.

سور III, *superavit*, M ٢٨٠ *c*. Cf. phrasin سُورَةٌ عليك ك. — المَسَاوِرُ *pulvinaria*, non tantum e corio, sed etiam ex alia materie fabricabantur, e. g. H ٢٤٥, 4.

سوسنجرد, سوسن جرد, سوزن جرد et سوزن كرد appellatur pannus pretiosissimus, qui fabricabatur in urbe Korkûb e serico, in urbe Fasâ e lano, ut quoque in urbibus Darâbdjird, Tawwadj et Târim, et qui potissimum tapetibus conficiendis adhibebatur. Derivatur nomen a Persico سوزن »acus", ut recte iam observaverunt Ouseley, *Ebn Haukal*, p. 132 »embroidery performed with a needle", p. 133 »needle-work", et v. Kremer, *Culturgeschichte*, II, 297. Cf. apud Vullers زوزن. Memoratur I ٩٣, 3, ١٥٣, 10, 14 seq., 20 seq., H ١٧٥, 14, ٢١٤, 1, 7 seqq., M ٤٤٢, 9, Mowasschâ f. 167 r. قال ورايتُ مرّة اخرى (nempe جارية) عليها درّاعة ملحم بنزانين ابريسم ولِبْنَة سُوسَنْجَرد وفى دور اللبنة مكتوب النح, Abu 'l-Kâsim l. l. f. 32 r. et v. ولا ارى دوركم مفروشة المجالس بالزلالى المغربيّة والطنافس الخرشنيّة والنخاخ الاندلسية والقرطبيّة والمطارح الارمنيّة والقطف الروميّة والمقاعد التستريّة والانطاع المذهبة المغربية والمخادّ الدّبيقيّة والطراحات القبرسيّة (Cod. العبرسية) والسوسنجرد وبُوقلمون والنمارق التى ترى البيت منها كانه قراح منثور. De derivando nomine a pago Bagdadensi سوسنجرد, ut vult Blau, *Zeitschrift d. D. M. G.*, XXXI, 503, vix cogitare possumus, quoniam nomen panni سوزن جرد scribitur a Mok. et in vers. Pers. ad I ١٥٣ *f* (سوزن كرد), quia Jacût in descriptione huius pagi nihil de ea re dicit et denique nusquam inter Irâci, sed ubivis inter Khûzistâni et Persidis producta numeratur. Aliter suadere videri posset hic locus ex *Kitâbo 'l-Aghânî*, V, ١٠٠, 9 دخلتُ على الفضل بن الربيع وهو على بساط · سوسنجردستينى مذهب يلمع عليه مكتوب مما امر بصنعته حماد عجرد فقال لى اتدرى مَن حماد عجرد قلتُ لا قال حماد عجرد كان والى تلك الناحية افرايت مثله قط قلتُ لا. Sed verba تلك الناحية probabiliter significant »eius regionis, ubi hic pannus fabricatus fuit", et revera Hammâd Adjrad in Khûzistâno et in Perside degit cum principe cuius familiaris erat, *Agh.*, XIII, ٧٥, 9, ٨١, 14 seq., nec improbabile est eum ibi fabricarum inspectorem fuisse. Quo casu tapete illud de fabrica سوسنجردستين, forte pro سوسنجردستان, appellata nomen habuit.

سُوسَن نَرْجِس v. sub نرجس. — مُسَوْسَن v. sub ماء.

سوغ V, *facilis* s. *possibilis fuit* = I, I ٣١٩, 1, coll. H ٣٦٨, 11.

سوف. مَسَافَةٌ, *iter*, I ١٥, 7, ٢٨, 16. Dozy.

سوق. سُوق in Tokhâristân est nomen urbium, M ٢٩, 4. — سُوقِيَّةٌ, genus navigii, M ٣٢, 1.

سوم. سَائِمَةٌ, pl. سَوَائِم, *multa* ut videtur, H ٢٢, 19.

سوى I, *valuit* absolute, Hiçnî ad Abû Schodjâ', Ms. f. 110 r. بعْتُكَ بالسعر الذى يسوى فى السوق, tropice M ١٢٣, 18 لا يسوى ذكرُها et exemplum apud Khafâdjî ١٢٣ سماعها (l. يسوى) تسوى لا علة هذه. — VIII, *secundus fuit* ventus, I ٧١, 3. — سِيّ apud M ٤٦٧, 1 habet significationem, quam Lane (1479 III l. 14 seqq. coll. 1480 I) dedit ex TA: *equidistant*, *midway*. — سِوًى s. سَوَاءً, *simul* (Dozy), I ٢٧, 18 فيصير الطريقان سوى (ubi B سواء, L سوا), *duae viae in unum coalescunt*; — سَوَاءً, *accurate*, *penitus*, *plane* (Dozy) in comparatione مثله سواءً, I ١٥٢, 10, H ٢١٣, 4 (male apud Jacût, I, ٧٦٩, 20 سواءٌ), Jacût, I, ٣٦٢, 19, II, ٦٣٠, 7, ٦٧٦, 19 cet.; cum definitione locali تحته سَوَاءً et فوقه سواءً, I ٢٠٣, 1, H ٣٠, 7, Jacût, II, ٥٩١, 20 cet. — سَوِيّ, *bono statu gaudens*, *bene cultus*, de templo et de foro, M ٤٠٧, 10, ٤٠٩, 8. Utroque loco Cod. perspicue sic, non سِوًى, habet. Cf apud Lane دار سواءٌ i. e. مستوية المرافق, quod non vertendum per »uniform", sed per »in a right or good state". — Ut مُسْتَوٍ, ita مُسْتَوًى et مُسْتَوَاةٌ significare *planitiem* explicavi in Gloss. Fragm. Loci M sunt ٨٧, 11, ١٥٧, 8, ٢٨٢, 19, ٣٠٢, 6, ٣٠٤, 5, ٣٠٧, 19, ٣١١, 11, ٤٧٩, 16. Apud Jacût, III, ٨٤٢, 8 verba مستواها (الثنيتين) من راسه (الجبل) significant locum ubi desinit acclivitas, terminum clivi in cacumine montis.

سيب. المُسَيَّبِيَّةُ, dirhemi in Transoxania de nomine viri appellati, I

٣١٤, 15, H ٣٦٣, 16, M ٣٣٩, 12, ٣٤٠, 1 seqq., Ibn Khordâdbeh, p. 39 et 40, ubi male سيسية est editum, quod in versione p. 147 correctum est, sed irrepsit in tabulas Kremeri, *Culturgesch.*, I, 375 seq.

سيح. سَيْحٌ non tantum est epitheton aquae, ut I ١٢٨, 3 (vid. Lane), sed quoque agri *qui aqua fluente rigatur.* Dicitur الشعير السيح et المقاثى السيح, I ١٥٧, 8 seq.

سبر III de terra *se extendit iuxta*, *e regione alterius*, H ٤١ ult. — سير. H ٢٤٠, 5 legimus ترك (الزمان) السير من اخبارهم, quod explicare nequeo. Suspicor autem legendum esse اليسير. — أَسْيَرُ, *celerior cursu* de camelo, asino cet., I ٥٤ ult., ٥٥, 5, H ١٠٧, 12 et 14. — مَسِيرٌ, *spatium*, *distantia*, I ٢٩ ult.; *ambitus*, Jacût, I, ٢٣, 3. Cf. Dozy.

سيف. مُسَيَّفٌ, *planus et tenuis* de cauda crocodili, H ٩٨, 17. Makrîzî pro eo habet سَخِيفٌ. Dozy

سيل. سَيَلَانٌ, *mel dactylorum*, qui parabatur Lahsae et Hadjari, I ١٥٤, 9 et quoque Basrae, Ibn Batûta apud Dozy.

سيمكون, *color argenteus*, (voc. Persic.), M ٣٢٥, 8 ثياب سيمكون.

السينيزى s., ut I et H habent, الشينيزى, *pannus linteus optimae qualitatis*, qui in urbe Sînîz (Schînîz) et in Transoxania fabricabatur, I ٣٤, 6, cf. ١٥٣, 6 seq., H ١٨٥, 6, ٢٠٣, 13, M ٣٢٥, 14, cf. ٤٤٢, 5 seq., Mas'ûdî, I, 238; Abu 'l-Kâsim l. l. f. 32 r. memorat شفوفا سينيزية كالهواء الرقيق او كالسراب. Species huius panni viridis coloris apud matronas minime in honore fuit, Mowasschâ f. 124 v. الاخضر (l. والسينيزى) والسنيزى انما هو من لُبس النساء النبطيّات ولبس الاماء المتفتّيات. Epitheton المتفتيات est *impudicae*, Aghânî, II, ١٧٩, 12 a f., *Morgenl. Forschungen*, 121. Fortasse non multum differt ab الغلاميات (Dozy sub غلم).

شاذُرْوان, *dividiculum* (château d'eau) cf. Dozy. Celeberrimum erat aedificium ad portam Tostari in Khûzistâno, quod inserviebat tum ducendae aquae ad urbem, terris vicinis elevatiorem, tum aquae dividendae. Describitur I ٨٩, 9, ٩٢, 1—3, H ١٧٢, 2, ١٧٤, 14—16, M ٤١١, 14—18,

Jacût, I, ٤١١ ult. seq., ٨٤٨, 10—12 et IV, ١٦, 11 seqq. dividiculum Kâtûli. Abulfeda ٣١٥ vocabulum Persicum vertit per سكر. Recepi vocales lexici Persici, sed probabile est Arabes pronuntiasse شاذْروان. Certo hoc constat de شاذْروان الكعبة (vid. *Miçbâh*).

شاهجانى v. sub شهجانى.

شاهْدانَق, *semen cannabinum*, M ١٤٥, 11. Dozy شاهدانج, et ut Freytag شَهْدانَج (forma usitatior), vulgo شَهْدانك, *Morgenl. Forschungen*, 139; quoque شادانق, Nowairî Ms. p. 732.

شبّ. شَبَابٌ, *vis surgens* venti, M ١٢, 9, لا يسلك الّا فى شباب الريح وقوّتها.

شبر. شِبْرٌ. Si comparatur I ٦٤, 17 ويكون اربعة منه شبرًا cum H ١٢٤, 8 ويكون فى اربع منه رطل videri posset شبر *pondus* significare. Potius autem statuendum Ibn Haukal correxisse minus accuratam, se iudice, definitionem Istakhrîi. Significat autem ibi *pugillum* (*poignée* Dozy). — شُبْرٌ, vocabulum Copticum quod tamen nondum in antiqua lingua repertum esse videtur, *pagus* H ٨٩, 9, ٩١, 10 ubi fortasse l. شبرو الى مينا (vid. M ٥٤ *l*), ubi = سوق apud Edrîsî, et cf. شُبْرَة, H ١٠٦, 8. Inveni vero in lexico nominum vini auctore Ibn Dihja, Cod. 581 (1) in v. الشَّبْرَوِيَّة sequentia: وشَبْرَى بفتح الشين اسم نبطى (قبطى .l) معناه فوق النهر واصله فى لغتهم شابيارُو وعُرِّب فقيل شبرى وسمّيت شبرى هذه (التى يجتمع بها البطّالون والخلعاء فى اليوم الذى يسمونه يوم عيد الشهيد) بشَبْرَى الخَيْمَة لانه كانت بها خيمة تُمكّس فيها الناس على ايام ملوك مصر فيما تقدم واما شَبْرَى الخمّارة فكان بها امراة تبيع الخمر. Consului de hac Ibn Dihjae explicatione summum in hac provincia virum Lepsius, qui mihi haec benevole respondet: »... über den Namen Schubra (Schobra) kann ich Ihnen keine bestimmte Auskunft geben. Wenn es ein ägyptisches Wort ist, so ist *yârû* wohl ohne Zweifel mit dem hieroglyphischen 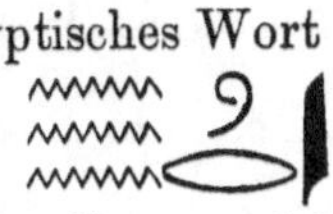, *aur*, koptisch Theban. ⲉⲓⲟⲟⲣ, Memph. ⲓⲟⲣ zusammenzustellen, welches auch in das Hebräische übernommen worden ist. Für den ersten Theil *schub*, *schob* oder *schâb* ist die Erklärung zweifelhafter. Ich wüsste nur etwa vorzuschlagen (ⲡ-) ϣⲱⲓ (ⲛ)

ⲡ-ⲉⲓⲟⲟⲣ Theb., oder Memphitisch ϣⲱⲓ (ⲙ) ⲫ-ⲓⲁⲣⲟ »das Obere des Flusses" (ⲉⲡ-ϣⲱⲓ = sursum). Der Artikel und auch die Genitiv Partikel kann ausfallen; dann bliebe übrig ϣⲱⲓ-ⲫ-ⲓⲁⲣⲟ; ⲫ oder ⲡ = Arab. *b*; für ϣⲱⲓ würde auch ϣⲁ eintreten können, und so käme man endlich dem *scha-b-yârû* in der That sehr nahe, in Form und Bedeutung. Die Regeln der koptischen Vocal-Uebergänge sind leider noch immer nicht hinreichend festgestellt; doch macht man darin neuerdings Fortschritte". — شِبْرِىٌّ, *longitudinem spithamae habens*, H ١٠٤, 16 الحَيّات الشبريّة, pro quo I ٥٥, 5 habet فى مقدار الشبر. Mas'ûdî, II, 288 حيّات شبريّة وتدعى هنالك الفتريّة. Vocab. فترى quoque Lexico est addendum.

شَبِسْتان, vocab. Pers., *xenodochium* (= Arab. دار قرى), M ٤٣٠, 5.

شبع. مُشْبَعٌ de colore = مُشْرَب, H ٣٠ *m* اكحل مشرب كالنيل; vid. Gloss. Moslim et Dozy.

شبق. شبوق, nomen navigii, M ٣٢, 2.

شبك II, *decussatim posuit* architecta trabes, H ٣٥٥, 6 وبناؤها خشب مشبّك, pro quo I ٣٠٥, 9 eodem sensu خشب مشتبك, Samhudî ١٥٦ med. الساج المشبّك; Dozy: *croiser*. — *Cancellis munivit*, M ١٧٠, 6 اعمدة الحديد قد شبّكت لئلّا تميلها الرياح. Dozy: *treilliser*. — *Praeparavit placentas* زلابية *dictas* pistor *ita ut quasi reticulatae superne essent*, *et interstitia melle implevit*, M ١٨٤, 1. Vocantur hae placentae شبائك, vid. Dozy; cf. *Mohît* مشبّك نوع من الحلاوات. — VIII, *continua fuerunt* aedificia, horti, montes, opp. افترش, افترق (H ٣٨٤, 12), تميّز, vid. Gloss. Fragm.; et de urbe s. de regione *continua habuit* aedificia s. agros, H ١٦٦, 2, M ٢٧٤, 14, ٢٧٩, 14. — خشب مشتبك vid. supra sub II. — شُبّاكٌ, *tubus* aquae ducendae, M ١٥٥, 9, ٢٠٨, 5, ٢٥٢, 19. Proprie sunt *cancelli in tubo* شباك فى المنخرق, Mas'ûdî, VI, 431, 5 (ubi l. وفى المنخرق), cf. H ١٥٠, 1 seqq., et hinc forte ipse tubus, in loco non omnino perspicuo ib. 3 et 4 تطّلع الى دجلة بالشباك. Paullo aliter explicat Dozy. [Scripsi شُبّاك, sed observandum est شِبَاك pl. شُبُك quoque sensu *cancelli* in usu fuisse e. g. Agh. XI, ٣٧, 13, coll. 11 et 17].

شبل. شبالًا adv. *secundo flumine* = منحدرًا, opp. زقافًا, M ۱۳۱, 13, ۱۲۴, 7 et Abu 'l-Kâsim l. l. sub زقف. Origo incerta est.

شبه IV *videtur* plerumque impers. يشبه ان يكون, I ۸, 13, ۵۳ paen., ۵۷, 7, ۸۲, 1, ۹۲, 12 (ويشبه فيما اظنّ انه), ۳۰۴, 11, Ibn Djobair ۳۷, 8, pers. ۸۹, 14 nisi ibi quoque leg. يشبه. Interdum fere sensum habet verbi *oportet* ut I ۸, 13, H ۱۳, 11. Hinc c. acc. *decet*, Jacût, II, ۳۳۷, 13. — شُبْهَةٌ, pl. شُبَهٌ, *exceptio*, *argumentum contrarii*, *quo invalidum redditur testimonium s. argumentum* (بيّنة) *alterius*, H ۲۸۰, 1 et 4, Bekrî, ۱۸۴, 9, ubi minus recte de Slane vertit *le semblant d'une preuve*.

شتم. اَشْتِيَامٌ, a Lane ex TA memoratur, sed non recte explicatur, nam رئيس الرُّكّاب est *magister nautarum*. Djawâlîkî, ۸۲, 4 habet رأس الملّاحين. Melius autem videtur definitio apud Payne Smith, 412 صاحب المتاع المحمول في السفينة, *oneris in nave impositi curator*, Angl. *supercago*. Nam in lingua Aramaïca אַשְׁתִּימָא est *obsignator*, qui sigillo claudit rem, et derivatur a שתם = סתם (Levi et Buxtorf qui habet אִישְׁתְּיָימָא). Quoque אשתימא s. אסתימא in usu fuisse videtur, nam Djawâlîkî alio loco (*Morgenl. Forschungen*, 154) dicit veram pronuntiationem esse استيام, ibique hic quoque docet vocabulum significare صاحب المتاع. Pluralis أَشَاتِمَةٌ occurrit M ۱۰, 17. Forma استيام exstat in narratione Abu 'l-Kâsimi l. l. f. 98 v., ubi de nautarum lingua agit.

شتا. الشِّتَاءُ, *regio hiemis*, *septentrio*, M ۱۰, 7, ۱۴, 12, opp. الصيف.

شجر. مُشَجَّرٌ, *arboribus abundans*, M ۴۷۱, 10, Jacût, I, ۷۰۸, 19, Dozy: *boisé*. Fortasse quoque alibi apud M sic, et non مُشْجِرٌ est pronuntiandum, sed auctoritas Codicum desideratur.

شحط. شَوْحَطٌ. Lexico addatur pl. شَوَاحِطُ, H ۲۷۲, 6.

شحن. شِحْنَةٌ, collective *officiales* I ۱۴۹, 6 et 9 والفرس هم شحنة دواوين الخلافة.

شدّ. شَدِيدٌ, *difficilis*, syn. صعب. Dicitur de monte هو شديد السلوك,

M ٣٩. *b*; de colle ثنية شاقّة شديدة المرتقى, Jacût, II, ٨١١, 7; compar. Jacût, II, ٩٢٨, 12 وهو (الجبل) اشدّها, opp. اهونها.

شذا. شَذًا, species navigii, vid. Lane, M ٣٢, 2. Pluralis non tantum est شذاوات, sed etiam شَذَوَات, Mas'ûdî, VIII, 345, Abu 'l-Kâsim l. l. supra sub خيط, Arîb, Ms. Goth. f. 29 v., f. 80 r.

شرب. شَرْبٌ, piscis *salpa* (*saupe*), M ٢٠٨ ult. C habet سَرْبٌ, quae lectio quoque bona est. Vid. de Sacy, *Relation de l'Égypte*, 169. H ١٠٣, 9 (et hinc Edrîsî ١٦٢) eam appellat العَرُوس, quod nomen forte ortum est e *sparus*. — Pannum pretiosum qui شَرْبٌ appellatur, revera, ut Golius observavit, e lino fabricari, patet ex H ١٠٢, 1 واصلها من الكتّان (et hinc Edrîsî ١٥٦) et Makrîzî, I, ١٧٧, 7 a f. Pannus hic est albi coloris, M ٢٠٣, 9, Jacût, II, ٩٠٣, 10 seq., quapropter potissimum virorum vertimentis inservit (Mowasschâ f. 124 r. اذ لُبس البياض عندهم من زىّ الرجال) et quidem tunicis et palliis, Mowasschâ f. 121 v., ubi inter vestimenta elegantiorum memorantur ازار القصب والشرب, et Makrîzî, I, ٢٠١, 24, sed imprimis fasciis (Vullers in v.). Hinc شَرْب sensu *fascia* usurpatur, Imrânî, Ms. 595, p. 156 على راسه شرب قصب, quo sensu شَرْبِيَّة usitatior est (Dozy) et Persice secundum Vullers شربتى dicitur. — شَرَابٌ. Apud Edrîsî ١٦٣ verti *vinum*, sed potius ibi, ut apud H ١٠٣, 11 intelligitur *hydromeli*, quod quoque plene شراب العسل vocatur, H ١٠٦, 8 = Edrîsî ١٤٨, de Sacy, *Chrest.* II, 27. Idem potus intelligi videtur Jacût, I, ٨٠٤, 4; cf. Dozy sub عسل. — شرابيّة, pannus e quo mantilia (مناديل) fabricabantur, qui et ipsa شرابيّات appellantur, M ٤٤٢ ult., H ٢٧٢, 13. Quod edidi apud M الشَرَابيّة coniectura factum est, collato Portugalensi *enxararia*, quod fortasse (imprimis si Moraes recte pronuntiavit *enxarávia*) potius componendum est cum hoc vocabulo, quam cum شَرْبِيَّة, ut proposuit Dozy (*Gloss. Esp. arab.* 260).

شَرْبِين, *cypressus oxycedrus*, M ١٦٥, 11. Vid. Dozy et Fleischer ad

Levi, *Chald. Wörterb.*, II, 580. Alia vocis forma est, ut videtur, شَبِّين (*sappinus*) q. v. apud Dozy.

شرته s. شرتا est *ventus secundus.* Secundum M ٣١, 13 (ubi male edidi شرّة) syn. est vocis طاروس q. v. Occurrit apud Abu 'l-Kâsim l. l. f. 98 v. (Cod. s. p.) مشوا عامّه من معكم فى السفن ما دمتم فى هذا الشرتا تهبّ غفران قبل تتحرّك قبليّه فلا ينتهيّا لكم الصعود الى دوالى وتبقون فى الهور الازرق, et in opusculo عجائب الهند Ms. Schefer, p. ٦. ult. واقمنا — (Cod. بالنبير) كنّا بالتّبير ننتظر الشرتا, et p. ١٧, 9, ubi tamen textus corruptus est. Fortasse cohaeret cum שַׁרְיָא *auster* et cum Arabico استَنْشَرت الريح e. g. Ibn Djobair, ٣٣, 9. Lectio constat, neque igitur licet legere شوتا et componere cum שותא.

شرز. شَوَارِيز, a sing. شِيرَاز, casei species quae inter producta Mesopotamiae memoratur M ١٤٥, 10. Vid. TA et Vullers.

شرط. شُرْطَة. Legimus apud M ٢٨٣, 3 وهم قوم سوء يصلحون للشُّرَط s. secundum C واكثرهم يصلحون للشرط, quod significare videtur: »mali sunt homines, maiorque pars digna est ut a satellitibus prehendantur et in supplicium mittantur". Nam etsi satellitae praetoriani non semper bona fama gaudebant (vid. Zamakhscharî, *Les Colliers d'or*, ed. Barb. de Meynard, p. 92, 3) et posteriore tempore شُرْطِىّ interdum *latronem* significat (vid. Dozy), dubium est an iam Mokaddasîi tempore eo sensu usurparetur, nec mihi quidem videtur versionem »digni ut satellitum (= latronum) cohorti annumerentur" admitti posse. — شُرُوطِىّ, *notarius*, *actorum et contractuum scriptor*, M ١٥٨, 17, idem quod اصحاب الشروط (*Zeitschr. d. d. m. G.* XX, 500) et كُتّاب الشروط (Dozy).

شرع. شِرَاع, pl. شراعات (vid. Dozy et Jacût, IV, ٢٧١, 10), non tantum est *velum navis*, sed quoque velum quod a solis ardore defendit, *aulaeum*, M ٢٠٥, 10.

شرف. شرافيّة, eodem sensu quo شُرْفَة et شُرَّافَة, *acrotorion* muri, M ١٥٧, 18. — تَشْرِيف in precibus solemnibus videtur esse idem quod تسليم, *salutatio* qua clauduntur, M ٢٨٢, 10. Cf. in partem Vullers in v. —

مُشْتَرَف, *locus editus unde pulchrum prospectum habes (belvédère)*, vid. Gloss. Moslim; H ٣٩٥, 14, Dozy. — مُسْتَشْرَف id. ibid. et Aghânî, VI, ٩٧, 5. *Prospectus*, spec. *pulcher prospectus*, I ١٩٨, 7, H ٣٩١, 2, ibid. et Ibn Khordâdbeh, 124, 3 ed. Barb. de Meynard.

شرق. الشُّرْقِى appellatur species dactylorum in provincia Basrae, M ١٣٠ *p*.

شَرَنْدِى, pl. شرنديّة et شرنديات, H ١٣٢, 2 et 19, est transscriptio vocis Byzantinae χελάνδιον, pro vulgatiore شلندى M ٣٢, 3 et Dozy. Est species navigii, qua quoque in bello utebantur.

شرى. شراية, *haeresis*, H ٤٧, 8, ٧٢, 8.

شطر. شَاطِرٌ. Legimus M ٢١٠, 12 de pyramidis neminem eas conscendere nisi شاطر كُلّ. Videtur significari *agilis*, *pernicitate excellens*, vid. Dozy.

شطا. الشَّطَوِى est *bissus* pretiosus qui in urbe Aegyptiaca Schatâ potissimum fabricabatur et hinc nomen accepit; vestes inde confecti الثياب الشطويّة appellantur. Vid. H ١٠٢ *e*, M ١٠٤, 11, ١٠٥ *d*, ٢٠٢, 6, ٢١٣, 5, ٤٣٣, 17, ٤٤٣, 5, Jakûbî, ١٣٩, 10 seq. et Dozy.

شعب V dicitur quoque de flumine minore, quod cadit in flumen maius, quo facto huius quasi fit ramus, M ٢٠, 5 وينشعّب اليه الخابور et ١٢٧, 13 وتشعّب اليها انهار. De terra cuius forma irregularis est multis cum incisuris, dicitur متشعّبة ع, M ٩٢, 7. De foris videtur significare ea per urbem dispersa esse, non in unum urbis locum conferta, M ١٢٢, 3. — شُعْبَة, pl. شُعَب, est idem quod شِعْب, *a ravine*, I ٥٩, 12 et 14 (ubi male شعب) = H ١١٤, 18 شعاب. In vers. Pers. legitur شكافها. Vid. Dozy.

شعث V (ut quoque I apud M ٣٧٧ *k*) de aedificio, de urbe significat, sive propter devastationem sive propter neglectum *ruinosus fuit*, M ١١٨, 15, ٣٧٧, 6, ٣٧٨, 14, ٤٩٣ *c*, Gloss. Belâdhorî, Jacût, II, ٤٨٣, 19 et Dozy, de navigio *eo statu fuit ut reparatione egeret*, I ١٣٨ ult. — شَعِث, *ruinosus*, M ٣٥٧ *r*, ٤٩٢, 2. — شعيثة apud H ٢٨٩ *l* videtur significare *ruinas*.

شعر. الشَّعْرِىّ, ut C et L habent I ١٥٣, 9, 12 seqq. pro الشعر, *pili caprini*, diversi a المِرعزى, vid. e. g. M ٤٥٢, 7. — شَعِيرَةٌ, *sexagesima pars drachmae* (Gloss. Belâdhorî, Gloss. Thaâlibî et Dozy), M ١٨٢, 3 seqq. — الأَشْعَرِيَّة memorantur M ٣٧, 9, ١٣٩, 6.

شغل. شُغْلٌ, *fabrica*, I ١٨٦ ann. l. 6 = Jacût, I, ٤٣٨, 15 وقد يقع بها شغل ثياب كتّان. L habet ويرتفع بها ثياب. Vid. Dozy. Hinc *pannus fabricatus* in *Alif Laila*, I, ٥٣٩, 6 Macn. وعليها سجادة من شغل كشمير.

شفّ II, eadem significatione qua I (vid. Dozy), *gloria eminuit*, M ٣٢, 11, ubi restitue والتشفيف.

شفع. الشافعيّة s. ut saepe الشَّفْعَوِيَّة, *Schâfi'itae*, memorantur M ٣٧, 5, ٣٨, 9, ٣٩, 8, ٤٠, 6 et 13, ٤١, 4, ١٢٧, 3, ١٤٢, 11, ١٨٠, 1 seqq., ٢٣٦, ٣٣٣, 9 et 11, ٣٣٦, 9 et 11, ٣٦٥, 8 seq., ٣٩١, 10, ٣٩٥ *e*, ٤١٥ *d*, ٤٤١ *a*, ٤٦٨, 11.

شفل. مِشْفَلٌ, pl. مَشَافِلُ, *canistrum spec. ad fimum exportandum in agros et vineas* (Buxtorf sub משפל), M ٢٨٨, 3.

شفه. شَفَةٌ. Notanda est phrasis ليس لهم سوى ماء دجلة للشفة, »aquam *ad potandum* non habent nisi aquam Tigridis", I ٧٣, 8 et Add. ad ٢٠٨, 4 قنىّ كثيرة كبار للشفة.

شقّ I, *derivavit* canalem e fluvio, e fonte (Gloss. Fragm.), I ٨٢, 2, ٨٤, 9, ٩٢, 7, M ٤٥٠ *b* l. 6 (pass. انشقّ ٢٤٣ *k*, vid. Lane). — *Permeavit* cum فى s. cum acc. (Gloss. Fragm., Dozy), I ٩٥, 10, ٢٧٠, 3, ٢٨٠, 5, ٣٠٦, 4. Cum الى *pervenit ad*, *terminavit ad*, H ٥٦, 13, ubi minus recte legi اليها يغزون وينسبون; iungatur اليها cum praeced. et l. يغْزون وينْسبون (vid. sub سبا). Supra l. 9 eodem sensu اليه تنتهى legitur. — VIII, *derivavit* = I, I ٧٧ *k*; *permeavit*, I ٧٥ *n*, ٣٠٦ *e*, Gloss. Fragm. et Dozy. — شَقٌّ collective (aut pl. a شَقَّة Dozy), *striae*, M ٣٣٠, 15, ubi describitur metrum aquae fluvii Marwi, quod est tabula, in qua striae ductae sunt, quarum interstitia unius grani latitudinem habent. — شِقٌّ. Dicitur من شقّ كرمان, فى شقّ الشام, *versus* (*du côté de*), H ١٩٦, 10, M ٦٠, 6 et

7. — شقّة, *pannus* (*pièce d'étoffe*), plerumque iungitur cum nomine materiei, ut dicatur شُقَق الصوف, H ۴۴, 16, شُقَق لحرير, Zamakhscharî, *Faïk*, I, 544 شِقَاق الكتّان, Lane, et quoque شِقَاق المَطَارِح, *panni e quo tapetes conficiuntur*, M ۱۸۰, 16, sed absolute quoque dicitur شُقَّة et designat »*une pièce d'étoffe de lin ou de poil de chèvre, dont on se sert pour faire des tentes*" (Dozy), M ۱۰۲, 2, ubi C ثوب. Aliarum quoque rerum شُقَّة est *fixa quantitas* e. g. شُقّة رصاص, M ۱۹۹, 5, ۱۷۱ *f.* — شاقّ dicitur de via, de monte, de regione molesta viatori, I ۲۸, 12, H ۳۵, 12, M ۲۴۱, 17, Jacût, II, ۸۱۱, 7 ثنية شاقّة, III, ۴۰۳, 19 عقبة شاقّة, proprie التى مسلكها او صعودها شاقّ, Hamdânî Ms. 1070, f. 15 v. هذه صُعُودٌ مُنْكَرَة وشاقّة. Cf. Gloss. Edrîsî. Eodem sensu dicitur مُشِقّ, I ۴۰ *g*, Baidhâwî, II, ۳۹۴, 18, Ibno 's-Schihna, f. 69 r. الفحص المُشِقّ; cf. Khafâdjî ۲۲۳. — مُشْتَقّ apud M ۳۵۳, 13 videtur esse *derivatus a significatione propria*, nam auctor hoc mihi velle videtur, nomen *djibâl* non ad regionem montanam propriam restrictum mansisse, sed provinciam designare, quae quoque planitiei adiacentis partem continebat.

شقف. شَقَفَة est idem quod شُقَّة, *certa quantitas materiei*, ut dicatur الف شقفة رصاص, M ۱۷۱, 6. Vid. Dozy. Alia significatio vid. sub رزب.

شكّ. الشُكَّاك, *dubitatores*, convicium heterodoxorum, M ۳۷, 16, ۳۸, 4, 7 et 8.

شلق. شِلْق s. شَلِق (Freytag), nomen piscis in Tigride, M ۱۱۳. *p*. In catalogo piscium Babyloniae (*Bombay Government Records*, XLIII, 394) scribitur شلك (shilg). In *Mafâtîh al-Olûm* f. 51 v. inter pisces praecipuos memoratur الشُلوق, quae forma singularis esse videtur, quia alia nomina omnia in numero singulari sunt.

شلى. شلاى, nomen piscis in Tigride, M ۱۱۳. *p*.

شَلَنْدِى, pl. شلنديات, M ۳۲, 3, ۱۷۷, 3; vid. supra sub شرندى.

شمّ. شَمَّامَات. Legimus I ۹۳, 1 seq., H ۱۷۵, 13: وبالسوس صنف من الاترجّ شمّامات ذكيّة كالاكفّ باصابعها لم ار مثلها فى بلدان الاترجّ. Intelligitur malus citreus fragrans, qui الاترجّ السوسيّ appellatur, Abu 'l-Kâsim l. l. f. 41 r. Cf. apud Dozy شمّام الاترجّ.

شمر II de ripis fluvii, *retegi*, M ١٢٩, 15, ubi B fort. تشمّر, vid. ann. *x*. — V de fluvio, *coarctari*, M ٢٩١, 12.

شمس. شَمْسِىٌّ. عسل الشمسىّ من العنب, *mel uvarum sole coctarum*, M ٣٢٤, 10. Vocatur nempe شَمْسِىٌّ quod solis ardori expositum maturum fit, ut potus ille qui المشمّس (Dozy) s. الشراب المشمّس (Mowasschâ f. 130 v.; Agh. IX, ٩٩, 4 a f. male المشمش) appellatur, quoque الشمسىّ dicitur, Makrîzî, I, ٤٤, 5 a f. seq.

شَمْسار s. potius شَمْشار, *buxus* arbor, H ٢٧٤, 6. Vid. Dozy. Quoque appellatur شمشاد, ib. et Jacût, II, ١٤٤, 13.

شَمْشَك, pl. شَمْشَكات, *calceus* (= صندل), M ٣١, 4, ١٥٣, 17 (ubi a نعل et خفّ distinguitur), ٤٤٠, 22, ٤٤٣, 8. Vid. Dozy et Vullers sub چمتاك, چمشك.

شمط. شموط, nomen navigii, M ٣١, 1.

شُنْبَاذَة pro سنباذة, quod Arabice vulgo سنباذج scribitur, M ٤٤٣, 12, cf. ann. *s*.

شَنْكُولِيَّة, nomen navigii, derivatum a Persico شنكول *latro*, itaque *navis praedatoria*, M ٣١, 15.

شَهَجَانِىٌّ, pannus pretiosus, qui potissimum fabricabatur Naisâbûri, M ٣٢٣, 19, ٣٢٥, 18, sed nomen habebat a شاهجان nomine Marwi, teste Thaâlibî, quem laudat Dozy sub شاهجانى.

شهد I absol., *pronuntiavit formulam* لا اله الا الله, H ٢٤٤, 10. Dozy. — X, *testem advocavit*, quoque c. ب p., H ٢٢٨, 2. Dozy. — شُهْد الزّبيب, *mel uvarum*, H ١٥٧, 7.

شهدانج v. sub شاهدانق.

شهر II, *illustrem reddidit* locum, H ١٩٣, 10. — شَهْرِيَّة, pl. شَهَارِىٌّ (nescio qua auctoritate Lane scripserit شهار), *equus Persicus s. Kurdicus*,

H ١٨٧, 5 de Kurdis in Perside واما دوابّهم فبراذين وشهاريّ, Tabarî sub anno 224 وردّ الفرس الى احمد ومعه برذون وشهريّ, itaque diversus a برذون (cf. Dozy) et ٢۴٨, 15 de Armenia ويكون بها ايضا الشهاريّ الحسنة الموصوفة التى تقارب الخراسانيّة, Aghânî V, ٩٣, 7 a f. et ult., XIII, ٣١, 5 a f. Est vocabulum Persicum, ex antiquo *khschatrya*, iuxta quam formam exstitisse videtur *khschathrâna*, cuius transscriptio Hebraïca est אֲחַשְׁתְּרָנִים Esther VIII vs. 10, ut observavit, si recte memini, de Lagarde. Exemplum aliud mihi suppeditavit Rosen ex opusculo Djâhithi c. t. كتاب فضائل الاتراك, f. 6 r.: ولنا الطبول المهولة العظام والبنود ونحن اصحاب التجافيف والاجراس والباركند (sic) واللبود الطوال والاعناد (sic) المغففة والشوارب المعقربة والقلانس الشاشية والخيول الشهرية والكافركورات والطبرزينات والخناجر فى الاوساط الخ. De vocibus باركند et اعناد haereo; pro الكافركورات leg. الكافركوبات, ut quoque apud Ibno 'l-Athîr, VII, ٩٩, 5, ubi كافركونات. Dainawarî apud Girgas et Rosen, ٣١٩, 11, de insurrectione Abbasidarum in Khorâsân duce Abu Moslim agens, dicit وقد سوّدوا ايضا انصاف الخشب التى كانت معهم وسمّوها كافرْكُوبَات. Verti potest *mallei infidelium*. Anachronismus igitur est usus huius vocis in Cod. C. P. Ibno 'l-Athîri, IV, ٢٠٧ ann. 1 pro الرايات in textu.

شهريز v. sub سهريز.

شوب I, *immixtus fuit*, Lane ex *Asâs* et Dozy, Gloss. Bayân, sensu tropico وان كان الاختلال قد شابها, H ١٥٥, 4 »etsi res eius (urbis) deteriores fieri coeperunt".

شوق. الشويقى, nomen speciei dactylorum in provincia Basrae, M ١٣٠ *p*.

شوك. شَوْكَةٌ, metaph. *exactio portorii severior*, M ١٣٣, 7 وفى البصرة تفتّش صعب وشوكات منكرة.

شيأ I. Plus semel M phrasin habet قُلْ فيه ما شئتَ sensu *omni laude dignus est*, e. g. ٣٩ *q*. — شئ, pl. أشْيَاء, *variae res*, واشياء *et cetera*, M ١٥٢, 3, coll. ١٢٢, 16, ٢۴٠ *a*.

شيد I, *in altum exstruxit* aedificium = II et IV, Lane ex *Asâs* et Dozy. Adde Scharîschî ed. Bul., I, ١٥٩, 8 ad Harîrî ١٠٥ (2dae edit.), Mobarrad ٥٨, 9 et H ٩٧ *i*, ubi lectio مَشيدة probatur homoïoteleuto. — II

ذكره, H ٦٨, 9, idem significat quod اشاد بذكره et اشاد ذكره s. شاد, *he raised his notoriety* (Lane).

شِيرَازِيّ, *in urbe Schîrâz fabricatus*, epitheton palliorum (ابراد) pretiosorum, H ٢١٥, 8, cf. M ٤٤٢, 14.

شيع. الشيعة s. الشيعيّة memorantur I ١٣٩, 10, M ٣٧, 7 et 11, ٣٨, 5 et 10, ٤٠, 13, ٤١, 6, ٩٩, 5, ١٣٩, 5, 6 et 14, ١٤٢, 12, ١٧٩, 17, ٢٠٢, 16, ٢٣٩, 4, ٢٣٨, 6, ٣١٩, 2, ٣٢٣, 6 et 16, ٣٢٧, 2 et 4, ٣٣٩, 7 coll. ٣٥٨, 7, ٣٦٥, 10, ٣٦٧, 2, ٣٩٥, 6, ٤١٥, 5, ٤١٧, 3, ٤٣٩, 13, ٤٩٩ *b*, ٤٨١, 9.

شيم. شِيْم, piscis (vid. Lane) in Tigride, M ١٢٨, 17, ١٣٠ *p*, Jacût, I, ٦٤٩, 21. — شائم, alia species piscium in Tigride, M ١٣٠ *p*. — شامَةٌ »chaque petit morceau d'une mosaïque" Dozy secund. Sprenger, M ١٥٨, 4.

شين. شِينِى et شينية, pl. شَوَانِ, navigii species, *galère* (Dozy), H ١٣٢, 2 et 19, M ٣٢, 3, ٤٤, 13, ١٧٧, 3.

صبّ I n. a. مَصَبّ, H ٨, 17. — صُبَابَةٌ, *reliquum*, sensu metaphorico de omnibus rebus adhibetur, ut pluribus exemplis commonstravit Dozy. Adde Jacût, IV, ٦٥٠, 11 ubi l. نومه صُبَابَةَ, Aghânî, II, ٧٦ med. وكانت فى يده صبابة قوية من افضال ابن طولون واستغنى بها حتى مات. Apud H ١٤٩, 10 et ١٥٠, 8 absolute ponitur et significat *residuum incolarum*. — *Rivulus*, I ٨٤, 10, H ١٦٥, 14 وتتحلّب من هذا النهر صبابات تجتمع فتصير نهرًا.

صبغ VII quasi-passiv. formae I, I ٢٠٠ *q*, qui locus quoque in L exstat.

صبا X c. acc. *desiderio eius impletus est*, *amavit*, H ٣٦٥, 9.

صحر. صَحْرَاء, *campus* extra urbem (syn. بادية), Dozy, Jacût, I, ١٧٧, 19, ٣٣١ ult.; *locus publicus* in urbe, I ١٩٩ *m*, H ٣٩٢, 6, Jacût, I, ٩١, 18, ١٢٠, 12 et 17, ٢٩٠, 14, Hiçnî, comment. ad Abû Schodjâ' f. 114 r. ان كان البيع فى سوق او صحراء, Dimaschkî, ١٩٠, 1 ubi pro صحرات vid. legendum صحراوات. — صحرىّ, nomen speciei dactylorum in provincia Basrae, M ١٣٠ *p*.

صحف. صَحِيفَةٌ interdum eodem sensu occurrit quo صفيحة, *tabula*, vid.

Lane ex TA, H ٣٣٧, 14 et 18, pro quo I ٣١٨ صفيحة. — Memorabilis est phrasis M ٣١١, 3 عندى منها صحيفة sensu Hollandici: *ik zou er een boekje van kunnen opendoen* i. e. multa de hac re narrare possem si vellem. (Sequens انباء in appositione vocis صحيفة est).

صحن. صَحْنٌ, *patella*, I ١٥٥ *h*., Dozy. — Non tantum significat *impluvium*, quo sensu quoque pl. est صحان, Abu Nowâs, p. ٥, vs. 4, sed quoque *locum publicum* in urbe, I ١٩٩, 12 (ubi var. l. صحراء), ٢٥٩, 9, Jacût, II, ٨٧١, 17 et, ut صحراء, *campum* extra urbem, Ibn Rosteh, Ms. Mus. Britt. f. 10 نهر — يسقى صحن مدينة اصبهان.

صدر I عن رأى فلان, *egit secundum consilium iussumve alicuius*, Dozy, M ٣٣٩, 7, Bîrûnî, ١٨٢, 7, Khafâdjî ١٤٣. — III. المصادرون apud H ٧٧, 12 sunt الذين صُودِرُوا, v. Gloss. Fragm. — صَدْرًا, *aliquamdiu*, M ٣٧٩, 4.

صدع. صَدِيعٌ, *aurora*. In poëmate M ٤٩٧, vs. ٣ et ٩ insulae et urbi datur epitheton مثل الصديع i. e. *illustris*.

صدق. الصدقيّة appellantur Schâfi'itae in metropoli Sidjistani, M ٣٣٣, 9.

صر. صُرَّة vulg. pro سُرَّة, M ١٨٩ *v*, ut saepe in Codd. مصوّر pro مسوّر legitur. Cf. Dozy.

صرد. Iuxta الصُّرُود, *regiones frigidae*, quoque occurrit pl. المصارد M ٢, 6, ٣٢١ *g* in fine, ٤٢١ *d*. Ut a جروم adiectivum جرومى, sic a صرود adiectivum صرودى formatur e. g. apud Ibn Rosteh, Ms. Mus. Britt., f. 178 v. لا يُعرف فيها الحرّ حتى ينزل اهلها الى المواضع الصروديّة.

صرف I *expendit* pecuniam, c. فى et الى, H ٢٠, 19, ubi passivum, pro quo B صرف VII, vid. Dozy. — V, *versatus fuit*, *commoratus fuit* in loco, I ٢٨٩, 9, H ٣٣٨, 1; c. عن p. *officio functus est nomine alterius*, H ٣٠٩, 14. — صَرْفٌ, pl. صُرُوفٌ, *moneta parva*, Angl. *change*, M ٢, 1, Ibn Batûta, IV, 121 seq., 441, Dozy. — تَصَرُّف apud H ٢٠٧, 10 est *pecunia mutuo data qua quis in commercio utitur* (crédit). — مُتَصَرِّف, *officialis*, H ٣٠٩, 11 et 18, ٣٤٢, 2, ٣٤٣, 9 et 10. Dozy. — مُتَصَرَّفَات est idem quod

تصرّفات »les allées et venues de quelqu'un" (Dozy); itaque *tota ratio vivendi*, H ٣٦٤, 9.

صطك. Legimus M ٢٢٥ *r* باصطاك (سقوف الجامع) وسقوفها, quod explicare nequeo. Probabiliter اصطاك corruptum est e vocabulo peregrino.

صطل. أصْطال pro أسْطال pl. a سَطْل, *situla*, M ١٤٥ *h*. Dozy.

صعب X, c. acc. r., على p., *rem alicui difficilem reddidit*, I ١١٥, 8, H ١٨٦ ult., nisi به cogitatione supplendum sit. Praeter significationes quas Dozy illustravit, lexico quoque addendum est verbum c. acc. p. significare *dure tractavit aliquem* e. g. Aghânî, I, ١٦٦, 7, et verbum intransitivum tropice adhiberi de castello sensu *difficilis captu fuit* e. g. Ibn Djobair ٢٥١, 12. — صَعْبَة, *difficultas*, *severitas*, M ٢١٣ *g*, in fine.

صعد II نَحْوَ البَصَر, *oculos sustulit versus*, H ٣٦٧, 6. Cf. Lane.

صفّ. صَفّ, *forum*, proprie *series tabernarum* (cf. M ٤٢٥, 7), I ١٧٤, 3, H ٢٢٩, 2, ubi P سُوق, Jacût, III, ١٥٧, 18 et 19. — صُفَّة apud M variis significationibus occurrit: *vestibulum domus*, ٣٢٢, 9, s. *portae templi*, ١٦٩, 12 seq., *pars atrii altior quae diwân appellatur*, ٨٤, 6, *atrium* ٩٤, 6, ٤٤٩, 12, denique *aedificium supra sepulcrum* ١٣٠, 8.

صفر. صُفْرِيَّة, pl. ات, *vas aeneum*, M ١٨١, 1 (var. l. مصفريات). Vid. de Jong apud Dozy. — أَصْفَر. Species dactylorum in provincia Basrae appellatur الاصفر, M ١٣٠ *p*. — Pluralis huius adiectivi videtur inesse in صفر المنابر, quae inter merces Bokhârae enumerantur M ٣٢٤, 16. Verto: *candelabra flavi coloris*, *cuprea*.

صفصف. الصفصاف دهن v. sub دهن.

صفع I est syn. verbi صكّ, *colaphum dedit*, M ٣١, 6.

صفا. صَوافِ, *praedia privata principis* (domaine), v. Gloss. Fragm., I ٢٤٤ paen., H ٣٠٢, 1.

صقب III, *propinquus*, *vicinus fuit*, I et H passim e. g. I ٥, 17, ١٥, 8, ٩٠, 5, H ١٠, 5 (ubi I ٥, 5 تاخم), Aghânî, IV, ١٦٠, Dozy. — VI, *contigui fuerunt*, H ٨٤, 17, Dozy.

صقع. صَقِيع, *planus* de terra, H ٢٧٢, 16.

صقل. الصِّقِلّيّ, *pannus in Sicilia fabricatus*, M ١٤٥, 14, coll. ٢٣٩, 7.

صكّ VIII, *refertum*, *refercitum esse*, مدينة مصطكّة العمارة, H ١٥١, ann. *b* l. ult.; Nowairî Ms. 273, p. 597 habet مكان مصْطك et مكان مصْتك يسمونه البستولة sensu *bene clausus*.

صلب. صُلْبٌ (s. صَلَبٌ) sensu *terra dura et petrosa* habet quoque pl. صِلَابٌ, M ٢, 3. — Tropice صُلْبٌ usurpatur pro corpore, parte essentiali rei, eo quod proprium, genuinum est in re, ut in phrasi nota صلب ماله, *suae ipsius opes*, Aghânî, IX, ٤٥, 9 a f., Ibn Djobair ٣٨, 4 a f. et v. exemplum apud Freytag; الثغر الذى هو من صلب الجزيرة, *quod ad Mesopotamiam propriam pertinet*, I ٧٥ *i*, pro ثغر الجزيرة على الحقيقة quod in textu est. — صَلِيبٌ, *quadrivium*, M ١٥٠, 9, ut صَلِيبَة apud Dozy. — *Forma crucis*, M ٣٧٧, 3 اسواقه صليب et 18 الجامع وسط الصليب. — مُصَلَّبٌ, *crucis formam habens*, M ٣٧٧, 18 اسواقه مصلّبة, ٤٢٥, 7; dicitur quoque عقد مصلّب s. قبو مصلّب, *fornix crucis formam habens*, Ibno 's-Schihna, f. 94 r., 95 r.

صلح. صالِحٌ, sensu quem illustravit Dozy »*grand*, *considérable*'', M ١١, 1 فعلّقت من ذلك صدرًا صالحًا, *partem magnam*. — مَصْلَحَةٌ, pl. مَصَالِحُ, species tributi non canonici, proprie, ut videtur, destinati reparationi aedificiorum publicorum (لمصالح البلد H ٤٥, 7), H ١٦٢, 10. — *Exactor vectigalium*, *portorii*, M ٣١, 4. Est forma vulgaris pro مَسْلَحَةٌ q. v., ut quoque مصلحىّ dicitur pro مسلحىّ, Jacût, III, ٢١٩, 22.

صلق I pro سلق, *coxit* (Dozy), M ١٨٣, 19.

صمغ. Dicitur صمغ العَرَبِىّ pro الصمغ العربىّ, M ١٥٨ *e*.

صنج. صَنْجَةٌ. زيادة الصنجة, H ١٤٩, 16, ١٦٣, 18, ١٦٩, 10, ١٧٨, 15, est summa pecuniae, quam redemptor vectigalium solvere debet, sub titulo pretii monetae (*Taxe des Münzhauses*). Vid. porro sub سنجة.

صندل. صَنْدَلٌ, *calceus*, M ٣١, 4 (= شمشك), Lane ex *Miçbâh*.

صنع. صَنْعَةٌ. اهل الصَّنْعة, *opifices in fabrica* (les ouvriers), ut اهل المهنة, H ٣١١, 14, ubi l. باهل pro وباهل. Distinguatur probe ab اهل الصنائع s. اهل المهن q. v. — صَنَاعَةٌ, pl. صَنَائِعُ, *opificium*, *fabrica*, M ٣١١, 13, ٣٢١,

13, Jacût, III, ١۴٩, 1 pl. الصناعات; Dozy: *métier*, *fabrique*. Hinc ارباب الصنائع (s. اهل), *fabricatores*, *fabricarum domini*, ut quoque (s. اهل) ارباب المهن (opp. اهل الصنعة s. اهل المهنة), H ٣١١, 13 et 16, Jacût IV, ٦٩٦, 5, sed quoque latiore sensu *opifices*, H ٧٣ ult., ٧٩, 8, ١٧۴, 9. — دار صناعة البحر, *navale*, H ٨٣, 2, Dozy. — الصَّنْعَانِىّ, *pannus in urbe Çan'â confectus*, H ٢٢٣, 13.

صنف. صَنِيفَةٌ, *ora vestis* (Gloss. Moslim et Dozy), metaph. M ٣١٠, 15, ubi videtur legendum من ظَرْفِها »propter venustatem illae domus utriusque lateris urbis sunt ornamentum, ut ora fimbriis ornata est vestis".

صوب IV, c. acc. feminae, euphem. *rem habuit cum*, M ٣٦٩, 12; vid. Dozy et cf. Lane. — مَصَائِبُ, *procellae*, H ٢۴٨, 3.

صوع. صاعٌ. De hac mensura, Omari tempore 8 Rotl, deinde 5$^1/_3$ R. continente, vid. M ٩٨, 14 seqq. In commercio maritimo utebantur *çâ'o magno*, sed nautarum mercedes *çâ'o parvo* metiebantur, M ٩٩, 3.

صوف. الصُّوفِيَّةُ memorantur M ۴١٥.

صيح. صَيْحَةٌ, *distantia parva*, *quatenus vox clamantis audiri potest*, M ٧٧, 3, ٢٠٢, 5, ٢٠٩, 11, ٢٧٥, 1 et 2, ۴١١, 14, ۴٧٩, 12, ۴٩۴ *i*, Jacût, I, ٦٣۴, 13, III, ٣٢٣, 18. Simili sensu adhibetur دعوة q. v. et hinc forte ندا apud Persas accepit significationem »dimidium milliarii" (vid. Vullers). Lexico quoque addendum est ضَحْوَةٌ sensu *parvae distantiae*, proprie quantum quis tempore matutino ire potest, Jacût, III, ١٦٨, 8, ٢۴٨, 20, fere synonymum vocis رَوْحَةٌ (vid. Lane ex L), Jacût I, ٦٦۴ ult., III, ۴٣٧, 5. — صَيْحَانِىٌّ, una ex optimis speciebus dactylorum Khaibari et Medinae (ubi 130 species colebantur, teste Samhûdî ٢٣), I ٢١, 6, M ۴٧٠, 11, Lane, quae in provinciam Basrensem transplantata est ab Abu Ahmed al-Mûsâî, M ١٣٠ *p*.

صيدل. آلات الصيادلة v. sub اول. Formam صَيْدَنَانِىٌّ (apud Lane sub صدل, cf. apud Dozy صيدنة) habet pl. صَيَادِنَةٌ, M ٣٩٧ *s*.

صير. صِيرٌ, pisciculi qui sale conduntur, vid. Dozy, H ٩٠, 7, ٩١, 17.

صيف II, eodem sensu quo I et V, *aestatem degit*, M ٩٥ *m*, ut شتّى idem significat quod شتا et تشتّى. — صيفة in Jemen appellatur *adeps piscium* (دهن السمك), M ١٠٠, 4. — مصيف, *aestas*, secundum analogiam مَشْتًى, I ٩٩, 4, ١١٥, 6, Dozy.

صين. صينيّ, *Sinensis*, epitheton piri, H ٢٩١ *g* et substantive ipsa haec *pirus* apud Iḅn Rosteh, Ms. Mus. Britt. f. 180 v. تبقى بها (باصبهان) الثمار سنةً مثل العنب على رقة قشره والصينىّ مع كثرة مائه والتفّاح والسفرجل والرمّان. — Subst. *sericum* H ١٩٨ *i*, l. 4 a f. الثياب الصينى. — صينيّة, *patella*, H ٢٤٩ ult., Dozy. Adeo significationem propriam amisit vocabulum, ut si quis velit eam ex argilla Sinensi factam esse, dicat صينيّة صينىّ, Mowasschâ f. 186 r., s. صينيّة الصين, Agh. XIII, ٢٧ ult.

ضبّ II, *inclusit* lapides plumbo, H ١٠٠, 1, Makrîzî, I, ١٥٩, 10 a f. Cf. Dozy. — ضبّى, species dactylorum in provincia Basrae, M ١٣٠ *p* (Cod. ضبى).

ضجّ I بالدعاء, *vocem extulit in precibus*, M ٤١٩, 4, Dozy.

ضجر IV, *taedio affecit* (*fatiguer* Dozy), de pluviis continuis, H ٢٧٢, 20, de quaestione repetita, Jacût I, ٨٧, 13, de longa dissertatione, ib. ٣٧٨, 12.

ضرّ. مَضَرّ. مَضَارّ البَلَد habet duplicem significationem 1) loca infirma quasi vulnerabilia in confinio, unde civitas laedi potest, H ١٢١, 12, ١٣٢, 12, ١٤١, 5; 2) proprietates noxiae regionis e. g. M ١٠١, 14, ٤٤٨, 6.

ضرب I, de fluvio, de iugo montis cet., c. الى *se convertit* versus (cf. Lane ex TA ضرب اليه »*it inclined to it*"), H ٣٠, 8 وله (للرمل) عرق يضرب ويضرب عرق منه من جبل برقة فى بطن, ١١١, 3 به من القادسية الى البحرين بعد ان يضرب اليه (عمود دجلة) نهر الابلّة, ١٩٢, 3 البرّ الى فزّان, Jacût, I, ٩٧, 17 نهر الابلّة الضارب الى البصرة. C. فى significat *penetravit* e. g. in desertum, Jacût, III, ٢١٨, 12, ٧٧٩, 3, IV, ٩٢٠, 13. Hinc quoque regio dicitur iacere أَضْرَبُ فى الشرق, *magis orientem versus* quam altera, Jacût, III, ٥١٨, 13. — ضَرَبَ الدِّين, *praescripsit*, *instituit* religionem, fere ut in phrasi apud Lane ضرب لهم طريقا, ubi est syn. verbi جعل, M ٢٩٤, 14 seq. (in verbis كما ضربتموه عليه pronomen in عليه pertinet ad ما in كما). — ضَرِيبَةٌ non tantum est *reditus* (غَلَّة, خراج) sensu quaestus servi, sed quoque de aliis rebus dicitur, ut de mercede nummorum cudendorum e. g. H ٧٤, 4, ubi coll. ann. *e*, syn. sunt ضمان et دخل. Recte vocabulum definitur apud Jacût, III, ٤٧١, 1 seq. الغَلَّة تضرب على العبد وغيره يؤدّى شيئًا معلومًا عن شئ معلوم, qui locus conferri debet cum Lane. Est itaque *tributum* quod de variis rebus solvitur, speciatim *portorium*. Hinc ضَرَائِبِيّ appellatur *exactor portorii* s. *vectigalium*, M ٢١٣, 12.

ضَرِى I construitur quoque c. على, H ١٣٣, 12, Dozy.

ضعف VI. Memorabilis est phrasis I ٣١٢, 12, H ٣٦١, 14 تضاعُفهم على ما يخرج من ارضهم »numerus eorum duplo maior est quam qui proventu agrorum nutriri possunt". — ضِعْف. فى أضْعَافِ, بين اضعافِ et فى تضاعيفِ significant *in*, *inter*, *in medio* quarumlibet rerum e. g. (فى اضعاف) I ٣, 3, ١٤, 6, ١٩, 17, ٢٩, 9, ٢٩, 15, ٣٠, 4, ٦٦, 8, ٢٧٣, 5, ٢٩٤, 5 et ubi in medio hominum, inter eos, significat, ٩١, 12, (بين اضعاف) I ٨١ ult., Thaâlibî, *Latâif*, ١٤, 3 a f., ubi certissime sic legendum pro بين اضغاثها (cf. Gloss. p. XXVI), Azrakî, ٩٠, 8, Jacût, IV, ٧٧, 18, (فى تضاعيف) I ٢٧٩ *l*, ٣١٧, 4 a f., Jacût, IV, ٤٤٩, 1. Eodem sensu quoque usurpatur فى خلال, I ٣٠٥ *k*. — ضَعِيفٌ, *egenus*, M ١٢٩ *y*, Kazwînî, II, ٢١٤, 6, ٣٣٨, 15, Jacût, III, ٦٤٨, 14 (nisi ibi legendum صعيفا), Dozy. De fonte, puteo et de aqua ضعيف dicitur sensu *tenuis*, M ٤٢٧, 8, ٤٣٢, 3, ٤٩٠ *b*, ٤٩٤, 1, opp. interdum قوى, M ٤٩٣ *g*.

ضمن I, *conduxit*, H ١٩٣, 17, Dozy. — II, *locavit*, H ١٤٠, 10, Agh. XI, ٣٠, 8, Jacût, II, ٢٩, ult. et IV, ١٢٤, 2 (ubi l. وضُمِّنَتْهُ), Kazw. II, ٢٧٠, 4, Dozy. — IV, *se sponsorem stitit*, I ١١٣ *i*, ubi textus, ut quoque H ١٨٥, 9, ضُمِّنَ, Jacût تضمّن. Vid. Dozy. — V, *conduxit*, ut I, H ١٦٩, 11, Ibno 'l-Athîr in Gloss. Fragm., Jacût, IV, ٥٥٢, 8. — ضِمْن. فى ضِمْنِ, *pertinens ad*, H ٩, 6 وما فى ضمنها من طخيرستان »pars Tokhâristâni quae ad Khorâsân pertinet", ٨۴, 5 فى ضمن البلد »in territorio urbis", ٩١, 6; وهم فى وقتنا هذا فى ضمن زيرى بن مناد 8 ,٥٣ parens, H ,فى ضمن فلان, ٧٢, 21. — ضَمَانٌ, pl. ات, *conductio*, *contractus conductionis*, *summa qua quis vectigalia aliasve res conducit* (Gloss. Fragm.), H ٢٠, 5, ٦٩, 20, ٧۴ *e*, ١۴٩, 7, ١٥٢, ann. 9 a f., ١٩٣, 16, ١٩٩, 8, ١٧٨, 13, ٣٠٩, 15, ٣۴١, 15, Jacût, IV, ١٢۴, 2, ٧٨٠, 8, ubi H ٩٠, 3 syn. قبالة, Dozy.

ضيع. ضَيْعَةٌ. الضِّيَاعُ s. الضِّيَاعُ السلطانيّة, *praedia principis* (*domaine*), v. Gloss. Belâdh., I ١٥٧, 1, ١٥٨, 6, H ٢١٩, 6, ٢١٧, 11. Qui haec praedia administrant vocantur اهل الضياع; H ٢١, 8 cf. ٢٢, 1. — ضَيَاعٌ, *inopia*, I ٢٨٩, 10, Mobarrad ٣٢٧ ult., Dozy.

ضيف IV. يُضَافُ اليه eodem sensu quo ينسب اليه, *de eius nomine appellabatur*, M ۴١١, 10. — دار ضِيَافَة, *hospitium publicum*, I ٦٥, 6. Cf. Dozy. Plur. دور ضيافات, I ٣٢٣, 2.. Quoque dicitur دار الضيفان, Agh. X, ١٦٥ ult. — *Hospes dominus hospitii* appellatur tum المُضَيِّف I ٢٨٩, 3 et Lane, tum المُضِيف, H ٣٣٧ ult.

طاروس, *flatus venti*, spec. *venti secundi* (syn. شرته q. v.), H ١٣۴, 20, ١٣٥, 4, M ٣١, 13, Gloss. Edrîsî. Fort. cohaeret cum nomine اورس quo Aegyptii appellant ventum النكباء, Bîrûnî ٢۴٧, 9, اوريبا, ٢٥٧, 16 et ult., ٢٥٨, 2.

طَاطَرِى, nomen nummi argentei Indici, qui valebat $1^2/_3$ drachmas, teste I ١٧٣, 12, H ٢٢٨, 15, M ۴٨٢, 3. In Gloss. Belâdh. egi de derivatione Reinaudii a Graeco στατήρ. Deinde vero mihi innotuit alia derivatio, ab eodem proposita (*Mémoire sur l'Inde*, p. 236 seq.), qua a Graeco τετραδραχμα derivandum sit. Pro hac facit pronuntiatio طاطرى quam probat M et quae restituenda est apud I et H, licet procul dubio hinc formatum sit adiectivum relativum et dicatur درهم طاطرىّ et الدراهم الطاطريّة. Tertiam proposuit Sprenger, *die alte Geographie Arabiens*, 60, qui nomen derivat a Tâtar, ut Indo-Scythos in Sind ab antiquis auctoribus Moslimis appellatos fuisse affirmat.

طبخ. طَبَّاخٌ, *eduliorum venditor*, M ٣١, 1.

طبر. In Tabaristân panni pulcherrimi fabricabantur, I ٢١٢ *i*, H ٢٧٢, 9 seqq., M ٣٦٧, 7 seqq. Imprimis autem nomine الطَّبَرِىُّ s. الطَّبَرِسْتَانِىُّ inclaruerunt tapetes, I ١٥٤, 14, H ٢١٤, 11, M ٣٢٤, 17, ٤٤٢, 8 et pallia, الاكسية الطبريّة M ٣٦٩, 4, elegantiorumque matronarum pepli, الاردية الطبريّة Mowasschâ f. 124 r.

طَبَرْخُون, e Persico تبرخون, idem olus quod طرخون appellatur, H ٣٩٨, 1.

طَبَرْزَذ appellatur species dactylorum in provincia Basrensi, M ١٣٠ *p*, Abu 'l-Kâsim supra sub ابرهيمى, Djawâlîkî, ١٠٤, coll. *Morgenl. Forsch.* 155, 1.

طبع VII, *cudendo idoneum fuit*, *cudi se passum fuit* ferrum, I ٢٠٠ *q*; cf. Lane e Sarakhsî; Kazwînî, II, ٢٩٧ ult. الجواهر المنطبعة. Passivum a طَبَعَ, Ibn Bat. IV, 263 انطبعت الآنية على صورته.

طبق II العمامة, portavit cidarim modo improbato qui العمّة الطابقيّة vocatur (v. Lane), M ٣٠٥, 16. Quid potissimum significat طبّق الطيلسان nescio, sed hic quoque modus improbatur, v. Aghânî IV, ٩٥, 10 فوافيتُه فاذا عليه طيلسان مطبق ابيض وسراويل وشى مسدول فقلتُ يا سبحان الله ما تصنع لِلحداثة باهلها ابهذا اللباس تلقى هؤلاء القوم لِمَا تريد لقاءهم فيه. — IV c. على, *comprehendit*, I ١٥٦ paen., H ٢١٦, 4.

طبن. طَابُونٌ, pl. طَوَابِينُ, *furnus* qualis in pagis Syriae in usu erat (Berggren: *four*) et qui describitur ab M ١٨٣, 17 et Ibn Djazla in v. الطابون ubi dicit: خبز الطابون كتنّور لطيف مدفون فى الارض حتى لا يبقى الا اقلّه ثم يجعل فى ارضه حصا ويجعل عليه طبق حديد ويجعل على الطبق زبل قد اضرمت فيه النار ليلة ثم ينحى عنه ويجعل العجين على ذلك الحصا ثم يعاد الطبق حتى ينضج. Panis ita coctus appellatur خبز رستاقىّ (Ibn Djazla) s. خبز طابونىّ (*Mohît* apud Dozy).

طحن. طَاحُونٌ. Dicit H ٣٢٤, 3 molas (ارحاء) Sarakhsensium omnes esse على الدوابّ i. e. quas cameli aut equi circumagunt, nullas iis esse من طواحين الماشى, *molas quas homo circumagit.*

طَرْجَهَارَة significat *poculum*, vid. Dozy. Locus Ibn Badrûni ibi laudatus est e Mas'ûdî II, 267, 4, ibique revera poculum significari, patet e p. 273, 4, ubi eius loco قدح ponitur. Exemplum habes *Fragm. hist. Arab.*, ١٢٨, 1 أُسْقِىَ بالطرجهارة. TA شبه كاس et شبه طاس. Sed speciatim est *clepsydra* (فنجال = فنجان TA), qua utuntur agricolae in definienda aquae copia qua segetes irrigantur (Vullers sub پنگان), quo sensu occurrit apud M ٣٥٧, 1. Sensu solito clepsydrae horis indicandis occurrit in versu poëtae Abu 'l-Fath Koschâdjim apud Nowairî Ms. 273, p. 38 seq., qui ita incipit:

رُوحٌ من الماء فى جسم من الصفر مؤلَّف بلطيف الحسّ والفكر
له على الظهر اجفان محجّرة ومُقلة دمعُها جارٍ على قدر

Khafâdjî ٢٩ secundum *Nihâjat al-adab* discrimen inter طرجهارة et بنكام hoc esse docet, illud aquâ moveri (مائية), hoc arena (رملية).

طرح. طَرْحٌ, pl. طُرُوحٌ, significatione non in lexicis linguae classicae notata occurrit apud M ١٠٣, 6 على ابوابها عقود وطروح ونقوش, ١٥٧, 17 وحيطانه وبها (بالبرابى) وبالهرمين عقود, ٢١١, 5 والقناطر وفراخها بالفسيفساء نقوش وطروح وطروح كثيرة. Sprenger (apud Dozy) vertit *Arabesken*, quae tamen versio melius videtur convenire voci عقود, quae quoque occurrit ٤٩٠, 13 قصر عجيب فيه تماثيل وعقود دقيقة, et cuius nomen unitatis عقدة legitur ١٥٨, 5 iuxta صبغة. Contra طرح videtur idem esse quod in lingua Persica (vid. Vullers), nempe *delineatio*, *imago*. — مَطْرَحٌ, *emporium* (*entrepôt* Berggren), I ٣٦٥, 11 (مطرح المحمولات), ٢٧٣, 2, H ٣٢٤, 2, M ٣٩, 14, ٧٩, 12, ٩٧, 8, ١٢٨, 11, ١٩٧, 11, ٢٣٩, 11, ٢٨٩, 7, ٤١١, 2, ٤٢٥, 4, ٤٩٣, 5. Pl. مَطَارِحُ, *horreum* (*magasin*), M ٣٩٠, 16, ٤٧٨, 10. — مِطْرَحٌ (ut diserte praescribit Zamakhscharî), pl. مَطَارِحُ, *tapetum*, M ١٨٠, 16, et probabiliter in loco Abu 'l-Kâsimi supra laudato sub سوسنجرد; cf. Dozy.

طِرِّيخٌ. Pisciculi qui sale conditi hoc nomine veneunt, proveniunt e lacu Ardjîsch s. Khelâth in Adherbaidjân, I ١٩٠, 4, H ٢٤٨, 7, M ٣٨٠, 9, Jacût, II, ٤٥٨, 3.

طَرْخُون, *dracunculus*, olus notum, H ٣٨٢ *l*, Freytag et Vullers sub

ترخون, a H ٣٩٨, 1 طَبَرْخُون, a M ٣٩٠, 6, ٣٩٩, 5 طَلْخُون appellatur. Operae pretium est annotare quae leguntur Mowasschâ f. 129 r., ubi de elegantioribus hominibus dicit: ولا يلفظون باسم الطَّرْخون لابتداء اسمه وشناعة لفظه فيكنون عنه فيصيفوه الى النَّعْنَع وقد سمّاه بعضهم بقلة الجِبَاع وسمّاه اخرون كافور الفؤاد وكلّ يقصد الى معناه.

طرد VIII, *evenit*, *accidit*, ut synon. جرى, H ٤٨, 10, ٥٧, 19. — طَرِيدٌ, *exsul*, habet pl. طِرْدَانٌ, H ٣٦٣ ult.

طرف V, *fuit*, *iacuit* طَرَفَ على i. e. *remotus* (cf. Lane sub طرف 5 et طَرَفٌ), ut de aedificio quod in extremitate urbis iacet, M ٨٩ *a* الجامع على طرف البلد = متطرّف, ١٤١, 15 = على طَرَفٍ (ann. *q* et ١٤. ult.); de viro, qui in remota parte imperii degit, M ١٤٤, 6; de urbe quae in extremitate regionis, remota ab aliis iacet, M ١٧٨, 8, ٣٠٣, 10, ٣٩٠, 10, ٤١٢, 10, ٤٩٣, 10 (ubi متطرفة عن البلدان). — طَرَفٌ. Dicitur M ١٧٢, 5 على طرف فرسخ pro على نحو (probabiliter ut evitetur repetitio vocis نحو). — طَرِيفَةٌ. Laudantur a M ١٢٨, 10, 14, 16 الطرائف (die Galanteriewaaren) Basrae et Bagdadi. Cod. B semel habet ظرائف »res elegantes", quae lectio quoque bona esse potest.

طرق III in verbis M ٤٩٣, 10 لا يُطَارَقُ بها العَيَّارُ videtur significare sive *incarceravit* coll. Chald. טרק et טְרִיקָא, sive *flagellavit*, coll. مطرقة et מטרקא, sed aliunde illustrare nequeo. Cogitavi de legendo الغيار et vertendo »nec ibi vesti assuitur pannus quo distinguuntur Judaei et Christiani a Moslimis", sed Codd. perspicue habent ut edidi cum teschdîd. — V eodem sensu adhibetur quo طرّق et استطرق (v. Gloss. Moslim), *pro via uti* (*passer par*) e. g. Arîb Ms. Goth. f. 173 r. ثم امر السلطان بسدّ ابوابها ومنع السابلة من تطرّقها, dum paullo ante praecedit حتى صارت مستطرقًا للسابلة من دجلة (*passage*). Hinc المتطرقون sunt *homines qui ultro citroque commeant*, *viatores* (*les passants* Dozy), H ١٥٩, 17; — *invasit*, H ٢٤٥, 12, M ٣٦٣, 2, Gloss. Moslim. — X. Exemplis in Gloss. Moslimi datis (vid. nunc quoque Lane), unde patet hoc verbum synonymum esse praecedentis, *pro via uti*, *commeavit* (*passer par*), adde Abu Ishâk Schîrâzî ٣۴, 16, ١١٧, 13 seq. et Ibno 's-Schihna f. 25 v. باب — يستطرق منه على جسر الى ظاهر البلد. Hinc مُسْتَطْرَق est *commeatus*, *via* (*passage*), cf. Lane et vid. supra sub V, et *forum*, ad quod mercatores commeant, I ٥٨, 6 = متجر H ١١٣, 9. Sensu *via*, *commeatus*, praeter متطرّق, quoque مُطَّرَق lexico addatur, quod occurrit Jacût, II, ٩١٣١, 7. — صاحب الطريق, *exactor vectigalium*, *portorii*, M ٣١, 5.

الطّرامخة, e Graeco τουρμάρχαι, proprie duces quinque mille virorum (Ibn Khordâdbeh, p. 231, Kodâma et Constant. Porphyr. *de Cerimon.* p. 734, *de administr. imper.* p. 224, 226 cet. et ann. Bandurii p. 374 seq.), apud H ١٣٠ ult., ١٣١, 2 significat *homines opulentos*, *nobiles secundi ordinis*. Singularis apud Ibn Khord. et Kod. est طومرخ, apud Jacût, II, ٨٩۴, 16, ٨٩٥, 8 طرموخ. Vera lectio fort. est طُرْمَرْخ.

طرا. الطَّرِىّ inter producta Palaestinae enumeratur M ١٨١, 11. Fortasse designatur *prunus niger praecox*, de quo egit Dozy.

طَسُّوه in Omân appellatur moneta parvissima, quae alibi طسّوج s. حبّة (q. v.) dicitur, M ٩٩, 14. Propior accedit formae Persicae تسو.

طعم. طُعْم, pl. أَطْعَام (iure Dozy in dubium vocavit pl. طِعَام in Gloss. Belâdh.; pronuntiandum est طَعَام = طُعْم)., *distributio salariorum*, H ٣۴٢, 1—3.

طَفِسَ I dicitur de homine qui nec semet ipsum nec vestes curat (*Asâs*), homo talis sive vestis eius appellatur طَفِس (fem. ة) *sordidus*, et conditio ius طَفَس, طَفَاسَة et تَطْفِيس (TA). Usurpatur vero quoque طَفَس de aliis rebus: Ibn Doraid in *Djamhara* sub س‌ط‌ف: الطَّفَسُ الدَّرَنُ يُصيب الثوبَ وغيرَه، ثم كثُر ذلك حتى صار كلُّ دَنِسٍ طَفِسًا, ut de foro M ۴١٠, 16, de cibo M ٣٨٩ *b* l. 10, et voce طَفَس significatur *sordes*, *spurcitia* in fluvio, H ١١٨, 5. Apud M ٣٢١ *g* l. 4 a f. legitur وزيّهم طفش, quam lectionem servavi, quoniam dialectice طفش pro طفس adhiberi docet TA: والطفش القذر, كالتطفش وهذا بالسين اشبه منه بالشين. Est Syriasmus (cf. Payne Smith).

طفل. الطَّفْلُ, *terra fullonum Aegyptiaca* (Lane), M ٢٠٩, 4. — De الطَّفْلُ الاندلسىّ H ٨١, 14, quoque الطفل الطُّلَيْطلى (Dozy) et الطين الاندلسىّ (Edrîsî ٩٢, vers. 72) dicta, v. Dozy, et cf. Jacût, IV, ٥٨٣ ult.

طلخون v. sub طرخون.

طلس VI occurrit M ٣٦٨, 16 eadem significatione qua تطلّس (٢٣٩, 2, ٣٦٨ *t*) et تَطَيْلَس (١٢٩, 4, ٣٢٨, 5 et 9). — طَيلَسَانٌ. Saepe cum figura huius amiculi semiorbiculari comparatur mare, regio, urbs (e. g. M ١٠, 9, ١١, 7, ١٣٨, 9, Bîrûnî, ed. Sachau, ٢٠٥, 17). Hinc tanquam epitheton usurpatur M ١٣٩, 5, ١٤٢, 5 sensu *formâ semiorbiculari*. — مُطَيْلَسٌ s. potius مُطَيْلَسٌ, *tailesâno vestitus*, M ٧, 15. Sensu metaph. Dozy sub طيلس.

طلق IV sine بطنه, *ventrem solvit*, M ١٨٤, 11; c. acc. p. ماء مالح يطلق الناس والاباعر, M ٢٥٣, 13. Lexico quoque addatur طلق VII, *alvi profluvio laboravit*, Kazw. II, ١٩٣, 5. — Verba I ٢٩, 14, H ٣٦, 14 وذكرت حدوده مطلقًا (مطلقةً) vertenda sunt »et descripsi fines eius universe". Cf. supra sub جمل.

طمّ I, c. acc. aut على, *operuit* de arena, I ٢٤٢, 3 (ubi C, F, L et Jacût طمس) et H ٢٩٩, 9. — الطامّة الكُبْرَى, *locus periculosissimus*, M ١٢, 13.

طمع I c. فى *speravit*, *exspectavit*, I ١٤٩, 8, H ٢١٠, 6, Dozy. — مَطْمَعٌ, pl. مَطَامِعُ, *cupido* (proprie n. act. v. Lane), H ١٠٧, 21.

طنّ. طَنٌّ appellantur dactyli recentes qui ad Marzokân fluvium in Khûzistân crescunt, I ٩. paen. (ubi recepi sec. Freyt. الطّنّ, sed vid. Lane), H ١٧٣, 9. — طَنِينٌ. Dicitur فى كلامهم طنين »in lingua eorum tinnitus est ingratus", M ٤١٨, 4.

طوب. طابية »*espèce de torchis*, esp. *tapia*" (Dozy), H ٥٨, 19.

طوع. طَاعَةٌ. سفر الطاعة est *iter quod quis suscipit sponte Dei gratia*, spec. *iter sacrum sine viatico* (الحجّ بلا زاد), M ٤٥, 12, qui locus ita vertendus est: »et minus quam debueram »non" dixi in itineribus pietatis erga susceptis", quod explicatur narratione p. ٢٥٥ seq., ubi dicit auctor se quum tale iter suscepisset, debuisse desistere a consilio, quoniam beneficia hominum se quasi persequerentur, ut recusare non posset.

طوف. طَوْف. زيت اطواف, H ١٢٠, 1, sunt *rates onustae oleo.* — الزبيب الطائفىّ v. sub زبيب.

طوق. طاق. *Sandalum unius soleae* appellatur quoque نعلُ الطاقِ, M ١٨٣, 12. — جعل الرداء بطاقَيْن (بطاقتين), *amiculum duplex faciunt*, M ٢٣٩, 2; cf. Humbert apud Dozy. — الطاقيّة, nomen sectae, M ٣٧, 8. Quum C eius loco habeat الأَبُوثَوْرِيّة (Cod. الابواثورية), qui nomen habent a celebri Abû Thaur Ibrâhîm ibn Khâlid al-Kalbî al-Bagdâdî + 240, صاحب مذهب مستقلّ (Nawâwî ٦٨. cf. *Fihrist*, ٢١١, Ibn Khallic. n. 2), suspicor hunc quoque الطاقىّ cognominatum fuisse de vico باب الطاق Bagdâdi, et hinc nomen الطاقيّة esse derivatum. — مُطَوَّق, pl. مطوّقة, denarius Meccanus, M ٩٩, 7 et 11, ١٠٥ *d.*

طول. طُولَانِىّ, *oblongus*, I ١٨٤ *i*, l. 3 a f. et ١٨٥ ann., l. 1, M ٤٨٧, 3, Dozy.

طوى. طِيَّة, sensu *tractus*, *regionis* (= ناحية *Asâs*) in N. P. طيّة الحجاز = الحجاب i. e. Hidjâz, M ٩٤, 16. — طَوِىّ, *terra aqua putei irrigata*, I ١٥٧, 17, H ٢١٧, 1.

طيب. طِيبَة, *suavitas* regionis, M ٤٠٢, 18, oratoris, M ٣٢٧ *e*, ٤١٠, 17. — *Vinum*, M ٤٠٨ *a* يقطعون اوقاتهم بالرقص والطيبة. — طَيِّب habet pl. طِيَاب (ut جيّد habet جياد), M ٣٥٣, 8 مدن طياب. — الطَّيِّبَات apud H ٥٧, 11 eodem sensu videtur accipiendum quem e Motarrizî recepit Lane. — طِيبِىّ, *in urbe Tîb fabricatus* pannus, I ٩٤ *i.*

طير. طَيْرَة (Cod. طيره), nomen navigii, M ٣٢, 2. — طَيَّار. الثعلب الطيّار, *vulpes volans*, M ٣٦٨ *d*, videtur esse species galeopitheci (maki volans). — *Navigii parvi species*, M ٣١, 15, Arîb Ms. Goth. f. 52 r. وانصرف الى منزله بباب الشمّاسيّة فى طيّار, f. 124 v. وعزم على ان يركبه معه ليلاً فى طيّاره

Mas'ûdî, VIII, 377. Pluralis est طيّارات v. Abu 'l-Kâsim supra sub خيط, Mas'ûdî, VIII, 345, Dhahabî, *Tabakât* ed. Wüstenf., X, 61 (Partic. 2 p. 69) طيارات وزبازب. Cf. Lane ad vers. *Alif Laila*, II, 543. Singularis طيّارة memoratur a Vullers.

طيلس v. sub طلس.

طين. طينُ الأَكْلِ, *terra edulis*, M ٣٣٦, 7 et *e*, imprimis ea species alba est quae inter Kâin et Naisâbûr in regione Zauzani invenitur et quae الطين النجاحىّ appellatur, I ٢٧٤ ult., H ٣٢٥, 11; s. الطين الخراسانىّ, Mowasschâ f. 131 r. (l. المتركّنون) واكثر ما ينتقل به المتظرّفون ويعبث به المتركنون مملوح البندق ومقشّر الفستق والملح النفطى والعود الهندى والطين الخراسانى والملح الصنعانى والسفرجل البلخى والتفّاح الشامى, et quoque Abu 'l-Kâsim l. l. f. 45 r. inter انقال elegantiorum طين خراسانى memorat; vid. quoque Dozy et Vullers sub نُكل; s. الطين النيسابورىّ, Dozy, coll. Thaâlibî, *Latâif*, ١١٤ et Vullers l. l. Quoque manibus lavandis adhibebatur, Abu 'l-Kâsim l. l. f. 38 v. — Apud Korân in vicinia Sîrâfi terra edulis viridis invenitur, I ١٥٢, 6, quae الطين السيرافىّ vocatur et طين الخَتْم quoniam in sigillis adhibebatur, Dozy. — In vicinia Meccae apud Hadam invenitur terra edulis alba, quam antea ut dicit Mas'ûdî, II, 84, 5 manducabant Meccani et quam mulieres comedere affirmat Jacût, IV, ٩٥٧, 18, sed qua potissimum manibus lavandis utebantur. Appellatur الطين الحجازىّ et auctore Ibn Baithâr (vid. Dozy) quoque انجبار.

ظرف. الظرائفىّ, nomen panni fabricati in urbe Naisâbûr, M ٣٢٣, 20.

ظلّ II, *umbraculo* ظُلّة *dicto operuit* forum, M ٤١٣, 13.

ظمئ I dicitur quoque de terra quae *irrigatione indiget* e. g. Jacût, I, ٢٧٢ paen., et terra huius conditionis dicitur esse ظَمِى, M ٣٢١, 3.

ظهر I. يظهر الانتفاع بها, H ٥٠, 3, *haud spernendus est usus huius gossypii.* — III sensu *superinduit* vestem alteri, constr. c. acc. et ب, Jacût, III, ٤٥٢, 4 وقد ظاهروا اللباس بالسواد, et hinc de colore floris dicitur صفرة مُظَاهَرَة بسواد »folia interne flava, externe nigra sunt", H ٣٤٧ *m.* —

IV, *edidit* librum, *publicavit*, M ٨ *e*, Aghânî, VIII, ١٧٦, 6, IX, ٤٢, 2 seqq. — VI c. ب = اظهر in dialecto Bagdâdensium, ut iam Lane recepit e Harîrîo, H ٧٣, 8; spec. *publice professus fuit* opinionem e. g. Jacût, I, ٣٦٦, 7. كلهم 13 ,١٦٨ ,IV ,وكان فلسفيًّا يتظاهر ذلك عنه ويتظاهر بمذهب الاسماعيلية خوارج اباضية — يتظاهرون بذلك ولا يخفونه, Zamakhscharî, *Colliers d'or* ed. Barb. de Meyn. p. 50, 3 a f. ما شئت بالمتظاهر بالفلسفة, *Solwân* ed. Tunis ١٤, 4 a f., Dozy. — X c. ب r., *notificavit*, M ١٧٦, 18; cf. Dozy: *montrer;* absol. *praevaluit*, *nullius imperio paruit*, H ٢٢١, 2. — ظَهْرٌ. على الظهر significat *terrâ*, I ٨٨, 7, ٩٥, 13 et 15, H ٨٩, 4, ٩٠, 12, ١٣٩ ult., ١٧٠, 7. Vid. Gloss. Fragm. — على ظَهْرِ et فى ظَهْرِ *pone*, vid. locos I in Gloss. Fragm., H ٢٥٨, 1, ٣٦٦, 6, Abu Ishâk Schîrâzî ٢٠, 13 على ظهر الكعبة, ut quoque ظَهْرَ I ٩, 16, H ١٤, 12 (Dozy). — ظَهْرَانِىٌّ adiectivum formatum a ظَهْر, ut نَفْسانِىٌّ (= عَيْنِىٌّ) a نَفْس (= عين), quod Lexico est addendum, et صَيْدَلانِىٌّ s. صَيْدَنانِىٌّ a صَيْدَل s. صَيْدَن (i. e. اصول الاشياء وجواهرها), Zamakhscharî, *Fâik*, I, 32; cf. Wright § 267. Hinc فى ظَهْرانَيْها idem significat quod بين ظهرانيها, I ٣٦٧, 13. Est quoque substantivum, quod designat vestis speciem, quae a loco مَرّ الظهران nomen habebat, *Fâik*, II, 99 et Jacût III ٥٨١, 21 seqq. — ظاهِرٌ. الظاهر, fere eodem sensu quo المعروف, *pietas*, *virtus*, H ٧٠, 14. — ظاهِرٌ عن, *separatus a* sensu proprio, H ٧٨, 5. — ظاهِرُ المدينة est *ager urbem circumdans* (*la banlieue* Berggren), H ٧٢, 21, Jacût, II, ٨١٣, 20, III, ١٠٥, 10, Ibn Khordâdbeh, p. 200 ann. 2, ubi vero minus recte laudatur Jakûbî, ١١٣ ult., apud quem l. واقليم, reiecto vocabulo والظاهر, quod e margine in textum irrepsit. Lectio prototypi huius Codicis non perspicua erat, librarius ergo annotavit الظاهر اقليم البلقاء. Eodem sensu ظَهْرٌ interdum poni videtur, v. Gloss. Fragm. — ظاهِرَ, *pone*, H ٩٧, 3 et fort. ٤٢, 10; *praeter*, H ٤٠٣, 6. — Interdum dicitur على ظاهِرِ et فى ظاهِرِ pro على ظَهْرِ s. فى v. Gloss. Fragm. et Dozy. Pro على ظهر I ١٤, 16, L habet على ظاهر. Cf. quoque Jacût,

III, ٨, 3 من ظاهر ارمينية. — ظَواهِرُ synonymum est vocis ضَوَاحٍ, *tractus exteriores regionis*, H ۴۲, 10. Ibn Doraid in *Djamhara:* وظواهرها ضواحيها, et قريش الظواهر (vid. Lane) explicat per الذين ينزلون ظاهرَ مكّةَ, ut Ibno 'l-Athîr, II, ۱٥, 1, Jacût, I, ٦٥٩, 6.

عبد. العَبَّادانىُّ s. العبّادانيّة الحُصُر sunt storeae subtiles et elegantes quae in Abbâdân texuntur (vid. Dozy), M ۱۱٨, 12, ۱۲٨, 15, ۲۰۳, 12, ۴۴۲, 8, ۴٥۰ *b* (۴٥۱ ann. l. 3); cf. supra sub سامان.

عبر. عِبْرٌ, *traiectus* i. e. *tempus traiectui necessarium*, I ۳۱ paen., H ۳٦, 17, ۳۷, 14 (ubi P عِبْرَة). — عِبْرَةٌ, *praescriptum*, H ۳۴۲, 13 ولها عِبَر قديمة ودستورات مسوّدة; — *reditus* (proprie aestimatio reditus), H ۳۰٨, 6 فاما عبرتها من وجوه اموالها وقوانين ادائها فمائة الف دينار الخ, Jacût, II, ٧۳۳, 10 كان عِبْرَته على السلطان ثلثمائة الف وخمسين الف درهم. Bene explicatur in *Mafâtîh al-Olûm* f. 20 v. العِبرة بَيِّنُ الصدقات للكورة كورةٌ وعِبْرةُ سائر الارتفاعات هو ان تعتبر مثلا ارتفاعَ السنة التى فى اقلّ رَيْعًا والسنة التى فى اكثر ريعًا ويُجمَعان ويؤخذ نصفهما ذلك العبرة بعد ان تعتبر الاسعار وسائر العوارض الواقعة. — مِعْبَرٌ est quoque *navis* generali sensu ut in versu Nâbighae apud Ahlwardt, p. ۱۲, vs. ۲۱ (Derenbourg p. 83), et nomen certae navigiorum speciei, M ۳۲, 1.

عبس. عابِسٌ, *aridus*, *plantis et arboribus nudus*, سواد يابس وجبل عابس, M ۳۱٥, 19, ۴۱۰, 16; saepe iuxta يابس de regione يابس عابس M ٧٨, 6, ٨٥, 12, ۱۹۹, 1.

عبق I عَبِقَ, *odorus factus est*, M ۴۹۹, 12 in hortis florent narcissi et nârandji عبقت منهما الارياحُ, *Alif Laila*, Macn. II, ۳۳۴ رائحة المسك والطيب التى عبق منها المكانُ. — IV, *fragravit*, (s. *odorum fecit*) قد أَعْبَقَت بساتينها بروائح الياسمين (s. أُعْبِقَت), M ۴۳۳, 4.

عتب. عَتَّابِىٌّ, pannus quem describit Dozy. Optimus proveniebat ex Ispahân, I ۱۹۹ 3, H' ۲۹۱ 11 et 13, sed quoque qui in Naisâbûr fabricabatur bonae erat notae, M ۳۲۳ ult., Thaâlibî, *Latâif*, ۱۱٦. Apud Abu 'l-Kâsim l. l. f. 32 r. inter vestimenta elegantiorum memoratur pannus عتابى دبيقى معلم مثقل.

عتا. عُتَاةٌ (pl. ab عات) appellantur *principes barbarorum*, I ۱٩٥ *a*, ubi L habet من عامتهم ومن عتاتهم (F vertit ازطاغى وباغى), H ۲۲۱, 18, ۲۵٩ *i*, بينهم وبين عتاة الديلم, pro quo in textu ۲٩۳, 14 بينها وبين مستقرّ ملك الديلم.

عثر. عَثَّرِيَّةٌ, denarius cusus in urbe Atthar, H ۲۰, 2 seqq., M ٩٩, 7 et 8, ۱۰۴, 15 et *k*, ۱۰۵ *d*.

عثم. عثمانيّة, nomen Motazilitarum in Basra, qui in politicis abstinentiam praedicabant, Othmânum khalifam et Alîum ambos culpandos esse, ajentes, M ۲٩۳, 19. Nomen hoc probabiliter habent ab Othmân at-Tawîl (v. Schahrastânî ۳۴).

عجل. عَجَلَةٌ, *feretrum*, M ۴٩, 23. Proprie debuerat loqui de *arca* (تابوت), cf. Genes. 50 vs. 26 et Josua 24 vs. 32.

عجن. مَعْجُونٌ de columna est, ut videtur, *calce illitus et expolitus*, M ۱٩٩, 14 et 16 اعمدة معجونة اجلّ من الرخام. — Tanquam subst. quoque habet pl. معاجونات, H ۲٩, 22, Mowasschâ, f. 125 r.

عدّ I c. acc., *rationem habuit* rei, *alicuius momenti censuit* rem (=اعتدّ بالشىء), M ۳۰۰, 2, ubi suffixum in يعدّها redit ad الهواء قوّة. — عَدَدٌ, *aestimatio*, H ۲۷۰, 14 قرى تزيد فى العدد على هذه المدن كبرا »pagi qui aestimantur magnitudine superare hasce urbes". — مَعْدُودٌ, *facile computandus* i. e. *paucus*, H ۱٩۱ ann. l. 5 بيوت معدودة, Lane ex TA, Dozy sub عدّ I.

عدر. عُدَارٌ. Descriptio quam I ۲٩, 14 seq. (H ۳۳, 13 seq.) huius animalis dat, minus fabulosa audit, quam ea quam Mas'ûdî, III, 319 et alii (e. g. Khafâdjî ۱٩۰) habent. Certe Ibn Haukalis verba repudiant interpretationem verbi اصابت منه quam legimus in Praefatione Chrest. Arnold, p. xv. L pro دابّة habet جانّة, quae lectio aperte e tali interpretatione est orta. In Codd. nomen quoque غرّار et غدّار scribitur; cf. Lane *the Thousand and one nights*, I, 33.

عدل. عَدْلٌ. اهل العدل والتوحيد, nomen orthodoxorum, M ۳v, 17 s. Motazilitarum (*Mafâtîh al-Olûm* f. 9 r.). — عدلىّ, nomen dirhemi in provinciis Bowaihidarum, M ۴vl *i*. Diversus ab hoc est عدالىّ, nummus qui in Ferghâna in usu erat, *Hidâya*, ۲۸۳. — عَدَالَةٌ, *dignitas*, M ۳۹v, 11. — أَعْدَلُ comp., *temperatior*, I ٥, 15, H ١٠, 16, Jacût, III, ۸۳v, 5 cet. — مُعَدِّلٌ est idem quod عَدْلٌ, *assessor iudicis* (vid. Dozy), I ١٥٥, 4, H ۲١۴, 7 (pro quo M ۴۲۸, 6 العدول), M ۲۳۸, 17, ۳v۸, 4, Aghânî, V, ١۴١, 9 et 8 a f., ١٩۸, 10 a f., Jacût, I, ١٩٠, 15, III, ۳۸٥, 3, ۴٥۲, 13, ٥١١, 8, Dozy.

عدن. عَدَنِىٌّ, pannus in urbe Aden fabricatus (vid. Lane), qui diu subsistit, H ۲۲۳, 13. — مَعْدِنٌ. Notabilis est locus I ٩۳, 6 الّا ان المعدن بصنّى, *sed Bacinnâ est principalis locus productionis*.

عدى V, *differens fuit*, H ۳۴۲, 15 ولن يتعدّى من الاوّلين بنقص ولا زيادة.

عذب. عَذْبٌ vocatur aqua quae nec bona nec mala dici potest, vid. Jacût, I, ٥١٥, 18 ماءها عذب شروب ليس بصادق الحلاوة, idem apud M ١٩١ *i* وماءها عذب ليس بحلو; Mas'ûdî, III, 53, 2 octo species aquae memorat, quarum una est العذب, alia الحلو. Dici quoque potest ماءها عذب حلو, Kazwînî, II, ١۴v, 7. Eandem fere significationem habet عَذْبِيٌّ, quo adiectivo saepe utitur M ad designandam aquam, non quidem amaram salsamve, sed tamen *exiguae bonitatis*, v۴, 6, ۸٠, 5, ٩۲, 9, ١٠١, 6, ١٠v, 12, ١٠۸ *b*, ١١v, 2 et 6, ١۴٠, 8, ١۴١, 1, ١v١, 11 et *p*, ١v۴, 9, ۲٠٩, 8, ۲٥۴, 4 et 8, ۲٩١, 2, ۴۲v, 6, ۴٩۳, 8. Unum exemplum praeterea habeo ex Jacût, III, v۲, 4, ubi repone cum Cod. *o*: الابار العذبيّة.

عرب. عَرَبَةٌ (s. sec. H ١۴v, 15 عَرْبَةٌ; cf. ann. *k*, ubi ex Cod. P dantur lectiones عُرْبَةٌ et عروبة), pl. عُرُوبٌ et عَرَبَاتٌ, appellantur *molae natantes* in Tigride, quas describit H ١۴v, 15—18 et quae intelligendae sunt in definitione infelici *Kâmûsi*, quam iteraverunt TA et *Mohît*: العَرَبَات سفن

رواكد كانت فى دجلة. Vid. Jacût, III, ٩٣٢, 20 seq., Kazwînî, II, ٣٠٩, 17 et ٣٦٦, 12, ubi vero legitur الغربة, Ibno 'l-Athîr, VIII, ١٦٢, 3 a f., Khafâdjî ١٥٩; Abu 'l-Kâsim l. c. f. 34 v. farinam optimam appellat طحين العُروب ابيض. In *Mafâtîh al-Olûm* f. 24 r. memoratur pl. عُرْب. Dicit auctor عُرْب جمعها وسفينة فى تُنصب طاحونة العَرَبَة. In fluvio Cyro ad urbem Tiflîs eiusmodi molae erant, H ١٤٨ *a*, ٢٤٢, 14 seq., Jacût, I, ٨٥٧, 19, ubi l. عروب. Idem Kazwînî II, ٣٦٦, 10 seqq., de urbe Hispanica Tortosa narrat, ubi pro الغارب et الغوارب videtur legendum القارب et القوارب. — صبغ العربى vid. sub صبغ.

عرج V, *inflexus, tortuosus fuit* de fluvio, I ١٢٠, 4, M ٢٠ *k*, de via, M ٩٣, 11. — VII, de fluvio c. الى *inflexus fuit versus*, I ٢٠٨ *l*. — تَعْرِيج, pl. تَعَارِيج, *curvatura, tortus*, de via per mare, I ٩ *o*. — مَعْرَج, pl. مَعَارِج, *anfractus, inflectus*, M ١١, 7 et fort. ٤٨٨, 11, ubi tamen quoque *ascensus* esse potest.

عرداس, nomen navigii, M ٣١, 15.

عرس. عَرُوس, idem piscis qui appellatur شَرْب (q. v.), *sparus*, H ١٠٣, 9. — العَرُوسى, species dactylorum in provincia Basrae, M ١٣ *p*, Abu 'l-Kâsim l. l. sub ابراهيمى. — العَرُوسِيَّة appellantur Hanafitae in urbe Sarakhs, M ٣٣٦, 10.

عرص. عَرْصَة est *area* utroque sensu i. e. sive solum aedificii et hinc *spatium soli quod occupat* aedificium s. urbs, i. e. *ambitus, circuitus*, I ٧٠, 3 a f. de insula, ٩٧ *d* (ubi in textu عرص ut ٣٢٨, 6, coll. H ٣٨٤, 6 et ann.), ١٩٩, 2, ٢٠٢, 10, ٢٠٧, 5, ٢٥٤, 11, H ٣٩١, 9, ٣٩٥, 13, ٣١٠, 12; sive locus apertus inter aedificia, et hinc *forum, campus* (idem quod ميدان Vullers), H ١١٨, 3. Quicumque hic pecora cet. venum exponere volebat, certam summam pecuniae solvere debebat redemptori, H ١٤٢ ult. (quem locum sic intelligo quasi scriptum esset وارتفاع العرصات التى القوانين ﷺ), ١٤٣, 6, ١٤٩, 11.

عرض I, *inventus fuit, exstitit, iacuit*, ut اعترض (Lane sub تعرّض »it presented itself"), I ٢٩, 12 de insulis in mari (ubi C, D et L يعترض),

۳۴, 2 (ubi iterum C et D يعترض, ut quoque l. 12 legitur), ۳۷۱, 9, ١٥٩, 4, ۲۲۷ ult. — VIII, *largus factus est*, de fluvio aut mari ut عَرُضَ, I ۳۱ *h*, H ١٠٢, 6, ubi I ٥٢, 4 et Edrîsî ١۴۳ عرض. — عِرْضٌ. فى أَعْرَاضِ saepe fere idem significat quod فى اضعاف et فى اثناء, *in*, *inter*, I ۴, 14, ۸, 9, ۳٦, 8, ۲۲۸, 8, ۲۷۴, 13 (ubi Vers. Pers. در ميان, Abulfeda ۴۴۴ فى اثنائها), ۳۹٦, 2 (= M ۲۷۰, 4), H ۹, 21, ۳۳, 8, ۷۲, 6, ۳۲٥, 7. — عِرَاضٌ. فى العراض, *ex transverso*, ut videtur, M ١١, 15 de navigatione in sinu Arabico, ۳٥۸, 12 de directione fluvii. — عَرُوضٌ, subst. *compar*, *similis*, M ۳۰۲ *d* هذه المسئلة Lane ex TA — ع. عروض تاهرت من البلدان ونظير دمشق الشام هذه عروض. — عَارِضَةٌ, *ora metallea superior modii*, M ۲۴۰, 6 et 7.

عرف VI, de plur. *agnoverunt*, M ١٨٢, 16 »festa Christiana, quae Moslimi agnoscunt"; — تعارف النّاسُ ان, *ex usu hominum est*, *solent dicere*, M ۲٦٠, 20. Hinc مُتَعَارَفٌ est *usu receptus*, *usitatus*, M ١٥٢, 13, ۲٦٠, 15 et 16, ۳١٠, 12, vid. Dozy; et تعارُفٌ idem quod عُرْفٌ, *usus generalis*, M ۹ *l*, ۳۳, 9, ١١٥, 10, ١٥٥, 5, ۲۲۸, 9, ۲۷۲, 9, ۳١٠, 9. Cf. Dozy.

عرق V, *mores Iracanos habuit*, M ۳١١, 15, coll. ۳١۲, 1. — عِرْقٌ, pl. عُرُوقٌ, *vena* in geologia, H ۳۰, 8 (عرق الرمل), Jacût, I, ٥۲۸, 18, ٥۲۹, 3, ۷۴۳ ult., ۷۴۴, 1 seqq., IV, ١٠١۲, 18, Gloss. Edrîsî. — عِرَاقِيٌّ, epitheton vasorum fictilium et vitreorum, quae ex Irâco exportabantur, H ۴۹ ult., Ibn Batûta, III, 8, Dozy, Gloss. Esp. ar., p. 87 et 287 seq. Ibn Djobair ۸١, 3 a f. loquitur de vitreo Iracano fenestrarum.

عرك. مَعْرَكٌ. Inter loca sancta Syriae appellatur quoque M ١٥١, 10 معرك يحيى, fort. *locus piscandi Johannis*.

عرم II, *acervavit*, *accumulavit* grana, M ٦۴ *k* (p. ٦٥ ann. l. 1 et 2). Dozy ex Vocab. — عَرَمَةٌ, *acervus* frumenti, habet quoque pl. عِرَامٌ, M ٦۴ *k* (p. ٦٥ ann. l. 3 seq.), ۲١۲, 15 seqq.

عرى عَرَاةٌ, pl. عَرًى, *scopulus* in mari, M ١۲, 1—6, quos I ۳۰, 3 vocat montes aqua tectos, Edrîsî l. in traductione Jaubert I, 331, 4 seqq.

وفيه جبال عادية فوق الماء وفيه تروش وقالات ظاهرة ومخفية, in quo loco pro عادية leg. عارية, ut patet e loco apud Jaubert, I, 134, 8 وهذا البحر كثير القالات والتروش والجبال الناتئة. — عارٍ, *manifestus*, *evidens*, M ٣٥٩ ult.; cf. apud Lane الحقّ عارٍ.

عز. عَزِيزٌ, *rarus* (I ٤٢, 8 ut عزيز الوجود M ٢٤٠, 18), et hinc *carus* pretii = غالٍ, M ٢٠٠, 3 (Dozy: *cher*). — عزيزىّ in verbis M ٣١٠, 1 وثمّ عدل حقيقىّ ونظر عزيزىّ fortasse derivandum est ab عمر بن عبد العزيز.

عزب V dicitur quoque de tribubus qui longe ab urbibus *in medio deserto habitant*, H ٧١, 6 et 20, ٧٢, 5.

عزل. مَعْزِلٌ. Pro فى معزل (I ٩٣, 7, M ٤٩٤, 11) et بمعزل (M ٢٧٤, 2, ٣٦٩, 11) de quibus vid. Lane et Gloss. Moslim, dîcitur quoque على معزل, M ٢٧٤ *c*, ٢٨٩, 12. Dicitur quoque انحاز الرجال والنساء الى معزل »viri et mulieres discedunt in duos locos separatos". — المُعْتَزِلَةُ memorantur H ٩٩, 4 seq., M ٣٧, 6, 11, 20, ٣٨, 9, 11, 13, ٤١, 6, ٩٩, 5, ١٣٩, 6, ١٤٢, 11, ١٧٩, 18, ٢٠٢, 17, ٢٣٩, 11, ٢٣٨, 5, ٣٢٣, 6, ٤١٠, 4, ٤١٤, 18, ٤١٥, 3, ٤٣٨, 8, ٤٣٩, 13, ٤٩٤, 8, ٤٩٩ *b*, ٤٨١, 10.

عسل. العَسَل القطرِ vid. sub قطر; — شراب العَسَل vid. sub شراب. — عَسَلِىٌّ, *mellis colorem habens*, *flavus*, M ١٢٨, 17; vid. Dozy.

عسا. عاسٍ, *durus* de carnibus (*coriace*), ut syn. جاسٍ, M ١٥٧, 6, ٣٩١, 9, Bocthor apud Dozy.

عشب. Genus piscium aestimatissimum est in fluvio Armeniaco Cyro, cuius nomen edidi عشوبة apud I ١٨٣, 6, H ٢٤١, 10, قسبوية apud M ٣٧٣, ult., ٣٨٠, 9. Lectio nimirum est incertissima. Vid. var. l. l. apud I ١٨٣ *h*, quibus adde L السب, H ٢٤١ *f*, M ٣٧٣ *t*. Forte cogitandum de عشبور (عشبورة), *dentale*, apud Dozy.

عشر. عُشْرٌ. In Maghrib hoc nomine speciatim illud tributum designari videtur, quod de fructibus et frugibus solvendum erat, H ٤٤, 13, ٥٢, 20, ٦٩, 13, ٧٧, 13; cf. mea *Descriptio al-Magribi*, p. 36 seq. — عُشْرِىٌّ epitheton navium, de quibus *decuma* solvi debet, H ٢٠, 5.

عصد. عَصِيدَةٌ habet pl. عصائد, M ۴۴, 7, Dozy. Loco mellis saepe dactyli dulcissimi huic cibo coquendo adhibebantur, M ۴۹۸ *m*, ۴۷۰, 10.

عصر X, *paravit* saccharum e canna, I ۹۱ *h*. — مَعْصَرَةٌ, pl. مَعَاصِر, *torcular* (*pressoir*, *moulin* surtout *moulin à huile* ou *à sucre* Dozy), H ۹۳, 1 et 3, M ۲۲۷, 11, ۲۸۴, 16, Jacût, I, ۹۹, 18, ۹۵۲, 10, ۷۸۲, 1, ۸۴۵, 11. — المَعْصُو, quod inter producta praecipua Damasci memoratur M ۱۸۱, 1, videtur esse idem quod عَصِيرٌ, *oleum olivarum* (Dozy) aut certa eius species.

عصلون. مشمش العصلونىّ, species mali Persici quae in Naisâbûr crescit, M ۷, 3.

عصم. عنب العاصمىّ, species exquisita uvarum in Palaestina, M ۱۸۱, 12, *Mohît* apud Dozy.

عضّ. يَعْضُوضٌ, species dactylorum in provincia Basrae, M ۱۳۰ *p*. Fortasse legendum est تَعْضُوضٌ, quo nomine appellatur praestans species dactylorum in Bahrain, vid. Lane. In traditione occurrit, *Faîk*, I, 503, II, 375, sed quoque ibi in commentario forma nostra non memoratur. Docet autem Zamakhscharî pluralem esse تعضوضاء et nomen derivari ab عضّ, quoniam فيها تظفير اى اساريع وتحزيز وكانّ ذلك شبه بآثار العضّ.

عطب I, *fracta est* navis, M ۱۲, 8; Dozy: *faire naufrage*. — IV causative, *fecit* scopulus *ut navis frangeretur*, M ۱۲, 6 (= II apud Dozy). — عَطَبٌ, *naufragium*, M ۱۲, 11, Dozy.

عطف VII c. على, *flexit locum* (= I et V), I ۴۸, 13 (l. 8 يعطف. Cod. B يتعطف), ۱۷۰, 10 (ubi var. l. يعطف). — عَطْفٌ, pl. عطوف, *sinus*, *flexura* maris et fluvii (Lane: *a bending*), I ۳۳, 3 et 12, H ۳۹, 8, Jacût, I, ۳۷۷, 16, III, ۷۴, 22, Gloss. Edrîsî et Belâdh. — Eodem sensu etiam saepe occurrit مَعْطَفٌ, pl. مَعَاطِف, I ۹, 13, ۳۲, 3, H ۱۱, 20, ۳۷, 18; *anfractus* montis, I ۲۲۸, 15, H ۲۸۸, 18, vallis, Jacût, I, ۸۵۱, 18 cet. — عَطِيفٌ, *benignus*, M ۳۱۱ *g* دعوة مؤمن عطيفة; cf. supra sub دعوة; *prosper* de foro, M ۳۹۰, 3.

عطل II الجامع, sensu *mettre hors de service* (Dozy), M ۳۱۱ *s*, ۳۹۵, 6. —

V, effectivum formae 2dae, *in usu esse desiit* de via, I ۲۸, 2; *neglectus est* de fodina, I ۲۹۹, 3; *desertus est* de castello, de urbe, I ۱۱۷, 9, ۲۴۲, 13 (cf. Ibn Doraid in *Djamhara* وعطّل القومُ منزلَهم تعطيلًا اذا ارتحلوا عنه et عُطِّلَ apud Lane); *irritus factus est* de satione, M ۲۱۳, 1, Fleischer apud Dozy. — عَطِلٌ (aut عُطُلٌ), *incultus* (*en friche*), M ۲۹۷, 1.

عطا. العَطَائيّة, nomen sectae, M ۳۷, 8.

عظم II دينَه, *celebravit cultum suum*, I ۹۰, 4 et 7, H ۱۱۵, 5 et 8. — عَظِيمٌ, *multus* = كثير, H ۳۲۳, 5 ويرتفع من بشين ارزٌ عظيم; — *superbus*, malo sensu, H ۸۴, 21.

عفّ III, c. acc., *abstinuit re*, H ۱۳۷, 17.

عفط. Compar. أَعْفَطُ, M ۳۴, 16.

عفن. Adiectivum عَفِنٌ saepe de loco immundo, male olenti adhibetur, M ۱۱۸, 6, ۲۰۰, 1, ۲۰۲, 14, ۳۰۵, 17, ۳۱۵, 15, Mas'ûdî II, 320 et sic substantivum عَفَنٌ M ۲۸۰, 3.

عقّ. عَقِيقِيٌّ, adi. relat. ab عقيق, M ۱۵۸, 1.

عقد I, c. على p., acc. r., *mandavit*, *faciendum imposuit*, ut in verbis M ۲۱۳, 6 ولا ان تباع (الثيابُ) الّا على يد سماسرة قد عُقِدت عليهم »neque licet eos (pannos) vendere nisi per proxenetas, *quibus id contractu mandatum est.* — VII sensu *congelari*, *inspissari* cet. (vid. Dozy) dicitur de sale, I ۱۲۲, 8 وينعقد فيها ملح (*se cristalliser*), et de aqua salsa, H ۱۹۳, 9 وماؤها ملح ينعقد ملحًا. Eodem sensu جمد occurrit I ۱۵۵, 10. — *Accumulari*, sensu proprio de arenis (M ۱۸۹, 7, ۱۹۵ *h*) vid. Lane, tropice de pecunia dicitur, H ۱۰۸, 4. Eodem sensu عَقَدَ apud Makrîzî, I, ۹۹, 10. — VIII, *instruxit*, *ornavit* re (ب), *suppeditavit*, H ۲۴۲ *f* يعتقده (الجامعَ) الملكُ بالشمع والقناديل وما يحتاج اليه. — عَقْدٌ, pl. عقود, vid. sub طرح. — العِقْدَانيّة appellabantur apud Karmathos senatores qui potestatem ligandi et solvendi habebant, ut explicat Ibn Khaldûn. Vid. H ۲۲, 17 et cf. *Mémoire sur les Carmathes du Bahrain*, p. 58. — مَعْقَدٌ, pl. مَعَاقِدُ,

in archit. *clef de voûte* (de Slane apud Dozy), H ١١٥, 12 ومعاقد رؤوس اساطينه, ut quoque recepi I ٦٠, 11 ubi duo Codd. وقواعد, ceteri tantum ورؤوس ut M ١٥٧, 15. — مُتَعَقِّد, *difficilis intellectu* de sermone, I ١٩٢ Add.

عقص II, *intricavit*, M ٤٨٧ *e*, ubi legi معقّصة الاعمال »ditiones intricatae sunt" i. e. fines ditionum incerti sunt, non certum est ubi haec desinit, illa incipit.

عقل I. Bis restitui apud M ١٥٩, 6 et ٣٩٩, 11 لا تعقل »non intelligis" pro Codicis lectione لا تفعل. — مَعْقِلِىّ, nota species dactylorum in provincia Basrae, M ١٢٨, 16, ١٣٠ *p*, ٤١٧ *c*, ٤٧٠, 12.

عقم. عَقْم, *curvatura*, *flexus*, H ٣٨, 18 (= عطف apud I ٣٣). Est aut e sermone Aramaïco (עקם, *torsit*, *flexit*, *curvavit*) mutuatum, aut litteris ب et م permutatis pro عَقْب (*extremitas*). — مُلْكٌ عَقِيمٌ, *regnum tyrannicum* in quo sola regis voluntas valet, H ١٠٠, 3.

عكب. عَكُّوب, species cardui edulis, quae inter optima producta Palaestinae et Persidis memoratur, M ١٨١, 9, ٤٢٠, 12. Vid. Dozy.

علج VI, c. ب, *uti aliqua re tanquam remedio*, I ٥٠ paen., H ٩٨, 17 et hinc apud Edrîsî (vid. Gloss.). Cf. Jacût, II, ٦٤١, 8 من كانت له خنازير قصد هذا الموضع للتعالج, *ut sibi medeatur*, *remedii causa*.

علق. عِلْق, pl. عُلُوق, proprie *deliciae domini* (Ibno 'l-A'râbî apud Nawâwî: سمّى علقًا لانه علق به لحبّه ايّاه يقال ذلك لكلّ ما احبّه), eandem significationem accepit quam أَمْرَد, M ٢١٩, 6, Jacût, I, ٦٩٣, 13, ٧٥٨, 7. Hinc deinde convicium factum est (Dozy: *vaurien*), ut in versu apud Khafâdjî ١٨٢: وقحبة اذا رأى جمالها العلق ساجد. — عَلَقَة apud M ٣٩٧, 9 وبحلقه علقة, ubi Abu No'aim العلق, accipiendum est solito sensu *sanguisugae*, quae interdum simul cum aqua sorbetur et in gutture haeret, vid. Jacût, IV, ٢٩٢, 2, coll. cum Kazw. II, ١٦٥, 18, ubi post العلق additur من الحيوانات, Aghânî, XIII, ١٢٢, 6 a f., Ibno 's-Schihna f. 51 v., Kazw. II, ٣٦٩, 18 seqq.

علك VII, *indurescere* de dulciariis, M ٢٠٤, 8. — عَلِك, *tenax*, de luto egregio, M ۳۱٥, 1 (تربة علكة), ۴٦٥, 14, Jacût, I, ٦۳٦ paen.; cf. Lane. — عَلَاكَة, *tenacitas* luti, M ۳۱۱, 8.

علم. عَلَامَة, *subscriptio documenti publici* (Dozy), hinc *syngraphus*, H ۱۳٥, 7 لا تعبر عليها سفن البحر الّا باذن وعلامة كالمرصد. — مُعْلَم de veste est *acu pictus* generali sensu, opp. ساذج, I ۱٥۳, 13, H ۲۱۳, 20, M ۳٦۷, 4 (vid. Lane), sed quoque genus speciale panni acu picti, opp. مطرّز, Jacût, II, ٦٠۳, 14. — مُعَلِّم, propr. *magister*, titulus eunuchi, M ۳۱, 7, ۲۴۲, 13. In Djordjân ita appellabatur العالِم i. e. doctus, spec. theologiae et iurisprudentiae doctor, M ۳٦۹, 4 et *e.*

علا. عَلَى. ارحيتهم على الدوابّ, *molae eorum vertuntur ope iumentorum*, I ۲۷۳, 2 seq., H ۳۲۴, 3, ut dicitur الارض سقيت على اعناق البقر, Makrîzî, I, ۲۴۸ med., ۲۴۹, 4. — *Prope*, *ad*, المفازة على سياه كوه, I ۸, 7, coll. ann. *g.* — ما هو (كان) عليه وبه, *externa et interna conditio eius*, H ۱۳۴, 2, ۲۳۸, 5. — عَلَوِيَّة, moneta in Jemen usitata, quarta pars dirhemi, M ۹۹, 12, ۱٠٥, 4.

عمد. عُمْدَة. عُمَدُ ممالك الارض, *praecipua regna*, I ۴, 3, H ۹, 11. — عَمُود, *pars praecipua rei* (vid. Dozy), hinc عمود النهر I ٥۹ paen., ۸۱, ۲۲۲, ۲۹۹, ۳۱٠, Gloss. Edrîsî, Belâdhorî ۲۹۲, Jacût, I, ۱۱۳; عمود الجبل I ۳۱۳, 1. — مُعْتَمَد, adiect. *fidus*, ۴۲۹, 8 = ثقة I ۱٥٥ *c.*

عمر V, *culta evasit* regio ope (على) fluvii, I ۷۸, 1 (فيتعمّر عليه (على دجيل قطعة كبيرة من سواد بغداد. Vocabulista apud Dozy. — VII quasi-passiv. ab I, H ۱٥۲ ann. l. 13, Jacût, IV, ۲۲, 17, ۴۹۷, 19, Ibno 'l-Athîr, I, ۱۸۹, 11. — عَمْرِى (vocalis ex *Kam.*), species dactylorum in provincia Basrae, M ۱۳٠ *p*, Abu 'l-Kâsim supra sub ابراهيمى. — Epitheton pruni, vid. sub اجاص. — عَمَّارِيَّة, species pilenti camelini, secundum Faiyûmî in *Miçbâh* et Makrîzî, I, ۴۴۹, 6 a f. (ubi male الكخاوات, vid. Juynboll ad Abu 'l-Mahâsin, II, ۴٥۲ ann. 2), eadem quae Persice كجاوه dicitur. Nawâwî in *Tahdhîb* dicit: ع بفتح العين قال ابن البرزى رحمه ثم ابن باطيش

فى شرحهما الفاظ المهذب هى بفتح العين وتشديد الميم وفتحهما (sic) وذكرها غيرها بتخفيف الميم وهو مركب صغير على هيئة مهد الصبىّ او قريبة من صورته ولعلها ماخوذة من العمارة بفتح العين وتخفيف الميم وهى كل شىء جعلته على راسك من عمامة او قلنسوة او تاج او غير ذلك ذكره الازهرى والجوهرى قال فيه عمارة بالهاء والازهرى قال عمار بغير هاء. Pro pronuntiatione cum *teschdîd* facit versus, quem laudat Dozy ex Makkarîo, et qui quoque exstat apud Jaçût, IV, ٩٩٨, 1. Secundum M ١٣٤, 3 maius est quam pilentae quae محمل et كنيسة vocantur. Formam pyramidalem habuisse patet e comparatione I ٥١, 13, M ٢١٠, 4 et 11, et in versu supra laudato. Locis apud Dozy addi possunt: Arîb Ms. Goth. f. 40 r. وبعث بطاهر واخويه ومضى للحسين مصعدًا ومعه الى السلطان فأُدخلوا فى عماريّات مكشوفة, f. 81 r. جماعة من الاكراد والاعراب وعشر عماريّات فيها حرمه, Aghânî, XVIII, ١٨٠, 20 فعادلتُه فى العماريّة من مرو الى الرىّ, Jacût, II, ٨٩٧, 12 فى الحرم, العماريات على الجمازات, unde patet singulari quoque significari duplex pilentum, ٨٩٨, 3 فاخرج راسه من العماريّة, Kazwînî II, ٢٧٦, 6 a f.; Vullers habet عَمارى.

عمل I c. acc., *coluit* palmas, M ٣٥٤, 3, ٣٦٥, 7, Lane sub عَمَلٌ. — *Excoluit*, *polivit*, H ٣٢, 1 (= حكّ I ٢٥, 2) et hinc Edrîsî Clim. II, Sect. 6 فتعمل هذه الاحجار فاذا عملت وصقلت ظهر حسنها وصفا جوهرها, Dozy: *travailler;* — c. فى, *laboravit in re*, *operam dedit rei*, I ١٧, 14, H ٢٥, 12 قد عملت فى قد عمل فيها بعض الولاة فاستتمّ فى ايام المقتدر, M ٢٥٥, 1 السياحة, Jacût, III, ٣١, 6 يعملون فى البحر, *navigationi incumbunt;* — c. على, *intendit*, *sibi proposuit*, H ٥, 20, ٢٨٣ ult., Dozy. — IV intrans. (subintellecto طريقًا), propr. *viam aperivit*, *fecit* (de Sacy apud Dozy), hinc *penetravit*, H ١٠٤, 2. — X, *fabricavit*, *fabricari iussit*, H ١٠٥, 8. — عَمَلٌ, pl. أَعْمَالٌ, *fabrica*, H ٤٩, 7; — *res fabricata* (opp. متاع merces advectae), H ١٠٥, 6, Dozy. — عَمَلِيَّةٌ, nomen orthodoxorum (ut vid.) in urbe Herât, M ٣٣٦, 11. — مَعْمُولٌ, *res fabricata* (Gloss. Edrîsî), spec. de rebus arte et eleganter confectis, habet pl. معمولات, M ١٨٠ ult.

عَنْ. Dicitur عن خمسين فرسخًا من عمان, *distantiâ quinquaginta parasangarum ab Oman*, H ٧, 14, عن قرب مسافة ما بين العدوتين, *minimo intervallo intercedente inter duas ripas*, H ٧٣, 10. — Eandem significationem habet quod Anglicum *off* (*ex adverso, e regione*) e. g. M ١٢, 5 ثم عن جزيرة الصلاب مضيق »deinde ex adverso insulae aç-Çilâb sunt angustiae", Mas'ûdî, I, 263 paen. الجبل الاقرع عن اعمال انطاكية »e regione agri Antiocheni". Cf. quoque Ibn Batûta, IV, 137 لا ينزل احد عن المرسى الّا باذنهم. — *E ratione* in hac phrasi عن صرف سبعة عشر بدينار, *ea ratione ut septemdecim drachmae valeant denarium*, H ٧٤, 4.

عنب. وَقْتُ العِنَبِ, *tempus vindemiae*, opp. وقت المطر, M ٤٢٥, 11.

عَنْزَرُوتٌ, ut apud Plinium *sarcocolla*, tum gummi, tum plantam designat, M ٤٢٠, 10, ٤٤٣, 9 et *s.* Plerumque scribitur انزروت e. g. Ibn Djazla انزروت هو صمغ شجرة — بجبال فارس واللورجان. Cf. Polak, II, 285.

عنف. عَنَافَةٌ, propr. n. act., *durities*, *violentia*, M ٢٤٣ *p*, ubi in textu غشامة.

عنق. عُنُقٌ, pl. اعناقٌ, de fructibus e genere cucurbitarum et pomarum, explicatum est in Gloss. Edrîsî. Dicitur سفرجل باعناق H ٥٢, 11, *Journ. asiat.*, XV, 1, p. 121, et سفرجل مُعَنَّقٌ, H ٥٢, 22, ٦٠, 5, ٦٤, 12. Hinc مُعَنَّقَةٌ est *malum cydonium*, M ٧, 1, ١٩٩, 5, ١٨١, 3, 8 et ann. *f.* — Dicitur خرج الناس اليهم عنقًا واحدًا, M ٢٤٤ *b*.

عنى II, de medicamento cathartico, *movit*, *sollicitavit* alvum, M ٤٤٤, 3 et 4 (*teschdîd* in Cod. B). — V c. الى, *difficile iter suscepit*, M ٢٢٩, 12.

عهد V, *curavit* aliquem: تحت ظلّه وتعهّده, *sub umbra et in tutela eius*, M ٣١٤ *b*, Gloss. Fragm. apud Dozy. — VI idem: تحت كنفه وتعاهُده M ١٤٧, 14, ٣١٤, 3, فى اجراء وتعاهد, »in beneficiis et cura", M ١٤٨, 1, ٣٩١ *e*. — C. acc. p. et ب r., *misit constanter aliquid alicui*, H ٢٧٩, 21, Dozy.

عوج. عَاجِيٌّ, *qui ebur tractat venditve*, I ١٧٤, 3, H ٢٢٩, 2.

عود I c. الى, *pertinuit ad*, I ٢ ult. (H ٤, 14 pro يعود habet يفرد).

عور IV. Dicitur لم يُعِرْنى لحظًا, *obtutu me non dignatus est*, H ٢٠٦, 14. — VI. Notanda phrasis تعاورتنى الاسفارُ, H ٦, 1.

عوق. مَعُوقَةٌ, *impedimentum*, *praeclusio* viatorum, H ١٤٩, 7.

عول. عِيَالٌ. M ١٩٣, 8 dicit »Hidjâz cum incolis est عيال Aegypti" i. e. inde victum exspectare debet. — Pl. عِيَالَاتٌ H ٢٤٨, 4. — مُعَوِّلٌ. وعليها (على عين زياد) معوِّلُهم فى شربهم, *haec fons áquam iis suppeditat*, H ٦١, 6. Dozy. — مِعْوَلٌ, sensu quem habet Lane »a pickaxe" = فأس, M ٣١, 12, Jacût, II, ١٧٢, 10; instrumentum lapicidae, M ٤٤٠, 5 et 6.

عون. مَعُونَةٌ, pl. مَعَاوِنُ, *tributum*, H ٥٩, 6 et fortasse ٥١, 2 seq. — مَعُونَةٌ et quoque plur. مَعَاوِنُ, *disciplina publica*, Arîb, Ms. Goth. f. 80 r. وكان يتقلّد له معونة واسط, f. 82 r. وفى هذه السنة قلّد ورقاء بن محمد معونة الكوفة, f. 156 r. فقلّد ابا العباس بن كيغلغ معاون همذان ونهاوند, f. 168 r. وكان يلى المعاون بديار مصر. *Magistratus* cui cura eius mandata est, appellatur صاحب مَعُونَةٍ s. والٍ, I ٢٦٢, 1, H ٩٣, 13, ٩٤, 1, ١٦٦, 18, ٣٠٧, 12, ٣٠٩, 13, ٣١٥, 16, ٣٤٢, 11, ٣٤٣, 11, Jacût, II, ٧٩٦, 1. Pl. est اصحاب معاون, H ٣٠٩, 16, Arîb f. 40 v. Dicitur quoque عامل المعونة, H ٣٤٢, 13 et صاحب المعاون, Arîb f. 4 v. Vid. porro Dozy.

عيب I c. على p., *vituperavit*, M ١٠٠, 1.

عير. عَيَارَةٌ, *improbitas*, conditio hominis qui عيّار appellatur, H ٢٣٧, 16.

عيش. مَعِيشَةٌ, pl. معايش, *taberna mercatoria*, M ٢٠٤, 1, Gloss. Edrîsî', *Journ. asiat.* 1860, II, 138, Nowairî Ms. 19 *b*, f. 11 v. Hinc ارباب المعايش, *tabernarii*, Nowairî ib. f. 2 v., 3 r., 11 r.

عين. عين, nomen piscis in Tigride, M ١٣٠ *p*; fortasse legendum عير q. v. apud Dozy. — عُيُونٌ, M ١٦٢, 4, videtur esse *prunae* (vid. Lane et Dozy). — Interdum, ut docet Dozy, عين cum alio nomine coniunctum quodammodo superlativum exprimit, sic M ٣٦١, 16 وهو اذا خصّك عين الفاسق »si vero te ut amicum intimum tractat, tum inprimis scelestissimus est". — عينونى vid. sub زبيب. — معين. Non intelligo locum H ٢۴., 3 لم تزل معين السلطان من الاعتراضات سليمة, fortasse corruptum.

غتم. أغْتَمُ (pl. a غُتْمى, vid. Lane ex TA et Jacût, II, ٣۴٢, 2), *moribus barbari*, H ٨٥, 2 et sic restituas Mas'ûdî VI, 449, 4 pro الاغنام et Hamza ٢١٧, 12 in verbis عند اغتام عرب الشام et 3 a f. — أغْتَمُ compar., M ٣٣ *i*.

غثّ. غَثّ, pl. غِثَاث, *vilis*, *pravus*, H ٨٥, 2, Voc. apud Dozy, Jacût, III, ٧٧٥, 15 والغثّ الردىّ من كلّ شىء.

غدر III c. من, *differre a*, I ۴٢, 7, ٦۴, 11, H ١٢۴, 7 et 12. Dozy.

غرّ VIII, *periculo et exitio expositus fuit*, M ١٢, 1. Cf. Diwân Hodh. f. 40 r. من يغترّ بالحرب العذوم, *qui belli crudelis victima factus est*. — غُرّ, *herba inutilis*, M ١٨٨, 8. Videtur esse collectivum vocis غرّاء (q. v. apud Dozy: *gingidium*, *fenouil sauvage*, *persil sauvage*), nisi quod haec planta potius in valle crescit. — غِرَارَة, mensura in Damasco, quae kafîzum Palaestinensem unum et dimidium continebat, M ١٨١, 19, i. e. 12 كيلجة, ut quoque docent *Mohît*, ubi 12 كيل, et Berggren p. 561, ubi 12 شنبل. Vid. quoque Mehren, *Syrien og Palaestina*, p. 44 et Dozy. — اغرّ. Dicitur quoque مدينة غرّاء, *urbs illustris*, I ٣٥, 2, Jacût, II, ۴.۴, 13. — مغارّات (?), *loca periculosa*, M ٢ *a*.

غرب. مَغْرِبىّ, epitheton coactorum, اللبود المغربيّة, I ۴٥ paen., H ٧٩, 1, palliorum, الاكسية المغاربة, H ۴۴, 16, 1 coriorum الانطاع المغربية, Abu 'l-Kâsim l. l. f. 32 r.

غرس. غَرْس, pl. غُروس, *ager consitus*, *hortus*, I ٢٦٣, 1. Dozy.

غرق I, *immersus est*, *penetravit* de pede in terram, M ١٣, 13, syn. غمس et غاص vid. ann. *q*. Dozy. — V, *profusus fuit* in re, H ١٩ *i* (?).

غرانى, species dactylorum in provincia Basrae, M ١٣. *p*.

غرنق. مُغَرْنَق, epitheton falconis, H ٣٣٧, 14, incertae significationis, licet videatur referendum ad colorem. Nam غرنوق adeo specialiter *albi coloris* avem denotat, ut pro corroboratione adiectivi ابيض adhiberi possit.

Sic nempe ad verba traditionis, *Fâik*, II, 222 طائر ابيض غُرْنُوق كانه قُبْطيّة explicat Zamakhscharî: لمّا كانت اللفظة دالّة على معنى البياض أُكّد بها الابيض.

غزر V = I de aqua, H ٣٩٢ *o.* — غَزِير, *multus*, de tribubus, H ٤٥, 14.

غسل V, *se lavit*, M ١٨٥ *k.*

غشّ. أَغَشّ compar., M ٣٣, 10.

غشك secundum M ٣٠٤, 4 in urbe Ghaznîn appellatur species tessellarum, quibus teguntur parietes ligneae domorum.

غسم. غَشَامَة, *ruditas morum*, qualitas eius qui غشيم (*agrestis*, *incultus*) appellatur, M ٢٤٣, 14.

غصّ VII = I et VIII. Dicitur مدينة منغصّة بالخلق, H ٢٣٨ *l*, ٢٤٠ *i*, ut غاصّة et مغتصّة (*Asâs*).

غضر. غَضَار, *fictilia*, collective, H ٤٩, 20, ٢١٥, 1, Gloss. Edrîsî et Dozy; n. unit. غَضَارَة, *scutella* minor quam جفنة, H ٢١٢, 14 = زبدية I ١٥٥ *h.* Pl. غَضَائِر, *fictilia*, Jacût, III, ٤٥٥, 18 (de fictilibus Sinensibus, *de la porcelaine*), IV, ١٥, 3 الغضائر القاشانىّ, Thaâlibî, *Latâif*, ٨٧ med. غضارة من غضائر الخزف الاحمر فبخّر الموضعَ بها. (Minus recte ibi editum est غِضَارة quae est forma vulgaris, vid. *Morgenl. Forsch.* 148, 3), ١٢٧, 5 a f. (de fictilibus Sinensibus), Ibno 's-Schihna f. 29 r.: الغضائر الاوانى التى يؤكل فيها تكون من خزف وغيره. Soyûtî, *Mozhir*, ١٤٧ docet vocem esse novam (مولدة).

غطرف. درهم غِطْرِيفِىّ in Bokhâra usitatus, I ٣١٤, 12 seqq., H ٣٩٣, 13 seqq., M ٣٤٠, 4 seqq., *Mohît* apud Dozy. Secundum Narschakhî (apud Lerch, *Sur les monnaies des Boukhâr-khoudahs*, Vol. II des Travaux de la 3e session du Congrès international des Orientalistes) nomen habent a Ghitrîf, avunculo Hârûn ar-Raschîdi. Hinc Persicum قدرفى est ortum, vid. Vullers, ubi vero male explicatur, ut quoque apud Vámbéry, *Scetches*, 263.

غطى II dicitur de arboribus qui locum abscondunt, I ١٢٨, 9. — *Tecto texit*, I ٢٠, 8, H ٢٨, 4 ورايتُ هذه البئر مغطّاة قد بُنى عليها بيت Hinc المُغَطَّى appellatur *pars templi quae tecto obumbratur*, M ٨٢, 2, ١٣٨, 13, ١٥٨, 14 et 16, ١٦٥, 11, ١٨٢, 7 et 9.

غل. غَلَّة, *reditus locarii tabernarum in foro*, I ٢۴١, 11, ubi Abulfeda اجرة, Vers. Pers. حاصل, H ٢٩٨, 14, cf. Gloss. Belâdh., cuius exemplis adde: Jacût, IV, ٢٥۴, 19, ٢٨٧, 10. — In Gloss. Edrîsî dictum iam est vocem غلّة habere sensum largissimum ut Gallicum *récolte*. Addendum est quoque adhiberi ad significandam *fructuum perceptionem* e. g. Ms. 138, f. 114 v. وقت غلّة التين. Speciatim *fruges* designat, H ٥١٣, 7, ٣٠٢, 2, Jacût, III, ۴٩, 1, Dozy, Polak, *Persien*, II, 136 »Körnerfrüchte". Teste Brosset, Introduction sur l'Histoire de la Georgie, CLXXI, significat tributum de frugibus et haec videtur esse significatio apud Jakûbî ٣٨, 10. — *Ager cultus*, I ٣١٧, 2, H ٣٦٩, 11, Aghânî, XII, ١٩٩, 17, Gloss. Fragm. et Dozy. — الغَوَالّ, *fruges*, M ١٣٣, 9, ١٧۴, 2, ٣١٩ c. — مُسْتَغَلّ, pl. ات, generali sensu *id unde quis reditum accipit* (Gloss. Fragm.), M ٧۴, 6 ومستغلّاتهم الدور, hinc *praedium*, *aedes*, *taberna*, *forum*, *mola* (Gloss. Fragm.), I ١٥٧, 1, ١٥٨, 11, H ١۴٩, 12, ٢١٩, 6, ٢١٧, 15, Arîb, Ms. Goth. f. 26 r. ورُفع اليه ان للحوانيت والمستغلّات التى بناها المكتفى فى رحبة باب الطاق اضرّت بالضعفاء, f. 164 r. فامر بارتجاع ما كان اقطعه الناس من الاموال والضياع والمستغلّات. — *Reditus*, H ٣, ٢٠, 21, Jakûbî, ٣٨, 10, Jacût, III, ٨٢٨, 22, Gloss. Belâdh. et Dozy. Quoque de productis agriculturae, Jacût, I, ٢٠١, 12 السُّكَّر (var. l. مستغلّهم) واكثر مستغلّتهم, III, ٨٢٥, 12 قلّ ان يكون بها مزارع للمستغلّات. Vocabulista apud Dozy hoc sensu habet مستغِلّ, vereor an recte, nam sive derivetur a استغلّ فلان الضياعَ (quod quoque de administratore s. de redemptore dicitur e. g. Abû No'aim, Hist. Ispah., Ms. 568, f. 114 r. كان اليه استغلال وقوف الجامع, coll. f. 192 v. paen. متقبّل غلّة الجامع), sive a الارض تستغلّ كذا وكذا دينارًا, *terrae reditus est tot denarii*, Jacût, II, ٢٣٨, 14, semper nomen patiens est. Nomen agens مُسْتَغِلّ sive administratorem agri (cf. Lane sub مُغِلّ), sive agrum (ut مُغِلَّة) significare posset, exempla vero non habeo.

غلب. غَلَبَة spec. dicitur de *praeponderantia sectae* e. g. الغلبة ببغداد للحنابلة والشيعة, M ١٢٦, 5. Quod I ٩١ paen. construitur cum على, vitiosum esse videtur, L habet quoque لهم ut H ١٧٤, 6. Notandus est locus M ٣٢٣, 6 للمعتزلة بنيسابور ظهور بلا غلبة »Motazilitae in Naisabûro sunt, sed praeponderantiam non habent". B ibi legit غلابة, cuius formae alium exemplum non habeo. Interdum difficile est statuere utrum nomen abstractum, an plur. vocis غالب est, e. g. M ٤١, 11 cf. ann. *l.* Huius pluralis exemplum habes ٣٢٣, 7.

غلق VII, *obscurus fuit* sermo, Catal. L. B. III, 91, 4 a f., IV, 141, 1 (ut quoque تغلّق III, 68, 11, coll. V, 236), spec. de dialecto barbaro, M ٢٤٣, 6 لغتهم عربيّة غير انها منغلقة, ٢٥٩, 15 منها دريّة ومنها منغلقة, ٣٣٥, 9, ٣٦٨, 11, ٤٧١, 11. De indole hominis *pectus tectum* (Verschlossenheit), ut videtur, M ٢٨٥, 1, ubi tamen quoque conveniret *obstinatio*, quam significationem ex L habet Dozy. — X c. على, *viam praeclusit* استغلق بعضُ الانهار على بعض, H ١٦٢, 5, coll. I ٨٢, 2. — مُغْلَق est fort. collective *opus fabri claustrarii*, M ٩٨, 13.

غلا. غال dicitur quoque de tributo, M ٣٩١, 20, opp. رخيص, ib. 16. — *Zelotus* (vid. Lane), ut in شراة غالية M ٩٤, 4, شيعة غالية M ٣٩٥, 6, كرّاميّ غال Jacût, I, ٦٢٠, 21, الرافضيّة الغلاة ib. ٨٠٤, 21. Absolute الغُلاة s. الغالية plerumque significat Schî'itas zelotas, Freytag, Mas'ûdî, III, 265, Jacût, I, ١٢٠, 18, sed quoque ii qui Moâwiam eximie venerantur, M ١٣٩, 14. In *Mafâtîh al-Olûm* f. 10 v. seq. novem species الشيعة الغالية enumerantur, inter quas Ismaïlitae.

غمّ. غامّ, *obscurus, aëre et luce carens*, itaque *aestuosus* de templo, de platea, de xenodochio, M ١٢١, 12, ١٥٧, 7, ٢٨١, 8. — مُغْتَمّ est syn. vocis مغتصّ, *refertus*, ut notio suffocandi verbis غمّ et غصّ communis est, et dicitur الجامع مغتمّ بحَلَق الفقهاء, M ٢٠٥ *e*, eodem sensu quo مغتصّ quod e C recepi.

غمر. غَمْر, *palus*, I ٢٣٢, 6 (vers. Pers. مغاكى), H ٢٩٢, 4.

غنّ. أَغَنّ (compar.). In loco M ٤٢٥, 12 ولا ترى النساء فى بلد اغنّ

منهّى بها revera epitheton adhiberi videtur, ut dixit Fleischer (vid. Gloss. Moslim), »als Aeusserung der Coquetterie, des دلال".

غنم. غَنَمَةٌ, n. un. a غَنَمٌ, *ovis*, M ١٣٣, 19. Dozy.

غنى. أغْنَى compar., *ditior*, I ٣٤, 12, H ٤٠, 2.

غوث. مَغُوثَةٌ saepe est *locus unde suppetiae veniunt*, H ٩٧, 8, ١١٨, 10, ١١٩, 4, M ٩٢, 10, ١٩٩ *f*, ٣١٣ *d*, ٣١٩ *c*, ٤١١, 4, ٤٩٣, 5, Jacût, III, ٩٢٧, 14. Etiam *suppetiae* ipsae, H ١٤٩ *b*, M ٤٩٣, 12.

غور II, aquam *in terram descendere*, *terrâ absorberi fecit*, H ١٤٢, 3, Gloss. Fragm. — IV, c. acc. *rapuit*, *raptavit*, M ٣١٣ *d* أُغيِرَ لرئيسها الى الحسن الفقيه عشرة آلاف من الغنم والانعام فلم يكترث لذلك.

غوص I est synon. verbi غيض I sensu *absumitur arenis*, *perditur*, *defluit* flumen, Gloss. Edrîsî apud Dozy, M ٢٢ *c*, Jacût, I, ١٥, 13, IV, ٧٠١, 20.

غوغ. غاغَةٌ, *tumultus* (ut غوغاء), M ١٩٨, 1 et ann. *a*, Bocthor apud Dozy.

غيب II النحاس فى الحديد, *aes ferro induxit*, *aere texit ferrum*, M ٣٦٣, 12, cf. 15.

غير II. تغيير الالوان, *pallor*, I ١٣٧, 8, H ٢٠٤ ult. — غُيَّرٌ seq. Genit. saepissime significat *plures* e. g. H ٢٦٤, 3 غيرُ رئيسٍ, quem locum Hamaker et Uylenbroek non intellexerunt, quippe jubentes scribere غَيْرَةُ رئيسٍ (vid. Annot. p. 106). Alterum exemplum est ٣١٣, 10 »et vidi ibi plura crystalla impuri coloris". Exemplum apud Mobarrad est ٥٨٠, 16, apud Jacût I, ٢٦٥, 4. — غَيْرَ ان, *sed*, I ٩, 2, ١١, 4, H ١٣, 5 cet. Gloss. Edrîsî.

غيض I de flumine saepe est synon. verbi فيض I, *se iecit*, *influxit*, *fluxit*, I ٣٠٨, 3 et 10, H ٣٥٨, 1 et 2, M ٢٢ *o*, ٢٣ *d*, ٢٩١, 3. Hinc مَغِيضٌ est *locus ubi aqua cadit in flumen*, *confluentia*, I ٣٠٨, 2, H ٣٥٧, 4, ubi فم, فو, s. فوهة est locus ubi canalis se a flumine separat, مغيض locus ubi iungitur cum canali maiori. — غَيْضَةٌ habet quoque plur. غَيْضٌ, H ٣٢٨, 12.

غيط. غيطَانٌ, pl. a غَيْطٌ s. غائط, *hortus*, *arboretum*, M ٢١٩, 2. Dozy.

غيل. غائلة, *latitudo* fluminis, I ١٨٩ *e* وليس لسائر الانهار من الغائلة والكبر ما يذكر فى عداد هذه. Cf. apud Lane غَيْل, *plump*, *full*, *fat*, *big*, غيّل, *wide* or *ample*, et اغيل, *full*, *big* or *large*. — الغَيْلانيّة, secta Schî'itarum secundum H ١٠٦, 13, sed revera Mordjitis est annumeranda (*Mafâtîh al-Olûm* f. 10 r., Schahrastânî ١٠٥).

فأر. دواء الفار v. sub دوى.

فاوسان, species dactylorum in provincia Basrae, M ١٣٠. *p*.

فأس = معول, M ٣١, 12.

فتح V non tantum dicitur de calyce floris quae dehiscitur, ut habet Lane, sed quoque de grano quod *finditur*, s. de bacca quae *valvulis eximitur*, M ٢٥٢, 10 (ubi quoque VII legi posset), ٢٥٤ *i*, 7 a f. — مِفْتَحٌ, *cataracta*, M ٣٣١, 16, 18 et 19. Recte Dozy ex *Mohît*: *vanne*. Quod Lane habet *a conduit of water* frustra in TA quaesivi; videtur ortum ex errore.

فتق V, *pandi* de ingenio, H ٣٨٤, 3, ubi auctor verba تفتقت الخواطر consulto elegit, ante oculos habens dictionem تفتقت الخواصر i. e. اتّسعت (*Asâs*).

فتل VII c. الى loci, *se convertit ad*, M ٤٥, 14, ٢٥٥, 9; *devertit*, Jacût, I, ٤٠٠, 9. — *Circuitu ivit*, M ٩٣, 13. — حَجَرُ الفَتيلة, *amiantus*, *asbestes*, vid. M ٣٠٣, 17 seq.

فث. فَثٌّ. De praeparatione panis e granis huius plantae M ٢٥٢, 9 seq., ٢٥٤ *i*. Nicephorus hinc Arabes campestres appellavit اهل الفثّ واليربوع, M ٢٥٤ *i*.

فحص. فَحْصٌ, *planities*, H ٩٢, 2, ٩٧, 1; فَحْصُ المدينة, *campus urbis* (Dozy, *banlieue*), H ٩١, 2. In Hispania est *regio* (= اقليم s. ناحية, Dozy: *canton*), Jacût, III, ٣٢٩, 18, ٨٥٢, 11 seqq., ubi Hispanus vocabulum sic explicat: كلّ موضع يُسْكَن سهلاً كان او جبلاً بشرط ان يُزْرَع.

فحل. فَحْل appellatur species dactylorum in provincia Basrae, M ١٣٠. *p*. Vid. quoque d'Escayrac apud Dozy.

فلخ V et VII (Dozy), *contundi* de capite, M ۴۸۹ *f* cf. *b*. Ad significationem verbi انفلخ quam habet Lane, conferri potest انكسر.

فرج. فَرِجٌ, *amplus*, *spatiosus*, de foro, domo, platea, M ۱۴۰, 1, ۳۱۴, 15, ۴۹۴, 4. Bocthor apud Dozy: *aéré*. Comp. افرج M ۱۹۹, 10 بنيانهم افرج من بنيان مصر.

فرخ. فَرْخٌ, *porta parva a latere portae magnae*, M ۱۵۸, 9 seq., coll. Baedeker p. 505. Idem significat فرخة (Vocabulista apud Dozy). — Pl. فِرَاخٌ, *arcus*, *fornix parvus*, M ۱۵۷, 11 et 17 = فرخة (*arche*, *arceau*, Gloss. Edrîsî). Sprenger apud Dozy, *arc ogive*. — الفَرْخ est transscriptio vocis Graecae ὁ ἔπαρχος, H ۱۳۰, 12, cf. ann. *i*.

فرد V et VII c. ب r., *solus possedit* (Gl. Fragm.), quoque de loco qui aliquid producit quod alibi non invenitur, I ۱۵۴, 11 et *g*. — *Sola re se occupavit*, de studiis, H ۲۳۹, 9, Jacût, II, ۲۴۱, 15, et quoque universe, ut Latinum *se continuit re*, *se occupavit re*, Jacût, II, ۵۲۲, 22 وكان قد انفرد بكثير من الكُتُب. — Memorabile est quod انفرد به construitur tanquam verbum كان cum perfecto apud Abu Ishâk Schîrâzî, ۲۳۸, 7 لو انفرد به كلٌّ واحد منهما لَحقه, *quando uterque infantem pro se suscipit*. — فَرْدٌ est (ut فَرْدَة apud Dozy) idem quod عِدْل, nempe proprie *dimidia pars sarcinae* فرد الزاملة, M ۱۰۴, 11. Hinc universe *saccus*, *Alif Laila*, ed. Macn. II, ۲۹, 5 a f. ۲۷, 1, 3 seq. Pl. افراد, Nowairi Ms. 597 ثم تنقل (قطع قصب السكر) من بيت الثوب الى الحجر فى افراد تسمى العيارات متساوية المقادير. — فارد de ense dicitur eodem sensu quo فَرْد, فَرِدٌ cet. (Lane), H ۱۴۰, 14. Epitomator ei substituit صقيل et librarius vocem corrupit in فارة. — مُفْرَدَة, collect. *viatores sine impedimentis*, opp. قافلة s. جمال محمَّلة, H ۴۲, 14 et 18, ۹۹, 8, ۲۸۸, 12 (vocales ibi in P adduntur).

فرس. فارِسٌ. هذه الاسباب فارِس, *qui ipse subiit haec omnia*, M ۴۵ *i*, ubi lectioni Codicis فارسى haec substituenda videtur. In textu est مَنْ قاسَى. Hinc orta est significatio *peritus*, Lane ex TA, et *gnarus* c. ب, Jacût,

III, ۸۳۹, 12, compar. افرس, Jacût, III, ۴۸۷, 16 وكان فى النثر افرس اهل زمانه. -- القصب الفارسىّ v. sub قصب.

فَرْسَخ definitur ab M = $^1/_{25}$ gradus, ٥٨, 20, 3 milliaria, ٦٦, 1, 12,600 ulnae, ٦٥ (sive 3 × 4000, ٥٩, 9); $8^2/_3$ parasangae faciunt مرحلة, ٦٥ *a;* unus بريد est in Irâko 4 paras., in Syria et Khorâsân 2, ٦٦, 2. In India parasanga est 8 milliaria, Mas'ûdî I, 74.

فرش VIII, *se extendit*, I ۸۳, 10. — فَرْش, *stratura* et *id quo sternitur via*, I ٥١, 6, ٢٦٥, 14, ٣١٢, 4, H ٩٩, 12, ٣١٧, 19. — فِرَاش. Non tantum dicitur الولد للفراش, M ٢۴٣, 1, Lane, sed quoque جعل لهم فراشًا, *dixit eos (eunuchos) liberos legitimos habere posse*, M ٢۴٢, 14. — افروشة vid. sub ا. — مُفْتَرِش, *dispersus*, I ٢۴, 1, ٢٥, 14, ٣٦, 8, ٣۴, 10, ۴۴, ٥١, 10, ٥٢ paen., ۸٦, 6, ١٧٦, 5, ٢٠۴, 8, speciatim de domibus non continuis, opp. متّصل s. مشتبك, I ۴٩, 9, ۸٢, 15, ١٢٧ 8, ٢٢٠, 5, ٢٥۴, 11. — *Stratus* (= مفروش), I ٣١٩, 2. — مُفْتَرِشَة substant., idem quod اكمة مفترشة »a flat-topped hill'', I ١۴٩, 5. — مَفْرُوش, *dispersus*, H ١٠۴, 20. رخام مفروش, *marmor straturae propria*, I ٦٠, 10, H ١١٥, 12.

فرع II الشريعة, *disposuit*, *ordinavit legem*, M ١٢۸, 3. — V, *derivari*, quoque de monte, H ٢۴٩, 5; c. الى, I ٢٠۸, 6, H ٢٧٠, 6.

فرغ I c. الى, *se effudit* flumen, I ١۸٠, 8, ubi duo Codd. فرّغ (cf. Dozy: *se dégorger, descendre*), ٢٠۸ *l*, ubi pro وينفرع A وتفرغ, L نفرغ, H ٢٣٥, 1 et 3. — فَرَاغَة (n. unit. a فراغ), *otium*, M ۴٧, 3. — مُسْتَفْرَغ, *effluvium*, pro n. a., I ١١٣, 10, H ١٧, 14.

فرق V dicitur de urbe *cuius domus non continuae sunt*, opp. اجتمع, I ١٩٩, 7, H ٣٦٢, 1. — De pluribus c. على r., *consentire de re*, M ١١٧ ult. — فَرْق. Mensura Bagdadensis huius nominis continebat 36 رطل, M ١٢٩ *d*, ١۴٦, 2; cf. Lane 2385, 1, ult. seq. In optimo codice *Mafâtîh al-Olûm* f. 5 v. legimus الفَرَق ثلثة اصوع. Cf. Agh. XIV, ٢٥, 6 a f. Plur. quoque est أَفْرَاق, Belâdhorî ٥۸, 11. — الفَرِيقَانِ sunt *Hanafitae et Schâfi'itae*, M ٣١٦, 2, ٣٢٣, 10, ٣٥٦, 13, ٣٦٥ *g*, ٣٦٦, 7. — فرائق v. sub فرقع. — فَارِقِين,

fossa quae cingit murum urbis (Gloss. Belâdh.), I ٣٠٩, 8, H ٣٥٨, 13, Girgas et Rosen, ٢٠٨, 3, Jacût, II, ٨٩٥, 16, IV, ۴٣١, 7.

فرقع. In solemnibus Meccanis utebantur *flagello*, quod Ibn Djobair et Ibn Batûta فرقعة appellant (vid. Dozy). Pluralis occurrit apud M sub forma الفرقاعيّات, ١٠٠, 18, et الفراقيع, ١٠١ *b*. Singularis in *Hazz al-Kohûf*, ٧١ est فرقيعة. Apud M ٣٢٨ *e*, l. ult., exstat forma plur. فرائق, quae certo ad hunc singularem est referenda, nam in textu ٣٢٧, 12 pro ea legitur مقارع.

فرك. فَرْك. اللَّوز فُرْك, M ١۴٠, 5 = اللوز الفرك, *amygdalum cuius cutis est tenuis* (Dozy) s. = اللوز الفريك, *amygdalum recens* (Dozy). — مُفَرِّك, *balneator*, M ٣١, 3. Cf. apud Berggren sub *bain:* كيس التنفريك.

فرن. فُرْن habet quoque pl. أَفْرِنَة, M ١٨٣, 16.

فسح. فُسُح habet fem. فسحة, quod pro فسيحة cum plurali fracto occurrit M ٨۴ *t*, ٢٧٩ *b*, ٣١۴ *o*, ۴٩۴, 4.

فسد. فاسِد, *impudicus*, مدينة فاسدة النسوان, M ۴٩٣, 10. — De حسن فاسد vid. sub حسن. — Subst., pl. فُسَّاد, *latro*, I ٢٢٨, 2, H ٢٨٨, 4.

فسفس. Praeter formam فسيفساء (*mosaïques*. Iungitur cum adiect. in plur. الفسيفساء الكبار, M ١٩٩, 5) quoque occurrunt فسيفس, M ١٧٠ *m*, ١٩٩, 2, ٣٠۴, 4, فسيفسة, Eutychius apud Quatremère, *Mamloucs*, II, 1, 272, Ibno 's-Schihna f. 21 v., فسافساء s. فسافسا, M ٨٠, 16, ٨١, 7, ١۴١, 17, ١٥٧, 13 et *t*, ١٥٨, 8 et *e*, ١٧٠, *g*, Tabarî in capite de vita al-Mahdîi sec. Cod. Constantin. (Cod. Alg. فسفسا, فسافس), M ٧٣ *e*, فصفص, Edrîsî in descriptione Damasci, et فشافشاء (a sing. فشفشة), M ١٥٨ *e*. Hinc formatur n. patiens مفسفس, *tessellatum*, eodem sensu quo مفصّص, M ١٧٥, 5. De hoc opere tessellato vid. praeter M ١٥٨ *e* et Quatremère l. l., Mas'ûdî, II, 199 et ann., Sprenger in *Zeitschr. d. d. m. G.*, XV, 409 seqq., Samhûdî, ١١. الفسيفساء الفصوص الخضر المذهبة.

فسق. فِسْق spec. est *impudicitia*, *scortatio*, M ۴٢٧, 3, ut فاسق, pl. فَسَقَة et فُسَّاق, *impudicus*, *impudicitiae deditus*, ۴٣٩, 9 et 14, comp. افسق, M ٣۴, 11. Cf. Dozy.

فشو I. اسباب التملّك الفاشية فى اكثرهم, *varii modi opulentiae acquirendae qui maiori eorum parti communes sunt*, H ٧٣, 20, الاكسية فاشية فى جميع الارض, *haec vestimenta per totum orbem distrahuntur*, H ٢٧١, 14.

فصل II, *speciatim*, *separatim tractavit*, *memoravit*, I ٢ ult., ٣, 12, ٧, 3, ١٢, 8, ١٠٠, 7 et 11, ٣٩٩, 4, H ٤, 14, ٩, 16 cet., Makrîzî, I, ١٠٤, 6, Thaâlibî, *Latâif*, ٨٢, 11; c. عن, *elucidavit*, *diremit*, M ١٧ *f*. — VII c. عن r., *absolvit*, e. g. قد انفصلنا عن هذا فى بعض الجوابات, de hac re iam responsis praecedentibus absolvimus, M ١٩, 1. Vid. quoque locum Makkarîi apud Dozy. — مفصّل, *cinctus muro qui* فصيل *vocatur*, M ١٤٠ *g*, ubi in textu بفصيل.

فضل. فَضْلٌ, *favor*, *gratia*. Dicitur هو فى فضل فلان, M ٣١٤, 2 »favore principis fruuntur", Bocthor apud Dozy. — *Additamentum*, M ٣, 16. — فاضل cf. sub جليل. — الفَضْلِيُّون (s. الفضيليون) appellantur Sonnitae in Ahwâzo, M ٤١٧, 3.

فضى IV spec. dicitur de fluvio aut canali, *profluit*, absol., H ٣٩٤, 12, c. الى, I ٥٩ ult., ٨٩, 3, ٣٠٩, 5, ٣٠٨, 11, ٣٠٩, 2, H ٢٧٩, 17. De porta urbis *ducit ad* I ٣٠٧, 2, Jacût, I, ١٩٢, 10, Edrîsî, ٣١١, 3, vid. Gloss.

فطن V c. فى r., *examinavit*, *meditavit*, *perpendit*, M ٢, 14 et 17.

فظع X, *abhorruit*, *indecorum censuit*, I ١٥١, 12. Dozy.

فعل. فاعِلٌ, *operarius* = روزكارى, M ٣١, 8. Khafâdjî ١٧١, Dozy. Scribit mihi Nöldeke hanc vocem mutuatam esse e lingua Aramaïca, ubi non tantum hoc sensu ܦܥܠܐ usitatum est, sed quoque verbum denomin. ܦܥܠ »operarius fuit".

فقم I, *replevit se cibo ultra satietatem*, M ١٩١ *e*, ubi in textu قمقم (q. v.) cum explicatione l. 7 لوك. Proprie hanc significationem habent lexica in dictione اكل (شرب) حتى فقم. — *Per dentes maxillae inferioris locutus est* s. fort. *maxillam motitavit in loquendo*, M ٣٣٤, 15, denom. a فَقَمٌ, ut a قُمْقُمٌ *guttur* derivatur verbum قَمْقَمَ, *ex imo gutture protulit sonum in loquendo*, Nowairî Ms. 273, p. 127 القمقمة ان يتكلم من اقصى حلقه. (Cf. علك apud Dozy).

فلج X, *prosperavit*, *crevit*, H ١٩, 12 de reditu. Saepissime dicitur امره استفحل s. ملكه s. simpl. استفحل فلان, Dozy, Abbad., II, 6 ult., 15, 4 a f., 24, 8 a f., 207, 4, 211, 214, 218; *Asâs* = تفاقم.

فلفل. الرطل الفُلْفُلِىّ est proprie pondus quo piper aliaque aromata ponderabantur, M ٢٤., 2, deinde in Maghrib ponderi Bagdadensi est substitutum. Habebat 15 uncias Bagdadenses, H ٢١٥, 13, s. 10 drachmis pondere inferior erat Bagdadensi, M l. l. Vid. porro Dozy.

فم. Pluralis أَفْمَامٌ semel occurrit in Cod. B, M ١٢٥ *b*, semel in Cod. C, ٣٩٤ *f* pro افواه. In annotatione marginali B usus huius formae vocatur turpe vitium. Vid. quae de ea disseruit Fleischer, *Beiträge zur arabischen Sprachkunde* ad de Sacy I, 277 in *Berichte der Kön. Sächs. Ges. der Wissensch.* 1866, p. 312 seqq.

فندق. فُنْدُقِىٌّ. Inter producta Bokhârae memorantur ثياب الفرش الفندقية, probabiliter *tapetes grossiores pandocheis destinati*, M ٣٢٤, 16.

فنق. فَنِيقَةٌ, mensura aridorum in Hispania, dimidium kafîzi continens, M ٢٤., 5; Dozy: *boisseau*.

فهم. فُهَمَاءُ, pl. a فهيم, *homo intelligens*, *ingeniosus*, H ٣١٤, 3.

فوت. فَوْتٌ apud H ٤٨, 20 est *mors*. Vid. Lane sub فوت I ex *Asâs* et Dozy sub فوت.

فوض VI, de plur. *consenserunt*, H ٢٤٣, 13.

فوق. أَهْلُ فَوْقَ ab Iracanis appellantur Persae, Syri contra, ut Aegyptii et occidentis incolae اهل أَسْفَلَ, M ١٩, 7, ٣٩, 12.

فوم. فَامِىٌّ, *eduliorum venditor*, M ٣١, 1, Tabarî sub anno 145, Cod. Berol. f. 134: فوقعت عينه (المنصور) على ابراهيم وخنس ابراهيم فذهب فى الناس فاتى فاميًّا فلجأ اليه فاصعده غرفةً له.

فوه II, *hiavit*, *apertus fuit*, M ٨٣, 3, ubi male edidi مفوّه pro مفوّه. Cf. Dozy: *bâiller*, (*s'entr'ouvrir*).

فَيْرُوزَجٌ. Hic lapis pretiosus (*turquoise*) provenit e montibus Naisâbûrî, M ٣٢٦, 6, Thaâlibî, *Latâif*, ١١٥, et e montibus Asparae in Transoxania,

H ۳۹v *d*, Jacût, I, ۲۳۸, 17. Formatur hinc adiectivum فيروزجى, M ۱۵۸, 1.

فيض I, de fluvio c. الى البحر s. فى, *se iecit in mare, effluit in mare*, I ۵۲, 11, H ۱۰۲, 14, M ۱۸, 2 et 7, ۴۱۲, 6, ۴۱۹, 8, ۴۷۹, 12, absolute idem, M ۲۰, 8 نهر يفيض بالاسكندرية. — فيّض. In loco M e Cod. C, ۴۵۰ *b* (۴۵۱ ann. l. 3) legitur وقد فرش ذلك الازج بفص (sic) العبادانى. Fort. l. بفيض et vertendum: *abundantia storearum Abbâdânensium.* — اسْتِفَاضَةٌ. على استفاضة الناس, *secundum existimationem generalem*, H ۱۸۰, 6.

قاقُون, *mustela alba* = قاقم et قاقُوم (Bocthor apud Dozy), M ۳۲۵, 1.

قانون v. sub قن.

قبّ. قَبٌّ appellatur mensura aridorum Hierosolymis, quae est pars quarta modii (مدى q. v.), M ۱۸۱, 16, ۱۸۸, 8. In opere *Mafâtîh al-Olûm* f. 22 r., inter mensuras Iracanas numeratur his verbis القبّ اربعة مكاكيك. TA القبى بالفتح الى القب وهو كيل للغلات et sic *Lobb al-lobâb* مكيال للغلات. Est Hebr. קַב, Aram. קַבָּא, Graec. κάβος. — قُبَّة, pl. قِبَابٌ, est *domuncula fornicata* ad puteum in deserto protectioni viatoris inserviens (M ۴۹۵, 10), I ۲۳۲, 9 seqq., ۲۳۳ ult., coll. ۲۳۷, 3, M ۴۸۷, 5, ۴۸۸, 6, ۴۹۴, 5 seq. (۴۹۳ *s*, ۴۹۴ ann. l. 8 singul.), Jacût, II, ۹۸; 17. — بنيانهم قِبابٌ, *aedificia eorum sunt fornicata*, M ۱۴۰, 2.

قبر. مَقَابِرُ, a sing. مقبرة, saepe significat *coemeterium*, ut M ۲۰۱, 17. Vid. Dozy.

قبرص. قُبْرُصِيٌّ, ut vid. *colore cyprio*, M ۴۱۵, 7 جبّة صوف قبرصيّة, Sufiorum vestimentum.

قبض VII c. عن, *se abstinuit a*, M ۴۱۵, 10 فجعلت انقبض عن الاكل et 11 فجعلوا يتعجبون من انقباضى; *desiit facere*, H ۲۲, 3. Vid. Dozy. — قَبْضٌ, pl. قُبُوضٌ, *acceptum*, H ۲۰۷, 5. Quoque est *acceptilatio* ut Agh. XII, ۱۱۹, 5 a f. seq. اكتبْ لى قبضا بها. Eodem sensu occurrit قَبْضَةٌ e. g. Tanûkhî, *Post nubila Phebus*, Ms. p. 337 فوزن — مال السفتجة واخذ

قبصنى. — قَبْصَة, pl. قَبَصَات, sexta pars ulnae vulgaris, septima ulnae regiae (Gloss. Fragm.), I ١٥٧, 14, H ٢١٩, 18, M ٤٥١, 5, ubi tamen Codd. omnes تسع pro سبع.

قبط. قُبَّيْط (s. قُنْبَيْط M ١٤٥ *n*, ١٨١ *l*) in Syria a ناطف ita distinguitur, ut hic e saccharo, ille e fructu ceratoniae siliquae (*caroube*) conficiatur, M ١٨٣ ult. Mel huius fructus (hinc المعسّل الخرّوب dictus, Dozy sub عسل) memoratur a Wellsted, *Arabia*, I, 320, Hehn, *Kulturpflanzen*, 394 (2dae edit.) et hinc paratur genus dulciariorum, Ibn Batûta, I, 128 (حلواء الخرّوب). Optima species est qui crescit apud الناعمة حصن, teste Edrîsî, vers. Jaubert, I, 355.

قبل I الكَرِى زيادةً على, *pretium conductionis auxit alicui*, M ٣٥٩, 3, cf. ٢١٢, 17 seq., Makrizî, I, ٨٣, 13 لا يقبل عليهم فيها زائد, ٨٤, 10 et 11 قبول الزيادات, 17 et imprimis 23. — II. تقبيل الارض. Principes Samanidae huius ceremoniae liberabant doctores, M ٣٣٩, 1. — V, *conduxit*, *redemit*, M ٤٤١ *a*, 13 (= بقبالات in textu). Certa regio ditionis Mosulensis appellabatur الضيعة المقبّلة, H ١٤٧, 1, i. e. الناحية المتقبّل عرصاتها ومشانيبها وجزائرها, H ١٣٩, 11. — قَبُول, *oriens*, H ٤٢, 2 et 11. — قُبَيْل, *antea*, H ١٩٧, 15. — قَبَالَة, *pretium redemptionis*, M ٢١٣, 12, ٤٤١, 2, Jacût, I, ٤٧٧, 13 et 15; *portorium*, H ٢٠, 2, ٩٠, 3, ٢٧٩, 5. Cf. Dozy.

قبو. قَبْو, pl. أَقْبَاء, *fornix* = ازج, I ١٩٧ *b*, M ١٩٩ *c*, Dozy.

قتل. قَتَّال, *letifer, veneno necans* (Gloss. Belâdh. et Dozy), I ٧٩ *k*, Jacût, I, ٤١٢, 18. — قاتِل, *perniciosus* de aqua, M ١٠١, 4. Cf. Dozy sub قتل I.

قثأ. مَقَاثِى, pl. a مقثاة, I ١٥٧, 9, H ٨٩, 1, ٢١٩, 15, Belâdh. ٢٧١, 13. Dozy.

قثر. القثرية, nomen speciei dactylorum in provincia Basrensi, M ١٣٠ *p*. Sed fort. leg. القثوية a قثاء.

قدّ. مَقْدُود, vulg. pro مُقَدَّد, de fructibus (cf. Dozy sub قدّ II), M ١٤٥ *l*.

قدح I c. فى, *nocuit*, *detrimentum intulit*, I ٢٨٩, 11, H ٣٤٤, 1, Dozy.

قدر II in architectura est tum *descripsit*, *designavit* opus, Gloss. Fragm., Jacût, III, ٨١١, 9 (ubi مقدّر est *architectus*), IV, ٩٥٩, 2, Ibn Rosteh, Ms. Mus. Britt. f. 180 ووافى البلد جماعة من المقدّرين والمهندسين, tum *direxit* ordines domuum, I ٣١٢, 2, H ٣٦١, 4, lapides ad perpendiculum, M ٤٤., 6. — V ذلك له est idem quod ذلك له تهيّأ, *potuit hoc facere*, M ٣, 13, *Asâs.* — قَدْر. قدور القناديل prob. *candelabra*, M ١٨., 14 seq. — القَدّريّة memorantur M ٣٧, 11, ٣٨, 9, ١٣٦, 13, ٣٢٣, 16. — مَقَادِير, *ambitus* urbis (a sing. مِقْدار), H ٢٧١, 18.

قدس. قادُوس explicatur M ٢.٨, 8 per كوز الدولاب i. e. ut habet Dozy »*auget*, *godet*, petits vases attachés aux roues hydrauliques".

قدم V c. من, *distitit*, H ١٤., 7, ubi I et P. بَعُدَ. — قَدَمٌ, *pes* (mensura) est quoque mascul. (ut ذراع), M ٦., 3 cet. cf. Dozy. — قَدِيمٌ. Adverb. قديمًا, *prius*, M ٤٥, 15, Makrîzî, I, ٤٩, 9 قد مرّ لى قديمًا, *supra memoravi.* — قُدَّامُ adv., *a parte antica*, M ١٧٢, 9, من قُدَّامُ id. M ٤٣٤, 13. — فى المقدم, *antea*, M ٢٩٩, 6.

قرّ I, *effundi*, *effluvium habere* de fluvio, M ٢٢, 10 et *q*, ١١٣, 15 (ubi leg. يقرّ به), de tubis aquaeductus, M ١٤., 6. — قرّ ذلك فى قلبه, *satisfecit ei res*, *conquiescere potuit in re*, M ٣, 15. Eodem sensu usitatum est استقرّ e. g. Kosegarten, *Chrest.* 4, 7 a f. — II, *constituit*, *fixit tributum quotannis ferendum*, Jacût, I, ٤٢٢, 13, c. acc. tributi, على p., H ١٤٢, 16, 18, ١٤٣, 4, c. ب tributi (Codd. his locis perspicue تقرير, non تقدير, ut ١٤٢, 8 et 12). Cf. Dozy sub تقرير: *tarif*, *taxe* et sub مقرّ. *Mafâtîh al-Olûm* f. 20 r. التقرير فعل منعدّ من الاقرار يقال قرّر العاملُ القومَ بالبقايا فاقرّوا بها ثم يَسقط ذكر القوم فيقال قرّر العاملُ بالبقايا. — قَرَارٌ est proprie *pars depressior terrae*, *quorsum aquae confluunt*, *ubique restagnant* (=مستقَرٌ), vid. lexica Arabica et Jacût, IV, ٤٩, 10, ٢٢٢, 5 (=مناقع المياه). Hinc mare s. lacus quae accipit aquam fluvii, appellatur قرار fluvii, M ٣٣٩,

13. — مَقَرّ, *locus ubi fluvius se effundit in mare*, M ٢٣ *e*, ٣٣٢, 8. — مُسْتَقَرّ id., M ٢٩٩ *f*, ٣١٩ *n*, ٣٣٢ *g*. — *Locus ubi residet princeps* (résidence), saepe e. g. M ٨٤, 11, ٩٤, 1, ٢٨١, 6, ٢٩٠, 15, ٣٠٩, 4.

قرأ. مَقْرَأ, *lectio Korani*, *legendi modus*, M ٣٩, 17, ١١٣, 9, ١٤٣, 14.

قرب III c. acc., *bellum gessit cum*, M ٢١, 18, ubi Jacût et Mas'ûdî, I, 268 ult. syn. عادى. Est ex Aram. קְרָב *bellum*. — VI, *arctus fuit*, H ٧, 1, Jacût, II, ٢٤, 8. — قَرِيبٌ. Dicitur de aqua هو قريب القعر, I ٨١ ult. seq. (cf. H ١٩٢, 4), Jacût, I, ٣٩١٣, 9, ٩٧٩, 3, sensu *profundus non est*. — قريب est *facilis* (Dozy), hinc fluvius, puteus cet. dicitur esse قريب المُسْتَقَى, *ex quo haurire facile est*, *non profundus*, *sed aqua plenus* (opp. بعيد q. v.), M ٧٨, 6, ٤٢٩, 20, et eodem sensu قريب sine complemento, M ٩٣, 12, ١٢٣, 9, ٢٩٢, 2, ٣١٩, 6, Jacût, I, ٩٩, paen. وآبار قريبة نحو الذراعين يتناول ماءها باليد, Edrîsî, ٩٨ paen., Ibn Bat. II, 324, et cf. IV, 118, 10. — قريب الامر s. قريب الحال significat *prospera conditione gaudens*, de portu H ٥٤, 2, de foro ٥٤, 12, de urbe ٩٩, 20, ٩٧, 17, de praediis ١٤٨, 13, et eodem sensu قريب sine complemento, de hortis H ٥١, 13, ut syn. دانٍ apud Edrîsî, ١٩٣, 8. — *Brevis*, *parvus* de distantia, I ٢٤٠, 3, H ٢٩٧, 13, ٣٤٩, 11. — كان ذلك عن قريب عهد من, *hoc erat brevi tempore ante*, H ١٢٣, 3; هو قريب عهد بالمكان, *nuper ibi fuerat*, H ٢٨٢, 11; هم قريبو العهد بالمقام به, *brevi est ex quo domicilium ibi collocaverunt*, I, ٢١٩, 6, H ٢٧٧, 17. Cf. porro Gloss. Belâdh. et Lane sub عهد. Pro قريب quoque حديث dicitur e. g. Ibno 'l-Athîr, IV, ٣٩٩, 8 حديث عهد بعرس, *qui nuper uxorem duxerat*.

قرش. قِرْش, *pistris* (Dozy: *requin*), M ١٠١ *m*. — القُرَشِىّ appellabatur species dactylorum in provincia Basrae, M ١٣٠ *p* et Abu 'l-Kâsim l. l. sub ابراهيمى.

قرض. قُرُوض plur., moneta parva in Yemen usitata, M ٩٩, 13, ٤٨٢, 5.

قرط. قِيرَاط, in Syria pondus $3^1/_2$ granorum, M ١٨٢, 4 seq.; erat in regno Fatimidarum nomen dimidiae drachmae, M ٢٤٠, 12; in Irâko erat moneta argentea, M ۱۲۱, 9, Wright, *Readingbook*, 72, 2, Jacût, I, ٦٨٣, 4; cf. Vocab. apud Dozy. — القريطى appellatur species dactylorum in provincia Basrensi, M ۱۳. *p*, sed fortasse leg. القُرَيْظِىّ.

قرطس. قِرْطاسِىّ non tantum de equis dicitur, sed quoque de falconibus, H ۳۳۷, 14. Fortasse autem ibi cum P delenda est copula, ut legatur الشهب القرطاسيّة i. e. *subalbi*, ut quoque Aghânî, VII, ۳۲, 3 a f. برذون اشهب قرطاسىّ. Cf. infra sub قمر. Khafâdjî ۱۷ habet non omnino perspicue: اشهب بمعنى ابيض خطأ قال الصقلى يقولون للفرس الابيض اشهب وليس كذلك انما هو (i. e. يقال له) ابيض وقرطاسىّ فاما الشهبة فهى سواد وبياض.

قُرْطَقْ, pl. قَرَاطِقْ, est vestimentum Indorum, Khazarorum cet. I ۱۷۳, 14, ۱۷۷, 8, ۲۲۴, 1, ۲۲٦, 8 seq. (القراطق et التامّة القراطق القصار), ۳۰۵, 1, H ۲۲۸, 17, ۲۳۲, 13, ۲۸۳, 13, ۲۸٦, 8, Djawâlîkî, ۱۲۱, Jacût, I, ۴٦٩, 2, II, ۸۳۸, 1 et cf. Frähn, Ibn Foszlan, 74. Vers. Pers. plerumque habet جامهٔ كوتاه.

قرع. قَرْع, plur. a قَرْعَة, *cucurbita*, H ۵۲, 11.

قرقب. القُرْقُوبِىّ, pannus in urbe Korbûb textus, I ۱۵۳ ult., H ۲۱۴, 8. Freytag omisit notare multos viros doctos in traditione conversionis Omaris فاقبل شيخ عليه حِبَرَة وثوب قُرْقُبِىّ praeferre lectionem بقافين, ut sit adiect. relat. a قرقوب (secund. analog. سابُرِىّ a سابور). Cf. *Fâik*, II, 262, Jacût, III, ۸۸۱, 17 et imprimis TA sub فرقب. Eadem permutatio litterarum est in الدنانير القُوقِيّة pro الفوقية, quae nempe de imperatore Phoca nomen habent. Cf. Fleischer ad Makkarî apud Dozy, Sachau ad Djawâlîkî, 57.

قرم. مِقْرَمَة habet plur. مَقَارِم, H ۲۴٦, 17.

قِرْمِز ex Armenia provenit I ۱۸۸, 5, ۱۹. *l*, H ۲۴۴ ult., M ۳۷۳, 13, ۳۸۰, 8, ideoque صبغ ارمنىّ appellatur, Djawâlîkî ۱۲۳.

قرمط. القَرَامِطِيّة memorantur M ۳۷, 11, ٩٩, 10, ۲۳۸, 11.

قرن. قَرْن, *coralium* (= مرجان), M ۲۳٩, 11 et 14; cf. apud Dozy

قرون البحر e *Mohît.* — قَرِينَةٌ fere eodem sensu quo دلالة *indicatio*, c. على, M ۱۲٥ *b* (ubi Cod. sic perspicue, non قرينه).

قرى. بَيْتُ قِرًى, *xenodochium*, M ۴۳۰, 5. Si lectio Cod. B (ثلاث) admittitur, necesse est قرى esse pluralem *xenodochia*, et forte conferendus esset locus M ۲۷٥, 9 في وسطه (وسط البلد) سبع قرى, ubi de pagis vix sermo esse potest. Ceterum دار القرى hoc sensu notum est; appellabatur e. g. sic Medinae domus Abdallae ibn Mas'ûd, Samhûdî ۱۴۳, 3. — القرى apud I ۸۲, 2 probabiliter pronuntiandum est القُرِىّ, pl. a قَرْوٌ sensu *canalis parvi* = قَرِىٌّ. Idem pluralis forte occurrit in proverbio جرى الوادى فطَمَّ على القرىّ, quamquam vulgo ibi pronuntiant القَرِىّ (Freytag, Prov. I, 277 n. 3, Harîrî ۱۲۷). — قَرْيَانِىٌّ, *agricola*, *rusticus*, M ۳۱, 8, ۱۸۳, 16 et 17; apud Quatremère, *Sultans Mamlouks*, II, 2, 209, l. 11 a f. sic restituatur pro قريانى. Pluralis قَرَيَاتٌ (a قرية), unde derivatur, in lexico desideratur. Restituatur Belâdh. ۱۷٥ paen. et M ۱۷۳, 6 pro قُرَيَّات.

قسبويه vid. sub عشب.

قسر. قَيْسَارِيَّةٌ, pl. قَيَاسِيرُ et قَيْسَارِيَّات, *taberna mercatoria*, *hospitium mercatorum* (= خان), M ۷۹, 15, ۱۹۷, 13, ۱۹۸, 19, ۴۱۱, 2, ۴۱۳, 14, Jacût, I, ۱۸۹, 22, ۴۷۲, 13, Kaempfer, *Amoenit.* I, 39 »palatium mercatorium". Vid. Dozy.

قسط II, *tributum imposuit*, *quota cuiusque parte definita*, c. acc. trib., على p., M ۴۱۸, 12, Ibno 'l-Athîr, X, ۴۳٥, 10, TA قسّط الخراج عليهم وقسّط المال بينهم, Dozy.

قسم III. Dicitur census soli esse على المقاسمة s. مقاسمة et appellatur خراج المقاسمة et المقاسمة, quod quid significet explicat I ۱٥۷ et ۱٥۸, H ۲۱۹, ۲۱۷. Vid. Gloss. Belâdh. et Fragm. et Dozy. Tropice quoque terra huic censui subiecta appellatur مقاسمة, I ۱٥۷, 6. Tum quoque المقاسمة adhibetur in contractu المزارعة, I ۱٥۸, 5, H ۱۴۲, 7 et 9, ۱۴۹, 15 (Gloss.

Belâdh.) et portio frugum quam agricolae accipiunt, appellatur قِسْمَة المزارعين, H ١٤٩, 4, cf. 15. — مَقْسَم الماء, *dividiculum*, locus ubi aqua in canales dividitur (*Mohît*), I ١٢٨ ult., ٢٦١, 8, H ١٩٩, 11, ٣١٥, 12, Jacût, II, ٥٣٩, 7 وبها مقسم للماء كسروىّ عجيب, Motarrizî: وفى اجناس الناطفى نهر له مقسم ليس فوقه مقسم كانه اراد موضع القَسْم وهو موضع السكر المعهود. Pl. مَقَاسِم, *canales e dividiculo deducti*, I ٢٤٣, 6, ٢٦١, 8, H ١٩٩*g*, l. 5, ٣٠١, 7, ٣١٥, 11, Jacût, III, ٤٠٨, 15.

قش. قَشّ, *stramen* (vid. Dozy): قد بنوا لانفسهم بيوتًا من القشّ, M ١٨٨, 18. Fortasse idem legendum est ٢١٣, 8, collato loco Nowairîi, Ms. 273, p. 597 de praeparatione sacchari, ubi legimus: ويُصَبّ ذلك المطبوخ ويسمى انذاك المحلب فى اباليج من الفخار رقيقة الاسافل متسعة الاعالى مباخوش فى اسفل كلّ ابلوجة ثلاثة اخاش مشدودة بقشّ القصب. Cod. B revera habet s. بالعشر s. بالقنبر, sed licet قِشْر significet *involucrum* generaliter, dubito tamen an speciatim *chartam* s. *linteum emporeticum* designet; قنبر est *funis e fibris nucis Indicae*, sed utrum hic tunc in Aegypto in usu fuerit, affirmare nequeo. De voce بخش vid. Dozy in v. Recurrit apud Nowairî p. 800 ثم تبخشه بمسلّة برفق.

قشف. قَشْف, *squalidus*, *tristis*, *sterilis* de loco, I ٣٩, 9, ٤٠, 7 (ubi Vers. Pers. خشك *aridus*), ١٦٧, 12, ١٧٥, 13, ١٧٦ paen., M ٨٥, 16, ٩٥, 9, ٣٠٥, 17, ٣٥٤, 7, ٣٥٥, 6, ٣٦١, 6, ٤٨٤, 4, Mas'ûdî, III, 55; Dozy: *maigre;* de coelo *asper*, *tristis*, M ٣٥٩, 14, ٣٦٥, 6. — قَشِيف id., de loco, H ٢٣٠, 11.

قصّ II, *putavit* arbores, H ٣٦٥, 10, ubi sermo est de putatione artificiali, qua arbores variorum animalium imagines accipiebant. — قاصّ, pl. قُصّاص, *fabulator*, M ٢٠, 13. Vid. Gloss. Belâdh. et Dozy.

قصب. قَصَب. القَصَبُ الفارسىّ, qui crescit in Sicilia, H ٨٦, 1, in Libanone, M ١٨٨, 19, est *arundo donax* (Dozy), cuius diversae species inserviunt organis et fistulis, tectis, calamis scriptoriis (*Miçbâh*), foculo chemicorum (Ibn Djazla sub روسختج). — مزارع الاقصاب, M ١٦٢, 9 sunt *plan-*

tationes arundinis sacchari. — قَصَب appellatur species dactylorum in provincia Basrae, M ١٣. *p.* — قَصَبَة, *centrum*, hinc saepissime *metropolis* regni, *urbs primaria* provinciae, *castellum* regionis, sed quoque certa provincia dici potest centrum regni, ut I ۴, 5 قصبة المملكة اقليم بابل.

قصد V c. acc., *intendit*, *sibi proposuit*, M ۴٢, 4, ubi C syn. تعمّد. — قَصْد. Dicitur والقصد على السمت, *via recta*, H ٢٨٩, 18, Jacût, I, ١٦, 11; الطريق بالقصد H ٢٧۴, 11, ubi I ٣١۴, 6 الطريق القصد. — مكانٌ قصدٌ, I ٥٩ paen. videtur idem esse quod مُقْتَصِد, *mediocris magnitudinis.* H ١٦٥, 4 habet مدينة قصدة ubi L قَصَدَة, B قَصْدَة. — قَصِيد de urbe idem significare videtur quod مقصود, *frequentatus*, *celebris*, H ٢٧٣ *q.* — قاصِد, *rectus* de via, *Asâs*: وطريق قَصْدٌ وقاصدة خلاف قولهم طريق جَوْرٌ وجائرة, Hamadhânî, Ms. 1070, f. 86 r., M ١١٢, 2. Hinc قاصدًا, *rectâ lineâ*, M ٥٩, 16, ٦٠, 7 et 16, ٦١, 3 et 10. Tanquam epitheton hominis est *recta via progrediens* e. g. Jacût, I, ٣٧٨, 3 ومسافتة من البحر نحو يومين للقاصد, ٨٣١, 18 وبينها وبين قرطبة سبعة ايام للراكب القاصد. Hinc ortae sunt significationes quas habet Dozy. — أَقْصَد, *brevior* de via, I ٥٩, 13, ٢١٧, 3, H ٢٧٥, 13, Dozy. — مَقْصَد, *mercatus*, H ١٢۴, 6. — مَقْصُود, de mercibus, *quod facile venit*, *vendibilis*, H ٥١, 12, Gloss. Edrîsî. — مُقْتَصِد, *mediocris ambitus*, de urbe H ١٦٦, 11, de domo Jacût I, ٦٢٣, 19.

قصر I n. a. قُصُور, c. عن p., *inferior fuit*, *cedit*, I ٨, 9, ٢٩٣, 13, et c. في r. ١٢١ paen., ١٥٩, 3; c. عن r., *insufficiens fuit*, I ٨۴, 8; c. acc. et عن, *detraxit de*, I ٢٥٣, 12 فيقصر هاتان الزنقتان عن تربيع سائر خراسان. — قَصْر significationem quoad derivationem primariam *castra* videtur habere M ٣١٢, 3, coll. I ٣٦١ *d*, H ٣١٥, 6. — *Oppidum* (opp. مدينة), M ٢٩٧, 10. — قَصْرِيَّة, *in urbe Kaçr Ibn Hobaira confectus pannus*, M ١٢٨, 19 مناديل القصرية, pro quo ١٢٩ *a* مناديل القصر. — قَصِير القَعْرِ, *parum profundus*, H ٢٧٧, 14. Hinc الماء القصير, *vadum*, H ١٠٣, 9, et quoque subst. القَصِير, M ١٢, 8. Vid. Gloss. Edrîsî et Dozy.

قصى V. Zamakhscharî, *Fâik* II, 583 docet: تقصّيتُ الامرَ واستقصيتُه

بلغتُ اقصاه بالتفحُّص, itaque *perscrutatus est*, *percontatus est*, I ۳, 8, ۹۹, 7 (لا يُتَقَصَّون فى العدد الا من الدواوين), ۱۱٥, 4, ۱۱۹, 12, ۱۴۸, 8; *penitus memoravit*, *enumeravit*, ۱۱۹, 13, ۱٥۴, 3. Vid. Dozy.

قصّ. قَصَّةٌ, *rudera*, M ۴۴۰, 19. Cohaeret cum قصّ الجدار, *demolivit* (*Asâs*), et in TA قَصَّة quoque explicatur per الحجارة المجتمعة المتشققة, *cumulus lapidum confractorum*.

قصم. قَصم قُرَيْش, M ۱۸۰, 14, ۱۸۱, 4, 7 et *f*, appellatur fructus pini parvae, quae Arabice يَنْبُوت sive قُوفِى vocatur, ut docent Ibn Djazla in v. v. et Nowairî, Ms. 273, p. 744, 788 (قوفا). Vid. porro Dozy. Fructus quoque nominibus نبطى (خروب) خرنوب et خرنوب الشوك designatur (Ibn Djazla sub خرنوب).

قضى VII, *postulavit*, *necessarium reddidit*, H ۷, 6, Jacût, I, ۲, 8, ۷۹, 17, ۱۴۴, 19, ۳۷۸, 15 cet., *Chron. Mekk.*, II, ۸۹, 10 et 17, *Asâs*: افعَلْ ما يقتضيه كرمُك, Dozy. — *Continuit*, H ۸, 13, Nowairî, Ms. 19 *b*, f. 36 r., 4 a f., 126 r. ult., Dozy. — قَضِيَّةٌ, *res*, Gloss. Fragm. et Dozy. Saepissime idem significat quod قِصَّة, *res gesta* sensu *événement*, *aventure*, El-Fachrî ۱۳۲ ult., ۱۳۸, 9 cet., Ibn Batûta, I, 294, II, 224, IV, 276, et sensu *conte*, *relation*, M ۲۱۲, 12.

قطر VII, *stillavit*, I ۱٥۲, 1. — عَسَلُ القطر, M ۴۰۲, 11, ubi القَطَر pronuntiatur, secundum *Mohît* القَطْر verum videtur, est *syrupus sacchari optimus*, ut discimus e loco Nowairîi, cuius partem supra descripsi sub قش. Deinde habet: وهذه الاباليج موضوعة فى مكان يسمّى بيت الصبّ فيه مساطب مبنية مستطيلة تشبه المذاود وتجعل تحت كل ابلوجة من تلك الاباليج قادوسًا يقطر فيه ما يتخلص من رقيق ذلك الحلب وهو العسل القطر ثم يخدمها الرجال بالدكاشيب مرة بعد اخرى حتى تمتلئ تلك الاباليج وهى تختلف فمنها ما يسع اكثر من قنطار واقلّ منه فاذا امتلات وتكاملت خدمتها واخذت فى الجفاف نقلت من بيت الصبّ الى بيت الدفن فتعلق هناك على قواديس يقطر فيها ما بقى من اعسالها. Paullo infra idem syrupus simpliciter قطر appellatur. Deteriores species syrupi (general. عَسَل القصب) sunt الخابية, quoque عسل خابية appellata, et المرسل. Explicatio quam Lane dedit ad vers. *Alif Laila*, III, 668, n. 5 »a fine kind of black honey or treacle", bona est, si pro »honey" scribitur »syrup". Secundum *Mohît* et *Schafâo 'l-ghalîl*, ١٨٤ quoque قَطْر appellatur in Aegypto syrupus e saccharo soluto factus (حلّ السكر). Hoc est decurtatum ex قطر النبات i. e. الجلاب, qui aqua dilutus appellatur ماء النبات s. شربة النبات, Ibn Batûta, III, 124, 385. Syrupus qui colligitur in purificatione ultima sacchari albi vocatur قطارة. Vid. Behrnauer apud Dozy. — قطاري, nomen monetae Bowaihidarum, tricesima pars denarii, M ٤٧١ *i.*

قطع I, *iter fecit*, I ٩, 6 (الى حدّ المغرب فى ارض التبت), *perfluit* de flumine I ٥٠, 5 (فى مفاوز وعمارات), *traiecit* de nave, M ١٩٩, 14 (ويقطع اليه مراكب الجزيرة), *se extendit* de insula, Jacût, I, ٥٤٣, 15 et 17, de iugo, IV, ٣٩, 6 et 7 (بين — وبين); — c. acc. p., *viam*, *copiam praedandi praecidit* latroni, M ٤٨٧, 8, ٤٨٩, 4. Nisi loco priore Cod. praescriberet قُطعوا, praeferrem legere قَطعوا i. e. subintellecto الطريقَ, *latrocinium exercuerunt*, ut respondeat verbo افسد apud I ٢٢٨, 5. — *Statuit* exactor quota pars frugum pro locario dari debeat, M ٦٥ ann. l. 3 وقطع الكرى بشىء معلوم, ٢١٢, 16. — *Pro certo scivit*, *certus fuit de re*, H ٢٨٠, 5, pro quo ann *e*, 3 a f. احقّ. Plerumque hoc sensu construitur cum ب, Jacût II, ٥٨, 16 et Dozy. — C. على p., ب r., *aliquid de aliquo statuit*, *decrevit*, hinc *accusavit*, M ٣٨٤, 15 يقطعون بالكفر على الطوائف الهادية. — Legimus H ٦٥ paen. فرقة مُوسَوِيّون يقطعون على موسى بن جعفر, quod collato Schahrastânî ١٣٩, 3 a f. videtur significare *imâmatum Mûsae agnoscunt et docent*, quo casu cogitatione supplendum foret بالامامة (Schahr. قالت بامامة). Quoniam vero pars Mûsawidarum appellatur القطعية, quia قطعوا بموته »Mûsam mortuum esse profitentur" (Schahr. ١٢٧), potius supplendum est بالموت. Quod confirmat locus e *Mafâtîh al-Olûm* f. 11 r.: ومنها (من الشيعة الامامية) المفضّليّة نُسبوا الى المفضّل بن عَمرٍ ويسمّون القُطعيّة لانهم قَطعوا على وفاة موسى بن جعفر بن محمّد. Opponuntur iis الواقفية.

— III فلاناً على بلاده, *pactum cum aliquo iniit, quo concedit ei principatum suae regionis servare, conditione ut quotannis censum capitis s. aliud tributum solveret*, H ٢٤٥, 16 et 8 واخذ الجزية منهم على ما جرت به مقاطعتهم, Belâdhorî ١٩٩ ult. (in Gloss. minus recte proposui legere عن pro على). — الناسَ على مال, *victis concessit terram possidere, conditione ut quotannis certam pecuniae summam solverent* (Gloss. Belâdh.). *Tributum* ex hoc pacto solvendum appellatur مُقَاطَعَة s. قانون, si fixum statuto tempore solvitur, I ١٥٧, 3, 5, H ١٢٧, 21, ٢١٩, 8 et 11, ٢١٨, 9, Jacût I, ٣, 21, si a frugibus dependet مقاسمة (q. v.). Dicitur مقاطعة معادن نيسابور, *tributum quotannis aerario solvendum e reditu fodinarum*, M ٣٤. *d* (٣٤١ ann. l. 8), مقاطعة الاعشار, M ٣٣٩ ult. Quoque appellatur مقاطعة si quis agrum fisci pro certa summa quotannis solvenda conducit, I ١٥٨, 7, H ٢١٧, 12. *Agri tributo* مقاطعة *subiecti* vocantur مقاطعات, I ١٥٧, 5, Jacût, II, ٣٠٩, 8, Arnold, *Chrest.* 209 seqq., *Mohît.* — المقاطِعُون, H ١٠٧ ult., probabiliter sunt *locatores*, qui agrum publicum agricolis locant. — IV. اقْطَاع est duplex, alterum تمليك, *in feudum assignavit* (quoque cum ل p., Jacut, IV, ١٤٠, ult., ١٤١, 10) *haereditarium* opp. اعمر *pro vitae tempore* e. g. Agh. VIII, ٣٠, 3 seq., alterum غير تمليك *usum permisit, assignavit*, e. g. mercatori locum in foro, domicilium cet. (TA) et quoque *reditum pagi aut regionis* alicui *tradidit* princeps, *conditione ut fixam summam pecuniae quotannis solveret*, Jacût, I, ٤٨, 14 seqq. Cum hac significatione componendum videtur اقْطَاع sensu quem habet H ٢١, 8, *tributum* frugibus et fructibus constans, *quod de praediis fisci quotannis solvendum est*, Jacût I, ٣, 22. — VII c. عن, *reliquit*, I ١٠, 8, H ١٥, 1. Cf. Dozy: *quitter.* — *Infesta fuit* via, I ١٤٩, paen., Gloss. Belâdh. et Dozy. — *Non amplius in usu fuit* via H ٣٥, 1 (منقطع opp. مسلوك). — *Abditus, remotus fuit* locus, I ٣٤, 13, ٣٩, 11, ٥١, 2 (ubi additur عن العمارة), H ٤٠, 2, ٢٢٧, 6; c. عن *distitit a*, I ٩٤, 1, ١٩٢, 2; *non continua, sparsa fuit* cultura, I ٧١, 9 (opp. ممتدّ), ٨٩, 6 et de deserto *sparsim habitato* I ٤٥, 3, H ٧٢, 19 (ubi tamen quoque suppleri posset عن العمارة ut I ٥١, 2). Sedjestân ab M ٢٩٧, 9 dicitur esse متصلة العمارة منقطعة المساكن »provincia cultura continua, sed disiectis mansionibus" i. e. ubi paucae urbes sunt. Urbs Karadj ab eodem ٣٩٤, 8, describitur tanquam العمارة (منقطعة) منقطعة i. q. متفرّقة i. e. cuius domus non continuae sunt. — VIII, *retinuit*, *cohibuit*, H ٦, 1, ٢٢٧, 7; — *occupavit*, *invasit* (Gloss. Belâdh. et Dozy), M ٤٢١, 8 واكثر الضياع مقتطعة. — قِطْعَة, pl. قِطَع, *pars* rei. Notandus est usus M ١١٧, 18 واسواقها ثلاث قطع, *tria fora habet*, ٣١٩, 9 الجامع ستّ قطع *templum sex conclavibus constat.* — Pl. قِطَع et قِطَاع, *dirhemus aurichalcus*, quoque التَخَنْدُوس s. الدرهم الخندوسى appellatus, quem in Africa abolevit princeps Ibrâhim Aghlabita, *Bayân*, I, ١١٤, deinde Fatimidae in toto suo imperio, M ٢٠٤, 10, ٢٤٠, 14. Vid. Scharîschî ad Harîrî, ٨١ (2e edit.), coll. Dozy sub خندوس, Sacy, *Chrest.* III, ٦٦, 1 et 4, Motarrizî: وقوله فى الدراهم قطاع صفر جمع قطعة كلقطعة ولقاح وان لم يسمعه. In TA legimus القِطَاعُ الدراهم بلغة هذيل et condemnatur lectio الـدرهـم, quam secutus est Freytag. Quod *Mohît* habet جمع قِطَعَة vitium manifestum est pro قِطْعَة. Quoque significatione solita قِطْعَة habet pl. قطاع e. g. Jacût, III, ١٣٦, 8, Kazwînî, II, ٢٢٧, 10 a f., ٢٥١, 7. — قُطْعَة, *mons separatus*, I ١٩ ult., ٢٠, 1, H ٢٧, 19, Makrîzî, II, ٢٠١, 21 وهذه القلعة على قطعة من الجبل (Arnold, *Chrest.* 152 minus recte edidit قِطْعَة), *Alif Laila*, III, ٢٨٥, 9 برز — كانه — قطعة من الجبل مسربل بالحديد, Gloss. Edrîsî. — مَقْطَع, *lapicidina*, M ١٧٤, 1, ١٨٤, 6, ١٨٥, 2, ٢٠٠, 21, ٢٠٩, 4, Dozy. — *Locus lignationis*, H ١٢١, 10, Gloss. Edrîsî. — *Desertum*, I ٧١, 9, H ١٣٧, 13 المفاوز والمقاطع, n. l. a قطع المفازة قطعًا جازها. -- مُقَطَّع. الدراهم المقطّعات, M ٣٠٣, 10, secundum Motarrizî sunt *adulterati et pondere deficientes* (الخفاف فيها غشّ), aut secundum alios *praecisi* (المكسرة). -- مُتَقَطِّع, *non continuus*, *sparsus* de cultura, M ٣٩٤, 8, ubi B منقطع q. v. supra sub قطع VII.

قطن I, *habitavit* quoque c. acc. l., I ١٤٧, 11, H ٢٠٨, 1, Dozy. — قُطْن habet pl. أَقْطَان non tantum sensu producti ut M ١١٨, 5, ١٤١, 16,

١٩٠, 17, sed quoque *culturae gossypii*, H ١٩٩ *g*, ubi tria exempla. Dicitur النهر يسقى البساتين والاقطان. — قطّان i. q. حلّاج, M ٣٠, 16. Vid. Dozy. — قُطَّين, *cottana* (*coctana*), genus ficorum passorum parvum, Graece κόττανον, M ١٨٠, 12, ١٨١, 2, 3 et 18, ٢٥٥, 10 (ubi vocales in Cod.). Debeo explicationem Clmo Wetzstein. Locus in Haurân ab eo nomen habet.

قعد IV, *munere deposuit*, H ٢٨٣, 17, opp. اقام. Sed اقعدوه في الملكة, H ٢٨٤, 3, *constituerunt in imperio* (Freytag), ut اقعدوه خليفةً, *Fragm. Hist.* ٥٧٩, 6 a f. — مِقْعَد, *pulvinar*, I ١٥٣, 19, ١٨٨, 4, H ٢٤٤, 22, ٢٤٥, 4, ٢٤٩, 15, Dozy.

قفز. قَفِيز, mensura in diversis provinciis diversa, in Irâk continebat 6 makkûk s. 30 minas, M ١٢٩, 1, in Mesopotamia 4 makkûk s. 60 ratl, M ١٤٩, 1, in Syria 8 makkûk, M ١٨١, 16, et diversa erat in urbibus Ammân et Çûr, ib. 18 seq.; in Africa et Hispania diversa erat, M ٢٤٠, 3 seq., in Marâgha 10 minas continebat, M ٣٨١, 9, in Perside diversae magnitudinis erat, I ١٥٩, 12 seqq., M ٤٥٢, 2 seqq. — قفيز القُفْل s. قفيز الغَلَق est ferrum aduncum quod excipit linguam claustri, i. e. seram *Mohît* (Dozy: *gâche*), M ٣٩٣ ult., *Alif Laila* ed. Macn. III, ٥٢٨, 5 a f. فانكسر القفيز, pro quo in ed. Habicht. القفل.

قلّ I. In lexico Freytagii legimus: »*vocabulum autem* قلّ *in negando adhibetur. Dicitur* قلّ رجلٍ يقول ذلك الا زيد *Kam. Hamas.* p. ١٥٨.'' Unde vix aliquis concluderet, *Kâmûsum* habere قلُّ رجلٍ يقول, Codex Leid. *Hamâsae* non tantum l. l., sed quoque ٤٣, 3 et ٣٧٩ paen. قلّ رجلٍ يقول. Utroque modo idem dici potest, et apud M ٧٩, 7 et 11, ١٣٠, 2, ١٥٧, 14, ١٩٧, 14, ١٩٨, 2, ubi recepi قلّ seq. Gen., aeque bene edere potuissem قلّ seq. Nom. Eodem sensu quoque adhibetur أقلّ seq. Gen., ut in locis *Hamâsae* laud. et in *Kâm.*, M ٤٣, 7 (solo loco ubi negandi potestatem habere videtur, nam Cod. C habet لا), ١٨٠, 1, ٢٧٩, 1, ٢٨٤ ult., ٣٢٠, 4, ٣٣٣, 1, ٤٩٥, 9, seq. من, ٢٤٣, 12, ٢٩٧, 7, ٣٠٥, 5. Adverbialiter أقلّ ما, *raro*, ut quoque قلّ ما (accus. adv. a قلّ) et قلّما, M ١٥ *b*, ١٢٩, 5, ١٨٣, 3, ٢٣٣, 2 (iuxta كثيرًا ما), ٣٦١ *d*, ٣٠٣, 10, ٣٣٦, 10, ٣٣٧, 9, ٤٨٢ *e*. Apud Freytag, قُلَّ ما male sub قَلَّ, et أَقَلَّ male sub أَقَلَّ est collocatum. — X, c. ب r., *aptus, idoneus fuit ad rem gerendam*, *Asâs:* هو لا يستقلّ بهذا الامر لا يُطيقه I ١٤٠, 12, ١٤٥ ult. (ubi استقلال est *ars, habilitas*), ١٤٦, 13, ١٤٧, 4 seq., ٢٨٩ ult., Jacût, I, ٤٦٠, 16 seq., Dozy. — *Satis habuit rei ut alia carere posset* ما يستقلّ به اهلها من, I ١٥٥, 12, pro quo H ٢١٥, 3 ما يُغْنِى اهلها عن; *necesse habuit*, I ٦٢, 4 (ubi C يحتاج اليه), ٢٠٥, 4, H ١١٩, 9, ٣٦٨, 6; — *suffecit, res necessarias praebuit*, I ٢٥, 14, H ٣٢, 15 عمان مستقلّة باهلها, I ١٠٠, 8 رساتيق مستقلّة بضياعها, ١٥٥ *m* secundum lect. A, B et L ما يستقلّ باهلها. Seq. عن significat *non suffecit* ut apud Jacût, I, ٨٤٣, 17. — *Habuit, possedit* spec. id quod similibus non est (Dozy), I ٢٠, 12 seq., H ٣٢, 15 seq. وليس بين المدينة ومكة منزل يستقلّ بالعمارة والاهل جميع السنة الّا الجحفة الخ »inter Mekkam et Medinam locus alius per totum annus cultus et habitatus non est, nisi Djohfa". — قِلَّةٌ in appos. قومٌ قِلَّةٌ, *pauci incolae*, H ٢٧٧, 14, Dozy.

قلب I, *effudit* aquam c. على, M ٤٤٤ *q*, *Alif Laila*, Macn. I, ٦١, 7, 'plerumque passive قُلِبَ *se effudit* c. فى, de mari, fluvio, canali, M ١٩, 4 et 5 (ubi n. a.), ٢٢ *q*, ٧٢, 4, ٨٠, 6, ٢٣١ *e* (ubi in textu فرغ), ٢٧١, 11, ٢٨٤, 7, ٢٩٠, 6, ٣٣١, 18 (n. a. seq. على), ٣٥٥, 7, ٣٧٩ ult., ٤٩٣ *m*. — II, intrans. pro تقلّب, ut حوّل pro تحوّل (Lane) etc., M ٢ *p*; — *examinavit, perscrutatus est*, M ٥, 2, Gloss. Moslim et Dozy. — V, *inconstans fuit* (*Vocab.* apud Dozy), M ٤١١, 1 وتقلّب اهل ممارة. — VII, *se effudit*, ut قُلِبَ, M ٣٣١, 17 et 22. — قَلْبُ اللوز, pl. قلوب اللوز, *nucleus amygdali*, M ١٨٠, 18, ٣٩٣, 13. Vid. porro Dozy.

قلد. قُلْدُ جُدَّة habet plur. قُلُود, M ١٠٥, 2.

قلع I, *extraxit* e fodina, I ٣٢٧ ult., H ٣٨٣, 2. Hinc مَقْلَعٌ, pl. مَقَالِعُ, *fodina, locus extractionis*, H ٢٤٨, 9 مقالع الزرنيخ, Jacût, IV, ٧٩٦, 21 (coll. V, 472, 2).

قُلْقاس describitur M ٢٠٤, 2 seqq.

قلقل I, *concussit*, de terrae motu, M ٤٢٦, 18.

قلم. ابو قلمون et اقليم vid. sub ا.

القَلَنْدس vocabatur festum hibernum quod Syrii Kalendis Ianuarii celebrabant, M ١٨٢ ult., Mas'ûdî II, 406, Bîrûnî ٢٩٢, 17 seqq., ubi verba خيرا كان corrupta esse videntur, Ibno 's-Schihna Ms. f. 81 r. Vid. quae egregie de eo disputavit Grünbaum in *Zeitschr. d. d. M. G.*, XXXI, 276 seqq.

قم. قِمَّة, ut quoque قِمّ, significat *zenith*. Dicitur صار النَجمُ قِمَّةَ الراس et قِمَّ الراس, *Asâs* in v. et sub كلأ (v. Gloss. Moslim), Kazwînî, II, ١١٣ med. الشمس راكدة على قِمّ رءوسهم (*supra verticem*) *Adjâib al-Hind*, Ms. Schefer, p. 15 الى ان يصير سهيل على قمة راسه. Hinc adhibetur eodem sensu quo سمت, H ١٥٨, 16 على قمّة سرّ من راى pro quo l. 15 على سمت بغداد. Sensu generali *vertex* habet quoque pl. أَقِمَّة, Jacût, III, ٣٣٤, 20, ubi de verticibus montis est sermo.

قمح. قَمْح habet pl. قُمُوح, H ٨٩, 12 et 16, *Vocab.* apud Dozy.

قمر. مُقْمِر, *albus*, *nitidus* ut luna (=اقمر i. e. ماه رنك Motarrizî), H ١٠٧*d*, ubi additur adiectivo اشهب, ut oriatur significatio *subalbus*, quo sensu quoque additur قرطاسى (q. v.). In praecedente الاصفر المدنَّر, posterius adiectivum est *nitidus ut denarius* (vid. Dozy sub دنر).

قمص I. N. a. قِمَاص (*Asâs*, sed secundum TA قُمَاص, dum قُماص erit praeferendum), *pavor* = نفور (TA), نِفَار et شِرَاد (*Asâs*), H ٧٠, 8.

قمقم I, *ultra satietatem se replevit cibo*, M ١٩١, 5 (=لوك 7). *Mohît:* قمقم فلان ما على المائدة تتبّع ما بقى عليها. Est igitur idem quod قَمّ I, II (Dozy), V (*Asâs*) et VIII.

قن. قانُون, pl. قَوانِين, appellatur *census soli si quotannis fixa pecuniae summa solvenda est* = مقاطعة, I ١٥٧, 3, Jakûbî ١٣٣, 3 a f. وخراج برقة قانون قائم, ١١٢, 7, Makkarî, I, ٩٣, 7 (= مال معلوم), H ٦٩, 20, ١١٨, 6, ١٢٨, 1

(فكان ذلك على اوقات مختلفة بقوانين متباينة), ۱۳۱, 19, ۲۵۰, 7, ۳۰۸, 1 et 6. Nonnullis locis fort. generaliter *tributum fixum* designat, ut H ٥, 2, ۲۱, 7. Quoque est *tributum de rebus vendendis*, H v. ult., *Alif Laila*, IV, ۲۸۳ ed. Macn. واما قانون السلطان فانه على البائع. — ارض القوانين et quoque absolute القوانين sunt *terrae tributo* مقاطعة *subiectae*, M ۴۵۲ ult., ۴۵۳, 2.

قنب. قُنَّبٌ. Memorabile est quod in urbe Askar Mokram in Khûzistân, mantilia etc. e cannabi fabricabantur, M ۴۱۹, 13 et o. Ex antiquitate de Thracibus narratur eos vestes cannabinas portasse, Hehn, *Kulturpflanzen*, 166 (2dae ed.).

قندهر. القَنْدَهَرِيَّاتُ, nummi in urbe Kandahâr cusi, H ۲۲۸, 14. Apud M ۴۸۲, 4 القنهرىّ est contractum ex القندهرى.

قنر. قِنَّارَةٌ non est ut e Golio Freytag, ex hoc auctor *Mohîti* descripsit: »macellum ubi veneunt carnes", sed *lignum* (aut *ferrum*) *longum parieti affixum multisque clavis instructum*, *de quibus carnes vendendas suspendunt* (Vullers, qui vero male deinde recepit Golii explicationem, TA: القنّار والقِنّارة (بكسرهما) الخشبة يعلق عليها القصاب اللحم يقال انه ليس من كلام العرب). Hinc dicuntur carnes esse vendive على القنارة, M ۲۴۳, 13, s. فوق القنارة ut in versu Ibn Haddjâdji apud Khafâdjî, *Schafâo 'l-ghalîl*, ۱۷۹, 1:

كانّ ساقيها على عاتقى . كراع شاة فوق قنارة.

قنطر. قَنْطَرَةٌ, *arcus* in archit., M ۱۹۹, 16, coll. Baedeker, p. 177, 5 a f. (Bogen), Jacût, II, ۸۹۹, 13 et 15, Gloss. Edrîsî. Cf. quoque Mobarrad, ٥٨, 5. — *Aedificium fornicatum*, I ۸۳, 2. — قِنْطَارٌ unus apud M ۹۴, 15 est circiter 6000 denarii.

قنع. مِقْنَعٌ habet pl. مَقَانِعُ, I ۲۱۳ *m*, Jacût, III, ۷۲, 7. — مُقَنَّعٌ. قلانس مقنّعة, *pilei rica velati*, M ۲۳۹ *c*.

قنهر. القنهرىّ, M ۴۸۲, 4, vid. sub قندهر.

قنا et قنى VIII, *educavit* bestias pecuarius, I ۲۰۳ paen., ۳۰٥, 3 (ubi n. a. اقتناء), H ۷۲, 17. — قِنْيَةٌ est *educatio* pecorum, feturae, lactis et lanae causa, I ١١٥, 11, H ١٨٧, 6, ٣٦٧, 4, Motarrizî اقتنيتُ المال اتخذته للتجارة لا للنسل مال اصل اى قنية لنفسى. Vid. locum Ibno 'l-Auwâmi apud Dozy. Pecora pecuarii appellantur مالٌ قِنْيَةٌ وقِنْوَةٌ وقِنْيَانٌ وقُنْوَانٌ (*Asâs* et *Miçbâh*) et quoque مال قُنْيَةٌ وقُنْوَةٌ (*Kâmûs*), et opponuntur شاة القنية et شاة اللحم (ovis ad cultrum emtum) *Hidâya* ٢٩٩; cf. apud Freytag قنىّ الغنم. — اسباب القنية sunt *res ad pecuariam necessariae*, H ٩٧ *i*. — قنية est quoque *id quod educat pecuarius*, H ١٠٧, 12 قنيتهم البخت. — Adhibetur quoque de educatione puellarum, H ٢٤٩, 20.

قهر. القاهريّات, monetae Indicae, I ١٧٣, 11 (ubi L quoque ut A et B العابهريات, sed O قاهرى, F فاهريات), M ٤٨٢, 3.

قُهْنْدِزٌ, pl. ات, explicatur I ١١٩ *a*.

قود V, *principatum obtinuit* in scientia, H ٢٥٩ *g*. — قائد, pl. قُوَّدٌ, apud M ٢٧٠, 15 seqq. eundem sensum technicum, *urbs primaria provinciae*, habet quem alibi حاجب q. v.

قور. طيلسان مُقَوَّرٌ, H ٢٢٣, 10, M ١٨٣, 14 cet., vid. Gloss. Edrîsî.

قوس V, *curvaturam fecit* fluvius s. mare *circa* regionem, c. على, M ٢٠, 5, ١٢٤, 9, ١٣٧, 3, ٤٨٤, 19. — تَقْوِيسٌ, *curvatura*, *sinus*, I ٧٩, 6 et 10, ٨٨, 13, ٩٩, 19, ١٥٩, 2, ٢٣٨, 5. — مُقَوَّسٌ id. (secundum analogiam معوّل), I ٧٩, 11 (ubi L تقويس) et 12.

قول I بمذهب فلان, *doctrinae alicuius addictus fuit*, M ٢٣٨, 7, Gloss. Edrîsî. — C. ب, *usus est* = استعمل, M ٩٩, 1 لا يقولون بالمماطر, *paenulis non utuntur*, ١٤٣, 7, ٢٢١ *g* لا يقولون بالمدن, *urbibus non utuntur*. Cf. quoque in comment. ad Harîrî, ١١٢, 14 كان يقول بالغلمان. — V sensu *faire usage d'une expression* (Gloss. Edrîsî) quoque cum ب construitur, M ١٢٥ *b*.

قوم I, c. ب, *suffecit*, H ٢١, 1, ٣٣٩, 12, M ١٩٢, 12, ١٩٣, 2, ٢١٠, 10, Dozy. — Hinc بلد يقوم بنفقته, *urbs cuius reditus ipsius expensis sufficiunt* itaque *ab alia non pendet* = بلد يقوم بنفسه, M ٤٧, 10, coll. ann. *b*. — Apud M ٢٩٤, 20 legitur ومرو التى قامت الدنيا. Videtur sive excidisse بها post قامت, sive و ex قامت, ut legendum sit قاومت »aequiparat" (cf. *Vo-*

cabulista apud Dozy et *Miçbâh*: القيمة الثمن الذى يقاوم به المتاع اى يقوم مقامه). — II, *consolidavit* canalem lapidibus, I ٥٠, 2, H ٩٨, 1, Gloss. Edrîsî; — *complanavit et recte divisit* agros agricola, I ٢٩٣, 8, ٢٩٤, 6, H ٣٤٥, 10, ٣٤٦, 12; — *calculavit ortum siderum* (ut syn. عدّل), H ٥٦, 15. قوّم الكواكب وعمل التقاويم والمواليد. Et التقاويم sunt *tabulae astrologicae*, vid. Dozy sub تقويم et Lane ad vers. *Alif Laila*, III, 282 n. 19. — IV يقيموا الزمر والطبل فى المواتيم, *tibiis canunt et tympanizant*, M ٤٤٠, 20; — c. ب, *sustulit*, *elevavit*, I ١٤٤, 3 a f. يقيمون براسه فى الحروب يحمل بين ايديهم على رمح; — c. ب, *suffecit*, H ١٢١, 14 (cf. Dozy, ubi constr. c. acc.); — c. ب, *praebuit*, H ٣٠٧, 16 »princeps Bosti multos (regi Khorasani) suppeditat milites, quorum stipendiis impenduntur tributa quae nomine regis Khorasani colliguntur". Cf. Dozy: *fournir*. — قَوَامٌ. Dicitur قوام تجارتهم بالفرس, *mercatura eorum nititur Persis* i. e. maximam partem a Persis exercetur, I ١٩, 8, H ٢٧, 9; العمال الذين بهم قوام السياسة, I ١٤٦, 7. — قِيَامٌ, *cura*, *protectio*, H ١٣٢, 17. — قَيِّمٌ, *balneator*, M ٣١, 3; Dozy: *serviteur dans des bains publics*. — قائمٌ. Dicitur سلطانُ البلد يقوم بنفسه, *princeps sui iuris est*, *non ab alio pendet*, Jacût, I, ٤١٦, 3, unde ortum est epitheton principis قائم بنفسه, *sui iuris*, *nemini parens*, I ١٠, 15, H ١٥, 8, ٤٥, 16 seq. et quoque omisso قائم dicitur ملك (عامل) بنفسه, H ٤٧, 6, ٥٦, 6, et, quoniam eodem sensu قائم بذاته adhibetur, ملك (عامل) بذاته, H ٤٧ ult. (cf. Dozy sub ذو); idem epitheton montis, urbis cet. est *separatus*, *seiunctus*, I ١٩ ult., ٦٧, 10, ١١٦, 3, ٢٠٢, 7, H ١٠١, 1, de mensura I ١٥٦, 15 ولهذا القفيز نصف وربع كلّ واحد منهما كيل قائم بنفسه, de navi H ٢٠٧, 4. — الاقامَة in precibus (vid. Dozy sub اقام), M ٨٠, 15, ٣٢٣, 12. Formula praescribitur e. g. ab Abû Ishâk as-Schirâzî, ١٧, 19 seqq.

قوى. قُوَّة, *subsidia* varii generis, H ٢١٠, 17 وايّده بوجوه القوّة من المال والكتب وغيرها, spec. *apparatus bellicus*, M ١٧٧, 9 خرج الناس بالسلاح والقوّة, Dozy: *munitions de guerre*, quoque *copiae*, Arîb Ms. Goth. f. 19 r. فاقاموا

ايّامًا ينتظرون القوّة من قبل السلطان — قوّة الهَوَآء, *salubritas aëris*, M ٣١٤, 13, ٣٣٢, 13, et *aër salubris* appellatur هَوَآءٌ قَوِىّ, M ٣٠٠, 1, ٣١٤, 14. — تَقْوِيَةٌ, *additamentum*, *incrementum agri conducti*, M ٢١٢, 17.

قيس. قِيَاسِىٌّ, *sibi constans*, *consentaneus*, M ١٤٣, 6, cf. 19 seqq.

كاردة. دُهْن كاردة, M ٤٤٣, 1, est idem oleum quod nomine دهن كاذى innotuit, nempe كاذى (كادى) est ipse arbor *pandamus odoratissimus* (vid. Dozy, Mas'ûdî, II, 202, Kazw. II, ١٦٤, 15), كاردة s. كاردو (Vullers: *flos dactyli*) appellantur *spathae*. Hic arbor enim palmae est similis (cf. etiam Vullers sub كادى et كدر) et quoque palmae species vocatur, atque e spathis eius oleum paratur. Nowairî, Ms. 273, p. 752 habet: واما الكاذى فهى نخلة الا انها لا تطول طول النخلة فاذا اطلعت الطلعة قطعتْ قبل ان تنشقّ ثم تلقى فى الدهن وتترك حتى ياخذ الدهن رائحته فيطيب به فان تركت الطلعة حتى تنشقّ صار بلحا وبتناثر ولم توجد له رائحة. Potus quoque ex iis paratur, vid. Ibn Djazla sub شراب et sub كاذى. Cf. porro infra sub ماء الطلع.

كاروانيّة, navigii genus, M ٣١, 15.

كبّ I et IV على الشىء مكبّة, *operuit aliquid operculo*, I ١٥. paen. فكانّ السماء بها مِكَبّة, ٢٩٣, 7, ubi l. قد أُكبّ على قعرها قدر نحاس عظيمة — ويكبّ عليه صندوق حديد, M ٧٢, 13 زرقاء مكبوبة على بساط اخضر. — مِكَبّةٌ, *operculum*, I ٢٩٣, 7 (vid. supra), H ٣٤٥, 8, M ٧٢ s, *Mafâtîh al-Olûm* f. 75 v. على هيئة الطبق ذى المِكَبّة, Kazw. II, ٩٤, 16 et 19 (ubi sic l. pro مكنّة), *Alif Laila*, III, ٤٢٥ Macn. (Fl. IX, ٢٠٩ ult.), ٦٣٠ (ubi Lane III, 313 vertit *cover*), Dozy, qui quoque habet مِكَبٌّ. Khafâdjî, ٢١٣ habet مكبّة et in exemplo مِكَبٌّ.

كبر. كَبِيرٌ, *caput*, *princeps*, I ٢٦, 14, H ٣٣, 12, Dozy.

كبس. كَبْسٌ non tantum est *terra qua oppletur fluvius puteusve* s. *quae supersternitur agro ad complanandum* (Motarrizî), unde quoque latiore sensu *terra*, Hamza ed. Gottwaldt, ١٦٢, 6, Samhûdî, ١٨٣, 5 a f. وقد علا

اللبس على كثير من البلاط ولم يبق ظاهرًا منه الّا ما حول المسجد النبوى, sed etiam est *terra congestione fossarum cet. parta* ut apud M ١٦٤ *a*, ubi dicitur Tyrus constare duabus partibus, altera حيطان ثلاثة بلا ارض »tres muri sine terra" i. e. portus, altera كبس i. e. terra firma. Hinc quoque probabiliter explicandum est illud كبس, pl. كبوس, de quo v. Gloss. Belâdh. p. 16 sub بعل.

كتب. كَتَابَة, *ars epistolarium*, I ١٣٩, 3 (ubi L كِتْبَة), ١٤٥ ult., Dozy. — السقف كلّه ذَهَبٌ مُكَتَّبٌ apud I ٩٠, 12 est *totus auratus erat et inscriptionibus et figuris (varii coloris) ornatus*, ut patet coll. M ١٥٧, 13 et H ١١٥, 14, qui habet كله ذهب مكتوب عليه. Habet igitur hic significationem fere eandem quam in تكتيب الجارية q. v. apud Dozy.

كتف. كَتِيفٌ, *benignus*, ut رفيق (non كتف = رفق), M ٣١١, 5. Cf. supra sub دعوة.

كثر VI. Dicitur كَثُرَ مالُه وتكاثرت امواله (*Asâs*). Hinc التكاثُرُ est *quaestus pecuniae*, M ٩٨, 1. — كَثْرَةٌ, *populositas*, M ١٩٩, 11.

كثف VI, *confertus*, *densus fuit*, de pagis, I ٥١, 1, de palmis, Jacût, I, ٩٧٢, 9, de cultura, H ٧٧, 5, ٣٨٩, 4.

كحل II, *induxit* lapides gypso, M ٢٣٩, 8.

كخّ. Legimus M ٢٨٥, 8 بنوا لانفسهم كخاخات, *tuguria sibi construxerant.* Jacût pro eo habet اكواخًا, et, si lectio sana est, pluralis debet esse formae aliae vocis كوخ, quae e Persico كوخ s. كُخ orta est.

كدّ. كَدٌّ. Dicit M ٤٤٢, 13 de panno qui durat nec cito usu deteritur, لا شبه لها فى الكدّ, quae vertenda videntur *parsimoniae ratione habita*, coll. كدّ = الكسب وطلب العمل فى اشتدّ (*Mohît*), اكدّ, اكتدّ, *tenax fuit*, رجل كَدُودٌ, *qui non facile dat* (*Asâs*).

كدر. كُدْرَةٌ est *color fuscus*, *pulvereus*, M ٩ *k*, pro غبرة quod est in textu. TA: الكدرة من الالوان ما نحا نحو السواد والغبرة. Est igitur quoque *gris tirant sur le noir* (Dozy).

كدى II. مُكَدٍّ, *mendicus*, M ۴۲۹, 12, ۴۴۱ *a*, Jacût, IV, ۸۹۴, 14, Imrânî, Cod. 595, p. 163, Gloss. Fragm. et Vocab. apud Dozy.

كذن. Pers. كُدَنْك (كدنگه) s. كُدِين (كدينه), *tudes fullonum*, apud scriptores Arabicos occurrit sub formis كُذِينق (Djawâlîkî ed. Sachau, ۱۳۲, *Morgenl. Forsch.*, 139), كوذينة et كذينة (*Hamâsa*, ۸۱۹, 1 seq.), كُوذِين (Djawâlîkî l. l.) et كودين (*Hamâsa* l. l.), كُذِين (Jacût, III, ۷۹۱, 11 et 21, ubi male كُذَيْن) et كُدِين (Kazw. II, ۱۵. med. et 9 a f.). Apud Khafâdjî, ۱۹۱ male كذنيق et لورينا. Plur. est كوانين (كوادين), M ۱۴۵, 7.

كر. كُرّ, mensura nota, in Djondaisâbûr continebat 480, in Ahwâzo 1250 minas, M ۴۱۷, 18 seq.

كرب. كَرْب est proprie *angustiae* et adhibetur de calore opprimente, spiritum intercludente, M ۳۵۸, 2 حرّه شديد مع كرب وذبّان, ۴۱۰, 13, Mas'ûdî, I, 347 paen., 348, 2 (ubi minus recte editor vertit »fatigue"). — كَرِب, fem. ة, *angustus* de domibus, M ۳۰۵, 17 et dicitur بلد كرب البيوت, ۲۰۰, 2 et absol. eodem sensu بلد كرب, ۳۱۵, 15; *opprimens*, *spiritum intercludens* calor, hinc de nocte M ۹۵, 6, de urbe ۱۱۹, 3, ۱۹۱, 2; quoque de regione frigida, tristi, iuxta قشف, M ۳۵۴, 7, ۳۵۵, 6.

كربس. كِرْباسة, *pannus carbasi resectus*, M ۹ *a*, ۱۰, 12, Nowairî Ms. 273, p. 808 ثم يعتصر فى كرباسة نظيفة طيبة.

كرتك, nomen piscis in Tigride, M ۱۳۰ *p*. Si nomen habet a vestimento كرتك (Ar. قرطق), forte quoque statuendum erit piscem ساح nomen habere a vestimento ساج, itaque nomen scribendum esse ساج.

كِرْداب, *gurges*, Pers. گرداب, H ۱۹. *k* et in fragm. Pers. I ۳۰. *z* pro دردور apud Kazw. I, ۱۱۷ ult. seq.

كرك. كُرْكِيّ in يوم الكركى et سوق الكركى est Graecum κυρίακος, et significatur eo *dies solis* et *forum diei solis*. Vid. I ۱۸۳, 7 seqq., qui putat diem a foro nomen accepisse, H ۲۴۱, 11 seqq., M ۳۸۰, 6 seq. Quoque transiit vocabulum in linguam Zinganorum, in qua dies solis *Kurko* appellatur, Pott, *Zigeuner*, II, 116.

كركر I explicatur M ٣١, 10 per هديها, ut edidi secundum C. B habet sine punctis et opinor legendum esse هدّنها, quod verbi كركر est synon. sensu *inhibuit*, *retinuit* (ثبّط). TA كركرته لم تدعه يمضى *non sivit progredi.* C acc. p. et عن alterius occurrit M ١٢٩ ult.

كرم. كَرْمٌ. Pl. كرمات, quam *Vocabulista* habet pronuntians كُرْمات, occurrit apud M ٢١٩, 1, ٢٣٣, 13 et 15, ٢٣٤ *e* et *h*, ٢٣٥, 8 et *d*, tantum in descriptione Hispaniae, unde probabile fit secundum regulam ٣٢, 4 seqq. hanc formam Occidenti esse propriam. — In Tabaristân lignum vitis a fabris lignariis adhibetur, H ٢٧٢, 6. — كرامىّ appellatur species dactylorum in provincia Basrensi, M ١٣٠ *p.* — الكرّاميّة memorantur M ٣٧, 7 et 19, ٣٨, 2 et 4, ٣٩, 1, ٤٠, 14 et 15, ٤١, 8, ١٧٩, 19, ١٨٢, 14, ٢٠٢, 16, ٢٣٨, 14, ٣١٩, 2, ٣٢٣, 6 et 12, ٣٣٩, 8 et 11, ٣٥٧, 2, ٣٦٥, 9 et 11, ٣٧١, 9.

كرماشانىّ appellatur optima species dactylorum in Kirmân, M ٤٧٠, 12.

كرى. كِرًى dicitur pro كِرَاءٌ, *locarium*, *conductionis pretium*, M ٢٥ ann. l. 3 seq., ٢١٢, 16 seq.; المباضىّ بالكرى, *pro usu lavacrorum pretium solvendum est*, M ١٢٩, 10; جلّدتُ المصاحف بالكرى, *libros compegi mercede*, *quaestus causa*, M ٤٤, 14. Vid. Bocthor apud Dozy.

كُزُودَه et كزودا est parva illa et perniciosa species scorpionum in Askar Mokram, quae Arabice جرّارة appellatur, I ٩٢ *l*, M ٤١٠, 5. Hinc corrigatur Vullers sub كُزود, كُوزد et كُوزده et Freytag sub كزود. An cohaeret cum كزدم *scorpio* affirmare nequeo.

كسح VIII idem significat quod I nempe قطع الشىء واذهبه (*Miçbâh*), i. e. *exstirpavit*, *delevit*, *solo aequavit*, H ١٤٢, 2 فاكتسح اشجارها, ٢٣٧, 14 اكتسح (السور) جميعه.

كسر. خُفٌّ بِكَسْرٍ s. خُفٌّ مَكْسُورٌ s. خُفٌّ مُكَسَّرٌ est, ut videtur, *calceus a postica parte reflexus*, I ١٣٨, 5, 7 et 9 (ubi Cod. F vertit per پاره), H ٢٠٥, 18, 21 et *g*, Mowasschâ f. 122 v. الخفافُ المكسورة الكُتّابيّة et f.

124 v., coll. Dozy كسر كعب زربولة *éculer, plier les quartiers d'un soulier en dedans.* — صُلْبُ المَكْسِرِ (*Asâs* et TA), *egregius*, de granis, H ٩٥, 10. — مُكَسَّرَة de nummo proprie est *improbus* (opp. صحيح), *Ikná* ad Abû Schodjâ', I, ٢٩٣, ٢٩٤, ed. Bul., sed in Transoxania المكسّرة (الدراهم) est species nummorum, I ٣٢٣, 4, H ٣٧٤, 1.

كسا. كِساء, pannus laneus campestrium qui pallii et stragulae vicem fungitur (Dozy), H ٥٨, 11, ٧٠, 1. Notabilis est locus H ٤٧, 14 فجعلت (صنهاجة) عشرة من اهلها (اهل قابس) فى كساء, quod fortasse significat eos vendidisse incolas, decem pro uno *kisâ*, ut vendebantur Judaei tempore Hadriani.

كشف VII de agro, *incultus fuit*, M ٤٥٣, 2.

كعك. كَعْكَة, panis Aegyptiacus siccatus qui durat annum et exportatur in Arabiam, M ١٩٥, 12, ٢٠٥, 13 et *l*, *Fâik*, I, 250, 3 a f. كانوا يتزافَدُون فيشترون الجُزُرَ والكَعْكَ والسَّوِيقَ ويُطْعِمون الحاجّ. Vid. porro Dozy.

كاغد. Optima charta fabricabatur Samarcandi (cf. v. Kremer, *Culturgesch.*, II, 307), I ٢٨٨, 11, H ٣٣٧, 5, M ٣٢٦, 4. — كاغدة, *folium chartae*, M ٩*a* = ورقة, ١٠, 13, pl. كواغد Ibn Bat. IV, 260, 5 (= قِطَعُ كاغد l. 2), 262, 6. Pl. كَوَاغِيد sensu coll. *charta* apud Thaâlibî, *Latâif*, ٩٧, 12 ومن خصائص سمرقند الكواغيد التى عطّلت قراطيس مصر, ١٣٦, 7 وقراطيس مصر للمغرب ككواغيد سمرقند للمشرق.

كفّ. كَفّة, pl. أكُفّ, in Ispahân et Khûzistân est nomen mensurae aridorum, M ٣٩٨, 2, ٤١٧, 17 et 19.

كفر II. Non tantum dicitur كفّر عن يمينه, sed quoque كفّر يمينه (Motarrizî عامّى, *Mohît* لا يقال; cf. apud Dozy مكفّر), et constr. c. ب rei qua expiatur iusiurandum, M ٩٨ ult. »expiavit hac mensura vota sua Omar, i. e. plus dedit quam si mensura minore usus fuisset'', Kazw. II, ٢٠٨, 2 et 3. — كافورى v. sub اجاص.

كفى. كِفايَة, *conditio eius qui satis habet*, M ٣٣, 1. Dozy. — كافٍ,

is cui rem confidere potes, *par rei*, *fidus*, *dexter*, H ٢٣, 1, Dozy. Eodem sensu occurrit كَفْءٌ (pro كفو), Dozy, pl. اكفاء, Jacût, II, ٩, 6. Hinc *administrator*, *praefectus*, H ٤, 8, ٣٤٢, 9, Dozy.

كلب. الكُلَّابِيَّة, sectarii qui memorantur M ٣٧, 6, 10 et 17. Nomen habent a Mohammed ibn Kollâb. In *Mafâtîh al-Olûm* f. 9 v. annumerantur traditionis asseclis (اصحاب الحديث).

كَلَاتٌ, *arx*, *castellum* (Pers.), M ٣١, 4.

كَلَانٌ, *magnus*, *largus* (Pers.), M ٤٦٩ ult. Cf. Jacût sub كلان رون.

كلف V, *erogavit* pecuniam, *suscepit expensa*, H ١٢٣, 8, Dozy. — كُلْفَةٌ, pl. كُلَف, *sumptus*, *impensa* (Dozy), بغير كلفة لاحد *gratis*, H ٤٧, 1. — *Tributum*, H ٢١, 7, Dozy. — مُكَلَّفٌ, per elisionem vocis نفسه ut in كلّف اليه (*Mohît*), videtur idem significare quod مُتَكَلِّفٌ, *qui suscipit rem*, *cui par non est* (Baidhâwî, II, ١٩٢, 17) s. *quae ad eum non pertinet* (وقّاع فيما لا يَعْنِيه عِرِّيض للفُضُول *Asâs*), M ٧٤ ult. Fort. quoque apud Jacût, I, ٩٨٣, 20, ubi Wüstenfeld (V, 80) iubet legere المكلّف الصانع, scribendum est المكلّف.

كلم II, *loqui fecit* daemon simulacrum, M ٢١٠, 15. — كَلِمَةٌ. Dicitur de principe عَلَتْ كلمتُهُ, *auctoritas eius invaluit*, H ١٩, 11. Vid. Dozy. تشتّتت كلمتُهم, *concordia eorum dirupta fuit*, H ٢١, 18; جمع كلمتَهم, *eos inter se reconciliavit*, *concordiam eorum restituit*, H ٢٢, 13. Vid. porro Dozy. — كَلَامٌ, *nugae*, *ineptiae*, *fabulae*, M ٢١٢, 21; cf. *Miçbâh* كلام لا يفيد. — أَهْلُ الكَلَامِ memorantur M ٣٧, 6, ٣٨, 4.

كمّ. كُمٌّ apud H ٣٧, 5 videtur esse *exitus angustus*, qui cum manica comparatur. Cf. I ١٥٩, 1 (H ٢١٩, 4).

كمن. مَكْمَنٌ, pl. مَكَامِنُ, *latibulum*, M ٤٨٩, 3, ٤٩٠, 6, Jacût, I, ٣٩٣, 16, ٨٢١, 22, Dozy.

النِّعَالُ الكَنْبَايَتِيَّةُ sunt sandalia Indica quae potissimum in urbe al-Mançûra fabricabantur, sed nomen habent ab urbe Kambâja (كنبايه), M ٤٧٩ *l*,

٤٨١, 15, ٤٨٢, 9, Mas'ûdî I, 253. Hic editum est النعال الكنباييّة, quam lectionem praetulissem, nisi Cod. B semel distincte haberet ut edidi et idem ter exstaret apud Mowasschâ f. 91 v., 122 v. et 124 v. In Cod. C lectio corrupta est in الكتانيه et quoque apud Nowairî Ms. 273, p. 57: كنبايه (l. كنبايّة) والبها ينسب القماش الكتبانتى (sic). Appellantur quoque النعال السِنْدِيّة, Mowasschâ f. 161 v. et 179 v., ubi نعل سندىّ مدهون.

كندر. كُنْدُر est *thus Jemanense* quod ex as-Schihr provenit, M ٨٧, 10, ٩١, 1 et 13, Mas'ûdî III, 55, Ibn Bat. II, 214, Nowairî Ms. 273, p. 788.

كندك. ثياب الكُنْدَكيّة apud M ٤٤٢, 4, videtur esse *pannus laneus crassus*, coll. Pers. كُنْدكى »coarseness" et كُنْدَه (opp. باريك *subtilis*).

كنر. كنورا apud M ١٣١, 10 explicatur per وَتَد *paxillus*. Lectio non certa est, nam B habet كبودا, sed saltem littera ر confirmatur loco Abu 'l-Kâsimi de re nautica f. 98 v., ubi dicit apud nautam (بين يديه) esse: كنور (sic) وكدل ومُردى مقبّر ومهار ومزارق وسكّة وقفر وبلدى (sic) وللكا (sic) وهوادى ومجاذيف وشراريف وهو يصلح الكار ويدخل فيه الشل ويركب فيه المجذاف. Multa in his verba obscura sunt; pro كدل fortasse legendum كدك et hoc sumendum sensu كدنك *malleus;* كار est *cymba* ut patet e loco in *Adjâib al-Hind* Ms. Schefer, p. 47 فسلمتُ انا والاثنا (sic) فى الكارين والدوانيج.

كنس. كَنيسة, pl. كنائس, *pilentum* maius quam محمل, minus quam عمارية, M ٤٤, 15, ١٣٤, 3; Motarrizî: والكنيسة — شبه الهودج يغرز فى المحمل او فى الرحل قضبان ويلقى عليها ثوب يستظلّ به الراكب ويستتر به فعيلة من الكنوس. Vid. quoque *Miçbâh* et *Mohît*. — مِكْنَسَة, *scopa*, quoque de elegantioribus, quae dono dantur, ut apud Thaâlibî *Latâif*, ١٢٠, 5. Tributum Isbîdjâbi constabat quatuor danicis et scopa, quo symbolice agnoscebatur dominium Samanidarum, M ٣٤٠, 3.

كنف IV c. ب, *circumdedit*, M ٨٤, 1, ubi sic distincte habet Cod. B. Constructio est secundum analogiam verbi احاط, ut quoque in حفّ به.

Significationis *circumdedit* fortasse exemplum habemus in loco Samhûdîi, ٢٥٠, sed quoque 2a forma esse potest: وسماها بعضهم العرصة الصغرى لان العقيق الكبير يكنفها من احد جانبيها وتكنفها عرصة البقل من الجانب الاخرى. — كَنِيفٌ, adiect. *circumseptus* de pago, M ٣٣٠, 3. — مُكَتَّنِفٌ, *late expansus* de regione, I ١٠ ult. (ubi plurimi Codd. habent ملتفّ), eodem sensu quo lexica habent لحية مكنّفة i. e. عظيمة الاكناف.

كَهْرَوًا, *succinum*, pro كهربا, M ٣٢٥, 3.

كور. كَارَةٌ, mensura aridorum, de qua v. Dozy, M ١٤٥, 16.

كولكان (s. كوركان) est productum proprium Isbîdjâbo et Ferghânae, H ٣٩٨, 1, sed quid potissimum sit, efficere nequeo. Fort. non differt a كيلكان q. v. apud Vullers.

كان I saepe post praedicatum ponitur, sensu *olim fuit*, I ١٤٤, 6 من الازد المقيمين كانوا ببخارا, *ex Azditis qui olim Bokhârae degebant*, H ١٩, 18 اهل البحرين المتّصلين كانوا بموالينا, *principes Bahraini, quos inter et dominos nostros (Fatimidas) olim necessitudo exstabat*, ٣٥, 14 فغير مسلوك كان, ١٠٨, 9 الثغور المعروفة كانت قديمًا بالجزيرة, ١٤٢, 1, ٢٢٣, 5, Tabarî sub anno 178 هرثمة بن اعين فى عدّة من القوّاد المضمومين كانوا اليه, Jacût, III, ٤٨٩, 2 قوم من النتّاء المشهورين كانوا, IV, ١٩٠, 2 عند الجسر كان, Abû No'aim, Hist. Ispah. Ms. 568, I, f. 92 r., 3 a f. امام الجامع بالمدينة كان. Cf. quoque I ٤٠, 3, et Tabarî I, ٨٥, 9 من اجل اعجابه بنفسه لشدة اجتهاده كان فى عبادة ربّه. Quoque sine praedicato كان est *olim fuit*, M ١٩٨, 15 حتى يقال كان هاهنا مدينة, Jacût, II, ٩١, 3, ubi tamen quoque ut supra explicari potest, III, ٢١٢, 22 الا بان يكون كان *nisi quod olim sic fuit*, Freytag, Prov. III, 462, n. 2784 كانت حَلَبُ. Huc pertinet scholium ad ultimam elegiam in diwâno Abû Tammâmi

اخر عهدى به صريعًا للموت بالداء مستكينا

يقول المستكين الذليل الذى قد ظهر عليه البوس قال ابن احمر

ولا تصلى بمطروق اذا ما سرى فى القوم اصبح مستكينا

وكان ابو على الفارسى يعيب على رجلين من اهل العلم كان سالهما عن اشتقاق

استكان ثقالا من السكون وقد يجوز ان يفجأ الانسان المسالة فيخطئ فيها وفي الهيّنة ووزن استكان أستفعل واصله استكون ولو كان من السكون لوجب ان يقال استكن وانما اخذ من الكون لانهم يقولون للشىء اذا تولى هذا شىء كان اى هو الساعة قد نقص واضمحلّ ولذلك قالوا للرجل المسنّ كنتيّ اى يحدّث ويقول كنت وكنت فكان قولهم استكان اى ضعف من (sic fort. leg. عن) الاشياء التى يخبر عن حالها الماضية فيقال كان من امرها كذا. Est igitur كان *olim fuit*, *non amplius est statu quo antea fuit*, استكان, secundum hunc locum et comm. ad Harîrî ۴, *infirmus*, *humilis*, *vilis factus est*, *postquam antea fortis*, *superbus*, *nobilis fuerat*, itaque formula لا كان ولا استكان, de qua egi in Gloss. Fragm., tanquam benedictio explicari potest »ne intereat, neve in peius mutetur", quod saltem in loco Chrestom. Kosegarten, p. 16 optime convenit. Synonyma formula est عشتَ ونُعْشتَ apud Harîrî, ۵۹, 4 (2dae edit.), in qua عشتَ = لا كنتَ et نُعشتَ = لا استكنتَ. Loco Chrestom. p. 14 لا كان الشرب ولا استكان primo obtutu minus convenire videri posset, sed iocose additur a puella »vivat et floreat compotatio", quasi vellet »quamvis amem compotationem, sine te mihi nequaquam placet", et hanc ob causam ridet khalîfa. Explicari quoque potest »vivant et floreant compotatores". Revera vulgo لا كنتَ habet sensum plane contrarium, ut in loco *Mohîti*, Mas'ûdî I, 218, Zamakhscharî, *Colliers d'or* ed. Barb. de Meynard, p. 38, Freytag, Prov. III, 463 n. 2789, ut لا قمتَ in loco Tabarîi sub anno 158, Cod. Berol. f. 177 r. قُمْ عنّى لا قمتَ, cf. Mas'ûdî, VI, 198 اجلس لا جلستَ, sed استكان sensu تكوّن, ut ego suspicatus fueram et recepit Wright, *Gramm.* II, 327, § 161 »never come to life", aut tanquam sequela amplificans verbi كان, ut explicat Dozy, aliunde notum non est. Praeterea, hoc casu, loco p. 16, ubi puella amantem alloquitur, formula sive esse debet prorsus otiosa, ut ego posueram, sive lectio mutanda est in لا كُنتُ ولا استكنتُ, ut iubet Dozy. — دابّة ما كانت, *animal quodlibet*, I ۵., 12; اهل الزهد كائنًا ما كانوا, M ۱۳۹, 12; vid. Gloss. Fragm. — مَكانٌ. Notabilis est locus H ٢٣٨, 1 سأل القصّابَ ان يعطيه من الشاة مكانًا آثر اخذه »rogavit lanium ut sibi daret certam partem ovis quam potissimum accipere volebat".

كيج. كَيْجِيّ, mensura aridorum in provincia Indica Tûrân, M ٤٨٢, 1, nomen habet ab urbe كيج s. كيز.

كيد. كَيْدٌ, *bellum*, *pugna*, H ٧٨, 17, Gloss. Belâdh. et Fragm. et Dozy; — *pugnandi cupiditas*, H ١٤١, 6 وقلوبهم تضطرم حقدًا وتفور كيدًا.

كيس. الكَيْسانيّة, secta Schî'itarum nota, I ٢١, 9, H ٢٨, 17.

كيل I, *produxit*, *dedit*, الضيعة تكيل كذا وكذا كرّ حنطة, H ١٤٥ *o*, ubi textus تُغِلّ, Tabarî sub anno 137, p. ١٠٩ ان كسكر كالت عام اوّل كذا وكذا. — كَيْلٌ, mensura aridorum (sex modios continens), M ١٠٤, 11; vid. Dozy. — كيلجة (Freytag sub كلج), quoque كيلقة, كيلكة et قيلقة (Djawâlîkî ١٣١, Khafâdjî, ١٩٣), mensura aridorum in diversis provinciis diversa, M ١٢٩, 2, ١٨١, 15 seqq., ٣٨١, 9, Nowairî, Ms. 273, p. 801 بالكيلجة الشامية ومقدار كلّ كيلجة ثمن اردب بالكيل المصرى. In Irâko, teste Arîb, Cod. Goth. f. 69 r. erat pars vicesima quarta kafîzi. *Mafâtîh al-Olûm* f. 6 r. وكلّ مكّوك ثلث كيالج والكيلجة وزن ستمائة درهم.

كيمُخْت, corii species, de qua v. Vullers, M ٣٢٥, 3.

لأى. لَأْوَآء, *adversa fortuna*, *inopia*, *aerumna*, quoque pronuntiatur لَأْوَى si fides habenda est Codd. M ١٥١, 21. Sin minus corrigendum est لَأْوَآ, ut vult von Kremer, laudans exempla Mobarrad ١٠٩, 11 et Zarkânîi Comm. ad Mowattam IV, 59. Quum homoioteleuton totius pericopae sit *â*, vetamur legere الحَوَّارِى (q. v.) et لاوِى a verbo لوى (sive a partic. لا, Wright, I, 266 (p. 185, 2dae ed.), et explicare »et Hierosolymae, urbs egregia nemine negante". Vertendum itaque est »et Hierosolymae urbs egregia immunis adversitatis". Locis laudatis addi possunt *Fâik* II, 424 فى الحديث من كان له ثلاث بنات فصَبَرَ على لأوائهنّ كنّ له حجابًا من النار، اى على شدّتهنّ يقال وقع القومُ فى لاوآءٍ ولَولآءٍ ومنه اللَّأْى الرجل اذا افلس, *Asâs* هم فى لأوآء العيش فى شدّته, Aghânî, IX, ١٤٥, 5 a f., XI,

١٧٠, 19 cet. E loco Zamakhscharîi patet lectionem Freytagii لاولاء falsam esse, et lexico addendum est لولاء, v. quoque *Mohît*.

لبّ. لُبّ الرّمان, *malum Punicum* ut حبّ الرمان (q. v.), inter producta Balkhi enumeratur M ٣٢٤, 10. Cf. Dozy.

لبس V sensu quem habet Bocthor: *s'attifer*, *s'endimancher*, *se parer*, *se requinquer*, M ٤٧٩, 13, ubi تلبّس est *magnificentia in vestibus et ornatu*. Cf. *Asâs:* وتلبّس بلباسٍ حَسَنٍ ولباسًا حَسَنًا.

لبق. لَبِقٌ, *pulcher*, *elegans*, de pandocheo, M ٣١٩, 13 خان لبق. — لَبَاقَةٌ, *venustas*, *elegantia*, de hominibus, M ١٤٠, 4, ١٥٢, 4, ٢٨٥, 1, ٣٠٤, 14, ٣١٥, 2 et 21, ٣٥٥, 2; de foro et aedificiis, M ١٩٧, 13, ٤٢٩, 13. — أَلْبَقُ compar., M ٣٤, 14.

لبن. لِبْنَةٌ, *massa* panis (carré de pain, Laib Brot), M ٣٧٣, 14 لخبز بدانق لبنان. — مَلْبَنَةٌ, pl. مَلَابِنُ, est idem dulciarii genus quod ملبّن appellatur (Freytag et Dozy), ut patet si cum locis Ibn Bat. I, 186 et Jacût, III, ٨٧٢, 17 comparantur *Mohît* et Berggren 269, n. 111. Exempla pluralis M ١٨١, 3, ٣٢٥, 5, ٣٣٩, 1.

لجأ IV الضيعةَ الى فلان, sensu quem illustravi in Gloss. Belâdh., I ١٥٨, 15, H ٢١٧, 20. Addo locum ex *Mafâtîh al-Olûm* f. 20 v. التلجئة ان يلجئَ الضعيفُ ضيعةً الى قوىّ ليحامى عليها وجمعها المَلاجئُ والتلاجئُ وقد يُلجئُ القوىُّ الضيعةَ وقد لجأها صاحبها اليه.

لجج II, eodem sensu quo التجّ, denom. a لُجّةٌ, *vastum et profundum factum est* mare, M ١٢, 10.

لجم IV. Zamakhscharî habet in *Asâso:* الجَمُوا القِدْرَ اذا جعلوا فى عُرْوَتها خَشَبَةً فرفعوها بها ويقال حَمَلُوها بلجامها, sed الجم المكيال est *mensuram superne ora metallea munivit*, M ٢٤٠, 6. Talis mensura appellatur مُلْجَمٌ, Mobarrad, ١١٢, 5 فالوسقُ خمسة اقفزة بمُلْجَم البصرة, Motarrizî: والمكيال الملجم صاعان ونصف وهو عشرة امداد.

لحف. لِحَافٌ. Inter producta Khowârizmi memorantur M ٣٢٥, 5 ثياب اللُّحُف i. e. ut vid. *panni lodicibus idonei*.

لحم. لَحَّامٌ, *lanius*, M ٣٠, 15, ٢٢٥, 17, Dozy: *boucher*. — مُلْحَمٌ, pannus de quo v. Dozy, praecipue Naisâbûri et Marwi fabricabatur, unde dicitur الملحم الخراسانى s. الملحم النيسابورى, Mowasschâ f. 121 v., 124 r., sed quoque in Syria, vid. M ١٨٠, 13, ٣٢٣, 19, ٣٢٤, 6, ubi vestes ex hoc panno vocantur الملاحم. P. ٣٢٣, 19 legimus الملاحم بالقز et Mowasschâ f. 121 v. memorat المُلْحَم الخزّى.

لزم VIII السؤال, *respondendam suscepit quaestionem*, M ١٧, 5, ut التزم المال est *solvendam suscepit pecuniam*, Agh. I, ١٥٧, 4 a f., *Miçbâh*. — لازِمٌ, *tributum*, H ١٣٤ ult. — لازمة. لَوازِمُ, eodem fere sensu quo نوائب (Gloss. Belâdh.), H ٢٣٩, 14; in Africa *portoria*, H ٤٤, 13, ٤٩, 2, ٥٤, 4, ٧٢, 3 et 7, ٧٧, 13; varia alia tributa H ١٣١, 19, ١٣٢, 8, ١٤٢, 19, ٢٥٠, 2 et 7, لوازم المراكب, H ١٦٢, 11. Vid. porro Gloss. Edrîsî.

لسن. لِسانٌ. لسان الزاوية, *extremitas anguli*, *ipse angulus*, M ٧٢, 9. — مُتَلَسِّنٌ sive idem quod ملسَّن, *in linguae modum mucronatus*, sive *multis linguis* (terrae) s. *sinubus praeditus*, M ١١, 8.

لصق VI, *contiguae fuerunt* domus, H ٨٤, 17, Abû Ishâk Schirâzî, ٣٢٣, 12.

لطف. Ut لَطَفٌ, pl. أَلْطافٌ (Gloss. Fragm.), quoque لَطَفَةٌ, pl. لَطَفٌ, significat *cupedias* (friandises) e. g. Kosegarten, Chrest. 30, 3, ubi iam Weyers correxit لَطَف et Mas'ûdî IV, 209, ubi quoque sic legendum pro لُطَفٌ. Hinc probabiliter لَطَفٌ habet significationem *vinum*, Ibn Dihja, *Tanbîh al-baçâir*, Cod. 581 (1) in v., ubi tamen significatio propria dicitur esse *donum Dei:* اللَّطَفُ بفتح اللام والطاء اسم اصطلح على وضعه والحاقه باسمائها الاعلام ، اهلُ التجُرّة من الفسقة على انتهاك حُرمة الاسلام ، الخ. Occurrit apud H ١٤٢, 20 ضرائب الخمر وهى اللطف عشور, ١٤٥, 15 et ١٤٩, 13, ubi subintellecto ضريبة est *vectigal vini*. — لَطائِفُ, pl. a لطيفة, *dona* (= الطافٌ), H ٢٥٥, 7.

لطم VI الامواجُ, *colliserunt undae*, *mare commotum fuit*, I ٣١, 2, H ٣٧, 10, Dozy.

لَطَى (لطًا, لطىً) I et VI, *depressus*, *humilis fuit*, M ٧٧, 4 جبل متلاطٍ

(pro quo Ibn Djobair ۱۷٥, 5 جبل منتظمين), 5, ٨١, 18, ١٩٩, 15 اروقة لاطية, quas Baedeker, 177, 2 appellat *kleine Bogen.* Vid. Gloss. Fragm. Additur لطا بالارض s. لطى dici de fero quod *se demittit* quo melius insiliat in praedam, Mas'ûdî, III, 12, 8, aut quod *demisse serpit versus praedam*, dicitur رايتُ الذئبَ لاطئًا للسرقة, ut quoque de venatore (TA). Hinc quoque planta dicitur *serpere* بالارض, فى الارض s. مع الارض, Ibn Baith. sub ابو قسطس, Ibn Djazla sub سورنجان.

لعب. مُتَلَعِّب, *musicus*, M ٢٠٥, 9, si recte edidi.

لُغُثِيط, *logotheta*, H ١١٣٠, 12, Bîrûnî ٢٨٩ ult., Ibno 'l-Athîr, VIII, ٧١.

لفّ II, *undique congregavit*, hinc ملفّفة النواحى est idem quod لَفِيف, *miscella turba undique congregata*, H ٣۴٣, 13. Dozy: *rassembler.* — VIII c. ب, *circumdedit*, M ٨۴ *a*, ٩٣, 5, ۴٣٩ *n*, ۴٩٢, 11; dicitur التفّ وجه الغلام وغلام ملتَفٌّ الوجه اذا اتّصلت لحيتُه, hinc simili metaphora qua dicitur بلد مكنّف (q. v.) dicitur بلد ملتفٌّ, *late expansa regio*, H ١٥, 10. — لَفِيف i. q. ملتفٌّ sensu *densis arboribus et densis herbis consitus*, M ٣٩٠, 2, ۴٣٢, 10, et c. ب sensu *circumdans*, M ٣١٠, 18. — لَفَائِف, pl. a لَفَافَة, *fasciae* bonae qualitatis exportantur e Tabaristân, M ٣٦٧, 9.

لفت VIII c. acc. (omisso لِفْتَ), *respexit*, *conversus fuit ad*, M ٦٠, 24.

لقط. ملقوطة, navigii genus, M ٣١, 15.

لقف V, c. acc. r. من p., *didicit*, *accepit* ex ore alicuius (syn. verbi تلقّن), M ٣٢, 9, Jacût, I, ۴١٠, 8 »ab iis acceperunt, mutuati sunt Arabes vocabulum", Baidhâwî, II, ٣٨٦, 23 لعلّه يتطهّر من الآثام بما يتلقّف منك, Motarrizî et hinc *Mohît*: تـلـقّـف من فيه كـذا اذا حفظه. Verbum لَقَفَ idem significat, Agh. II, ٢٠, 6 فعلّمه الفارسيّة فلقفها وكان لبيبًا. Lexico quoque addenda est significatio *accepit* de muliere, quam تلقّف habet in hoc loco subobscuro traditionis, *Faïk*, II, 511 عن مُسْلِم الخُزاعىّ كنتُ عند رسول الله عمّ ومُنْشِدٌ يُنْشِدُه

لا تامننّ وان امْسيتَ فى حرَمٍ حتى تُلَاقِىَ ما يمْنى لك المانى

والخَيْرُ والشرُّ مقرونانِ فى قَرَنٍ بكلّ ذلك ياتيك الجديدانِ
فقال عَمّ لو ادرك هذا الاسلامَ فبكى أَبِى فقلتُ اتبكى لمُشرِكٍ مات فى الجاهليّة قال
انى والله ما رايتُ مُشرِكةً تلقّفتْ من مُشْرِكٍ خيرًا من سُوَيد بن عامر. Zamakhscharî explicationem ad quam relegat p. 455 addere neglexit.

تلقلق I, *punxit* culex, M ٣٥٩, 14, proprie *linguam exeruit*. Non vero male quoque conveniret h. l. sensus quem habet Bocthor *écornifler*, *manger aux dépens d'autrui* cum substantivo لقلوق *parasite*, *écornifleur*.

تليشا in indice synonymorum M ٣١, 11 vertitur per كثير s. كتين. Obscurum mihi est vocabulum.

لمط. لَمْطِىٌّ. الدرق اللمطيّة s. التراس (H ٣٤٥, 9) clypei Lamtenses, sic appellati sive de nomine tribus Lamta, ut H ٦٦, 13 et Jakûbî docent, ut quoque Jacût, IV, ٣٦٥, 19, sive de nomine animalis *lamt*, quemadmodum docent Bekrî et Ibn Baithâr, ut quoque Jacût IV, ٣٢٩, 11 seqq. Vid. mea *Descriptio al-Magribi*, 18 et Dozy, Gloss. Esp. Arab., 195.

لمع IV. Legimus M ٣٧٥ *r*, 3 a f., البحيرة الملمعة, quod videtur pronuntiandum المُلْمِعَة ab أَلْمَعَ, *tremuit*, itaque *lacus trepidus*. Si المُلْمَعَة legeretur, verti posset *laevis*, *planus*, *aequus*, nam dicitur خدٌّ مُلْمَعٌ i. e. صقيل (TA ۴٦٥, 7), si مُلَمَّعَة, *versicolor*. — VIII, *versicolor fuit*, *maculatus fuit* de lignibus, M ٣٧٥ *r*, 7 a f.

لوح. لَوْحٌ, *tabula litteraria* (*ardoise*), M ۴۴٣, 16 et Agh. IX, ١٣٩, 3 a f. Quod ibi additur كتف probabiliter est, ut Agh. VII, ٥٠, 10 a f., *folium chartae*. De utroque vocabulo cf. Dozy. — مُلَوَّحٌ, *crustis marmoris tectus*, H ١١٢ *d*, coll. Baedeker, *Palaestina*, 175, 16.

لوط. لِوَاطَةٌ, *praepostera venus*, M ۴١, 10, *Mohît*, ut لِوَاطٌ Gloss. Fragm., Jacût, III, ٨٠٩, 13, IV, ٣٠٧, 5, Dozy. — لَوَطَةٌ, *huic vitio addicti*, M ۴٢٩, 8, pl. a لائط = لوطىٌّ.

لوك in lingua Hyrcaniae est *excellens* (جيّد). Dicunt لوك معلّم pro عالم جيّد, *vir praestantis doctrinae*, M ٣٦٩, 4.

لون. لَوْنٌ, *modus*, M ٢١٢, 12 وقراتُ فى كتاب ابن الفقيه لونًا آخر وقضيّة طويلة

»Ibno 'l-Fakîh haec in suo libro aliter et multo prolixius habet". Vid. Dozy.

ليف. لِيفٌ, *fibrae* est nomen in Arabia usitatum pro مسد, M ٩٨, 10.

ليم. لِيمُو et لِيمونة, *limonium*, ab I ١٧٣, 10 et H ٢٢٨, 12 (hinc quoque M ۴٨٢, 6) tanquam fructus peregrinus Indicus describitur, M laudat limonia Basrae ٧, 1 et Arradjâni ۴٢٥, 3. In vicinia Basrae limonia coli quoque testis est *Djihân Numa*, ۴٩٣, 19, ubi laudibus extolluntur limonia شهربان i. e. نهر ابان, qui locus propre Basram iacet (Edrîsî I, 368). Jacût, III, ۴۴٣, 15 (vid. I ٢.. *f*) limonia Çaimarae et Sîrwâni memorat. Pro ليمو Cod. C ad M ۴٢٥, 3 habet نيمو, ut Cod. L ad H ٢٢٨, 12 النيموية l. النيمونة pro الليمونة. Ad I ١٧٣, 10 L habet اللمولونه, F ليمولويه.

ما, *aliquid* (Gloss. Belâdh.) et post negationem *quidquam*, M ١٧٩, 18 ولا ما فيه لمعتزلي *non est quidquam* (auctoritatis) *in ea* (terra) *Motalizitis*, ٢٢٥, 9 ولا بقى للفريقين بها ما *neque Malikitis neque Hanafitis in ea* (urbe) *quidquam restat* (auctoritatis), ٢۴١ *d* لم يخرج ما (ut corrigo pro = يخرج ماء), ubi in textu شىء. — Notari meretur usus ما apud H ٢.٦, 20 وبصاحب فلان مَّا فعلت هذا *talisne viri amicum sic tractare ausus es?* — لَمَّا s. لِمَ, *quoniam*, M ١٧, 20, ٣١١ *s*, Gloss. Moslim, Dozy.

ماخالقة. Legimus apud M ١.., 5, calcem qua in Jemen utuntur nigram esse ut makhâlikam. Vocabulum probabiliter e Graeca lingua mutuatum, forte e μελχνοκολη i. e. *pix nigra* sec. Ducange 898. Similiter in lexico Persico est ماخوليا pro ماليخوليا.

مارْماهى, *anguilla*, inter pisces Tigridis enumeratur M ١٣. *p*. Vid. Dozy.

مأن. مَئُونة, pl. ات et مُؤَن, *tributum*, H ٧٣ ult., ١٥١ ann. l. 9, ٣.٧, 18, M ٣١٥, 19. Dozy.

متح I significat *se extendit*, *Fâik* II, 468 متح النهارُ والليلُ اذا امتدّ وفرسخ متّاح اى ممتدّ. Hinc de aqua *profluit*, H ٢٥, 12. In traditione Obayi (*Fâik* l. l.) occurrit quoque sensu activo *extendit* فلم ار الرجالَ مَتَحَتْ اعناقَها الى شىء مُتُوحَها اليه.

متع. مَتَاعٌ. Pl. pl. أَمْتِعَاتٌ apud M ١.۴ *r*, ٢١٣ *g*, ۴٩٣ *k*.

متن. مَتْن. Dicitur على متن الطريق, *in ipsa via*, M ٧٩, 16.

مخط I مُخَاطًا tanquam n. a. M ٢٠٥, 12.

مدّ I, *fluxit*, ut habent lexica Arabica, quae vertunt سال, c. الى loci ad quem fluit, c. على loci quem praeterfluit flumen, M ٢٢, 6, 11 et *q*, ٢٤, 1, ١١٧, 13, ١٥٢, 1, ٢١٢, 2, ٣٣٩, 15, ٣٣٠, 9, ٤١١, 13 et 15, ٤٤٩, 1. Hinc quoque c. الى, *se effudit* in flumen, mare, M ٢٨٣, 6, ٣٩٠, 16. Eandem significationem habet مدّ c. acc. (vid. Gloss. Edrîsî cet. apud Dozy), H ٥٤, 20. Hinc *affluentes* fluminis appellantur موادّها, M ٢٨٣, 7 et exemplum supra sub حلب; — *continuatus est*, *duravit*, M ٢٠٢, 11. — VIII, *exundavit* flumen = مدّ ut habent lexica Arabica, I ٤٩, 14, ٥٠, 6, ٥٢, 12, ٢٤٣, 10, ٣٢١, 2, H ٩٨, 6, ١٠٢, 15, ٣٧١, 10 seq., ٣٩٣, 3, Edrîsî, ١٥٩ *h*; — quoque *fluit* ut مدّ, c. على l., I ٣٢٠, 1; — *crevit*, *auctus est* de calore, H ٩٧, 12 cf. I ٤٩ *m*; — *iter fecit*, *continuavit* c. فى regionis, I ٧, 9, ٩, 6, ٥٩, 3, H ١٤, 3, ١١٤, 6, et c. على regionis, praeter quam fit iter, I ٢٩, 8. Quoque c. الى regionis *tendit*, Aghânî, X, ٩٠, 10 a f. اريد ان أمتدّ الى الشام. — X, *se extendit*, c. على = امتدّ, H ١٧, 17. — مدّ. مَدّ البَصَر, *quantum spatii oculo emetiri potest*, I ٢٣٤, 6, M ٤٤٤, 10, aeque bonum est ac مدا البصر (v. Freytag sub مدا) et occurrit in traditione (Khafâdjî, ٢٠٣). — مَدِيد. Dicitur quoque مال مديد, *largae opes*, M ٣٩٠, 4, ut اموال ممدودة, Gloss. Edrîsî sub بسط. — مَدَّاد, *aqua abundans* fluvius, M ٤٣٤, 7, ubi Jacût مادّ. — امْتِدَاد, *extensio*, *ambitus*, *longitudo*, I ٩٢, 2, ١٠١, 1 (ubi syn. مقدار), ٣٢٠, 11, H ٣٧٠, 11.

مدر. مَدَرَة aeque ut Gallicum *motte de terre* (Bocthor) quoque significat *tumulum sive natura sive manu hominum factum*, H ٢٩٤, 15 حصن على مدرة مرتفعة, pl. مُدُور, Jacût, IV, ٩٨٩, 13 وصعب حمله فى تلك العقاب والجبال والمدور.

مدن. مدينة v. sub دين.

مدى. مُدْى secundum M ١٨١, 16 est mensura Hierosolymitana = ²/₃ قفيز. Ibi igitur circa 24 *çâ'* continebat. In Aegypto secundum *Miçbâh* habebat 19 *çâ'*. Zamakhscharî, *Fâik*, II, 476 dicit: المُدْىُ مكيال ياخذ جَرِيبًا من الطعام وهو اربعة اقفِزَة وجمعه امداء. Motarrizî: وهو مكيال بالشام يسع خمسة عشر مكوكًا والمكوك صاع ونصف عن الخطابى. In urbe Ammân tantum 9 *çâ'* continebat, M ١٨١, 19.

مر. مَرَّة. Dicit M ٢٧١, 13 urbem Akhsîketh habere *sesquialterum* ambitum urbis Ramlae يكون فى عظم الرملة مرّة ونصفًا. Occurrit مرة in verbis M ٩٥ *c*, quae uterque Codex habet, sed quae recipere non potui, quoniam et usus huius vocis et sensus verborum me effugit. — المُرِّىّ proprie *muria*, vid. Dozy, mensae necessariis annumeratur M ١٢٩, 8, specialiter المرى العتيق in deliciis est, teste Abu 'l-Kâsim l. l. f. 35 v. Optima parabatur Hierichunte, M ١٨٤, 8, Djondaisâbûri, M ٤١٩, 17 et Merwae, Thaâlibî, *Lataîf*, ١٢٠, 5, ١٢٩, 3. Quomodo praeparanda sit, describit Ibn Djazla in v. et vid. Dozy.

مرأ X, *salubrem iudicavit* terram, H ٣٦٤, 12. — مُرُوّات, pl. a مروّة, *virtutes*, *qualitates ingenuae*, H ٢٥٩, 10, ٢٧٠, 10, ٢٧٣ *f*, ٣٦٨ *e*, M ٣١١, 2, ٣٥٩, 12, Aghânî, II, ٥٥, 11 a f., Mas'ûdî, III, 404 (ubi corrigenda est versio), Gloss. Moslim et Dozy.

مرجل. مُمَرْجَل, appellatur species panni rubri coloris qui in urbe Samarcand fabricatur, M ٣٢٥, 13 (si recte edidi). Vid. Lane sub رجل.

مرح. مِمْرَاح, epitheton viri docti, *copiosus*, M ١٢٥ *b*.

مُرْدَاسَنْج, *argyritis*, M ١٢٨, 12, Jacût, II, ٧٣٩, 21, Dozy. Ibn Djazla docet optimam speciem ex Ispahâno provenire et ex آنك praeparari.

مَرْسِين, *myrtus*, M ١٨٨, 20, ٣٩٠, 6, ٤٤٣, 3. Nowairî Ms. p. 775 واليونان تسمّى الآس مَرْسِينَا وتسمّيه العامة مرْسين. Vid. porro Dozy.

مرش. Schî'itae in Ahwâzo appellantur المروشيّون (المروسيون) secundum M ٤١٧, 3.

مرق. مارِق, *schismaticus*, habet pl. مُرَّاق, H ٤٨, 12, Mobarrad ٧٩, 13 (ubi sic videtur legendum pro المَرَّاق).

مرو. مَرْوِىّ non tantum appellatur pannus Merwae fabricatus, sed omnis pannus texturae subtilis ex Oriente advectus, vid. Dozy. Exempla sunt H ۲۳۷, 13, M ۴۱۹, 11, ubi C مُرّ, coll. m (ubi B مرو, C بز), ۴۷۰, 3, ubi pl. مرويّات. Pannus est gossypinus, ideoque Mowasschâ f. 122 v. vetantur viri elegantiores simul gerere المروى مع الكتّان. Quod docet Djawâhir-Zâdeh apud Motarrizî pannos appellari de nomine loci Iracani ad Euphratem, mera coniectura esse videtur.

مزج III, tropice *contiguus fuit* de duabus tribubus, H ۱۸۵, 15, ubi I ۱۱۳ *n* تاخم.

مزق II c. acc., *honorem alicuius laedit* subintellecto عِرْض. Cf. in lexico مزّق عرض فلان et vid. exemplum verbi مزّق in Chrestom. ad Roordae Gramm. p. ۲۲ ult. coll. ann. *b* 2ae edit. Simili elisione obtinuit significationem *protervus*, *libidinosus fuit*, Khafâdjî, ۲۲۰.

مسح I. Traditionis asseclae (اصحاب الحديث) et Karrâmitae agnoscunt in ablutione frictionem capitis tecti المسح على العمامة, M ۴۰, 11, quod alii omnes improbant, vid. e. g. Querry, *Droit musulman*, I, 12. Schî'itae praescribunt المسح على الرجلين (القدمين), M ۴۰, 16, ۴۵, 9, vid. Querry l. l., quod ceteri vetant, ideoque in Kor. 5, vs. 8 pro وأرْجُلِكم sive وارجلكم legunt, sive dicunt per attractionem pro وارجلكم esse scriptum (Baidhâwî), sive verbo مسح h. l. tribuunt significationem *lavandi* (TA in v.); — *abscidit* (TA قطع), spec. penem et testiculos, M ۳۴۲, 11, unde explicanda significatio vocum ممسوح et امسح *châtré* apud Dozy; — *rasit* mensuram (Dozy *rader* et sub مسحة), M ۲۴۰, 8. — مِسَاحَة. Qui est census soli على المِسَاحَة explicavi in Gloss. Belâdh. sub قسم (nisi quod ibi male scripsi المَسّاحة); vid. I ۱۵۷, 4 seqq., H ۲۱۹.

مسك V بحَبْل فلان, *ductum alicuius secutus est*, H ۴, 4, Jacût, I, ۱۰, 4. Cf. Lane sub حبل. — VI, *coaluit*, *florere coepit*, *incrementa cepit*, H ۱۱۸, 4 et 7. — مَسْك habet pl. مُسُوك, H ۳۳۷, 11, Vocabulista apud Dozy.

مشّ. مَشُوشا, *fur*, *latro*, M ۳۱, 10. Verba مشّ et امتشّ significant *furatus est*, unde مُمْتَشّ (non مُمْتَشّ) est *fur*. Sed in dialectis Hebr. et Aram. משש est *contrectavit*, *perscrutatus est* (vid. e. g. Genes. 31, vs. 37), unde forte *porcus* nomen accepit משושא (Castell) et unde nostrum vocabulum explicandum videtur. Pronuntiari tamen quoque potest مُشَوِّشَا a verbo Aram. (et Arabico postclassico) שַׁוֵּשׁ (vid. Nöldeke, *Mand. Gramm.* 49), ut significetur proprie *perturbator* (مُفْسِدٌ).

مشط. مُشْطِىّ, pannus qui Naisâbûri fabricabatur, M ٣٢٣, 20, nomen habere videtur ab instrumento textoris quod مُشْط appellatur. Dozy habet ex *Vocabulista* مُشْط *toile*.

مشق. مشاق. Apud populum Caucasi qui الكرز vocatur, sunt praeter principes s. reges (الملوك) tres ordines: 1⁰ nobiles qui الخماشرة appellantur, 3⁰ agricolae et opifices, et inter hos 2⁰ ordo المشاق, qui probabiliter mercatores et ditiores cives comprehendit. Vid. I ١٨٤ *i* (p. ١٨٧ ann. l. 1).

مصن. مصين est nomen speciei optimae dactylorum in Omâno, M ٩٨, 14, ٤٧٠, 12.

مطر. مِمْطَر habet pl. مَمَاطِر, M ٩٩, 1, Thaâlibî, *Latâif*, ١٢٧ ult., Jacût, I, ٢٣٤, 10.

مطل. In urbe Indica Moltân in usu est modius, continens 12 libras frumenti, qui مَطَل appellatur, M ٤٨٢, 2. Nempe sic pronuntians, cogitavi nomen non differre a مِطَر *metreta* (de quo v. Dozy).

معط V et VII, *pilis nudari* de corio, I ٥١, 14, H ١١٤, 1.

مغس. مغْس dialectice pro مَغَص, *dolor ventris*, H ١٧٣ *g*, Freytag ex Harîrîo et *Mohît*.

مَغْنِيسِيَا, *magnesia*, I ٢٥ *c*, M ٤٤٣, 12, ubi C habet مغميسيا, Jacût, I, ٤٥٥, Dozy. In *Mafâtîh al-Olûm* f. 76 r. scribitur مغناسيا.

مكى. مَكِّى est epitheton pannorum speciei quae خيش appellatur, et quae in Tabaristân conficitur, sed maximam partem Meccae venditur, M ٣٦٧, 9. — مَكِّيَّة, nomen navigiorum forte sic appellatorum quia peregrinatoribus Meccanis transportandis erant destinata, M ٣٢, 1.

مكس. مَكْس, *portorium*, M ١٠٥, 1. Vid. Dozy. — مَكَّاس, *perceptor*
cf. Badjuri II: 460!!

portorii, M ٣١, 5, Motarrizî المكاس العشار, TA المكس هو ما ياخذه العشار اعلم بان المكس هو وهو ماكس ومكاس; Sarakhsî Ms. 373, II, f. 185 r. عمل العاشر والمكاس هو العاشر وانما سمى مكاسا لانه ينقص اموال الناس باخذ العشور منهم وهو مشتق من المماكسة والمكاس. Vid. quoque Dozy.

مكن. مُكْنَة, *potentia*, H ٢., 10 et 13. Dozy. — امْكَان idem, H ٦, 4 اهل الامكان *potentes*.

ملّ. مَلُول, *taedio afficiens*, Gloss. Moslim, M ١٩٩, 5, ٢.١, 15, ٣.٢ *d*, ٣١٥, 15. Restituatur hoc vocabulum pro الملوك in versu apud Jacût, I, ٦٩٢, 18 واتركها ترك الملوك المجانب, ubi significat *pertaesus*.

ملأ. Legimus M ١٩٧, 3 ببيت المقدس طشت ذهب ملئ عقارب, ubi C habet ملا, vulgaris, ut videtur, forma pro ملآن (vid. *Kâmûs* et Dozy). In textu pronuntiandum est مِلْئ, ut recte B habet ١٢٧, 7 كُنَيْف مِلْئ علمًا.

ملح. مِلْح et مَلِيح, *salsus*, quoque de terra usurpantur, M ٨., 8, ubi fem. مِلْحَة, et ٨٢, 8, coll. ann. *i*.

ملط. مِلَاط generaliter est *id quo strues lapidum ligantur* e. g. M ٤٤٤ *o*, ملاط اساسانه الرصاص.

ملك V, *acquisivit* (Gloss. Fragm. et Dozy). Hinc اسباب التملّك, *variae modi opulentiae acquirendae*, H ٧٣, 19 et Dozy. Eodem fere sensu اسباب الملك, I ٣٩٢, 9. سعة التملّك, *opulentia*, H ٧٨, 8. — المالكيّة memorantur H ٦٥ ult. seq., M ٣٧, 5, ٣٩, 8, ٤., 1, ٤١, 3, ٩٩, 8, ١٣٦, 5, ١٧٩, 20, ٢.٢, 15, ٢٣٦, ٢٣٧, ٤١٥, 6, ٤٨١, 10.

منّ. مَنّ (مَنًا) est fere ubique duarum librarum (رطل) e. g. M ١٢٩, 2, ٣٨١, 8, ٣٩٧, 17, nisi Meccae ubi ipsa mina appellatur libra, M ٩٩, 4 et in maiore parte Khûzistâni, ubi continet quatuor libras, M ٤١٧, 11. In Adharbaidjân est Schirâzensi similis, sed appellatur رطل, I ١٩١ ult.

منع I c. عن p., *tuitus est*, *defendit*, H ١٤٨, 14. — VIII, *inaccessus fuit*, de hominibus, I ٢٢٥, 5, de deserto, I ٣٩, 12, H ٣٣, 11, de monte I ٢.٣, 1 et 9, ٢.٥, 9, de loco, I ٧١, 7, de mari i. e. *innavigabilis fuit*, M ١١, 13. *Asûs* habet حصن منيع et حصن ممتّع, addatur igitur حصن

ممتنع. — مانِعٌ, *fortis*, de muro, I ٧٧ *a*. — مَنِيعٌ. مَنِيعُ الجانب est fere idem quod غليظ الجانب, *durus*, quod adiectivum de carnibus piscinis ubi dicitur est epitheton ornans, H ٥١, 10 وبها من السمك ما لم ار· — اسمن منه ولا امنع جانبًا لآكله.

منى II, *promisit*, H ٤٨, 20 et 22, Gloss. Fragm. et Dozy. — مُنْيَةٌ sensu *hortus* est Hispanicum, saeculo quarto adhuc in Oriente incognitum, M ٢٣٥, 5 et 6, Dozy.

مهن. مِهْنَةٌ, *labor* spec. *molestus*, H ٧٩, 8. Saepissime usurpatur sensu *opificii* (*Mohît*), hinc اهل المهنة sunt *opifices* (les ouvriers) H ٣١١, 14, ut اهل الصنعة q. v., contra اهل المِهَن s. ارباب المِهَن *fabricatores* (les fabricants) ut اهل الصنائع s. ارباب q. v. Idem tamen quoque latiore sensu *opifices* denotat. Vid. quoque Dozy. — ماهِنٌ, *famulus*, habet pl. مِهَان s. مُهَّان (Gloss. Fragm.). Apud I ١٨٤ *i* (p. ١٨٧ ann. l. 1) المهان videntur significare *opifices*, ut pl. مِهَنَة apud Dozy.

موت. مَوْتَةٌ est idem quod مَوْت, e. g. Tabarî apud Girgas et Rosen, ١٥٤, 10, nisi quod sit اخصّ منه (*Mohît*), nempe potissimum adhibetur in talibus phrasibus مات مَوْتَةً لم يَمُتْهَا احدٌ, *Asâs*, et مات باشرّ موتة, M ٤٤٩, 21. Dozy: *manière de mourir*. — مَيِّتٌ, *stagnans*, de aqua, H ٤٧ paen.

مَوْز describitur M ١٨٠ *l*.

موس. مُوسَوِيُّون appellantur Schî'itae in Sûs Africana, H ٦٥ paen.

مول. أَمْوَالٌ saepissime est *reditus* e. g. H ٢٠, 1, ٢١, 6 et phrasis passim occurrens وجوه الاموال.

مُومِيَاى. Derivationem nominis dat I ١٥٥, 6 seq. Quomodo colligatur, v. I ١٥٤ seq., H ٢١٤, 12—19.

موه. ماءٌ habet quoque pl. امياءٌ, M ١٥١, 18, et cf. ١٢٤ *n*, Dimaschkî ٢١١, 8 a. f., Lagarde, *Materialien*, I, 104, 12, Vocabulista apud Dozy; et امياه, M ١٥١ *n*. Aquae odoratae species sequentes memorantur: ماء الخِلَاف, quae e floribus salicis orientalis paratur et Persice آب بيد appellatur,

I ١٥٣, 3, H ٢١٣, 9, Lane ad versionem *Alif Laila*, I, 191 ann. 7, Dozy sub خلف. Aliter Berggren in v. *cardon*; — ماء الزعفران, H ٢١٣, 9, diversa ab illa specie quae appellatur ماء الخَلُوق e. g. Mowasschâ f. 123 v., 125 r., Nowairî Ms. p. 807, et quidem I ١٥٣, 3 speciem illam memorat quae المسوسن vocatur. Hoc epitheton, teste Nowairîo p. 808, qui habet المَيْسُوسَن i. e. *liquor lilii*, Ibn Djazla شراب السوسن et Dozy in v., datur aquae odoratae ad cuius compositionem adhibentur quoque flores lilii albi. Cf. Vullers sub مى; — ماء الطَّلْع, I ١٥٣, 2, H ٢١٣, 8, quae e spathis pandani odoratissimi paratur et Persice آب كاردو appellatur. Cf. supra sub كاذى; — ماء القَيْصُوم s. ماء القيسوم, I ١٥٣, 2, H ٢١٣, 9, in cuius compositione utuntur *abrotono*. — Nomen compositum ماورد, cum art. الماورد pro ماء الورد, occurrit e. g. I ١٥٢ *q*, M ۴۴٣, 6, in poëmate Jacût, II, ٣۴٣, 4.

ميد. مَيْدَانٌ in urbe est *area*, *forum*, quod tum mercatui, tum ludis publicis est destinatum. Cartwright apud Purchas *His Pilgrimes*, II, 1431 sic describit *meidân* in Kazwîn: »the high street or chiefe Market place in this Citie; and is fouresquare, containing in circuit very neere a mile; and serves as a Bursse for all sorts of Merchants to meete on, and also for all others to sell whatsoever Commodities they possesse cet.", et p. 1434 Ispahanensem: which is the great Market place or high street of Hispaan: round about this place were erected certaine high scaffolds, where the multitude doe sit to behold the warlike exercises performed by the King and his Courtiers, as their running and leaping, their shooting with Bowes and Arrowes, at a Marke both above and beneath, their playing at Tennis, all which they performe on Horsebacke, with divers moe too long to write of. In this place also is to bee seene severall times in the yeare, the pleasant sight of Fire-workes, of Banquets, of Musickes, of Wrestlings, and of whatsoever Triumphs else is there to be shewed, for the declaration of the joy of this people". Hoc sensu occurrit H ٣٦٥, 10, ٣٩٢, 4. — Extra urbem est *campus*, *pratum*, ut I ٢٩۴, 11 seq., H ١٥٩, 15, ٣۴٧, 2 seq.

مير. مُمْتَارٌ, *forum*, *mercatus*, I ٢٢, 6, ١٧٨, 6, H ٢٩, 3, ٢٣٣, 9.

مين. مِينا, quo exornantur parietes ut M ١٣٢, 15 de templo Samarrae قد لبست حيطانه بالمينا, bene describitur a Vullers in v.

ميويز, alia forma vocis مويز, e. g. I ١٩ *e*, ٢٠١ *c*, lexico Persico est addenda.

نارْجيل. E nuce Indica non tantum potus اطواق, sed quoque acetum paratur, H ٢٣١, 18 et *i*.

نبت I, *turgere*, non tantum de mammis puellarum dicitur, sed etiam de aliis rebus e. g. de ciceribus. Sunt igitur فولٌ مَنْبُوتٌ, M ١٨٣, 19 aut فول نابتٌ, ut nunc in Aegypto dicitur secundum Lane (apud Dozy) et von Kremer, *cicera in aqua macerata*, *cicera tepida*, quoque الفول المدمّس dicta (vid. *Hazz al-Kohûf*, ١٥٣). In فول منبوت nomen patiens irregulariter pertinet ad أَنْبَتَ, ut محبوب ad احبّ. — ينبوت, *locus ubi germinant plantae*, metaph. H ١٣٩, 1. Non autem sine longa dubitatione in textum recepi et hic recipio, nam hoc sensu vocabulum alibi non memoratum vidi; cogitavi quoque de legendo نَبُّوت sensu *baculus*, *scipio*, metaph. *fulcrum*, cf. TA et *Mohît*.

نبط X, *derivavit* aquam e monte, I ١٢٤, 10, canalem ex fluvio, ٥٩, 14. — مُسْتَنْبَطٌ, *fons*, I ٥٨, 12, H ١١٣, 16.

نبع. نَبْعٌ, *fons* (Gloss. Fragm.), sensu metaph. M ٩٣ ult. ولهم شبه نبع تجارة »est iis quasi fons mercaturae".

نبق. نَبِقٌ describitur M ٢٠٤, 6. Obscurum mihi est apud I ٢٥ *l* illud ناق versionis Persicae.

نبل. نُبْلٌ, *elegantia*, *venustas* aedificii, H ٩٧, 9. — نَبِيلٌ, *elegans*, *venustus*, de aedificiis H ٤٩, 7 (fabricae), de urbe, M ٢٧٣, 11, ٤٧٤ *e*, Jacût, I, ٧٣٧, 19. — أَنْبَلُ, *nobilior formâ*, *pulchrior*, Jacût I, ١٦٥, 19 de homine, II, ١٧٥, 9 de urbe, *excellentior*, M ١٨٨, 9 de puteo (accusativus ibi est للتمييز »nisi voveas fodere puteum excellentissimum").

نبا. نَبِيٌّ (pro نَبِيءٌ), epitheton viae subterraneae, est *convexus et conspicuus*, ut solent esse cuniculi, M ٢١٠, 6, coll. H ١٠١, 3 واضح et Kazw. II, ١٧٨, 14 ازج تحت الارض. TA habet: والنبىءُ على فعيل الطريق

الواضح يهمز ولا يهمز — والنبىء المكان المرتفع الناشز المحدودب يهمز ولا يهمز كالنابئ. — وفى لسان العرب نبأ نبأً ونبوءًا اذا ارتفع — والنبأة النشز من الارض. (Pro نبأ *Fâik*, II, 522 نباءً).

نتج, I. Quum liceat, omisso obiecto secundo, dicere نُتِجَ الولَدُ et نُتجت السخلةُ (*Mohît*), verbum نَتَجَ accepit significationem *educavit* bestias pecuarius, H ٧٢, 17, Gloss. Edrîsî et Dozy. — نِتَاجٌ, *foetura* utroque sensu (actus et producti), I ٢٨٨, 2 et 4, H ٥١, 18 seq., ٧٩, 9 seq., ٣٢٧, 6, ٣٣٩, 15, 17, ٣٧٧, 4. Posteriore sensu quoque نتائج dicitur, H ٧٩, 14.

نثر. مِلْحٌ مَنْثُورٌ, videtur esse *sal comminutum*, M ١٨٤, 7. Etiam nunc sal e vicinia maris mortui advehitur Hierosolymas.

نج in Media dicitur pro نيك, *bonus* (Arab. جيّد), M ٣٩٨, 9.

نجب IV, *ferax fuit*, de terra I ٣٢٢, 2, Edrîsî apud Dozy in *Journ. as.* 1869, II, 209 et Makkarî in *Supplém.*, de arboribus Ibno 'l-Awwâm ibid., *feliciter provenit* de fructibus Jacût, I, ٧٢٣, 2 والفواكه والخيرات بارضهم لا تُنْجِب, et quoque de opera manuali, quae prospero successu gaudet, Jacût, II, ٩٠٣, 6 غُرِفَ تعرف بالمعامل يستأجرها الحاكة لعمل الثياب الشَّرْب فلا تكاد تُنْجِب الّا بها, eodem igitur sensu quo أَنْجَعَ adhibetur e. g. I ٢٠٠ *q.*

نجح. مَنْجَحَةٌ, pl. مَنَاجِحُ, *felix rei successus*, M ٩٤ *k* (p. ٩٩ ann. l. 9), Thaâlibî apud Dozy.

نجد. نَجْدٌ. Observa phrasin H ٢٠٤, 7 البلاد والنجاد »terrae et montes".

نجر. نَجَّارٌ. بالنَّجّار pro بذراع النجّار, H ١١٢ *c*. De hac ulna ذراع النجّارين loquitur Ibno 's-Schihna f. 57 r. Hodie dicit est ulna et sexta pars ulnae (ذراع وسدس), sed antea probabiliter fuit ulna et dimidia (ذراع ونصف). Fortasse eadem ulna est quae significatur nomine ذراع العمل, *Adjâib al-Hind*, Ms. Schefer, p. 13 وكان طول مركبه خمسين ذراعا بذراع العمل, *Sult. Maml.*, I, 2, p. 245 et *Alif Laila* ed. Macn. I, ٣٩١ ult. — النَّجّاريّة memorantur M ٣٧, 6 et 11, ٣٨, 9, ١٣٩, 6, ٣٦٥, 9, ٣٨٤, 14, ٣٩٥, 1, 4 et *e*.

نجع VIII الامطار, *quaesivit locos pluvia irrigatos*, H ۴٥, 3, ut انتجع الغيث in versu Dhu-r-Rommae quo laudat Bilâl ibn abî Borda (*Asâs*):

رايتُ الناسَ ينتجعون غَيْثًا فقلتُ لصَيْدَحَ انتجِعِى بِلَالَا

Est brevior locutio pro انتجع مساقط الغيث TA. — أَنْجَعُ (compar.) c. ب r. tropice adhibetur M ۴۴۸, 11 اهل فارس انجع الناس بطاعة السلطان »Persae omnium hominum obedientissimi sunt principi".

نجم I, *prodiit*, quoque de viris eximiis dicitur, H ١٥٥, 13, *Asâs*: ونَجَمَ فيهم شاعرٌ او فارسٌ.

نحت I, *fabricavit*, I ٢١٢, 4, ubi L et C يُعْمَلُ, M ٣١٩, 9. Hinc استنحت significat *fabricari iussit*, Kabbâb Ms. 138, f. 116 v. مَن استنحت سرجًا او قارورة او قدحًا او غير ذلك مما يعمل فى الاسواق.

نحر. نَحْرٌ, *ora*, نحر البحر *ora maritima*, H ۴٠, 4 et passim, Gloss. Edrîsî; بنحر الطريق, *in ipso latere viae*, Jacût II, ۴٣٢, 20, فى نحر العدوّ *in ipso confinio*, Jacût, I, ٢۴۴, 5, et sic e Codice restituatur Jakûbî, ٧۴, 5 pro تُخُم. Quod Freytag auctoritate Jac. Schult. dedit جلس فى نحر فلان in *Asâs* exstat. TA eodem sensu habet بنحر. Cf. quoque Dozy.

نحا VI. Legimus in *Asâs*: وناحيتُه مناحاةً صرتُ نحوَه وصار نحوى, et spec. hoc dicitur sensu hostili e. g. Jacût, II, ٣٢٦, 1, ubi cogitatione supplendum عدوَّهم. Hinc reflexivum *petiverunt unus alterum*, H ٣٦٥, 13. — ناحيةٌ apud M passim e. g. ٦٨, 8, ١١۴, 1, ١٣٧, 8 idem significat quod etiam hodie in Syria secundum Huart in *Journ. asiat.* 1879, I, 128 »un groupe cantonnal qui n'est pas assez considérable pour former un *caza* (i. e. كورة) séparé, mais qui ne peut non plus, à cause de sa position géographique, être rattaché à l'un des *cazas* voisins". — من ناحية s. ناحية فى *aliquâ distantiâ*, M ۴٢٨, 12, ۴٣٠.*p*.

نخّ. نَخٌّ, *tapete*, habet non tantum pl. أَنْخَاخٌ (Freytag et *Mohît*), H ٢۴٥, 4, ٢۴٦, 15, sed quoque نِخَاخٌ (TA et Dozy), I ١٥٣, 16, ٢٧٥, 2, H ٢١۴, 3, Abu 'l-Kâsim l. l. f. 32 r. والنخاخ الاندلسية.

نخع I, n. a. نَخْعٌ, *excrevit pituitam* (= V), M ٢٠٥, 12. Quoque in usu est n. a. نخاعة, nam sic explicandum est in traditione في النخاعة المسجد خطيئة (TA).

ندر. نَدْرٌ, *rarus*, adiect., ut e loco Harîrii (البيت النادر) habet Freytag et proprie est وصف بالمصدر (*Mohît*), M ٤٢, 2; subst. M ٤٨٩, 3. — نادِرٌ, *eximiae qualitatis*, M ١٩٩, 15, ٤٤٣, 14.

ندا. ندى. Dicit M ٤٧. *i* والغالب على طعام جيرفت الندى والتمور, pro quo in textu est ٤٧., 6 والغالب على طعام اهل هذه اللورة الذرة والتمر (cf. quoque H ٢٢٣ ult.). Debet igitur significari voce ندى, si lectio sana est, species milii. Neque de نَدًى (adipe), neque de نَدِى؟ (pani aut carnibus sub calidis cineribus coctis) sermonem esse posse, patet. — المُنَدَّى est genus terrarum arte irrigatarum, quod accuratius definire nequeo. Vid. I ١٥٧ paen. Induxit me hoc vocabulum cuius lectio constat, ut mox deinde et l. seq. ederem نُدّى pro بُدِى.

نذر. المُنْذِرِيَّة, qui doctrinam Ibn Mondhiri sequuntur, memorantur M ٣٧, 8, ٩٩, 7.

نَرْجِس. Inter Schîrâz et Sîrâf planities est, tecta specie narcissi, quam Arabes نرجس مُضَعَّف appellant, I ١٣٩, 3, H ١٩٩, 14, Europaei narcissum duplicem e. g. Ouseley, *Travels*, II, 90 »double narcissus" et Pietro delle Valle quem laudat »narcisi doppi". In Syria quoque crescit, vid. Berggren in Append. »Narcissus Tazetta, L. au m. Liban, نرجس مضعّف" (male ibi bis comma est positum). Solo nomine مضعّف alius flos, ut videtur, significatur, nempe »Lilium convallium, muquet, lis des vallées". In *Mohît* pronuntiatur مَضْعَف et describitur tanquam »narcisso similis, nisi quod flos eius sit maior et odor fragantior". — سُوسَن نَرْجِس flos, probabiliter idem qui نرجس مضعّف appellatur, describitur I ١٥٢, 9, H ٢١٣, 4.

نزح I c. عن, *deseruit*, *migravit*, H ١٩, 14; de Sacy, Chrest. II, 30, 3; c. الى Belâdhorî ١٧١, 6. Cf. Dozy.

نزر. نَزْرٌ, *paucus*, terminationem femininam non admittit, quia proprie est صفة بالمصدر. Vid. e. g. M ٢٤٣, 4 وكانت لحيته نزرًا خفيفة. Exemplum tamen fem. نزرة habet Dozy.

نزع I, *exiit*, *profluit* aqua e tubo, M ٤٤٩, 18, ubi C (٤٥٠ ann., 8 a f.) نثر; cf. Bocthor *s'écouler*. Proprie est eadem significatio quam in Gloss. Belâdh. reddidi per *derivatus est canalis a fluvio*, cuius alia ex. sunt Jacût, I, ٦٢٧, 21 (= IV, ٨٣٥, 13), ٨٠٤, 1. — VI. Dicitur تنازعا الخصومة, *litigaverunt coram iudice*, H ٢٧٩, 22.

نزل. مَنْزِل *distantia unius diei*, I ٢٥٠ seq., H ٣٠٦, ٣٠٧, 2, Jacût, I, ٨٨٨, 16. — مَنْزِلَة idem, I ١٧٨, 4.

نزه. نُزْهة, pl. a نُزَهٌ, *loca amoena*, *loca oblectationis*, *villae*, M ٢٧٩ *a*, Jacût, IV, ٤٨, 10; Bocthor: *lieu de plaisance*, *promenade*. Vid. porro Dozy. — مُتَنَزِّه, *amoenus* de flore, H ٣٨٢, 1 انورة متنزهات.

نسج I *plexit*. Domus urbis Samandar sunt من خَشَب قد نُسِجَت, I ٢٢٢ ult., H ٢٨٢, 18, s. خشب منسوجة بالقضبان, M ٣٦١, 15, i. e. ut videtur, interstitia inter palos arundinibus decussatim positis implentur, cf. Dozy. — VIII tropice *intextus*, *imbutus fuit* animus scientia et humanitate, H ٤, 7. — مَنَاسِج H ٢٢٣ *f* potest esse plur. a مَنْسَج *textrinum*, ut quoque apud Jacût, I, ٢٧٢, 18, aut a مِنْسَج *iugum textorium*.

نسف VIII c. ب s. c. acc., *abripuit et dispersit* ventus pulverem, H ٣٠٠, ٩ et ٥. Eodem sensu lexica habent نَسَفَت الريحُ التراب.

نشر I *siccavit* fructus, M ١٧٢, 13, Dozy, *Gloss. Esp. ar.*, 166. Fere eodem sensu نثر adhibetur, vid. Gloss. Edrîsî, 342. — مَنْشَر (proprie مصدر ميمى), *resurrectio mortuorum*, M ١٦٦, 18, TA ارض المنشر الارض المقدسة من الشام.

نشز. نَشْزة i. q. نَشَز, *locus editus*, M ٨٤, 6.

نشاسْته (Pers. Part. verbi نشاستن), titulus viri docti, M ٤٣, 17. Propriam vim non novi.

نصب VIII c. ل r., *studium impendit*, *operam dedit* rei, I ١٤٨, 13, H ٢٠٩, 10, nisi potius, coll. Dozy, vertendum sit »se praedicatores et defensores harum doctrinarum stiterunt"; c. فى r. (= I) id. M ١٧, 5. — نَصْبٌ, *molestia*, M ٤٠٣ *b*; — *odium dogmaticum Alîi*, quod exprobratur Hanbalitis et aliis traditionis asseclis, sed ab iis negatur, M ٣٧, 18, ٣٨, 8. Nomen النواصب est fere convicium sensu *fanatici*, M ١٠٣, 11, Mas'ûdî V, 82 (ناصبى), Jacût, II, ٩٠١, 2. Vid. imprimis Goldziher, *Beiträge zur Literaturgesch. der Schia*, 55 seq. (Sitzungsberichte der K. Akad. d. Wissensch. LXXVIII, 491 seq.). — نِصْبَةٌ, *modus ponendi*, I ٢٥٩, 8, ubi pro وتنصّ nunc legendum puto وتُبْصَرُ (v. Add.) et verto »et intra videre licet constructionem tecti huius tholi". Cf. Dozy sub نَصْب et نَصْبَة.

نصف III. مُنَاصَفَةٌ, *pro dimidio valoris*, M ٤٦٩, 11. — نَصَفٌ. أَنْصَاف العلماء apud M ٣٢٨, 10 sunt *doctores mediae aetatis*, qui tailesanum quidem gestant, sed sic ut alter humerus intectus maneat; seni (كبير l. 9) tantum licet induere totum hoc vestimentum.

نضر. نَضَارَة. Lectio C apud M ٤٥٩, 13 defendi quidem potest et verti per *venustas*, *elegantia*, sed nunc lectio B نظارة mihi praeferenda videtur (v. infra).

نطف. ناطِفٌ optimae qualitatis ex Armenia provenit, M ٣٧٩, 10. In Syria tantum sic appellatur id quod e saccharo paratur, M ١٨٤, 1.

نطق X وجوهًا من القول والخطاب, *usus est variis modis dicendi*, H ٥, 13. — مِنْطَقَةٌ in architectura est quod Germanice *die Trommel der Kuppel*, Gallice *le tambour de la coupole* appellatur, M ١٦٩, 16, ١٧٠, 1, 4 et 8, coll. Baedeker, 177, 3 a f., Sepp, *Jerusalem* etc., I, 370, 414; Tabarî sub anno 229 de palatio الهارونى Samarrae: كان فى احد شقّى ذلك الرواق قبّة مرتفعة فى السماء بيضاء كانها بيضة الا قدر ذراع فيما ترى العين حولها فى وسطها ساج منقوش مغشّى باللازورد والذهب وكانت تسمّى (Var. l. حواها) قبّة المنطقة وكان ذلك الرواق يسمّى رواق قبّة المنطقة. — مَنْطِقِيٌّ, *dialecticus*, *philosophus*, H ٨٢, 10, Dozy.

نظر. نَظَرٌ. فى ذلك نَظَرٌ, *haec res habet dubitationem*, *hanc rem in dubium voco*, H ٣٤٠, 14 »dubito an hoc nostro etiam tempore valeat", Bokhârî,

I, ١.١, 1, *Chron. Mekk.* II, ٨٥, 4 a f., Jacût, I, ١٣٩, 10, ١٦٦, 2, ٥٢٢, 1 et 3 cet., *Mohît* et porro Dozy; — *provincia*, *ditio* in dialecto Maghrib., H ۴٦, 2 (cf. mea Descriptio al-Magribi, p. 55), Jacût, I, ٢٨٥, 16, ٣۴٩, 21, Ibn Djobair ٣۴ (نظر اقريطش الى صاحب القسطنطينية) cet.; Dozy. — ناظر, sensu quem Freytag habet *inspector*, H ٥١, 2 للمنصور فيها والناظر امينٌ وناظرٌ يلى صلاتها ومعاونها والنظر فيما يخرج من هذا المعدن الامين الذى يبعثه السلطان الى جماعة قرية ليستبرئ امرهم. TA الناظر. V. quoque *Mohît*. Cum lusu verborum poëta apud Jacût, I, ۴٨٨, 10 بناظر ليس له ناظر.

نَظّار proprie est *consideratus*, *prudens*, *qui multum perpendit*, e. g. Djawâlîkî ٧٥, 10. Cf. *Mohît* فعّال للمبالغة. Hinc substantive *qui quaestiones theologico-iuridicas examinat et decidit*, M ٣٥٦, 14, ٣٥٩, 11, ٣٧٩, 7, ۴٦٣, 11. Pluralis (aut forte forma intensiva est ut علّامة et ناظورة apud Harîrî, p. ٦۴, 2ae ed.) est نظّارة, M ۴٥٩, 13 ubi sic restituatur e B. Eodem sensu, ut videtur, in usu est مناظِرٌ, Jacût, III, ١٨۴, 9, ٣٥١, 9, ٣٥٢, 2.

نعر. Vox ناعورة, *machina hydraulica*, dialecto Palaestinensi non est propria, nam M ۴١١, 12 explicat النواعير per الدواليب.

نعش I. Legimus M ۴٣٩, 3 propter severitatem frigoris لا ينعش فيها الزرع quod probabiliter legendum est يُنْعَش et sumendum sensu نمى *incrementum cepit*, *provenit*, quoniam نَعَشَ significat *refecit*, *recreavit*, ut in versu Nâbighae وانت رَبيعٌ يَنْعَشُ النَاسَ سَيْبُهُ (Ahlwardt, *The Divans*, p. ٢٠, vs. ٣١).

نعق I. De usu phrasis نعق ناعقٌ, M ٣١٦, 14, vid. Gloss. Fragm. Addi potest locus Mas'ûdî V, 86, 5. Vid. porro Dozy.

نعم IV النَّظَرَ, *accurate intuitus fuit*, H ٧, 3 et Harîrî l. a Freytagio l. (p. ٦٣ in 2a ed.). Dozy eodem sensu e Payne Smith habet نعّم.

نفد I apud H ٣٢٠, 4 نفد المعدنُ لنفاد الحطب eodem sensu (*negligi*) adhibetur, quo solet تعطّل, quod I ٢٦٩, 3 habet.

نفق. نافقٌ, *vafer*, H ٢٧٩, 17 (cf. Dozy sub نفق: *faire de grands pro-*

grès, exceller). — مَنْفَذٌ, pl. مَنَافِذُ, *angiportus*, M ۷۳, 12, Bocthor: *avenue*, passage, *communication*, *issue*. Occurrit quoque sensu *canalis* Mawerdî, ۳۱۱, 14 et sensu quem iterum habet Bocthor: *ventouse*, ouverture pour donner passage à l'air, Mas'ûdî, IV, 64, 3, Jacût, I, ۳۸۴, 9 et 10. Vid. porro Dozy.

نفر. نَفِيرٌ sensu iam saepe illustrato I ۲۹۱, 4, H ۳۴۰, 6 ببلغهم نفير العدو, M ۱۷۷, 5 وقد ضجّ بالنفير. — نُفُرٌ, plur., *comitatus* (caravanes), M ۴۲۷, 15, ۴۹۳, 7, ۴۹۹, 14, ۴۷۸, 11. P. ۴۹۹ quoque singularis esse posset. De vocalibus certus non sum.

نفس III. نافَسْتُهُ نفسه الى الشىء, *aspiravit ad rem*, H ۲۷۱, 7. — نَفْسٌ. حضرموت فى نفسها, *ipsa Hadhramaut*, I ۲۵, 8, شكله (البحر) فى نفسه, *ipsius maris forma*, H ۸, 3. Apud H ۸۹, 16 عامل كبير فى نفسه videtur fere idem significare quod بنفسه (vid. supra sub قوم), nempe hanc urbem esse praefecturam sui iuris, non subditam aliae. — نَفَسَةٌ, *flatus venti*, M ۳۱, 14. — نَفِيسٌ, *nobilis*, *excellens* (vir), H ۳۲۹, 7, ubi substantive ponitur, TA ۲۳۹, 6 a f. رجل نافس ونفيس. Cf. Bocthor apud Dozy. — نَفُوسِىٌّ, epitheton panni in urbibus montis Nafûsae fabricati, H ۴۹, 9. — مَنْفَسٌ, pl. مَنَافِسُ, *apertura*, *foramen*, M ۲۰۸, 11 et 16. Dozy: *soupirail d'aqueduc*, etc.

نفط. المِلْحُ النِّفْطِىُّ, species salis quae e vicinia Dârâbgirdi provenit et secundum *Mafâtîh al-Olûm* f. 76 r. naftae odorem habet, M ۴۴۳, 10, in mensa opulentiorum ponitur in compotatione, ut quoque species الملح الصنعانىّ, Mowasschâ f. 131 r. et (الاندرانى) المِلْحُ الدارانىّ, Abu 'l-Kâsim l. l. f. 35 r., quod rubrum est et e quo fabricantur vasa (*Mafâtîh* l. l.).

نفع X c. ب, *usus est* re = VIII, M ۱۴۷, 2, Gloss. Ibn Djobair, *Asâs* et TA. Constructum c. acc. significat طلب نفعه (TA et *Mohît*).

نفق. نَفِيقٌ, *honoratus*, *spectatus*, M ۲۷۸, 7, ubi صدر est vir doctrina excellens. De verbo نَفَقَ hoc sensu vid. Gloss. Fragm.

نقب. أَنْقَبُ, comp. ut vid. a نَقَّابٌ *qui res suas perficit* (نافذ فى الامور), M ٣٤, 8.

نقر. نُقْرَةٌ, *later (aureus aut) argenteus*, quoque habet pl. نُقَرٌ, M ٣٤. *d* (٣٤١, ann. l. 6), Belâdh. ٤٢٧, 3, Dozy.

نقش. مَنْقُوشٌ. Dicit M ٣٠٦, 11 provinciam Sedjestân optime cultam esse منقوشة العمارة, *variegatam culturâ.*

نقص IV v. sub زور.

نقل V, *circumvagatus est, profectus est*, M ٢, 16, Arîb Ms. Goth. f. 18 r. وسال اهل القيروان عنها (عن القافلة) فاخبروه انها تنقّلت, f. 19 v. ثم تنقّل الى النباج, Gloss. Fragm. et Dozy.

نكب. مَنْكِبٌ, *latus* (Freytag). Dicitur من منكب الطريق, *a latere viae, ad viam*, H ١٥٦, 18.

نكح III c. acc. populi aut tribus, *matrimonia iunxit gens cum alia gente*, M ٤٠٣, 4, Mobarrad ٢٦٦, 10 ubi sec. marg. E legatur وكثرة مناكحتهم (ثقيف) قريشا, Djâhith in opusculo فضائل الاتراك Ms. f. 3 v. وامتنعت عدنان قاطبة من مناكحة بنى اسحق وهو اخو (Cod. اخوه) اسمعيل وجادوا بذلك فى جميع الدهر لبنى قحطان وهو ابن غابر.

نكر. النكاريّة, sectarii haeretici in Maghrib, H ٤٨, 11. Vocantur quoque النكّارة, vid. Dozy.

نكى IV = I, H ٧٨, 19, M ٤٨٩, 5. Vid. Gloss. Fragm.

نمر. نَمِرٌ habet iuxta pl. نُمُورٌ, quem auctor *Mohît* male neglexit, quoque نُمُورَةٌ, M ٩٧ *m*, Mas'ûdî, III, 2, 3, 4, 55, TA sub كافور habet: شجر بجبال الهند – تالفه النمورة (جمع نمر), *Alif Laila*, III, ٥٩٩, 3 ed. Macn. Cf. Fleischer, *Beiträge* ad de Sacy, I, 370, 11 in *Berichte der K. Sächs. Ges. der Wissensch.*, 1874, p. 83. Adde صقورة a صقر (e. g. Girgas et Rosen, ٢١٥, 5), فهودة a فهد (*Alif Laila* l. l., Jacût, II, ٥٠, 8), عيورة a عير. Lexico addatur quoque pl. نمران, Jacût, I, ٥٤٧, 14, ٨٥٤, 9, II, ٧٥٦, 2. — نَمِرَةٌ, pl. نُمُورٌ, *corium pantherinum*, I ٣٥ ult., H ٤١, 2, mea *Descriptio al-Magribi*, 38.

نمس. نَامُوسٌ, *culex*, H ٢٧٣, 15. Vocabulum notissimum habent TA, *Mohît*, Khafâdjî ٢٣٥, Bocthor *cousin*, *moustique*, alii. Vid. quoque Dozy.

نَمَكْسُودٌ, proprie *sale conditus* (Vullers sub نمك), est *caro in longa segmenta concisa*, *sale et aromatibus condita* (Ibn Djazla et Ibn Baithâr), M ١٤٥, 3, ٣٨٤, 11, ٣٩٩, 5. Vid. quoque Dozy.

نهر. نَهْرٌ saepissime est *canalis*, maior quam ساقية, quae iterum maior est quam جدول (*Mohît*) et adhibetur quoque de *tubo* metalleo aquae ducendae, I ٣١٩, 12, H ٣٦٩, 3. — Dimin. نُهَيْر H ٢٨٩ ult. — نَهَارٌ, *unius diei iter*, M ٢٥., 5 seqq. (Minus recte Sprenger, *die alte Geographie*, 150 *Tag und Nacht*).

نهض. نَهْضَةٌ, *spiritus* in bello sacro, *valor*, M ١٥٢, 8, TA الطاقة والقوّة et الحركة (*Asâs*). Vid. etiam Dozy. Pronuntiari quoque potest نُهُوضَة, quod secundum TA est nomen actionis ab انتهض *surrexit*.

نهل. مَنْهَلَةٌ est idem quod مَنْهَلٌ, *statio*, Jacût, IV, ٤.٤, 14, *unius diei iter*, M ٢٥. *a*.

نهى VIII c. الى p., *se retulit ad alicuius sententiam*, I ٢٢١, 9, ubi L et Jacût (cf. quoque H ٢٧٩ *h*) habent وينْهُون اليه *eum certiorem faciunt*. Cf. Gloss. Fragm.

نوب I saepe syn. est verbi لَزِمَ, *necessario praestandum solvendumve fuit*, ut M ٢٩٩, 4 ناب عليه الف درهم, *pro hoc opere solvendum remanserunt mille dirhemi*, ٣٣١, 7 وناب عليه الاموال العظيمة, *pro restauratione magna summa pecuniae solvenda fuit*. Cf. Dozy: *coûter*. — VIII, *visitavit*, *adiit*, I ٩١, 2, ١٥٢, 14, ١٨٣, 8, ٢٩٥, 11, ٢٧٣, 7, ٣١٣, 12, H ٣٢٤, 9, ٣٩٢, 14, Jacût, 1, ٨٧, 20, Harîrî ٥٤, 3 (qui usus auctori tanquam lapsus imputatur, quia tantum de una visitatione sermo est); *sibi domicilium cepit*, I ١., 9, H ١٥, 3, ٣١٤, 1. — نَوْبَة. على النُّوَب, *per vices*, I ٢٣. paen., H ٢٩., 14, Bîrûnî, ٢٣٤, 12, ٢٩. ult. seq.; بالنُّوَب = بالنوبة (Gloss. Fragm.) M ٤١٣, 15 النهر بالنوب, *habent incolae usum aquae per vices* (cf. apud Dozy نوبة ماء). — نَائِبَةٌ. De نوائب السلطان, I ١١٣, 6 (H ١٨٥, 10 احوال), vid. Gloss Belâdh. — *Angaria*, H ١٥٣ ult., Gloss. Belâdh.

نور. نَوْرٌ *flos*, pl. irreg. نَوَائِرُ, I ٢٩٣, 8 (ubi Jacût نواوير), Gloss. Edrîsî, ubi singularem نَوَارَةٌ quem Alcala et Vocabulista habent, assumpsimus, pl. أَنْوِرَةٌ, H ٣٨٢, 1. — نُورٌ, *splendor* templi, M ٢٨٢, 3, ٣٥٩, 2, ٣٦٧, 19, ٤٣٠, 3. — مَنَارٌ, collectivum masculini generis, pro plurali vocis منارة, I ١٧, 12, H ٢٥, 11; vid. Gloss. Fragm.

نوشاذر vid. I ٢٨٨, 11, ٣١٣, 3, ٣٢٧ seq., H ٣٣٧, 4, ٣٨٣, Jacût, II, ٦٠٠, III, ٤٠٨, 10, Mas'ûdî, I, 347 seq.

نول VI, *comprehendit* nomen duas pluresve significationes, M ١١٩, 9, *Hidâya* ٢٨٦ اسم الدار يتناول العرصة والبناء في العرف, Baidhâwî, II, ٣٩٩, 2, Jacût, III, ٢٩٣, 12, Abû Ishâk Schîrâzî, ١٠٩, 8 على الصفة التى يتناولها العقد.

نيد. نَيْدَةٌ, cibus Aegyptiis proprius, de quo vid. de Sacy, *Chrest.* II, 25—28, Abdallatîf, 311, 316, 571, M ٧, 1, ٢٠٣, 16, ٢٠٤, 7, ٣٠٩, 2, Ibn Batûta, I, 102 (نيدا).

نير. مُنَيَّرٌ substant. H ٢٣٧, 13, Thaâlibî, *Latâif*, ١٢٩, 8, ut مُنَيَّرَةٌ, pl. ات, M ١٨٠, 17; ٣٩٥, 11, ٤٤٢, 13, ٤٤٣, 9. Imprimis Ray et Schirâz fabricatione huius panni excellebant (vid. quoque I ٢١٠, 2, H ٢٧٠ ult., Thaâlibî, ١١١). Vestimentum ex hoc panno confectum appellatur quoque مُنَيَّرَةٌ, Ibn Bat. IV, 12 (cf. tamen ann. editoris p. 453).

نَيْسَابُورِيٌّ, *in urbe Naisâbûr confectus*, epith. pannorum diversorum, M ٣٢٤, 8, Mowasschâ f. 91 v., الأُزُر النيسابورية, f. 121 v. الطيالسة الملحم النيسابورية et الجباب النيسابورية, f. 124 r. المقانع النيسابورية. Quoque *pannus ipse* e. g. Nowairî, p. 95 الثياب النيسابورى الرقاق.

هدى. اصحابُ الهُدَى, *orthodoxi*, M ٣٧, 17.

هذب II, *purgavit* جسمه في الطاعة, I ١٤٨ ult., H ٢٠٩, 18. Cf. Dozy, *Abbad.* III, 80.

هرس. Cibus هَرِيسَةٌ optime praeparatur in Aegypto, M ٢٠٣, 16, in Merw, ٣١١, 1, ٣٢٩, 3 et in Schîrâz, ٤٣٠, 6. Imprimis Sûfii eum amant, ٤٤, 6, cf. Ibn Batûta, II, 89. Adulterationis substitutis carnibus caninis arguit M non tantum incolas Kastiliae in Maghrib, ٢٤٣, 14, sed quoque Aegyptios et Medinenses, ٤٠, 3 seq. Pl. est هرائس. Etiam sine carnibus paratur, Cabbâb, Ms. 138, f. 78 r. — هَرَّاس est generaliter *popinae dominus*, *popinarius*, M ۱۲۹, 7.

هوعل et هيعلة vid. sub هع.

هلى, vox qua sistitur equus, ut nostrum *holla*, M ۳۱, 11. Proprie est *retro*, contrarium vocis قَدِّمْ, ut in exemplis quae laudavit Fleischer, *Beiträge*, ad de Sacy, I, 447 (*Berichte der K. Sächs. Ges. der Wissensch.* 1874, p. 143).

هليات, species dactylorum in provincia Basrae, M ۱۳۰ *p*, Abu 'l-Kâsim supra sub ابرهيمى. Est per linguam Aramaïcam (cf. Payne Smith 1011) e Graeco ἐλάτη (spatha palmarum apud Dioscoridem).

هَلِيلَج pro اهليلج M ۳۰۴, 10. Vid. *Mohît.*

همّ I c. على p. idem quod c. ب p. subintellecto القتل, *occidere eum voluit*, I ۱۴۲, 13. Postea hinc accepit notionem adoriendi, vid. Dozy: *se jeter sur*, *attaquer*.

هَمْلَخْتٌ (Pers.), pl. ات, *ocrea*, M ۲۰۳, 8 et 14, ۴۴۳, 10.

هود. هَوْدَةٌ pro هَدْأَةٌ (aut pro هَوْتَةٌ), *terra depressa*, M ۴۱۴, 7, ۴۲۸, 13.

هور V, *temerarius*, *stolide ferox fuit*, H ۷۰, 10; cf. Gloss. Edrîsî. *Faïk*, II, 661 تهوّك وتهوّر اخوان فى معنى وقع فى الامر بغير رَوِيَّة; Baidhâwî I, ۸۸ paen. والشجاعة بين التهوّر والجبن. — هُور i. q. خَوْر (q. v.) I ۳۲, 4, ۸۱ *i*, (ubi sic quoque L et O), ۹۴ *a* (= L), ۳۰۴, 3, H ۳۵۴, 4, Jacût, II, ۵۹, 7; هُورة H ۳۷, 8; pl. هُوراتٌ I ۲۳ *b* (= L), هوارات, I ۳۲, 3, H ۳۷, 18. Ibn Serapion hoc nomine, quod autem هَور pronuntiat, designat loca aperta inter arundines in stagnis Iracanis. Incipit sectio صفة البطيحة (Ms. Mus. Britt. f. 40 r.) his verbis: وذلك ان اوّل البطيحة القَطر وهو زقاق قصب نابت وبعده هور والهور هو ماء كثير ليس فيه قصب.

هول. Verbum هال synonymum est verbi راع, et ut hoc significat *admiratione affecit*, tum de re ingenti, stupenda, tum de re grata sensu *placuit*. Dicitur هالت المرأة بحسنها (*Miçbâh*) et talis mulier formosa appellatur هُولَةٌ. Eadem significatione in usu est هَوَّل, nam proprie dicitur قد هَوَّلت المرأة بحُلِيِّها وزينتها اذا راعت الناظرَ اليها (*Fâik*, II, 661 et *Kâm.*

in explicatione vocis هُولة), et hinc التهاويل sunt omnes res, *colores*, *monilia* cet., quibus se comat et parat mulier et quibus pilenta ornantur. Docet Zamakhscharî in *Asâs:* وزيّنت بالتَّهاويل وهي النُّقوش والألوان تُهوِّل مَن نَظَرَ اليها كما يقال شيء رائع ولو ابصرتَه لَراعَك وهو يَرُوع بجماله وقال بشر وذكر الظعائن

عليهنّ امثالُ الخُدارىّ خِلْقَةً من الرَّيْطِ والرَّقمِ التَّهاويلِ كالدَّمِ

Et Harawî in *Kitâb al-Gharîbain* explicans التهاويل in traditione per *varii colores* addit: ومنه يقال لِما يَخرج فى الرياض من الوان الزهر والشقائق التهاويل ولِما عُلّق على الهوادج من الوان العِهن التهاويلُ. Significationem *flores* iam ex *Hamâsa* annotavit Freytag, significatio *panni colorati qui internuntur pilentis* lexico addatur. Hinc tropice تهاويل sunt *commenta*, *fabulae ineptae*, ut apud Jacût, I, ٣٦٢, 9 اكثرها (الاخبار والاحاديث) باطل وتهاويل لا يقبلها الّا جاهل, ٣٩٣, 18 قصّة طويلة ذات تهاويل وخرافات, II, ٧١٠, 7 وهذا من تهاويل النصارى ولا اصلَ له, et verbum هوّل est *commenticia protulit*, *fucavit*, Bîrûnî ٢٣٨, 19, Jacût, I, ٣٩٣, 3. A verbo هال significatione supra illustrata, adiectivum (proprie n. agens) هائل derivatum est sensu *insolitus*, *formidabilis*, *magnus*, *magnificus*, *splendidus*, M ٨٢, 6, ٢٥٢, 19, ٣٥٧, 4, ٣٥٩, 17, ٣٦٠, 8, ٤٤٤ *i*, Jacût, I, ١١٣, 13, ٣٦١, 5 (اخبار هائلة), ٣٦٢, 12, III, ٢٤٩, 3, Ibn Batûta, I, 410, III, 150, 220, 271, IV, 298, 375 cet. Denique lexico addendum est verbum اسْتَهْوَل s. استهال c. acc. *admirari aliquem* vel *aliquid*, ut Agh. II, ١٨٣, 1 فلما راوا هلالا استهولوا خلقه وقامته, VIII, ٢٠, 9 a f. فاستكثر ذلك ابن الاعرابى واستهاله فما هو الا ان سمعه فاستهوله واطّرح كلّ, Makkarî, II, ٨٦, 5 وعاجب منه غناء سواه واحبّه حبّا شديدا.

هوى. هَوَاءٌ. فى الهواء elisione vocis ذاهب (cf. Dozy sub ذهب) epitheton castelli, *altus*, M ٢٣٢, 4 et 11. — هَوِيَّةٌ est ut هوّة et هُوتَةٌ (= هَوْتٌ Jacût, IV, ٩٩٥, 16) 1° *terra depressa*, M ٢٢٤, 4 (ubi C هوتة), ٤٢٨ *s*. Eodem sensu occurrit هُوَّةٌ pl. هُوًى in traditione اذا عَرَّسْتم فاجتنبوا هُوَى الارض فانها مأوى الهَوَامّ cum explicatione Harawîi هُوَى الارض الواحدة هُوَّة وهى المُطمئنّ;

2° *caverna*, M ١٥٣, 6, 13, 21 seq. Idem significat هُوَّة Agh. IX, ٨٣, 1 (= دحل), et Jacût, IV, ٩٩٩, 10. Significationem vocis هُوِيَّة *profundus puteus*, quam Freytag e *Kâmûso* dedit, in eo non invenio, nec alibi vidi, sed propria est vocibus هُوَّة et مَهْوَاة, uti quoque significatio *fossa profunda*, teste Harawî, qui explicat هُوَّة secundo loco per الحفيرة القعيرة addens ويقال لها المهواة ايضا ومنه حديث عائشة ووصفت اباها قالت وامتاح من المَهواة تعنى من البئر القعيرة ارادت انه تحمّل ما لم يتحمّله غيره فى الفتوح وطلب القَىء. Eandem significationem habet هوتة apud Zamakhscharî, *Faïk*, II, 663 عثمان وَدِدْتُ ان ما بيننا وبين العدوّ هَوْتَةٌ لا يُدرك قَعْرُها الى يوم القيامة ' الهَوْتَة والهُوتة الهُوَّة. Verti potest *vorago*, *abyssus* ut habet Bocthor *abyme*. Vox هوتة vertitur *fovea* in lexico ad Gregor. Bar Hebraei Carmina, Romae 1877, p. 200. Cf. quoque Dozy.

هيب. أَهْيَبُ comp. a مَهِيبٌ sensu *conspicuus*, *admirationem sui iniiciens* (eadem metaphora ut هائل; cf. Bocthor *imposant* مهاب), M ٢٨١, 1. Vid. quoque Dozy.

هير. هيارا apud M ٣١, 11 datur ut synon. vocis جماعة. Illustrare vocem nequeo.

هَيْرُوم, species dactylorum in provincia Basrae, cuius nomen alibi scribitur هيرون, M ١٣. *p*. Dozy memorat هَيْرُونِى.

هى. Singulares formae sunt verbum هَوْعَل pro حَيْعَل, M ٤٨١, 9 et هَيْعَلَة pro حَيْعَلَة, M ٤. *r* et ٢٣٨ *d*.

واقواق vid. sub وقواق.

وأل. بَيْتُ مُوءَلَة, proprie *domus refugii*, apud H ٧١, 8 adhibetur sensu *domus spectabilis*.

وبأ. وَبِىءٌ, *pestilens*, epith. aquae I ٢٠١, 2, H ٣٩٣, 16. Cf. apud Freytag وبىء *non proficiens* de cibo.

وتر. وِتْرٌ, terminus technicus, *preces cum numero impari inclinationum*, plerumque trium, ut docet Abû Ishâk Schîrâzî ٢٧, 5 seqq. addens واقله

ركعة, واكثره احدى عشرة. Hanafitae negant preces unius inclinationis vocari posse وتر, M ٣٨٧, 17.

وثق II, *ligavit* lapides plumbo, I ٤٢, 13.

وجب I, *decet*, M ٢٥٩, 1 et fort. ٢٥٧, 6, *Alif Laila* I, ٤١ paen.

وجد I. De Imperf. يَجِدُ pro يُوجَدُ vid. sub وزن.

وجه II المَيِّتَ, scil. الى القِبْلَة, *direxit faciem mortui versus kiblam*, M ٣٩, 20, Abû Ishâk Schîrâzî, ٤٥, 16, ٥٠, 1. — VIII لفلان الشىء, i. q. تهيّأ, *potuit rem*, H ٧٧, 9, ١٣٣, 7 et 8. Cf. Vocab. apud Dozy: *possibilis*. — وَجْهٌ. Metaph. خمش وجه الحديث sensu *se mihi aperivit*, H ٢٢, 17; — فى وجوه (s. وجه) التُرك, *e regione Turcarum*, I ٣١٥, 10, ٢٧٣, 6, ٢٩١, 3. Cf. Gloss. Fragm.; — وجوه الاموال, *varii reditus*, H ٥, 4, ٢٠, 3, ٤٤, 1 et passim. — والوَجْهُ, seq. ل apud H ١٢٧, 17 significat *et quomodo?* — مُوَجَّهٌ, *ascia dolatus ad amussim* lapis, M ١٥٧, 9, ١٦٨, 7. Fortasse autem, collata explicatione proverbii وجّه الحَجَرَ وِجْهَةً مّا له (Freyt. Prov. II, 805 et *Asâs*), tantum est *ad amussim positus*. Cf. Dozy sub وجّه.

وحد. بالواحدة — لا, *nunquam*, H ٣٧, 7, ubi Jacût et Kazw. (I ٣٠ *y*) habent ابدًا — لا.

وحش V, *ferum evasit* animal domesticum, I ٥٢, 8, H ١٠٢, 11, Edrîsî ٢٢. Freytag habet participium. — X, *ingratum censuit*, *improbavit*, M ٦٤ *k* (p. ٦٥ ann. l. 14). Bocthor: désapprouver. — وَحْشٌ, ut quoque وَحْشِىٌّ q. v., diversis occurrit significationibus: *ferox*, *rudis* de lingua, M ٣٠٤, 15 (ubi compar. اوحش), ٩٧, 2, ٣٢١, 4, ٣٣٤, 15, ٣٩٨, 9, ٤٢٩, 7; *rudis* de instrumentis, ٤٤٠, 5; *deformis* de structura, ٤٤٠, 4, de operculo feretri, ١٢٩, 7, de capite hominis, ٤٠٤ *a*, ٤١٤ *e* (= وحشّى); — *ingratus*, *turpis*, *teter* de urbe, ١٩٩, 5, ٢٨٨, 5, de deserto, ٢٤٩, 13 (= وحشّى); de nece, ٨٥, 13, de partium studio, ١٢٩, 16, ٢٨٣, 3, ٣٥٨, 7, de moribus, ٢٠٠, 3, de indole, ٢٨١, 8, de indole libri, ٢٤١, 8 (ubi compar. اوحش), de somnio, ٢٠٨, 21. — وحش = وَحْشِىٌّ, M ٢٤٩ *x*, ٤١٤, 4. — أَوْحَش compar., ٣٤, 15, ٢٤١, 8, ٣٩٨ *r*. Cf. Bocthor: *difforme*, *laid*, *maussade*, désagréable, de mauvaise grâce, *vilain*, وحش, et *barbare*, *brutal*, *farouche*, *inculte*, *insociable*, *intraitable*, *iroquois*; vid. quoque Dozy.

وحل. وَحِيلٌ, *lutosus*, Addit. ad I ٢٣٢, 6 وحيلة وهدة.

وخط, I, *corripuit* aliquem febris, sec. nonnullos Codd. I ٩. ult., vid. Add.

وخم. وَخْمٌ, *insaluber* locus, H ٤٩, 16, Jacût, III, ٨٢٢, 10, ٨٨٣, 5, lexica وَخْمَةٌ ارض. Cf. Dozy.

ودع. وَدْعٌ. Dicunt prope Sohraward (aut Schahrazûr) vitem esse, qui altero anno uvas, altero fructus fert ruberrimos et nigricantes in extremitate, quos ودع appellant, quia conchae Veneris formam habent, C et L ad I ٢.. *l*, Kazwînî, II, ٢٦٩, 9 a f. ubi pro بالجزر l. بالخرز.

وذر. وذارى v. sub ويذارى.

ورب III, *decipere studuit* (cf. Gloss. Edrîsî), H ٤٧, 11, ubi vertendum: »fallaces in officiis quae iis incumbunt".

ورد. مُوَرَّد quoque de rebus quae naturâ *roseo colore* sunt, ut lapides pretiosi, H ٣٢٧, 9 et *f*. Cf. Gloss. Moslim.

ورس. الوَرْس praesertim colligitur in monte Modhaikhirae, I ٢٥ paen., H ٣١, 15, ubi describitur.

ورق. وَرْقٌ, *pisciculi* qui in littore Mahrae in Arabia capiuntur et quibus bestiae vescuntur, H ٣٢, 12, ٢٣٥, 8, Edrîsî, vers. Jaubert, I, 150. Wrede, *Reise in Hadhramaut*, 160 scribit: »Hier kaufte mein Schaych einen ledernen Beutel voll gesalzene Fische von der Grösse der Sardellen, von den Arabern W a r k genannt. Von diesen gab er dem Kameele täglich eine oder zwei Hände voll, die von ihm mit Begierde gefressen wurden; sie ersetzten die Salzlecke, welche zur Erhaltung der Gesundheit dieser Thiere erforderlich ist. Ich sah auch in der Folge in andern Gegenden des H a d h r a m a u t s die Beduinen ihren Kameelen von Zeit zu Zeit solche Fische reichen". — وَرَقَةٌ. ورقة على ساق, *propago*, *malleolus*, H ٢٨٢, 12, ubi sic vertendum: »si ibi restat vitis, fructus eius eleemosyna pauperum est, i. e. vindemia nulla est, omnibus vitibus abscissis, nisi forte Deus truncum in folia exire fecerit".

وزر. وِزْرٌ, *tunica parva*, vestimentum corporis superioris, iuxta إزْر (succinctorium), M ٩٩, 15, ٤٨٠ *f*. *Mohît* hoc sensu habet وِزْرَةٌ (Bocthor: *pagne*). Hoc quoque in architectura eodem sensu quo إزار adhibetur, ut apud Samhûdî, ١٣٩ ما كان داخلا فى جدار المسجد من وزرات الرخام وطراز الذهب والفسيفساء, ١٥٤, 6.

وزع. الأَوْزاعِيَّة memorantur M ٣٧, 8, ١٤٤, 6, ١٧٩, 20.

وزن I. Impf. يُزِن plus semel apud M occurrit sensu passivo *ponderari* pro يُوزَن e. g. دراهمُ تَزِن ولا تُعَدّ ٩٩, 9, *n* et *u*, ٢٢٥ *b*, ٢٤٠ *b*, ٣٩٧, 17, ٤٥٢ *e*. Similiter يَجِد pro يُوجَد occurrit ١٠٢ *d*, ١٤٢ *t*, ٣٢٩, 5 et يَقِد pro يُوقَد ٧٤ *c*. Forte quoque ٤٤٥, 8 coll. *m* servanda est lectio يَقِف et sumenda sensu passivo pro يُوقَف.

وسط. وَسَطٌ (fem. ة M ٨٧, 2, ubi vero B وسط), *mediocris* i. e. *inferioris notae*, ٨٤, 4 de dactylis, ٣٣, 9 (ubi compar. اوسط) de hominibus; *temperatus*, *moderatus* de aëre, ٤٥٩, 11. Pl. أَوْساط النّاس, *optimates*, M ٦٨ *f*, ٤١٩ *a*. Vid. *Asâs* et TA. — واسِطَة, *medium*, M ٤٠٢, 14, ubi substantivum est. — واسِطِى, *in urbe Wâsit fabricatus*, epitheton aulaeorum pretiosorum, M ١٢٩, 1. Tanquam epitheton arcuum (القسىّ الواسطيّة) aliter explicandum est, nempe ibi est ex usu vulgari pro متوسّط, *mediocris magnitudine*, vid. Ms. 92 (Catal. III, 291) f. 27 v. — Substantive واسطيّة est nomen navigii, M ٣١, 15. — مُتَوَسِّطٌ, *mediocris* i. e. *ignobilis* de hominibus (ut وسط), M ٤٧٨, 7. Cf. Dozy.

وسع I c. acc. p., *sufficit*, I ٢٨٢, 1, H ٣٣٠, 7. Cf. *Mohît*: وسع المالُ الدَّين كثر حتى وفى بكلّه. — VIII c. ل r., *sufficit*, I ٣, 13, (١٢, 9), ٥٧, 6; — c. ب r., *fruitus est* re, *abundanter habuit rem* = انتفع et ارتفق, I ١٣٩ ult., ١٧٥, 4, ٢٤٤ paen., ٢٤٧, 5 a f., ٣١٤ paen., H ٤٩, 20, ١٩٤, 1, ١٩٧, 12; — absol. *increvit*, *abundavit* = زاد et كثر, I ٢٤٣, 1, quem locum e Jacût laudavi in Gloss. Fragm. — يَدٌ واسِعَةٌ, *opulentia*, *abundantia rerum*, M ٣٦ *t*, ubi compar. انجب البلدان ما كان اليد فيه اوسع,

opulentissimus quisque locus est iucundissimus. — تَوَسُّعٌ idem, H ١٩٨, 10. Cf. Dozy sub وسع V.

وسل V, absol. *sollicitavit*, *flagitavit*, M ٤١٤, 2. Cf. Bocthor: *solliciter.*

وشح VIII (= V) c. ب vestimenti est *vestem induit modo peregrinatoris Meccani* i. e. *sub axillam dextram*, *supra humerum sinistram* (vid. lexica Arabica), H ٥٨, 11, Jakûbî in *Descriptione al-Magribi*, ٢٢, 8, Tanûkhî, *Post nubila Phebus* Ms. p. 477 وعلى كل وتد ازار ومئزر فانزعْ ثيابك والقها على الوتد واتّزر بالمئزر واتّشح بالازار واجلسْ.

وشى. مُوَشًّى, *varius*, *maculosus*, epith. marmoris, I ٦٠, 11, ubi vers. Pers. habent ملمّع et منقّش, H ١١٥, 12. De cute animalculi Djawâlîkî ٥٣, 4.

وصل. مُوَصَّلٌ tanquam epitheton lapidis M ١١٧, 1, ١٩١, 5 est terminus technicus, qui Germanice redditur *mit Fügenränderung*, vid. Baedeker, *Palaestina und Syrien*, 123. Cf. Dozy sub وَصْلٌ. — مُتَّصِلٌ, *continuus*, *non interruptus* de foro, I ٢٤١ paen.

وضأ. مِيضَأَةٌ habet pl. مَيَاضِئُ, I ٥٨ paen. (pro quo H ١١٤, 2 حياض) et ميَاضَاةٌ (forma mamdûda, Khafâdjî ٢٢٤) مَيَاضٍ, M ١٩١, 3. Vulgaris forma est مبيضة, *Morgenl. Forsch.* 135, 1.

وضع. مَوْضُوعٌ, pl. ات, *situs* urbis, I ٢٩٩, 2, Ibn Djobair, ٢٤٥, 5 et 6.

وطئ VI, *consensit*, quoque c. ب r, H ٧٧, 11, et c. في r., H ٨٤, 1, construitur. — X, *facilem equitatu* (وطىء?) *invenit* mulum, H ٧٩, 16, nam وَطِىء? hoc sensu solet usurpari, vid. e. g. Mobarrad ٣, 16 دابّة وطىء? هو الذى لا يحرّك راكبَه فى مسيره.

وطن V c. acc. et c. ب significat ut IV et X *tanquam domicilium sibi elegit*, I ١٣٩, 15 (ubi l. توطّن pro يوطن), ١٤٧, 6, 8 (ubi fort. l. بخارا pro ببخارى) et paen. (ubi cum ب constr.), ٢٥٨, 4, H ٢٠٨, 6 (ubi c. ب constr.), ٣١٣ ult., Abû Ishâk Schirâzî, ٣٩ c, Ibn Batûta, IV, 266. Motarrizî: واوطن ارض كذا واستوطنها وتوطّنها اتخذها محلّا ومسكنا يقيم فيه. Constructionem c. ب in اوطن بالكوفة explicat per elisionem obiecti, aut tanquam additamentum supervacaneum praepositionis. Bocthor: *se domicilier*, *s'établir*.

وظف. وَظِيفَةٌ habet sensum a Freytag notatum *portio alimenti quae praebetur in dies singulos* apud H ٢٠٦, 1 et M ٣١٠, 17. Significatio *tributum* spec. *in natura* ut dicimus, occurrit I ٢٢١, 4, H ٢٧٩, 8, Jacût, I, ۴٣, 17, IV, ٨٩, 14, Gloss. Belâdh. cet.

وعب X, I ٢٥۴, 8, M ٣٣١, 14, vid. Gloss. Fragm.

وعد VIII c. الى loci, M ٧, 8, vid. Gloss. Fragm.

وعر. وَعْرٌ, *rudis*, *male concinnatus* de muro, M ٣١٥, 18.

وغل V c. acc. H ٣٠, 16, nisi supplendum sit فيه (فيها), aut recipienda sit lectio P. Cf. Dozy, Abbad. I, 54, ubi duo exempla construct. c. acc.

وفر V, *abundavit*, *copiosus fuit*, H ١١٩, 14, Gloss. Edrîsî; c. على p. e. g. توفّر ذلك كلّه عليه, *totum*, *prorsus accepit*, H ١٣٢ ult. — X, *aestimavit totum numerum* exercitus, H ٣۴٠, 7.

وفق VIII, sensu proprio de plur. *convenire*, *congredi* in unum locum, c. فى, H ٣۴, 17. Est quasi reciproca forma verbi وافق = صادف *occurrit*. — مُوَافَقَةٌ est *pactum*, *conventum*, H ٢٠, 5, ٢١, 16, et hinc *tributum quod ex pacto solvitur*, *quod pacto stipulatum est*, pl. ات, H ٢٠, 8, ٢٥۴, 10 et 13, ٢٥٥, 1, 3 et 7.

وفى X c. acc. r., *perfecit*, *totam fecit*, *dedit rem* (vid. Dozy), H ٨, 7 »peninsulam Hispaniae iam accurate delineavi in tabulis Maghribi".

وقت. وَقْتٌ apud iurisconsultos plus semel eodem sensu quo ميقات i. e. موضع الاحرام occurrit, ut M ٧٩, 2, Motarrizî: فقال ابو حنيفة رحمه من تعدّى وقته الى وقت اقرب منه او ابعد فانه يجزيه وفى الجامع الصغير ووقته البستان اى ميقاته بستان بنى عامر.

وقد I transitive eodem sensu quo اوقد *accendit* (Fleischer ad Makkarî, II, ٥٠٩, Dozy, *Lettre*, 216 seq., TA (اوقدها ووقدها فهو لازم متعدّ), M ١٩٩, 4, quem locum sic explico: incolae ligno omnino carent, adeo ut, si ad ignem eo opus sit, nihil iis restet, nisi ut de tecto tigillum sumant. — Imperf. يُقَدُ sensu passivo pro يُوقَدُ, M ٧۴ *c*. Vid. supra sub وزن. —

مَوْقِدَةٌ apud M ٣١, 2 memoratur tanquam synonymum vocis اثافىّ. Accuratius describitur in *Mohît*. Cf. Dozy. Eodem sensu quoque lexico addendum est مُسْتَوْقَدَةٌ, Jacût, II, ٦٨٩, 18 مستوقدات, nisi sit a sing. مستوقد, quod hoc sensu iam habet *Asâs* et memorat Bocthor sub *foyer* et *âtre*. Exemplum vide in loco Râzîi quem dedit Wiedemann, Zeitschr. XXXII, 577 et alterum apud Dozy.

وقع I, *exstitit*, in verbis ما تقع الحاجة الى معرفته, *quae cognovisse necesse est*, I ١٩٥, 8, H ٢٥٥ ult., et in phrasi notissima وقع بينهم حرب, I ٣٦, 1 seq., sive per elisionem وقع بينهم, H ٣٣, 1; — *devenit in*, *venit ad* locum c. الى, I ٤٥, 2, Gloss. Thaâlibî, spec. de mercibus, sensu *provenit*, c. من I ٣٢, 12, ٢٧٩, 3, c. ب I ٤٢, 4 (ubi L من) et 5, H ٣٨, 7 et *exportatus est*, c. من et الى I ٣٥ ult., ٤٤, 12, ٤٥, 15 et 17, ٥٤ ult., ٩١, 6, ١٥٤, 1, ١٨٤ ult., ١٨٦ ann., l. antepaen., ٢٢٣, 13, ٢٨٠, 1, ٢٨٢, 2, ٢٩٧, 11, ٣٠٥, 4, H ٤١, 3, ٣٢٧, 10, ٣٢٩, 8, ٣٣٠, 8, M ٢٤٢, 6, Jacût, I, ٤٣٨, 16 (l. 15 significat *exstitit*); — *derivatus est* canalis e fluvio, I ٣٠٣, 13. Hisce significationibus est syn. verbi ارتفع q. v. — Occurrit quoque tanquam passivum verbi وضع, M ٣٠٤, 4, ubi sermo est de ligno quod *incrustatur*, *tegitur* lapillis. — مَوْقِعٌ, *situs*, I ٣, 12, ١٢, 9, H ٦, 16 et 19, ٧, 20, ٨, 3, ٤٣, 8 et 9. Apud H ٧٤, 11 habet sensum *locus ubi quid invenitur* (Freytag).

وقف I, c. فى r., *substitit*, *dubitavit*, M ٣٨, 2 seqq. et *i*. Eodem sensu *Asâs* habet توقّف. — De يُقَفُ sensu passivo vid. supra sub وزن. — C. على *intellexit*, I ٢٥, 11. — X البَصَرَ, *oculos in se fixit* (Gloss. Moslim), I ٢٩٣ ult., ٢٩٤ *e*, H ٣٤٦, 4 et 7. Locum sic verto: »non autem amoenitate (فى النزهة, بالنزهة) pares sunt locus tectus, unde prospectus non ita late (*sive* non latius) patet ac e loco aperto, et locus ubi oculos delectant latus prospectus et coelum apertum (lego سعةٌ et سفرٌ)". — الواقفيّة, nomen sectariorum eorundem qui الرستاقيّة et الزعفرانيّة appellantur, M ٣٨, 7. In *Mafâtîh al-Olûm* f. 11 r. annumerantur Imâmitis. Addit: سمّوا بذلك لانهم وقفوا على موسى من جعفر رضه وقالوا هو السابع وانه حيٌّ لم يمت ولا يموت حتى يملك شرق الارض وغربها ويسمّون المطورة وذلك ان واحدًا منهم

ناظَرَ يونس بن عبد الرحمان وهو من القُطعيّة فقال له يونس لانتم اهون علىّ من كلاب المطورة فلزمنهم هذه النَبَزَة. *Mohît* habet: فرقة من المتصوّفة. Vid. quoque Dozy. — مَوَاقِف apud M ٣١٧ *k* idem significare videtur quod وُقُوف s. مَوَاقِيف *terrae in usum pium legatae.*

وقل V, *conscendit* c. acc., H ٣٠ *i.*

وَقْوَاق s. وَاقْوَاق »arbor ex cuius ligno atramentaria parantur" (Freytag), M ٣٩٧, 13. Fortasse habet nomen ab insulis huius nominis.

وقى. اوقيّة s. وقيّة, *uncia*, pars duodecima ponderis, Tuneti 12 drachmas habebat, M ٢٤٠, 15, in Syria inter 40 et 50, M ١٨٢, 2. Secundum Ibno 's-Schihna f. 38 v. بالطرسوسى est 32 drachmae. Vid. porro *Mohît.*

وكف. وَكْف. Dicitur M ٨٥, 13 urbem Aden esse كثيرة الحريق والوكف, ubi neque significatio verbi وكف, *stillavit pluvia* domus, neque una e significationibus substantivi وكف quas habent lexica convenire videtur. Fort. hic habet sensum *naufragium*, ut in traditione, *Fâik*, II, 627 خيار الشهداء عند الله اصحاب الوَكْف قيل يا رسول الله ومن اصحاب الوكف قال قوم تكفّأ عليهم مراكبُهم فى البحر ' الوكف من قولهم وَكَفُ البيت وهو مثل الجناح يكون عليه (fort. l. على cf. *Mohît*). الكنيف ومنه قولهم اجتنَحُوا وتواكَفُوا بمعنى وقيل للنطع الوَكْفُ كما قيل له المِبْناة لانهم يتّخذون القِبابَ من الانطاع والمعنى ان مراكبهم قد اجتنحت عليهم وتكفّأت فوقهم. مثل اوكاف البيوت. Verosimilius est Prophetam mutuavisse vocabulum e dialecto, fort. Jemanensi, quam tali metaphora obscura usum fuisse. Cum hac explicatione quadrat additamentum C (ann. *n*), plus semel civem huius urbis cubitum ire divitem, mane surgere pauperum.

ولج. ولجيّة, nomen navigii, M ٣٢, 2. Derivatur fortasse a وَلَجَة, pl. أَوْلَاج, sensu *littus*, quem vid. in *Vocabulista*, quo casu esset *navis oraria.*

ولد VI, eodem sensu quo تولّد, H ٩٨ *m.*

ولع. وَلْبَع, i. q. مُوَلَّع, *variegatus colore*, M ٤٩٧, vs. ١٤.

ولى III, c. acc., *confinis*, *contiguus fuit* terra alteri, I ١٧٦, 3, II ٢٤٥, 21 et 22, Gloss. Beládh., *Ithâf* Ms. 1032, f. 105 v., Ibn Batûta, IV,

294. — V, *administravit*, *gessit*, I ٢١, 4, ١٤٠, 6, ١٤٨, 8, ٣٩١ ult., H ٢٨, 14. Lexica habent, sed Freytag minus feliciter vertit: *praefectus fuit.* — VIII اتّلى idem, H ٢٢, 19, ١٣١ ult., ١٣٢, 11, ١٤٣, 7, ٢٩٩ *f*, ٣٠٩, 17. Cf. Gloss. Fragm — Fort. apud I ٤٣, 12 et 13 quoque legendum est يتّلون eodemque sensu sumendum quo supra et infra يَلُون quae his quoque locis est lectio L. Nam de verbo تلا cogitandum non est, ut iure observavit Nöldeke, auctoritas tamen Codicum obstat emendationi propositae.

وهب. وَهْبِيَّة sectarii in Africa, H ٦٨, 2 seqq., ٦٩, 3.

ويذارِىّ s. وَذَارِىّ, *in urbe Soghdiana Wadhâr fabricatus* pannus pretiosus, qui ديباج خراسان nuncupatur, H ٤٠٣, 4—9, M ٣٢٤, 19, Thaâlibî, *Latâif*, ١٣٦ paen., Jacût, IV, ٩٤٤, 14. Dicitur الثيابُ الويذارىّ et الثياب الويذاريّة.

يتم. يتيم. Pro الدرّة اليتيمة, M ١٠١, 16 habet درّة اليتيم, cf. Wright, II, § 95 *e* (p. 251 2[dae] ed.). Docemur in opere *Adjâib al-Hind*, Ms. Schefer, p. 102 seqq. hanc margaritam tempore Raschîdi esse repertam et a khalifa emtam esse 70,000 drachmis, simul cum alia minore pretii 30,000 drachmarum. Haec unio inventa est apud insulam Khârek, I ٣٢, 12.

يرعوب v. sub رعب.

يسر. ايسارٌ, *divitiae*, M ٣٥٦, 10.

يكانكى, e Pers. يگانگى *unicus*, nomen panni Baghdâdi fabricati, M ١٢٨ ult.

يَلك cognomen est regis Khazarorum secundum nonnullos Codices, secundum alios est بلك s. بالك, vid. I ٢٢. *d*, H ٢٧٨ *g*. Temere ibi recepi »Lexica habent", nam probabiliter *Mohît* e Freytagio, hic e de Sacy, *Chrest.*, II, 16 (Kazwînî) desumsit.

يم. يَمَامىّ, species dactylorum in provincia Basrensi, M ١٣. *p*.

ينبوت cf. sub نبت.

يوم. الأيّام, *annales*, I ١١٨, 3, ١٣٧, 3 a f., ١٥٠, 4 a f., H ٢٠٥, 9.

ADDENDA ET EMENDANDA.

Istakhrî.

٣, 2 l. تحكى. L كل قطعة منها مفردة بصورة تحكى.

8 l. يتعذّر. — 19 L اعلم حفظك الله انى فصلت.

٤, 4 l. اربع. — 5 L وقطبها. — 7 et 9 L فاخذت et واخذت.

9 F طخيرستان — 10 L يدخل فيها سائر بلدان الشام وحدود.

11 et 13 L يدخل.

٦, 9 et 11 l. نيفًا. — 10 l. الخرلخية, vid. ad H ١١, 17.

o Non necesse est legere والتعاويج.

٧, 4 seqq. Locum laudant (nomine Abû Zaid Balkhî) Dimaschkî ed. Mehren p. ١٢, 1—5 et Nowairî Ms. Leid. 273, p. 51.

12 L et F ياجوج وماجوج.

٨, 11 L hic et deinde القستنطينية, F قسطينيه.

٩, 8 l. والخرلخية.

13 et ١١, 15 Sprenger iubet scribere قَنّوج, ut recepi apud H et M. Sed L habet quoque قنُّوج ut Jacût.

17 L بمقدارهم pro بمكانهم. et sic F مقدار مسافت ودورى آن راه.

١٠, 1 et 13 l. الخرلخية. — 6 L ليس لها, F كبيرة (بزرگ).

١٠, 17 L quoque ملتقّ ut F شهرى هست خانها ومُردم بسيار بيكديكر در امده.

١١, 4 L تسع مائة ut L et F. — 9 Fortasse leg. وهو لسان بحر فارس.

12 L اطول ارض السودان ut F درازترين زمين سياهان.

14 L et F كرمان pro مكران. — 18 L et F ستة pro خمسة.

١٣, 4 L et F الميتة hic et deinde.

15 l. لحد الغربى (L quoque l. 14 habet حد).

m L والى حد واسط يساقط مآء الفرات فى دجلة عند.

١٤, 18 l. يمتدّ. — 21 L et F quoque عرض.

١٦, 1 F ومقام ابرهيم سنكى است ونشان قدم ابراهيم دران كرده بنزديك زمزم بر هر دو خط راه كذرد راست.

6 F بسقايه عبّاس عبد المطلب.

10 F وميان صفا ومسجد لحرام راهى وبازارى هست كه آنرا عرض الوادى مى كويند.

11 seq. F ومَشْعَر لحرام سنكى است از حد قعيقعان ميان صَفَا ومَرْوَهْ. Jacût quoque pro والمسعى legit والمشعر لحرام; vid. III, p. ٣٩٧, 17 et IV, p. ٥٤٠, 6.

l F در ميانهٔ درغاله است الا انك بمكه نزديكتر است.

m جمرة quoque legebatur in exemplari quo usus est Jacût, vid. IV, p. ١١٧.

١٧, 17 L خُضُر l. خُضَر.

١٨, 7 L يسقى بها العبيد السود et F بندكان سياه.

16 L et F quoque ووادى pro توازى.

17 F بميانهٔ فرع واُحُد pro فيما — الفرع.

١٩, 2 L يهودًا et F وبيشتر اهل آن جهوذ اند.

9 F legit بالفَرَس, nam habet وبزركتر تجارت ايشان باسب مى باشد.

10 L الزبيب والعنب et F انكور ومبويز. — 18 L الاثالث.

٢٠, 17 L وادى بَشارة, F وادى سَبّاره.

٢١, 1 L بسَبانه, F وادى سبانه. Deinde L بالسَامره (cf. Jacut, III, p. ٢٢) F سَايره.

2 L quoque حَرف, F طرفى. — 13 L يميز.

٢٢, 3 L والسامرّة.

13 l. النَّقْرة sec. Jacût. In Codd. plus semel النُّقْرة.

19 L et F quoque مدحج.

٢٣, 3 l. الشام sine hamza. — 13 pro بالبحر L بالبحرين.

15 L et F quoque سَعْدَة hic et deinde.

17 L et F habent quoque خولان. Cf. Jacût, III, p. ٢٧٨, 3 حيوان من خولان (l. خيوان).

٢٤, 6 et *f* L بالرسى, F habet وحسينى كه برسى معروف است.

12 F وكياه ان كياڭ زردست كه عرب انرا وَرس مى خوانند وحيرها دران رنك مى كنند.

٢٥, 3 l. كالمُغَشّى. — 15 ante والنبق L insert والزيتون; F وزيتون وكنار.

٢٦, 3 L بأَبِى ثورٍ مع عشرة الاف فارس ففتح, F ابا ثور با ده هزار سوار.

6 L وقع فيه ثلج رقيق ولهم حرّ شديد ولم ار احدًا ذكر انه شاهد ذلك الثلج الّا بالبلاغ.

7 et *l* L et F quoque صنعاء. — 14 L جانة pro دابة.

٢٧, 6 L et F (٣٠) الكوفة نحو من ثلثين.

٢٨, 6 Lectio للخواص quoque exstat apud Jacût, IV, p. ٦٢٣, 11, in L (لخواص) et F ودران خواص آن قوم توانند رفتن.

٢٩, 7 l. للبُحَّة.

٣٠, 9 Accuratius est كلا pro كلى. L (sic) وكل هذين الشعبين مقابلة للاخرى.

z. Locus in E desumtus est e Kazwînîo, I, p. ١١٧ seq.

٣٢, 3 et *a* L عَدْوة, F بهنا i. e. عرض, *b* L هُوراتٌ.

12 L وقعت pro تقع. — 14 L للّؤلؤ ببحر فارس غيره.

٣٣, 2 et *b* L جَنَّابة. — 15 et *w* F قطوريه, L القنطُوريّة. Intelligun-tur incolae insulae قطر (Mas'ûdî, I, p. 239).

٣٥, 6 O بجين وماجين. — 15 l. ترتفع.

٣٦, 2 ad فرضة in L gloss. بندركاه يعنى ليمون.

5 L قفار pro رملة, et sic fort. l. pro تار ann. *c.*

٣٧, 5 et *d.* L ut C رعى, F et O رعبى l. زغى vid. M ٢٨ *m.*

6 et *f.* Vulgo pro البَصْرَة dicebant البَصِرَة, vid. Hamadhânî Ms. 1070, f. 101 v., 102 r. et cum vocali producta البَصِيرَة e. g. Jacût, III, p. ٢١٠, 8, IV, p. ٤٨٤, 15, quae est quoque lectio L, F et O.

٣٨, 8 L حصينة pro خصبة.

٣٩, 16 et s. Quoque L et O خصبة (اباذان).

٤١, 11 L حدان حد الى — وحد et sic O.

16 et r L وسبرنه, F وسرنه, O سدونه ut E. Pro سرقصطة L, F et O درنصه quod C add.

17 Pro باجة L باحر, F باحر, O h. l. باحو.

٤٢, 1 et 16 L et F semel روبه pro ربه fort. pro ريو.

٤٣, 1 et a L خصبة حصينة.

6 et l L لحدانسه, F حدانسه, O بحدانيه, sed ٤٧, 4 L ولسريه, F فلبره, O فليبرتة.

8 L et O اسموره.

12 et 13 L habet ut A يلونهم et يلون et sic fort. recipiendum est.

14 et u L et F quoque وبينهم.

٤٤, 16 L om. بحر et habet وبالاندلس.

19— ٤٥, 3 ويقال — الايهم L et F haec non habent.

٤٥, 6 L بناهرت ut E.

n F وبوستى هست خشن‌تر از بوست نهنك كه در قبضه شمشيرى كيرند.

٤٦, 11 et g L, F et O quoque ثلثون.

12 et h L خمسة عشر ut F et O.

٤٦, 13 et k L, F et O خمسون. — 17 et o L, F et O خمسة.

٤٧, 6 L يومًا ut quoque F et O.

8 L يومان pro ايام ٤ et habet quod C et E, ut quoque F addunt, cum var. l. وطريق pro على طريق.

12 et t L سبعة فراسخ, F هفت روزه; habent L et F additamentum C.

u F et L ut C et E. — 13 v L, F et O ut C et E.

٤٨, 6 L السوان, F سوان hic et deinde.

16 et k F et O ut C et E. (In L magna lacuna). Pro وبها F ودر ميانهٔ اين مسافت درياى كوجك هست.

17 et l O habet in textu مسكون وغير مسكون وجملكى ذكر آن جزاير اينجا حمل نمى كند.

٤٩, 2 potius l. من سفن.

٥٠, 2 وسطة O بزرك. — 2 et 3 fortasse leg. يدوم لهم فيه الماء.

6 O وانجا كه اول رودنست (ابتدائه =) جند دجله.

16. In F post ea quae leguntur p. ٥٢, 4 a f. sequentia adduntur:

ونيز جنسى ديكر از اجناس ماهى هست كه انرا سقنقور مى خوانند واطبّا نافه انرا با معاجين بهم تركيب مى كُنَنند شهوة بات (l. باه) را زيادت مى كند واين بيت عربى هم بدين معنى دربن موضع لايق بود انرا ذكر كرده شد (بيت)

كان لمّا كان لى همّه ياكُل من لحم سقنقور

واطبّارا دربن معنى بيتى بارسى هست وآنبست

آنچ در ماهى سقنقورست نصف آن در دماغ عُصفورست

وآنچ در مغز ونافه هر دوست بيكى جرعه آب انكورست

٥١, 13 pro العمارية L et F المنارة. L اعلاها -- مربعة لا تزال ترتفع وتضيق -- وهى.

14 بنيانه fort. l. حيطانه coll. H et O وبر ديوارهاى آن. L habet fere ut C وقد ملئت بكتابة اليونانية فى داخلها.

٥٢, 18 رمال F ريك سرخ. — 19 L مفترشة عريضة غير.

٥٣, 11 et *i*. Lectio البلينا quoque est in L (وايليا), O (بلينا) et F (ابلسا).

k L, F et O quoque المفازة.

o L et F بركوم ut C. Mas'udî II, p. 377, 403 ابو اللوم.

٥٤, 3—4 F ut C; L من الفسطاط على غربيه et deinde فعين.

5 L كانا مسكن ام فرعون. — *f* F et L ut C.

6 pro فيه فيعدّ L فيوقف.

17 L قرى ولا حصر ومنه تجلب النجب التى يقال لها البجاوية لا يكون فى النجب اسير منها والبجه بادية ورقيقهم وسائر.

٥٥, 1 pro وبمصر بغال وحمير L ويقال ان بمصر حمير.

2—3 L (sic) فى مقدار حمير الوحش يقال لها السقلابيه. F اسقلابيه, O خران سقلابى.

6 post فتلسع L addit اهلها. — *18 l. يرابطون.

*٥٦, 14 l. اعذآءٌ.

٥٧, *e*. Non necesse est quidquam in textu mutare: باب شبيه بالسرداب est pro باب شبيه بباب السرداب.

٥٨, 2 pro وعنب وجميز F ونوعى از خرما برنى مى باشد.

5 L أُسِر ut F ودر ايام جاهليت عمر بن الخطاب رضه چون از حجاز باز كشته بود در انجا باسيرى كرفته بودند.

15 et *o* L اوله الجنوب مدينة بقرب قرية تعرف بمسجد ابراهيم عم وهى البحيرة et F ودر اول حدّ غور از طرف جنوب شهرى هست بمسجد ابراهيم عم معروف وبعضى انرا بحيره مى خوانند. O idem habet quod E.

٥٩, 2 et 3 pro حدّ L جند.

6 pro من طبرية الخ F از شهر صور در ميانهٔ طبرية ودمشق.

10 بالمغرب et *g* L بالغرب ولا بالشام, F در مغرب وشام.

12 l. شُعَب. — 13 Appellatur نهر يزيد vid. Jacût, IV, p. ١٠١٨.

13 et *n* L بعرض الدجله, F در بهناء دجله, O ut E. — 14 *l* الشُعَب.

17 L يعبرها. O كه دران آب سُوار تواند كذشت, F habet ut edidi.

٦٠, 2 L et F fere ut C, O ut E. — 7 F كنيسه وكتاب خانهٔ.

10 L واساطينه recte. — 13 et *s* L et F quoque addunt خمس سنين.

14 L اذا انفجر فيه انبسط فيه.

٦١, 1 L et O حدود pro جند.

5 L فابنيتها حسنة ومدينتها حمص وهى فى مستواة.

٦١, 7 pro اعذآة F habet: جيزى است از جنس جوقدرى بزركتر وانرا عدا مى خوانند, similiter p. ٦٢ ult. dicit: وزراعت ايشان اغلب جيزى است از جو بزركتر كه عام انرا جوديوان مى كويند وايشان انرا عدى مى خوانند et p. ٢٠١, 3: وبيشتر زراعت ايشان جيزى است از جوقدرى بزركتر كه عرب انرا عدى مى خوانند وبيشتر مزرعهٔ ايشان بخس است وبغير از آب باران ديكر آب نمى خورند.

15 F et O habent ومعرة مصرين pro ومعرة النعمان. Locum de Kinnesrin e كتاب صورة الارض auctore Abû Zaid Aḥmed ibn Sahl al-Balkhî laudat Ibno 's-Schihna, Ms. Leid. 1444, f. 65 r., sed aliis paullo verbis.

17 L وحصن مهدى pro وحصن منصور ut quoque in mappa O.

٦٣, 1 L زِبَطْرَة.

٦٣, 3 post صغير L addit به نخيل ومياه ut F post شعابه: ودران درختان خرما بسيار وزراعت وخصب فراوان است.

7 الكنيسة i. e السوداء s. المحترقة, Ibno 's-Schihna l. l. f. 47 v., ubi hic locus laudatur.

9 et *h* L به (sic) فيه الغَوْر, F شهرى كوجك است ودر كوجكى جندانك غوريه باشد.

٦٤, 8 L الا وبها من اهلها قوم ولهم بها دار ينزلونها اذا ارادوها, F در طرسوس ساكن شده وبيشتر سكان آن شهر غريب اند جهت انك جون آن شهررا ديده اند از نزاهت وخصب ودعت وراحت در انجا فروذ آمده مقيم شده اند. — 11 et *k* L, F et O quoque رقم.

12 O qui semper بحيرة كُنده habet, h. l. addit: وانرا بحيره المينه خوانند. F et L semper المينة. — 14 et *m* L لحبرة.

٦٥, 1 L يُرى pro يروى.

٦٧, 4 seqq. Cf. Jacût, II, p. ٣٠٨, 14 seqq.

٦٩, 10 et *k* L quoque وعلى البحر اذا, sed O ut recepi.

٧٠, 7 L ut C et E سقلية, O سقاليه.

13 et *n* L ridicule ولا يتميز الزرع بها وفى جزيرة.

14 والرقيق O بنده وپرستار »servi et ancillae".

15 L لكثرة ما يقع اليها ما يفضل عن سائر اماكن.

٧٢, 11 L الى الموصل خمسة ايام. — 17 et *q* L وخصبًا ماءً, O بآب وسبزى بسيار.

٧٣, 3 pro دير repone cum L دكّة, E et O دكانى.

4 pro صوامع L quoque habet مواضع. — 11 fortasse in textu legendum est كبيرة غَنّاء, sed L ut I habet كثيرة الغناء.

٧٤, 5 et *f* L مستَعْلٍ على.

٧٥, 6 L h. l. ut vs. 3 سميساط. Lege شرقيها ut L habet.

13 et *u* L ut C, sed خصبتين pro حصينتان.

٧٦, 6 L وبها رهبانيون pro ورهابين. — 8 L وزروع كثيرة نزهة pro كثيرة وزروع.

٧٧, 1 pro نزهة O وتماشاكاه. — 2 L وهما جميعًا على شرق الفرات. O quoque شرقى.

4 L post تكريت inserit, ut quoque O, وتكريت هذه على غربى الدجلة.

٧٧, 6 O شهرى ابادان است ونخل وكشاورزى دارد ونعمت فراوان ومردم منعم ودخل وحوايج انجا ببغداد برند وحدى فراخ دارد.

10 L فوق pro قرب. — 11 et *k* L وهى مستعلية على الدجلة جدا ومن تكريت يشتق نهر الدجيل.

٧٨, 4 et *d* L بنى شيبان et sic O in mappa. — 8 et *k* L وبجنبه قرية خربة.

٧٩, 15 pro ٨ L ٥.

٨٠, 7 L fere ut C تقويسًا وبشرقيها مياه الانهار مقوسًا.

18 seq. L طلحة بن عبيد الله وقبر الزبير بن العوام وقبر انس بن مالك رضهم وقبر الحسن الخ.

٨١, 3 et 5 L خط pro خيط. — 13 L حدّ لها الى نهر الابلة وحدّ لها الى الدجلة.

16 L الا ان الابلة اكبرها.

٨٢, 3 L سفل et البطائح وهى pro وبطائح.

18 L فمنهم من زعم انه مقبور فى زاوية المسجد الجامع.

٨٣, 9 et *i* L بالمخرّم, cf. Jacût in v.

14 L فمن سماه باب الطاق نسبه الى راس الطاق. O eadem habet quae E, sed باطاق pro بطاق.

٨٤, 4 et *b* L ut C, O ut E. — 5 et *c* L ut C. — 8 L يقع pro يرتفع.

٨٥, 3 L addit: والحاجز هو ارحية الماء قد قطعت عرض الصّراة.

13 et *f* L addit: وبكربلا قبر الحسين بن على عمّ.

14 seqq. L الا نهر القاطول الذى ينصبّ الى سواد ببعد عنها وهى من بناء امير المومنين المعتصم رضه فاما ما يحيط بها فان مياهها وعمارتها واشجارها فى الجانب الشرقى (sic) ....ه وليس معها فى الجانب الشرقى مآء جار الا القاطول كما قلنا وهى ممتدة الخ — وهى مدينة اسلامية ابتناها المعتصم بالله رحه واستتمّ بناءها المتوكل على الله وهى الآن خراب ربما يسير الخ.

٨٦, 6 lege potius cum C, D et L منقطعة. — 8 L على اربع فراسخ او مرحلة.

14 L احسبه كان ut Abulf. — 15 pro كوثى O habet كوذى et كوذ i. e. كُود *acervus* (cf. Ouseley p. 70). Eodem modo vertit تلال (paen.).

18 L والجامعين مدينة صغيرة بها منبر.

٨٧, 10 L ولا اكثر ثمارًا وخاصة اشجار التين.

۸۸, 8 et *f* Jacût quoque recepit lectiones كرخ et كرخة; L et O كـرخـة.

۸۹, 1 O شهر لشكر انرا عسكرمكرم خوانند.

2 et 3 L et O quoque السوق. Hic مكر بازار كه انرا سوق خوانند وشهر انرا دورق خوانند. Pro السوس O hic et infra سوس.

۸۹, 9 O سدى كرده است انرا شاذروان خوانند. — 11 L الى نهر السدرة.

12 L et O semper المشرقان. — ann. *e*. Pro Jacût, I, p. ۳۸۳ l. Jacût, II, p. ۳۸۳. — ann. *m*. In mappa O نهر دبيس et نهر معقل exstant, et فم الاسد inter سليمانان et حصن مهدى in ipso ostio fluminis.

۹۰, 8 et *g* L (l. وبيان) ودمان مَهْروبان زاوية. — 8 et *i* L add. يتاخم البحر.

11 pro ارض العراق O كانه خاكى نرم هامون باشد ديگر هم.

17 Jacût, IV, p. ٥٢٧, 18 تَخْطُهْ, L تُخُطُهْ (sic).

۹۱, 5 L فى بعض رستاق.

7 seq. L وانما يتخذ به السكر والقصب يحمل من سائر المواضع وما لهم هو للأكل دون ان يتخذ منه سُكرٌ. — 13 L والمناقشة والمنافسة.

۹۲, 3 L addit نهر post بالسوس.

11 L recte habet تتقد منه النار ابدا لا تنطفىً.

16 L يسمى الكَرُورَة — لَسْعتِهِ وهو.

۹۳, 6 L يكتب عليها عمل بصنى. — 7 O وبرامز ut quoque deinde, vid. p. ۹٥ *l*.

9 et *k* L et F idem addunt. — O كندى شهر شابور. — L quoque حصينة.

10 et *n* L (sic) بالمدن الكسره. — ann. *b* l. بغايت cum O.

۹۴, 6 et *i* F addit: مكر بروزكار ما بنو بطوس مى سازند كه ان قدرى نيكوتر ولطيفتر از طيبى وارمنى است et L الا ما قد استحدث بطوس فانها انعم واحسن من الطيبى.

۹٥, 1 F رُجانى. — 7 et *f* L, F et O quoque ديران. Cf. Ibn Batûta, II, p. 92, Ritter, *Erdk.*, IX, p. 135.

8 et *g* L, F et O recte scribunt nomen. Cf. quoque Mas'ûdî, II, p. 288. L وهو خان عامر.

15 post تعبر L addit: فى لحويث الى الابلة, l. التَجّويث, vid. Jacût II, p. ۱۶۳.

16 L الى قرب رامهرمز, F تا قرقوب ورامهرمز.

۹۶, 7 pro ۴ O ۳ (سه). — ann. *e*. l. بازار چهار شنبه.

٩٦, 17 L وكورة pro وصورة. — 18 L الزاوية التى تلى دمان مما يلى كرمان مما.

٩٧, 3 L الا مدائنها ذوات المنابر وقد. — 13 L دَارَابْجَرْد.
14 pro مدنها L recte منها. Pro دار l. دارا licet omnes Codd. دار habent.
d. Adde L الرمسكان et الرسحان, O زمسجان et رسكان, F الرسكان et رسحان.
e. Adde L باللواكان, infra الرانكان, O لواكان et لوانجان, F اللوابجان, لَوابجان et semel الوابجان.
i. Adde L البازنجان والبانجان, infra البادنكان, O بادنكان, مارنجان, مادنكان et بادنكان.

٩٩, 2 et *b.* L الكارُبان, infra الكازبان, O كارما, F كارتان.

٩٩, 2 O vertit احياء per جُومها. — *g* Adde L et F درجند, infra دوحند.
h Adde L ربس, infra ربمر, O رودس, infra رمس, F ربسر, infra رسر.
m Adde L, O et F نمردة, infra L et O نمررة, F نمزرة. L et F addunt ونهر نمردن.

١٠٠, 1 pro النوز fort. l. الموز, vid. H ١٨٠ *q*. L habet الثور, infra ثور.
*9 l. وَرْبَّ. — 12 L, O et F ومانس.

١٠١, 1 dele ‘ post الناحية. — 3 L والسُرمق hic et deinde, quocum convenit pronuntiatio سورمه. — 4 pro وجاربن L et F وحابرن. L وحرس. — 5 l. وطرخنبشان, vid. M.

١٠٢, 2 et *b.* Lectio recepta مروسف est ex E et O (pro D corrige B). L et F habent صروسف. Fortasse conferri debet p. ١٤٣, 4 مروسدان, ubi F مروسندان, O et E مرو شد. Nomen cohaerere videtur cum nomine مرودشت de quo vid. Ritter, VIII, p. 862.
3 pro ابان L ابار, F ابار (in mappa انار). Deinde F وكيش, O كلس sed in mappa كمس ut quoque L. — 6 et *k* L وفوىه, F وقوىه.
7 et *m* L والسكاسكان; *n* L ut B; F ومهرجان وسمان.
8 et *o* L حفرز, infra حَفُوف, F وجعدراس; *p* L وحمن, F وحبردس.

١٠٣, 1 et *d* L الرور, infra الرود, O راون, infra روز ut F h. l.
3 et *h* L سروسن, F سروشبر. — 4 pro اسلان, L اسان, F اسار. — *m* L الماسان, F بابسان, O ut recepi. — *n* O خماردكان.

١٠٤, 4 et *d* F كره. In L enumeratio horum pagorum deëst.

5 l. الكارستان, vid. H ١٩٠ *a*. Idem restitue l. 8. Pro الاشاربانان F habet اسماربابان et ساربانان. Lege ساْربانان (s اشتربانان). Idem restitue l. 8 et 9. Pro شاهوك l. hic et l. 8 et 9 شاهوبذ s. شهموبذ, vid. H ١٨٧ *f*. — 6 et *n* F habet طبربان. — 11 pro مائين restitue نابنذ; vid. H ١٨٢ *r*. Dele in annot. *p* verba: »Secundum-Khorra".

١٠٥, 3 et *g* O وربحان, F ورهحان, L om. — 4 et *k* F وهرمرا, O هرمرز. *l* F وسكانات, O سكانات. — 5 et *n* F ut recepi; L هجمان, O هجان. Post اللوهكان L (qui اللوهان habet) addit ليس بها منبر.

6 et *p* L كيرى, F كبرى ; *r* L باسكوب, F باسكوب.

7 Pro وباورم L ودارم, F داررم.

١٠٦, 1 L بآل الجلندى. — 2 et *e* L القلهو, F فهلو.

3 et *f* L الرسعان, infra bis الرُستاق, F الدسيقان, infra رسيقان, O دستيقان, infra رشتقان.

3 صفارة O صقّارة. C in mappa منبر المظفر cf. p. ١٤١ ult. seq.

4 pro الخربق l. الخُرْمُق et pro ابرز l. أَبْزَرْ.

١٠٧, 1 L لافت وبها منبر فى مدينة. — 2 et *e* L ابارة, F اباره.

4 et *l* L, F et O الكردمان; *n* L سمان et سيان.

5 et *o* L الفسحان, in itinerario المسحان, O hic et in mappa مسحان.

١٠٨, 1 Ouseley, *Travels*, II, 134, 159 pronuntiat دَرَآكان. Sequens ايج hodie quoque appellatur ايج*. Ouseley, II, 158, 160. O habet اصطهابات et in mappa اصفهانان, F اصطهناباذ et in mappa اصبهانان; nunc *Savonât* dicitur, Ouseley, II, 167, 163.

2 خيار Ritter, VIII, 766 خَيْر, خَيْره, خَيْل, Ouseley, II, 171 sqq. Pro الماروان l. المادوان, ut quoque recte F et L. Vid. Ouseley, II, 156 seq. Corrigatur ergo Jacût. Pro حشوا l. خَسُو. Ouseley, II, 111, 114, 134 خَسُويَه.

١٠٩, 1 et *a* L وفطره, F فطره.

1 et *b* O et F quoque سوادحان, L om. Lectio itaque incerta est.

١٠٩, 2 L الماسكان, F ماسكانان. — 5 et *l* F المابسل, O باسال.
6 pro دزبز l. دَرِيز vid. H ٢٠٠ *g*.

١١٠, 1 جروج. Jacût eundem locum sub خُرُون memorat, II, ٤٣٩.
2 et *e* F رامحان, in mappa C et F الرابحان, O رابحان.
4 O ut quoque in mappa الموردستان.

١١١, 1 et *a* F المعاوعات; *b* F quoque om.
1 et *c* F habet وباسب وقوطا, lectio ergo recepta valde dubia est.
2 et *f* F كر. — 3 et *g* F باددب; *i* O et F quoque s. p.
5 F pro خمسة habet جهار, om. آنشجاه; pro ارز وبازر habet بارر وبارزا.
7 pro مورق l. موز (O et F صور).

١١٢, 3 بنوليس recepi secundum E et O. Secundum F qui habet ودر تو منبر نيست legendum foret بنو (تو) ليس بها منبر. L habet نبولس. — 4 L كهكان, F كهكار. Deinde F دير بادوت.

١١٣, 1 L ابلحان, F ابلحمان, O اسلحار. — *b* L الجلادكان, F جلارحان.
2 et *d* L فررك, infra p. ١١٩ فردل, F فرركى, infra بورل et in mappa فررل, O فردك et in mappa مزدك, C in mappa فردك.
3 pro صوان F et L صور, O صوار. — 4 L بخراج ضمن.
11 et *n* L ويتناخمهم. — 12 et *o* L قوم pro برّم; F كه ايشان از صدد سهربان اند.

١١٤, 9 et *k* L والنفيسية. — 10 et *l* L et F quoque والاردكانية.

١١٥, 1 et *b* L والسهبازية; *c* L الانسامهرية, F اسيامهرد; *e* L المزانية, F ومرانيه
5 pro الف F et O دو هزار. — 9 L تخيفهم رام, F ظلم وتعدى.
11 F vertit براذين per اسبان تركى.
12 et *n* L et F quoque البربر. Pro خمسة L خمس مائة.

١١٦, 1 pro بحصن L فيها يتحصّن. — 3 et *b* L فان.
6 et *e* O ببارسى ديه مورد باشد. Post شهموبذ addatur ولها ربض quoque secundum L, F, O.
8 et *i* F haec quoque habet. — 12 مغردة O vertit نام دار.

١١٧, 1 L يُرتقى. — 6 post امير المومنين O addit وسلطان اولياء الله فى العالمين.
10 pro بامر L باذن. — ult. et *o* L اسكمون, O اسكنون, F اسكون.

١١٨, 2 et *c* L السريعة, F شريعة. — 4 L القديمة pro المنيعة et addit لم post التى.
9 l. بنار جُوى, vid. H ١٨٩ *d*. L ببيت نار فرا.

١١٨, 11 pro به L انه et habet انه قد انفق; *p* L quoque addit الف;
post وبيت نار L add. بحره ut quoque F qui habet بحوه, leg. بخرّه.
12 et *q* L بسو حسين, O سوحسن, F سوحسن. — Ult. كاوس l. گاوسَر
cf. Ouseley, *Travels*, I, 280. Sic quoque F et O. L كلوسن.
١١٩, 1 بكلازن fort. l. بگل آذر vid. H ١٨٩ *h*. L بكلاذن. — بالكارنيان l. بالكارستان
s. بالكارسان. L بالكاربيان.
2 et *c* L بالمرداں, F مبركان.
3 بالمسوبان fort. l. بالمينوباذ, vid. H ١٩. *d*. L بالمسوںان.
4 L حيضها et فتتعرض pro فتتعرى. — Ult. L حماد بسلوحان مره دمول,
F دسار مره دمول, O بشار مره بول.
١٢٠, 1 l. زيراباذ ونابند. — 2 pro يدخل L يخرج. — 7 نهر توج L نهر بهرج.
١٢١, 1 et *a*. In mappa M سوك s. شوك prope confinium Khûzistâni ponitur. F سوك, O سمول.
2 pro دانيين O كارزين; *h* L الكروابه يخرج, O et F ut E.
5 et *f* L بحمرر, F دريا دحمرر, O ut E.
9 et *m* L حار سياه, F داراجار سياه, O دارجان شاد.
١٢٢, 6 post البحر L addit: ولانا لا نعلم بجميع فارس سُفُنًا تجرى فى بحر
فيجرى (l. فتخرج) عن مملكتها الا فارسى.
7 *e* L كُورٍ متاخمة حَفُوف, F habet حقون. Pro الى قرب كرمان l.
الى قُرب صاهك كرمان ut L et F recte habent; cf. H ١٩٣, 8.
9 et *f* F انواع دذ مثل شير وپلنگ وغيره مى باشد.
12 تنّوز fort. l. موز, vid. supra ad p. ١.., 1; L et F ثور, O nomen om.
13 et *i* L بيُورْ, O مور et in mappa درياجه مور, F om.
14 post كثير L addit ومنافع.
k L المحتكان (supra ad *d* التخمكان), F بحكان, O ut E.
15 L قرى من الكهرجان.
16 L وبحيرة الماسقهويه التى عليها دير الباسقهويه cf. H ١٩٣, 17.
17 L وفى اجامها التى حواليها قصب كثير.
١٢٣, 1 pro هراة l. هَزار, vid. H ١١٤ *b*. L هران. Quod in ann. *a* dixi, in

partem tantum bonum est. Nam Chesney, *Narrative*, 106 habet Zergan; vid. quoque Ouseley, II, 225 seq.

١٢٣, 4 L تحول ut Jacût. — 12 et *k* L ut C.

14 L وتفسيره et in marg. يعنى داراب كرد.

15 *l* L تنزل et pro النز habet البثر.

١٢٥, *a* L et F ut C.

8 et *h* O كمه mox كمه, ١٢٨, 6 كمه. L كته. Deinde F جومة يزد وابرقويه.

11 et *k* L ut C. — 13 et *l* L et O ابرد, F الرز. Fort. l. يزد.

14 F ودران شهر دو مساجد جامع هست وهر دو بر كنارة شهر موضوع ومبنى اند.

١٢٦, 3 pro محصنة O et F مخصبة (پر نعمت). — 12 et *k* L تبصر.

13 et *m* l. نساتك, vid. H ١٩٧ *i*. L نسايك. Priorem nominis partem esse نسا patet ex M ٢٤, 17. De altera parte non ita certus sum. Nöldeke, *Sassaniden*, p. 5 ann. 2 pronuntiat Nesâjak. Aliud urbis nomen est دَرَاسْفِيد (Jacût, II, ٥٦١).

١٢٦, 8 L واسعة الزروع والشوارع. — 9 F اصحّ ماءً وهواءً.

13 L فانها منقاربة كلها خصبة. — 15 O كه از هندوستان وزنكبار آرند.

١٢٨, 3 pro سبح (L يسبح) F وآب آن شور وزمين آن سبخ است. — 11 l. وشبنبز.

14 F واز بحر تا كلوان علوده بنج فرسنك وانرا شهرى خوش ونزه هست كلوان علويه وهو مسعسم پهنا. L habet ut C واز دحر تا ديه سمحان.

In annot. *l* dele verba »Apud-scribitur"; cf. M ٤٥٥ *b*.

١٢٩, *p*. Nunc (pro كردكان) ده كُرْدُو vocatur, Ouseley, II, 451.

١٣٠, 2 et 3 l. أنْجِيرَه. — 8 pro درير l. دَريز.

ult. O habet recte inverso ordine واز تا رصدكاه كلودر هشت فرسنك رصدكاه تا زياداباذ كه از شمار خوزستان بوذه است بنج فرسنك واز زياداباذ تا حربابان. Est enim رصدكاه كلودر eadem statio quam M ٤٥٧, 4 Arabico nomine appellat قرية الحمام. Post *h* L et F addunt ut D وهى من رستاق جور.

١٣٢, 3 L et F habent quoque حومة quod forte praeferendum.

4 post الداركان L et F add. مدينة. — 10 et *m* L, F et O quoque ٩ habent.

١٣٢, 11 et *o* L كبيسا. — 12 et *p* O et L ut E كمار.

١٣٣, 1 pro كوز ut quoque O (ديه كوز et ديه كور) potius l. كرو ut quoque habent L et F. Post كره L addit قرية. In annot. *a* dele verba: »Mokkadasi-appellat" *et* »igitur".

3 h. l. L quoque روشن. — 5 post جويم L addit مدينة.

7 et *h* L قرية الكدرجان et كرجان.

8 et *i* L et O quoque الحوروان, F ديه حوران i. e. خوذان forma brevior pro الخوبذان quod restituatur, vid. M ٤٣٥ *a*, ٤٠٣, 8. Ad lectionem Kodâmae امران cf. supra ١١٠ *k* انبوران.

١٣٤, 2 et *c* lectionem بينهما confirmat F habens ودر ميانه ارجان وسوق سنبل (sic) قنطره هست كه حد شيراز بدان قنطره منتهى مى شود. L om. والحد بينهما. — 5 et *e* L pro كارزين bis habet false كازرون. F habet ut edidi, nisi quod pro altero كارزين habet كازرون. O pro verbis فمن فسا الى كارزين habet از كازرون تا شيراز هجده فرسنك, sed pro كازرون antea aliud quid scriptum fuit. Deinde pro ومنها habet واز بسا quod pro explicatione Sprengeri facit. Verba والى كارزين ٨ فراسخ om.

9 pro ٥٠ L et F habent ٥٤. In itinerario ١٣١ ult. ad *n* pro ٧ habent ٩ et ١٣٢, 1 pro ٤ legunt ٧, quibus lectionibus admissis 55 Par. habemus. — 10 et *g* L et F habent quoque ٥٤, O ٥٢. — *h* L et F habent bis ومن شيراز pro ومنها.

١٣٥, 1 et *a* L حومه, O et F جومه.

3 et *e* L وهو اطول مسافات فارس et sic quoque F. — *f* O et F quoque legerunt بالعمارة, L habet يحيط به sed deinde lacuna exstat.

6 L, F et O مابين pro نائيين. — 9 L على الرُّوذان.

ult. L فيمرّ et ١٣٦, 1 يمتدّ scil. الخط.

١٣٦, 1 pro الرموم l. الزّمّ. O habet زم, L الزُموم.

3 L ودشت الرستاق, O دشت ورشاق, F دست رستاق.

4 pro ومسوز وكارزين l. ومسورق وكازرون et dele in annot. *f* verba: »Mokaddasi habet وموركان".

5 Ante وكيزرين insere وكبير, pro ابيرز l. ابزر et pro والخربق l. والخرمق.

7 pro كلار L et F كلاه. Deinde F وسوق وسروسير ortum videtur e

corrupta lectione quam L habet وسوق سبير l. وسروسبير = سروستان, vid. M ۴۴۸ *b*.

8 et *s* L والسبودن, F وسمودن. Deinde L والميشكانات et mox والاصطهمانات, F واصطهمانات. — 9 l. وطَرْخَنيشان.

١٣٧, 7 l. كما تتفلّق. Post النار في L add. لشدة الحر.

8 L بين هذين الاهوية وتغير الوان اهلها. — 10 pro في هذين L بين هذين.

18 L om. لا ante تستعجم. — 19 pro المجوس L الملوك.

ult. post الناس L addit وامرائهم ut quoque F.

١٣٨, 4 الدنيات F vertit كلاه قاضيانه. — 5 et *c* F موزه مُكسّر ut l. 7.

8 L et F om. والملوك.

12 post الدواوين L add. وغيرهم. F مثل عُمّال ونوّاب ديوان وضُمَّنا

paen. l. نحوًا. L خرج صاحبه فقضى. — ult. L recte ويتحوّل.

١٣٩, 2 et *a* L اربع مائة. — 4 et *b* L et F addunt idem quod C.

5 et *d* L et F habent idem quod C sic incipiens واخبرني من اثق بخبره. Post عمان ins. يذكرون. Pro اثنى l. cum L اثنا. Pro واحترق L واحرق. Post الامتعة F addit والاقمشة. Ultima verba L sic habet والبركة زورق معروف عندهم يسع كل بركة خمسين وقرا, F addit وبركه كشتى كوجك است. — 13 pro ظاهر Nöldeke vult ظاهرا.

١٤٠, 7 et 8 L ونقلت ديارهم omisso عن. Deinde habet عن فارس للعرب وملوك والروم. O habet بيشتر از بارس بودند يا عرب ومملكت ايشان تا حدود روم برسيد et porro ut E.

10 pro الممالك L المملكة. — 12 L من تقلد pro في تقليد.

13 L تفرقوا pro تغربوا. — 14 وقدم به عليه فامنه واطلقه.

17 l. يطلب.

١٤١, 1 pro ويغيّرهم l. ut quoque L et F habent يقهرهم.

2 et *b* L احمد بن عبد الله. F pro للحرب quoque ut Jacût legit للحارث scribens مدّت دو سال حمدان بن عبد الله حارثرا نَصْب فرمود تا در محاربت ومقاتلت الخ.

4 L زم اللاربان, F زم كارتان.

۱۴۱, 6 et *e* F quoque hic bis صفاق pro صفار habet. L habet وهم من آل.
7 L recte ut vid. om. من ante ملوك.
7 et 8 L ومنهم ابو زهير الذى ينسب اليه — سيف ابى زهير.
10 et *i* L كبير, F كر.
13 et *m* L السيفان, F رسيفان, O رستاق او.
14 et *o* L حى, F حبى, O حنى. An forte جُبّى.

۱۴۲, 1 et *a* F بصعاده. F آل ابى حنظله. — 4 F hic et deinde عتبة pro عيينة.
4 et *c* O بمبلغ يكهزار دينار, F بدو هزار هزار.
15 pro المعتمد F معتضد بالله امير المومنين.
ult. et *l* O طاشتم, F طاشيم.

۱۴۳, 4 et *c* F بمروسندان. Cf. ad ۱۰۲, 2. — 10 et *g* L et F هراة, O هرا.
17 pro حين L melius حتّى. — 18 pro ابهر وزنجان L واذربيجان وقزوين.

۱۴۴, 1 l. هذه. — 5 l. علىّ. — 6 et *c* F اما مولد ومنشا او در سخنه بوذ.
10 et *f* O مسجان, F مسحان. — paen. pro حين videtur leg. حتى.

۱۴۵, 2 et 9 O et F كوهستان pro كوشهاذ. — 6 et *c* F quoque صفاق.
13 et *k* F et O quoque ابرهيم. — 15 pro مهراب F مهران.
16 et 17 pro لاحمد بن موسى F لابنه احمد بن فارس.

۱۴۶, 5 F quoque ابرده. — 6 l. بالمردكان.
8 l. الماذَرَائيّين. Cf. Jacût, IV, ۳۸۱. Plus semel nomen corruptum legitur e. g. Ibno 'l-Athîr, VII, ۷۸, 14, ۸۲, 4 a f., ۱۰۰, 11, ۱۰۴, 13, ۱۳۶, 6, Abu 'l-Mahâsin, II, ۲۵۹, 5 seqq.
11 pro وتقارب sec. F leg. وتفاوت.
15 F النصر quae lectio est A et B ut in ann. *h* restituatur.
pro يوطن l. توطّن.

۱۴۷, 2 et *a* O habet quod E; F وبعد از عزلت وبطالت شش سال ديكر باقى ماند. Pro ماهان O هامان.
7 post محمد بن يعقوب addatur ex F وبكنى بابى عبد الله.
8 potius l. بخارا. Textus F est: واز قبل مادران بمروان دن دال برحرد مى رسد وتمامت اعمال دواوين‌را مفرد ومجموع متعهد ومتدرك (sic) ومتقلد ومتقيد شده بوذ وباوى حوالت ومراجعت افتاده، وديكر محمد ابن يعقوب وكنيت او ابو عبد الله بوذ واز اهل يزد بوذى ودر دواوين

اعمال بارس بزرك شد ودر افعال واحوال ان خبرتی هر جه تمامتر اورا حاصل امد ودر بخارا متوطن ومقیم شد.

١٤٧, 14 et *l* F صُفْرَه. Pro موالی F فرزندان legens بنی s. اولاد.

١٤٨, 4 pro خدایداد l. فرابنداد, vid. H ٢٠٩ *b*.

5 et *f* O et F quoque سعید.

١٥٠, 15 et *m* L وینناسخ ut C; F در کتابها نوشته. — paen. pro بنز تعرف L وبمر i. e. وبئر. F که بمر فداکث معروف است (sic).

١٥١, 8 et *d* L quoque ut edidi. In annot. dele verba »quod fortasse — 19".

8 et *f* pro فیها l. فیه.

8—14 L pro his: وبكورة اردشیر خره ما استنفظع ذكره فی كتابی هذا دمر (l. بئر) یقول اهلها ان السحرة یاتونها باللیل ویتشاورون فی امورهم.

10 et *i* O حروهس, F بحروهنی معروف.

ult. et *m* L habet ut C, F بلورحان معروف.

١٥٢, 1 et *a* L یقطر فی. — 12 et *m* L دو, F مو.

16 O گلاب شیراز از جور خیزد.

١٥٣, 3 et *b* L المرسُوس, F المرشوس. — 6 l. والأنْبَجات. — 7 L وتوز.

9 et *f* F زرکَرده وشعر وشوشاجرد, L والشعری والسونجرد hic et deinde, O سوزن کرد et infra quoque وطراز بسوزن کنند.

11 L بغیره. — 12 L et F الشعری et sic in seqq.

13 L ستور معینة معلمة et sic F بردها با جشمه وعلم.

17 pro قطن L ما القطن, O پنبه وحریر.

19 L الارمنی, Jacût, III, ٨٢٠, 11 الارمن.

ult. et *o* O وبسا از ریسمان وبُزَشَم وپشم.

١٥٤, 2 post الطیب L insert والافاویه.

3 pro والدنیا كلها L habet والجبال وخراسان والعراق وسائر المواضع, F وكوهستان وعراق وخوزستان وخراسان.

6 F واز ارجان دوشاب نیکو مرتفع می باشد همجنانك در اسك می باشد واسك الخ.

10 et *d*. Quoque habent L et F. Lege وبكارزین.

15 post كتان L addit وتوزی.

١٥٥, 6 et *f* L ايس. Cf. Ouseley, *Travels*, II, 118 seq.

11 post مثله L addit يحمل الى الافاق.

14 L الذهب ومعدن الصفر الا بانسردن ويحمل منه. — paen. et *q* F واز ثياب قطن تحمل الى السلطان بحسنها تعرف بالخانات. — ult. L بجانه كه رقيقة جدًّا, F واز غايت حسن وبها ولطافت آن از بهر سلطان از ان نقل مى كنند وان بحامات معروف مى شوذ.

١٥٦, 2 L كالعَرْض. — 4 F هفت دينار.

5 L الدراهم. Pro 3—5 O وزن درم دو مثقال بوذ.

6 L فى الكبير دون الف درهم واربعين. — 10 post بالبيضاء L insert نحو.

18 et *f* O بمقدار عشرى بر كيل بيضا تفاوت دارد i. e. تزيد على.

١٥٧, 8 et *c* F صد وشصت; 8—10 post درهما F habet: ودر جريبى بزرك از زمينى كه دران آب روان نباشد ونى وارزن هندوى بذان زرع كنند دويست وسى وهفت درهم خراج آنست.

14 l. قَبَضات. De lectione تسع quam omnes Codd. habent, vid. H ٢١٩ *d*.

14 et *i* L, F et O quoque كوار (L et O كوان).

15 l. السامى; cf. p. ٢٤١.

paen. et ult. pro نُدّى l. بُدِىٌّ coll. H ٢١٧, 3. Pro فيقبض L فينقص.

١٥٨, 11 fortasse legendum فاما تربة الاسواق — للسلطان وابنيتها للناس يؤدّون, sed F legisse videtur ut recepi, habens: واما اجره خانها ودكاكين كه بشيرازست بازارها وخانها جند هست كه مردم دران ساكن مى باشند واجره ان زمين بسلطان مى دهند واسبابها واجره خانها كه دران گلاب مى سازند اجره آن نيز بسلطان مى رسانيذ.

١٥٩, 4 l. ربّما. — 6 pro روبين l. روئين, vid. H ٢١٩ *e*. — ann. *d* l. نا خوش.

١٦٠, 2 et *e* L باحب, in itinerario راخت, in mappa راحب, F باحب, in itin. et mappa راحب, O ىت.. et باحب, in itin. باف, *Djih. Numa* ٢٦٠, 7 تاخت. Cf. M ٤٦٨ *b*.

١٦١, ann. *g*. Jacût, II, ٦٠٠, 15 male حواشير.

١٦٢, 3 et *d* L ubique لحواس ut quoque O et F.

4 L على اخر حدود. — 5 et *g* L ققيز.

١٦٤, 4 L وهم ممتنعون على من ارادهم بسوء على ان للسلطان. F رئيسى

مرتّب کرده که حل وعقد وقبض وبسط سکان انجا بر قدرت او معقود می باشد ودر اوامر ونواهی فرمان اورا مطاع ومنقاد می باشند واز سلطان نیز ایشانرا مشاهرهٔ معین هست که دست ایشان از عدوان وتعدّی بر قوافل کوتاه می باشد.

۱۶۴, 7 L وتوصف بلادهم.

۱۶۵, 1 et *a* L من عامتهم ومن عناتهم, F از طاغی وباغی.

2 et *b* O معادن نقره et in mappa کوه نقره, F کوه معدن نقره.

3 F دو فرسنك pro مرحلتين. — 5 pro جهة L حدود F حد.

8 et *g* L وبست برون ودشت i. e. ut apud M ۴۷۱, 14 recepi, ودشت بر وروبست (وروبست). F habet ودشت بر وروبست ودم (minus recte ad H ۲۲۲ *d*), O ودشت ویران وبشت. In textu legendum videtur ودشت بر وروبست (وروبست). Prior ab M plerumque دشت برين appellatur. Altera apud H vocatur ده بارست. L semper habet روبست ut quoque mappa F.

۱۶۶, 5 L على الصخور. — 6 L يعبره pro ينزله. — ult. et *o* L الثوارين.

۱۶۷, 3 F آزاج vertit per بَسَغ cf. Vullers. — 13 et *m* L et F وصهروا.

۱۶۸, 2 Verba النواحى — انما in F desunt. L انما فى مثل البوادى et لهم pro وهم.

9 pro مرحلة نحو من O دو مرحله. — 13 et *m* F يك منزل.

ann. *e* pro (*sic*) تيز l. نيز.

ann. *o* O quoque سيماب ut *Djih. Numa* ۲۹۰, 5 F سابان et ساسان.

۱۶۹, 8 L et F فريدون. — 9 مراحل ۳ L et F habent ۰.

16 per مرزقان L المورقان et مورقان, O موروان, F مورقان ut quoque in mappis C, O et F.

18 pro روبين l. روئين. — 19 L عن يسارك, Jacût على يسارك.

۱۷۰, 6 L h. l. والبدها, F بدها.

10 post ينعطف pone *f*, 11 post فارس *g*, 12 post وقنزبور *h*.

11 O addit: واكثر اين اقليم كرم سير است وغالب اين اقليم كبران دارند وبيشتر شهرهای اين اقليم كافران وبت برسان دارند وذكر ايشانرا فايده نيست والسلام.

12 pro يقع L يرتفع. Pro قنزبور forte legatur فنزبور vid. M ۴۷۵ *i*.

١٧١, 1 et *a* forte legendum درك, vid. M ۴۷٥ *o*. Pro *Bibliotheca Indica* l. *Journal of the Asiatic Society of Bengal;* pro وبه L وبيه, F وىمه.

2 et *h* L, F et O hic et in mappa كيركامان.

١٧٢, 1 pro البيرون L السرور et السرن, F ىىروز, بىرور et in mappa النيرون, O ببروز, فىرون et in mappa ىىرون.

3 et *k* L حندروز, F et mappa O حندرور. P. ١٧٥ L جندراورن, O جندوار, F حىداور et حيدّرآور.

١٧٣, 4 et *a* F مناكر.

١٧۴, 8 et *i* L تبين. — 11 et *n* L قبض اصابع كل يديه كما.

١٧٥, 6 post الفيل F addit سفيد (الابيض).

15 L منحابرى, F مىحابرى, O ىرى.... Cf. M ۴۷۷ *a*.

١٧٦, 6 et 7 F ونوعى از انواع شتر دران ناحيت هست عظيم جسيم وبزرك وضخيم كه انرا فالج مى خوانند ودو كوهان دارد از آنجا در آفاق جهت فحل ونتاج حمل مى كنند.

9 et *f* L et F المند. — ult. L وهى مدينة صغيرة.

١٧٧, 1 et *a* L بمعمَر, F معمر, O احمد بن نعمر.

7 pro العربية L الفارسية et sic F (بارسى). — 9 pro والاردية L والازر.

15 et *l* L, F et O حربان.

ult. et *o* L quoque ويسكن. Dele signum ✿ post الشراة et ante ناحية insere من sec. O et F. Vid. H ٢٣٣ *b*. — ann. *e* ۴١٦ l. ٦١۴.

١٧٨, 1 et *b* L بمطغر. Vid. H ٢٣٣ *c*.

7 pro رستاق L مدينة لها رستاق. Nomen legi nequit.

١٧٩, 4 *b* L السمار. — 7 et *c* L السرار. Male in ann. lectionem بالس suspectam vocavi, vid. M ٢٩٧, 2 et *e*.

١٨٠, ult. post والديلم L addit والطيلسان والبرم والجيل ومُوقان. Pro والبرم (cf. ann. *h*) videtur legendum والترم i. e. والتارم.

١٨١, 2 L الآن. — 5 L solet scribere اَرْدُبيل.

6 et *e* L habet ut C, O ut E, F ودران سور جهار دَرْ كرده.

7 et *f* F وانرا رُوستا بزرك وبهن هست وشهرها جند درنواحى وحوالى او از توابع ولواحق ان هست. — ult. et *o* L, F et O ubique دبير خرقان.

١٨٢, 2 et 3 L المدن الثلاث وما يحتف بها للرديني. In textu corr. الثلاث pro الثلاثة. — 7 et *l* L ويعطان, in F haec desunt.

8 pro البندق et بندق L القند et قند.

ult. et *n* F habet شبيرين, videtur itaque legisse مزارة.

١٨٣, 1 سوداء F legit اسود habens ولون آن سياه است.

2 et *a* L et F om. والرطب. L habet لُصُوب.

4 et *e* L quoque ثلاثة فراسخ. F habet ودورتر از بردعه روذى آب شور هست كه انرا كروبه (sic) مى خوانند.

6 L وهما سمكتان مفضّلتان. — 9 post العراق L add. وهو مجمع كبير.

9 et *o* L كوره سرّه, O لوره سَرِه.

١٨٤, 3 l. بجنب.

ult. et *i* L, F et O habent textum C, E et Jacût. In L sic incipit: وهى مدينة عليها — ممتدّة — طُولانية غير ذات سعة.

ann. ult. L om. مع طول السور habens وقد مُدّ.

١٨٥, ann., 1 L quoque طولانية لتمنع. O habet ut E, et F جندانك شش انف ازان بدريا مى باشد. — ann., 6 L احتاجوا ان ينذروا. ann., paėn. post حرصا L addit منهم. — ann., ult. F et L quoque om. الترك.

١٨٦, ann., 5 L et F ورفلان s. p. — ann., 4 a f. pro كتان L ثياب كتان. ann., paen. et ult. F خداوند شنزان بزرك وضخيم ودرخت وضباع.

١٨٧, ann., 4 L خصبة et sic quoque legerunt F et O.

ann., 5 L حسبدان, F حسمندان. Pro الجبل quod legit F habens كوهستان, L الجبل.

ann., 6 L, F et O ودربسق. Pro باكوه iidem باكه. Pro الليران L et F h. l. distincte اللبران et habent خلف شروان.

ann., 7 pro verbis وفى — جدا L وربما سببت مواشيهم فى هذه القلعة لا يرعاها احد لحصانتها ومنعتها, F ونزه وخوش بزرك قلعه وانجا با خصب وراحت هست وجنان شنيده شد كه دران قلعه جشمها بسيار مى باشد جنانك در وقت بيرون امدن آب با نك وشغب مى كند واهل آن موضع مواشى وكوسفندان خوذرا بى شُبّان دران قلعة بجرا من كذارند از استوارى وبزركى آن.

١٨٦, 1 pro خصبة L حصينة. Ann. *b*. Ex O corrige sic وعسل از انجا بر روی آب کرّ بر آنجا آرند.

١٨٧, 2 et *c*, L, F et O om. وبرديج. — ann. *g* O habet وشتر وشمه.

١٨٨, 1 post المرافق L inserit: (marg. رساتيق) واما العسسه وسكى فانها رستاق واما عنبسه وسكى (l. وشكى) F, مثل شروان واللبران والموقانه وفى ممالك هر دو روستاء انجا اند مثل سبيروان (شروان .l) وآران وموقانيه وايشان ممالك آن ديار اند. De primo nomine ad ١٩٣ *a* sermo erit.

4 pro الصوف F ابريشم.

5 L الارمنى, F ارمنى از ابريشم. Post القرمز quoque L et F addunt احمر.

6 ante بزيون L insert ايضا. — 7 L ارمينية ولم تزل.

8 F ومملكت ارمن بروم مناخم ونزديك است.

9 l. cum L et F فحدّ لهم الى الروم وحدّ الى برذعة.

9 et *i* L quoque الخزر. Post اذربيجان L addit: ممتد على الرى وكوهستان واز انجا مى F, ويجوزها وما والاها والثغور التى تلى الخ كشد تا برى وانج از بس رى مى باشد. Verba igitur l. 10 seq. والجبال — والاها secundum hos l. 9 sunt ponenda.

11 et *m* L بِطَرَابِزُنْدَه.

13 in mappa O نشوى قديما جديدا نخجوان.

o L وملازجرد, F منازبجرد, mappa ملازجرد, O ملازكرد, mappa ملازجرد.

14 et *p* L om., F وسرج, O وسروج.

١٨٩, 1 O أَرْسْ, L الراس. — 2 L ut C et E, O اسفندروذ.

3 L مرى الماء خفيفه.

5 post طيب O addit: وبر نيم فرسنكى نشوى يعنى نخجوان واز ارمنيه خيزد وبحدود موقان نزديك محموداباد در رود كر ريزد وبدريا افتد.

ann. *c*. Locus in C et L mutilus sic restituatur collato Jacût IV, ٢٥٩, 13—17: يجرى ساكنًا ومبدأه من بلاد جُرْزان ثم يمرّ ببلاد أَبْخاز من ناحية اللان من الجبال فيمرّ بمدينة تِفليس ثم على خُنَان قلعة تعرف بقلعة التراب تلّ عظيم عليه قلعة تسمى خنان (L حباب) ثم الى شكّى ومن جانبه (جانبيه .Jac وفى حمامه L) جنزة وشمكور فيجرى على باب برذعة الى برزنج. Verba اللان — ومبداه e solo Jacût sunt. Lectio من الجبال فيمر بمدينة تفليس suspecta est, nam L et C habent من الجبال (C جبال) بين مدينة تفليس.

١٨٩, *e* L eadem habet quae C, cum paucis var. l. ut l. 3 الى حدود موقان, l. 4 رستاق شروان يسمى دربنق, l. 5 recte om. verba السمور هو نهر, l. 6 habet وربما (l. شكى) بلد سكى تصاقب.

١٩٠, 1 et 2 L post فرسخان idem addit quod C, deinde habet وبينها وبين دير الحرفان (sic) وسط البحيرة ۴ فراسخ; F idem legit habens در راه دريا.

4 pro منه l. منها. — 5 et 6 L ponit منها post شيئا.

7 et *k* L quoque ثعالب, *l* L الثياب بها يصبغ التى (sic) هذه القرة يحمل. O habet انواع آستران قوى وقز بسيار كيرند, F وقز بسيار مرتفع مى شود وآستران انجا بغايت قوى وروند مى باشند واز انجا براى فروختن در اكناف عالم حمل مى كنند واز قزهاء انجا بشهرها هندوستان نقل مى افتد.

10 et *m* L s. p., F بحيران, O ut E.

n F طيرم, O تارم; L et F h. l. addunt والطرم فيه منبت الزيتون والرمان والتين وهى جرومية. Cf. ann. *o*.

ann. *h* L et F idem addunt quod C cum var. l. ببابكه (L), الشورماهى (L et F), ولها قرى pro وهى قرى (F), بالوس pro سالوس (L et F).

ann. *o*. Pro آل لنجر Jacût, III, ١٤٩, 17 et 22 habet آل كنكر; pro آل خنان videtur legendum آل جستان.

١٩١, 2 et *a* L المن والمنوبين بدرهم, O tantum دو من, F سه من.

3 L ما لو ذكر — لانكر ذلك وعظمه.

5 L الابحان et بلابحان‌شاه, F وملك لايجان بلايجان شاه معروف مى شود. Deinde idem addunt quod C. L habet والسرانشاه — وفيلان شاه واهراورانشاه وهو صاحب السرير الحجاج بن يوسف والذى يلى بعد هذا يوسف بن الحجاج ثم ايضا الحجاج بن يوسف — وحمدان شاه واهراورانشاه F .هذا نسبهم والغالب — والغرباء والدخلاء واو خداوند تخت حجاج بن يوسف است وانجه حوالى انست بس ازان يوسف بن الحجاج است بس از او حجاج بن يوسف ترتيب نسب ايشان برين جمله است كه ياد كرده شد وغالب ملوك وبزركان

انجا با غربا واهل علم وانکس کـه با ایشان اختلاط وامـتزاج نمایـد
خوش مجالست ومحاضرت می باشد.

6 et *g* F et L ut C, O ut E. Deinde L ut C ولدبيل.

١٩٢, 1 O vertit العربية per تازی. L haec habet: فارسية وعربية وربما يتكلم اهل البـاب والابواب بلغة الخزر وسائر لـغـات جبالـهـا واهـل اردبـيـل وما حولها قد يتكلمون بالارمنية ، واما لغة اذربيجان (sic ut E et O) فمتعقّدة ونواحی برذعة فلسانهم ارانية وهی لغة سهلة (لغتی آسان F)، ووراء برذعة وشمكور (وسمكور L) صنف من الارمن يقال لهم السساوردية (سـيباوردیه F) اهل العيث (بلعب ولـهـو habens العبث F) والفساد والتلصّص ، ومعاملات اهل هذه النواحی بالدراهم والدنانير.

7 et *d* L بهلاب, F بهلاب, O بلحان.

9 et *f* L تعبر; *g* F et O شماخی.

10 et *h* L ساران et الساران, F سران. L et F idem addunt quod C et Jacût.

١٩٣, 3 pro ٢١ legatur ١١, vid. H ٢٥١ *h*. — ult. post سيسجان L addit مدينة. ann. *a* L et F ut C: l. 4 ante واللغة, L inserit قـد تولدوا هناك. l. 6 et 8 L العبسسه ut supra (ad ١٨٨, 1) et العبيسيه, F عنسه, et عنبسه, supra عنبسسه; l. 8 L جواره لهم; l. 9 L العـسريـه ثم الصاربه, F عنبـرـه et صـاربـه. Forte posterioris vera lectio est الصنارية.

١٩٤, 1 L فی بلاد الارمن. — 2 L اسفيـذروذ.

3 et *a* L et F quoque الخونج, sed distantia unius diei (مسيرة يوم). In mappis inter اردبيـل et اسفيـدرود iacet statio سحند F, بسحند O.

4 L inserit titulum الطريق من اردبيل الی المراغة.

6 et *c* L et F quoque ١٠.

8 ante منبر L addit وفيه. — 10 et *f* L مسيرة يومين.

11 et *h* L, F et O quoque ٣ ايام.

Inter شكی et شماخی ad Cyrum fluvium in mappis قبلة ponitur.

In mappis additur itinerarium ab اردبيل ad دبيل hoc modo:

(F) اردبيل -- الميانج — سراه — ارم — اهر — مرند -- دبيل

(O) اردبيل — خونج — سرا — مرند — اهر — ارم — دبيل

Ad lacum ارجيس in mappa F exstat locus وان.

١٩٥ *a* O ذكر كوهستان يعنى عراق عجم.

١٩٥, 5 et *c* L مختلط et sic F مختلط وملاصق, O habet بر تقويس ايشان مى گذرد.

7 et *h* L et F نهاوند quoque urbibus primariis annumerant et minoribus addunt ut C واردستان et ut quoque E et O وجرباذقان (h. l. in L et F corrupte حربابعان).

11 L مادراستان سبع, F quoque v legit. L et F habent quoque قنطرة ابى النعمان (نعمان). — ult. L بهشون l. بهستون ut quoque F.

١٩٦, 1 et *a* F شايستان. — 3 post حلوان L et F ins. مدينة.

7 et *e* L فارسحس ut F et فارسجس, O ut E بارسين. Utraque lectio est bona فارسْجِين et بارِسِين s. فارسين, vid. Jacût, III, ٨٣٥. Utrum lectio بارستان quoque exstiterit, affirmare nequeo.

9 et *h* L, F et O quoque ١٥. — 10 pro سهرورد F شهرزور.

11 et *k* L مدينة ارامر, F شهر رامن (in mappa رامر).

paen. L بروزجرد et pro ١۴ legit ١٠, O et F ١١.

١٩٧, 8 pro من الدينور F واز همذان, deinde pro الى شهرزور L habet الى سهرورد

ult. pro حورمة l. خُومَة ut recte quoque L, vid. H ٣٦. *a*.

١٩٨, 1 L بوسنة ut O, vid. H ٣٦. *b* et M ٣٩٣ *m*. Apud M ٥١, 14 et ٣٨٦, 10 male edidi سبه. Forte vera lectio est بوسنة; 1 et 2 سراى ودوان F pro uno loco habet scribens وسراى مردان. O habet بردان (بردان). Eodem pertinere videtur illud متصل in E; L omittit سراى — بارة. Ibn Rosteh, Ms. Mus. Britt. f. 189 r. inter Khânikîn et Kaçr Schîrîn, quae loca 6 Par. distant, collocat pagum سوامردان, pro quo si legitur سرامردان habemus nostrum locum et confirmatur lectio F.

2 post خان لنجان F habet وتمامت اين شهرها كه ياد كرده شد در قديم عهد نبوده اند در اسلام مبدع ومحدّث اند اما دور الراسبى وطالقان وقصر البرادس در قديم بوده اند.

3 et *g* L, F et O quoque om. بنى; *h* iidem addunt قصر البراذين.

۱۹۸, 6 L ante كثيرة ins. كبيرة.

۱۹۹, 4 et *b* L et F addunt والسقلاطونيات.

12 et *m* L صحراء كبير; *n* L بروجرد. — 15 post مدينة L inserit نزهة.

۲۰۰, 1 et *a* L لها ثمار وزروع ومروج.

7 post الجوز (كردكان) F addit وبرف وترنج.

10 et *i* L وهي مدينة على قربها من العراق باردة.

ann. *l* L haec sic habet: وذكر لى ثقة ان بسهرورد اصل كرم (صنفى از اصناف رَز انكور F) يحمل العنب سنة والثانى من السنة الودع وقد حمل الغرس الى غيرها من الامصار فلم ينبت (وسال ديكر F). In margine O fere totus locus Kazwînîi Persice legitur. Pro شبيهة بالجزر habet مثال جوزتى. Vera lectio est بالخرزة, hinc enim ودع appellatur. — 3 a f. In margine O partim Persice leguntur quae habet Kazwînî, II, ۲۹۹, 3—16.

ann. *q* L et F eadem addunt, nomina scribentes L: بالدشت superinscripto بالرست, et بالرسب, F رست, رسب et رسب, alterum L s. p., F باسقس, بباسفين et بناشعس. Kazwînî II, ۱۹. آرشت وناشقين. Pro حوّل L habet تحول.

۲۰۱, 3 L haec sic habet: (sic) وكروما حوالى البلد وزروعا تزكى حتى تحمل الى الافاق من لوزها وزبيبها واكثر زروعها عذى ويتخذ بها اكسية مرعزى ما علمتُ انه يتخذ فى غيرها من بلدان الاسلام.

3 In margine O iterum leguntur Persice pleraque quae habet Kazwînî, II, ۲۹v, 4—16. Pro واصبهان (l. 4) scribit وكاشان. In textu O habet: قم ديوارى ندارد وآب جاه خورند ومردم تنك معيشت باشند وبهار وتابستان روز خانهٔ بزرك روان بر در شهر مى كذرد وبسته بسيار خيزد.

4 et *g* L et F eadem addunt, cum var. lect. واخبرنى الثقة, — رفعت, بناء, فاذا جاء, pro ماء واديهم F آب باران, om. وايام المطر, pro ثم استقوا ايام الصيف ماء عذبًا طيبًا tantum فاذا انقطع الخ.

7 post قليلة L habet الا انها لقربها من العراق يكون بها شىء من النخيل واهل الخ. Deinde O ومردم قم وقاشان. — *k* L والغالب عليهم بها العرب الاشعريون.

paen. et *l*. L idem addit quod C, sed post منكرة habet (omissis verbis واما — متقاربة): وبها رساتيق وفواكه كثيرة واما اردستان فانها نحو ثلث فرسخ (Cod. فراسخ) فى مثلها وعليها سور ولها ابواب خمسة وفى كل محلة حصن وبها يرتفع الابريسم ما يحمل الى الافاق وبها قناة كبيرة تسقى رساتيقها وآثار الابنية لنُوشروان واهلها على مذهب اهل الحديث والجامع فى وسط المدينة. F posteriorem partem his verbis reddit: وابريسم وجامها رفيع ولطيف با قيمت از انجا مرتفع مى شود وبافاق نقل مى افتد وان شهررا كاريزها بسيار هست كه مزرعهاء رُوستناى انجارا آب ازيشان مى باشد واثر بنياد خانهاء انوشروان الى يومنا هذا مشاهَدَه مى افتد وغالب اهل آنجا مذهب اهل حديث دارند ومسجد جامع در ميانهٔ شهر مبنى است ودر هر شهر كه قومى ازين شهر اقامت ساخته متوطن شده اند البته اعيان ومشاهير آن شهر بوده اند ودران شهر كاتب وبازركان ولغوى ونحات بسيار مى باشد. Ex ultimis verbis fere suspicamur auctorem huius versionis de sua patria loqui.

٢٠٢, 1 F كشتنى بزرك. — 6 l. كلّها.

13 et *m* L et F idem habent quod C, sed من مائة فرسخ pro من خمسة وسبعين فرسخا. Post شيراز addunt: ورايته انا من قرب اصبهان.

٢٠٣, 9 O habet وكوهماى خرم ريمان كوهماى استوار است وكويند مردمان آن جايكاه دين خرم ريمان دارند وهمانا نوعى باشد از كبرى.

11 O habet نقد عراق زر سرخ باشد.

14 et *m* L et F lacunam sic supplent: غير ان بالجبل معدن ذهب وبسبيروان (F وبشروان) جبل طين يغسل ترابه بالماء فيوجد فيه ما بين الدينار الى الذرّة (F بذرهٔ زر) وبالطرم (F طبيرم) معادن للحديد وبقرب اصبهان جبل الكحل (F سُرمه) مصاقب لفارس وبدنباوند (F دماوند) معدن زاج وكحل والغالب الخ.

15 pro منه وما يكون F وغيره مثل ماست وپنير.

ult. post الافاق L et F addunt وغير ذلك والى فارس والعراق.

٢٠٤, 1 L من بها يتصل الذى فان يصاقبها وما الديلم واما.

1 et *a* F solet بنبيرم.

4 L ut plerumque اران; *c* L قادوستان, infra فادوستان; vera lectio quae restituatur in textu est فاذوسبان s. بادوسبان, vid. Nöldeke, *Sassaniden*, p. 151 ann. 2; L habet nomen روبنج s. p.

6 et *d* L واما اذربيجان واران فهما مع ارمينية صورة على حدة وبلى (sic) صورة الديلم وطبرستان وما يتصل بها.

ult. et *g* L روذوار, F رُوذآور; *h* L حشمان, F حسّان, O حستان.

٢٠٥, 1 post ضبة F habet وديگر مى كويند كه اين اسم بروى ارتجالًا موضوع است. — 2 pro يقابل البحر L البحر يقال له *sic.*

6 l. على. — 7 l. زيد فتوسّطهم.

11 et *i* L et F ut C, sed L سهمان ut F in mappa, F in textu سمنان, O شهمار.

٢٠٦, 2 L بيسكن مدينة ارم وقرية منصورة, F post ارم addit وقريه منصور نيز مى كويند.

10 post واكثر L addit وبين الرى وقزوين وطبرستان والديلم حى وسراف (sic) والعطران (sic) فى الجبال.

11 et *k* L, F et O quoque addunt وقصر برادين (البرادين).

٢٠٧, 1 pro الهَمّ l. الُهُمّ, cf. M ٣٥٤ *f.* Post سارية F et O quoque addunt ومهروان ولمراسك. L tantum ومهروان. F et O مهران. Infra ٢١٩ *h* L et O quoque habent لمراسك. F h. l. لماسك, in mappa امداسك Fort. cf. ليموسك apud Dorn, *Muhd. Quellen*, IV, ۴٢ et Jacût, IV, ٣٧٩, 7. Pro طميسة L, F et O طميس, O nempe h. l. substituit دميشه, sed طميس pro جرجان ponit. — 2 Dorn, *Caspia*, 82 praefert pronunt. دَهِسْتان *locus Dahorum.*

3 et *b* L, F et O quoque male سمنان et O addit idem quod E.

6 L نحو فرسخ omisso ونصف ut quoque F. — 7 et *e* L باطاق.

8 et *f* L فلسان, F مليسان et فليسان, O قليسان.

h L, F et O كوهك. — ult. et *k* L addit ومحالّها.

٢٠٨, 1 post ونصراباذ L et F addunt وحسناباذ. Post وباب سين (L السين) L et F addunt وباب آهنين وباب بردا مهران. O omisso باب سين habet در آهنين ودر عناب.

2 L وفيها معظم التجار والخانات وبها الاغنياء واهل اليسار والثروة وهو.

4 seqq. L الآبار والقنى الكبار ولهم فى المدينة قنى كثيرة كبار للشفة احدهما ......ى عليها ارحية كثيرة يجرى على (lacuna non indic.) السوق والاخر الجيلانى (s. p.) يجرى على ساربان (s. p.) ومنه مشربهم وقناة تسمى سهى يشقّ وسط المدينة وقناة نصراباذ تجرى فى وسط السوق وفيها قنى كثيرة وما يفضل عن شربهم يفرغ الى الضياع; O habet وكاريزى هست كه انرا كاريز شاهى خوانند بر سربانان كذرد وكاريز ديكر ركيلانى (l. ديكررا كيلانى) خوانند وهم بر سربانان كذرد. F habet سوقنى pro سورقنى et ببازار ساربان.

۲۰۸, 8 seq. L وبها قبر حمزة وعبد العظيم الطالبيين وقبراهما بالسحره (? بالشاجرة) ويزار قبراهما وبها قبر محمد الخ والكسائى على بن حمزة المقرى الخ; F وفزارى منجم وحمزه مقرئ كه در ايام خود در قرات امام بوده است وعبد العظيم طالبين ومحمد بن حسن فقيه كه تلميد امام اعظم ابو حَنيفه كوفى رضه بوده است وكسائى على بن حمزه كه يك از امام قرّا سبعه است ان تمامت كه شمرده شد در انجا مدفون اند in quibus additamentum de Hamza ridiculum est; O وتربة محمد بن الحسن الفقيه وكور على بن حمزه وكسائى (sic) مقرى وعبد العظيم وهشام بن عبد الله وابراهيم الخواص وابى زرعه وفزارى منجم بشهر رى نهاده اند. Deinde O addit واز انجا كرباسها وكليمها باكيره (l. باكيده) خيزد كه بافاق برند.

۲۰۹, 1 et *a* L et F quoque inserunt وادى. F iterum post alterum ناحية.

3 post جوز L habet على شط الوادى وهما اشدّ. Fort. ante على addendum est وهى, coll. F وخوار بر كناره وادى مبنى است ودران نواحى واطراف هيچ شهرى ازان سردتر نمى باشد. Quo facto lectiones Abulfedae et C conciliatae sunt. — 5 L et F habent السرّ (سر) والكرك (وكرك) والبهنان (وبهتان) وورامين وارنبويه وورزنين وهذه قرية العلوى البصرى صاحب الزنج ودزا وبرهمس (sic) وقوسين وشَنْشَت والكرك (F وسحرهاباد, L ووسحرهاباذ) وخسراهاباذ وغير ذلك. Pagus الكرك non differre videtur a قرج (M ٣٨٦, 3). Pro البهنان etiamnunc legendum videtur بهزان (البهزان), licet consensus Codd. in lectione

بهمان (vid. quoque H ٢٧٠ *m*, M ٣٨٦ *f*) dubium moveat. Nomen شنشت ab L سبست, ab F سنست, ab O سسست scribitur. Pro وخسراهاباذ (vid. Jacût) O habet وخسرو. Quomodo legendum sit سرسمس, nescio.

٢٠٩, paen. et *h* L et F idem addunt. Apud L incipit ولها قرية تعرف بالسد; pro اثنا عشر habent خمسة عشر, et ut Jacût legunt بهذه et واثنتا عشرة بقرة وثورا.

ult. L (ceteris om.) وبهمان والسر وساوبه ودنباوند, F وبهمان واكسر دهمار السن وبسا ودماوند ومركوى O, وبساوبه ودساوند وروستا قوسير.

٢١٠, 1—2 L ويرتفع من الرى القطن الكثير اللين والثياب والابراد والاكسية السرية.

5 et *c* L واصبهان ساوة; cf. supra ad ٢٠٢, 13.

6 F واز زير كوه تا شاهق ان جهار فرسنك است.

7 pro مقيد بها F در بالا ان حىّ قايم مربّع نشسته است.

9 pro القلة L القبة. Nomina pagorum habet s. p.

11 L شىء من الشجر ولا النبات.

٢١١, 2 et *b* L, F et O locum non illustrant.

4 *d* et *e* L idem quod C.

5 et *f* L المدينة الكبرى ut O (شارستان بزرك).

6 et *g* L habet quod C, sed in fine لزروعهم (sic) هذه القناة ولا دفصل. O ودر شارستان دو كاريز كوجك هست.

7 et *h* L et F idem addunt quod C. Deinde habent ولها فواكه كثيرة جدا ويحمل الى العراق من زبيبها ولوزها واكسينتها وهى نحو ميل فى ميل وليس على قصبتهم من الكروم والاراضى خراج.

٢١٣, 1 pro وآمل quoque L, F et O واما سارية فهى, cf. ٢١١ *q*.

3 l. ابريسمًا. L مدينة يرتفع بها الابريسم اكثر من طبرستان.

4 seqq. L يُعمل منه آلات كثيرة اكثر من الف لون ما يحمل الى الافاق ويرتفع من طبرستان اصناف ثياب الابريسم والمدارع والمناديل المذهبة والاكسية والميازر والفرش الطبرى (ودرّاعه وزيلو ودستار وطبرى F) وغير ذلك مما لا يمكن احصاؤه ما ينقل الى الافاق والغالب على طعامهم خبز الارز والسمك والباقلى والثوم (پياز F).

٢١٣, 9 L et partim F اقلّ من فرسخين وفى المواضع اقلّ من يوم والماء والغياض

بها غالب الا ما كان من المستعلية فى الجبال فانها ايبس وانما بطن — الغالب عليه النخ.

11 seq. et *l* L idem quod C et Jacût, sed post نواحيها addit فى غاية الحسن والخصب.

٢١٣, 4 post *f* L addit ولها قلاع بالقرب وبطبرستان ايضا فى جبالها قلاع, deinde habens وبجرجان النخل والثلج وفواكه.

8 F عمركى — كه وزير خليفه مامون بوذو. Jakûbî in Historia Abbasidarum, Ms. Cantabr. f. 220 r. de hoc viro agit. Nomen eius erat محمد بن فرّخ.

10 et *m* L et F يرتفع منها ثياب ابريسم تحمل الى الافاق وهى مدينة نزهة خصبة.

٢١٤, 1 post ابسكون L inserit وبها مسجد جامع وسوق قائمة et post ثغر addit جليل, ut l. 2 habet وهو ثغر حصين.

6 et *g* O كه از رَى بزنكان روذ, F كوتاتر راه.

7 ante على قرية L, F et O inserunt على قرب الرى. Pro دستبى O دشتبى, F سيمين.

8 et *k* M ٤.., 12 قسطان, del. igitur verba: »Mokaddasí — كشكانة".

9 pro ١ مرحلة فراسخ F جهار فرسنك.

ult. et *q* L بلورم. Littera ultima hic ut mox in اللاررم probabiliter ex abbreviatione م pro مرحلة orta est.

٢١٥, 1 et *b* O كلارك, L كلاده, Jacût, IV, ٢٩٩, 5 كلارجه. In textu igitur restituendum est كلارك.

c L الى عند قلعة اللاررم.

3 et *g* L افريدون, F افريدين.

4 l. كهده s. كهنده (ut quoque L, F et O), vid. H ٢٧٥ *a*.

٢١٦, 3 et *o* L هفدر. Post *e* L, F et O idem addunt quod C et E.

ult. et *g* L et O نامهه, *h* L et O لمراسك.

٢١٧, 1 L addit (ut E et O) ومن اراد ان يخرج من استراباذ الى رباط ودراه (l. وذاره) مرحلة ومنه (واز وذاره O) الى جرجان مرحلة.

6 l. أَلْهَمْ. L et F ومن امل الى عين الهم اربعة فراسخ.

7 Bîrûni ٢٢٩, 20 habet دينار رازى. L ut C دينار حالى.

7 et *d* L املوتوا. — 8 et *f* L سداست.

9 et *g* L سراس, O سراس, F سبراس i. e. سبراين.

ult. et *i* F et L idem addunt quod C, sed L وجبال (sic) ارارم habet.

٢١٨, 8 L للتجارة pro التجار. — 11 l. فيه جزائر.

ult. et *k* L et F quoque addunt صغار — وجزيرة.

٢١٩, 2 et *b* L et F quoque habent دهستان بناسر (F infra بناسس). O videtur legisse بابشير et vertisse tanquam si esset بآب شيرين, nam loco additamenti habet آب انجا خوش باشد.

٢٢٠, 2 et *b* L عليه, F دران شهر.

٢٢١, 3 post امر L addit عظيم.

6 et *f* L, F et O quoque نسغة. In fine F addit: تا هر كس حاجت وحكايت خودرا با وزير (sic vertit etiam supra الحكام) اهل وبر هر ملّتى قاضى نصب مرافعه مى كنند ملّت خود. O habet كرده اند.

9 L بيراسلون به; *i* L الامور وينهون.

12 L على العجل, F بكوساله, O بكشتى وكردون.

15 et *q* L وكرثانه, infra كوبانه et كوتانه, F وكوتانه, infra كوبانه, O كوثانه.

٢٢٢, 1 L والقرى خاصة للملك وحاشيته, F وديهى هست كه خاص ملك وحواشى وخدم او متوطن ومقيم بدان مى باشند وهيچ يكرا بغير ولشكر O, از اهل خزر دران ديه مشاركت ومداخلت نمى باشد وحاشيت درين جانب باشند وديههاى خالصه ملك بود.

2 contra O وزبان خزر مانند ترك است. — 4 pro يذهب L ينصب.

٢٢٣, 6 et *g* L et F idem addunt. — 13 pro يقع L يبيع.

ult. et *r* L et F quoque الرقيق (بندكان).

٢٢٤, 3 ante وارمينية L et F addunt وجيلان (وكيلان).

4 seq. F الا انك ملك خزررا ملك ودولت وسلطنت بميراث منتقل مى شود ودر انجا بيوسته مقيم مى باشد.

7 F non male addit: واكر جيزى زياده از معهود كويد مثل صد سال وانچ بدين ماند كه اغلبرا سال بدان مقدار نمى رسد در محل قبول جاى داده نمى شود.

11 post وسجد L addit لله. — 13 pro يقاتله F legit يقابله.
19 et 20 L يقولون انه خاقانهم اذا مات الخاقان وانه ليس.
20 post مسلما F addit والبنه مسلمانانرا رئيس وحاكم نمى كنند.
٢٢٥, 6 pro مناخمون للروم F نزديك بروس.
٢٢٦, 1 et *b* L et F ut recepi, O ut E.
2 *c* et *d* L الاوثانيه, اربا et اربا, F انده اوت et اربا, O اوثانى et ارثا.
3 pro لانهم L لان كل من يدخل اربا يقتل فهم.
5 et *h* L لئلا يخبروا.
٢٢٧, 11 pro مكران L كرمان, quae lectio est praeferenda.
٢٢٨, 1 L وهذه المفاوز.
10 وكركس اسم المفازة imo montis, nam كرگس est *aquila*, *vultur*, vid. Kazwînî, II, ٢٣٢ et Vullers in v. F semper male habet كركش. Pro ايام F دو روز راه. L om. الى.
14 L وفى شعاب من هذا الجبل.
٢٢٩, 4 L واصبهان; *d* L وورزن, F et O زوزن. Infra L et O زوان, F دوبر. Deinde L ونرماسير.
5 L hic et infra درا l. دزا.
14 pro فيها على السمت L فيه على الشرب.
ult. seqq. F (cf. Jacût, IV, ٩١٨, 15) از رى تا شهر ورامين يك منزل ودر ورامين بازارى بزرك هست واز رى تا رزه (l. دزه) يك منزل ودر زره (l. دزه) منبر هست ومسافت از رى تا ورامين در عمارت وخصب است الا مقدار دو فرسنك در ميانۀ راه كه دران هيچ عمارت نيست واز ورامين تا دير الجص يك منزل ودر ميانۀ ورامين ودير الجص بيابان محاذى ومقابل كركشكوه (addidi). L habet من الرى [الى] ورامين وهى مدينة وسوق ومن الرى اليها — الطريق ومن ورامين الى دير الجصّ مرحلة ومن ورامين الى دير الجصّ مفازة الخ.
٢٣٠, 3 L تلركسكوه. Claustrum دير الجصّ non differre videtur a دير كردشير Jacût, II, ٦٩٠, 5, IV, ١٧٥, 9, Kazwînî, II, ٢٤٨.
4 L وفيه حياض للماء وابار مالحة لا تشرب الا فى الاوقات.
6 accuratius est كلا pro كلى. L كل جانب. *f* L quoque كاخ.

7 post حياض L insert واباز.

13 L مسكن مائة نحو وفيه وقناة زرع et F quoque صد خانه.
ult. L داريحى.

۲۳۱, 4 L et F om. لبيس (ودران عمارت وزراعت می باشد).

7 et *c* L, F et O hic ut supra مابين. L addit الى خراسان.

8 et *d* L تربه, F بوبه et بوبه.

10 et *g* L et F سده (F addit وآن سه ديه).

11 pro تعدّ L على بعد. — 12 F ودر هر ديهى ازان هزار مرد.

13 pro قريبة L قرية لا يتميز; *n* L نُوحاى i. e. نوجاى ut habet F.

15 et *o* L حوزان.

16 et *q* L الطبس, F et O طبس. Pro دسكروان L habet سكردان,
F دسكردار. — ult. et *r* L et F بر.

۲۳۲, 1 et *a*. Abbreviationis كرى e كرين similis est فنى pro فنين, Jacût, III, ۹۳۱, 4 et IV, ٥١١, 18.

5 et *d* L hic et l. 10 معرك.

6 L الى قرية عمرو بن شريح وبها بئر فى وهدة طين احمر وحيلة مرحلة,
F quoque عمرو بن سرنح وان ديهى بزركست در زمين كودر كل سرخ
موضوع واز انجا مى خوانند.

7 F جاه بروهت addens ridicule وبمر وصاب نيز مى خوانند.

12 L et F بين سوى وبمرى عن.

13 pro حجارة الخ L corrupte اشجار صور من اللوز — وغيره وفيها صور
الناس, F ودران درختان بسيار مى باشد مثل لوز وسيب وغيره ودر
درختستانى هست O, انجا صورتها كرده است مانند صورتهاء آدمى
كويند انجا درخت هست بر صورت مردم.

۲۳۳, 2 l. دركوجوى ut quoque habent L et F.

3 L شوروارده.

4 pro شعث l. شعب ut habent L et F (درغاله). Vid. M ۴۹۴ *c*.

5 et *d* L et O برقان, F بردان. — 6 L مياه المطر والسيول.

11 L post اهل نابند ins. ع et leg. ويجتنونها.

۲۳۴, 2 مرحلتان omnes Codd. habent, sed l. فرسخان, vid. H ۲۹۳ *k*.
c L quoque حور i. e. خور ut H ۲۹۳, 10.

٢٣٤, 4 L حدود pro جروم.

14 O addit واز انجا (حوض) تا ارسل (بارسك i. e.) كه ذكر رفت راه مخوف باشد. — 15 et *k* L زرع بها.

٢٣٥, 1 pro خوست F حور i. e. خور.

4 l. بجنوبه. L بحموبه et vid. H ٢٩٤ *h*. Ceterum L habet الا نحو مرحلة omisso نبات. — 6 et 8 l. أنْجِيرَة.

8 et *f* L حوانه, F حرانه, حرانه et حوانه.

10 et *h* L سياكند, F ساعند et ساكند.

11 pro تحوى l. تحويان aut ins. فيهما ut H ٢٩٤ ult.

ult. L والريك رمل مقدار فرسخين et deinde ut quoque F ومن الريك.

٢٣٦, 1 et *a* L المهلب. — 2 L حوزان et post مرحلة addit وليس بينهما عمارة.

4 et *d* h. l. L رباط حره, mox ان حره.

7 et *h* L, F et O بر. Deinde L iungens cum nomine sequens قرية habet bis برقوبه. Hinc explicanda est lectio ابرقوه apud Jacût.

ult. et *n* L اسكسب, اسكست et اسكسب.

٢٣٧, 4 L على الترصيف.

5 L طريق راسن ويليه من راسن الى خراسان طريق ويليه طريق من يزد, F ante ويليه inserit وملاصق ان از راس تا خراسان راهى هست.

Fort. tantum var. lect. ad نائين sunt.

6 L وهو طريق الطريق الجديد et sic O راه نو كه راه كرمانست.

7 pro فان l. فانك. — 8 L ارسبان, F ديه ارستان, O بارستان (تا رستان).

9 L وهو ماء يجتمع من عين فى بركة.

٢٣٨, 2 et *b* L صحارى ومفازة; *c* L et F addunt وسجستان.

ult. et *e* L quoque corrupte وكمروبه,

٢٣٩, 1 apud L, F et O sive in textu, sive in mappa exstant lectiones فشلنك وفنجواى. Pro غزنة L, F et O كرمة.

٢٤٠, 2 L باب الحديد والثانى باب باب, O ut E, sed ٢٤١, 13 ut h. l. F داوازه نوى.

4 et *d* O بيسكى hic et porro. L semel perspicue بيشك (semel بَنشك), cf. H ٢٩٨ *m*, quae lectio fortasse vera est = *Meeshuk*.

6 et *g* L نمها (infra ٢٤١ paen. om.), F hic et infra مسا.

7 L سرك et سارا.

paen. seqq. L ثم يليه باب عسكره ثم يليه باب فاشان ثم يليه باب الكان ثم يليه باب بمشك ثم يليه باب كركويه ثم يليه باب اسرلس ثم يليه باب حوبك ثم يليه باب وونكران. Pro حوبك l. خويك ut habet O; F habet نوحوبك i. e. نوخويك = نوخيك. Lectio فاشان est pro بارستان in textu. Pro استريس in textu l. اسپريس.

٣٤١, 2 L يلبث pro يثبت. Ante دون ins. منها cum L et H ٣٩٨, 5.

8 L et F quoque ابنية. Castellum Schirâzi idem nomen ارك habet, Ouseley, *Travels*, II, 18. F اركى. Pro خزانة L خربه i. e. خربة.

12 post انهار L addit متفرقة.

14 F جندان اندكه در هر يكى از ايشان اسيابى مستعمل شود.

paen. L post متصل insert غير منقطع.

٣٤٢, 2 L ارحية تُديرها وتُنَقِّل رِمالَهم. — 8 L مكران pro كرمان.

11 L رام شَهْر. — paen. L هِندمند.

٣٤٣, 1 et *a* L quoque addit الفاضل.

2 F همچنان ازان درياهاى ديگر در وقت جزر ومد.

3 et *e* L كرمهان, F كرنهان. O recte پول كرمان.

5 et *h* F legit اخذ, habens رودى بزركست كه از بست بيرون مى آيد. O quoque addit رودى بزرك است.

8 et *m* L quoque راسِين; O بسروذ. Fortasse ناشتروذ vera est lectio, collato nomine ناشتكين, quo probabiliter regio ad hoc flumen sita designatur, Aghânî X, ١١٢, 4 a f.

9 et *n* L سِيَارُوذ, F h. l. سار infra سياررود, O سياره روذ.

10 post بست L الى سياروذ والى سجستان.

ult. et *r* L, F et O ميلا.

٣٤٤, 2 et *b* L بِيَزك, F ابرك, O ترك.

4 et *c* L quoque سكر et sic F وبيرون هندمند نيز بندى محكم ساخته هست ودران جسرى از كشتى كرده.

14 صواف. Ridicule F واغلب اهل آن صوف مى بافند.

٣٤٥, 1 Vid. quoque Jacût sub زمنداور et III, ٣٥٨, 1 شهر داور.

6 et *d* L et F quoque ولباسهم.

11 et *h* L سرو, O سرود, infra سرور.

۳۴۶, 5 L من وجوه.

6 et *g* pro قفيل l. (s. وقتل) قُتل ملاذة sec. C, L, F et Jacût. (F وقتل ملاره). — 7 et *k* L نصير.

۳۴۷, 2 post على L addit حسب.

۳۴۸, 2 L addit ولها اعناب كثيرة وقرى.

5 et *d* F فهد صرور et فيد صروز, O ut E et Jacût; L h. l. om., infra bis ut recepi..

12 L وتعبر. — ult. l. بستك; *m* L كنخر.

۳۴۹, 2 post كوستان (L كوبسان) ins. مرحلة ut recte L.

3 et *c* L خاس. — 5 et *g* L quoque حارمان.

7 et *l* L حدورى et حدروى.

8 l. وعليه ut recte L; L آجر وجص.

ult. et *o* L اراسور ومنه; *p* L كردس.

۳۵۰, 1 et *a* L هسسان. — 2 L الى مدينة بست ut H.

4 et *d* L كر ut E et O.

5 et *f* L بكيراباذ, F idem s. p., O ut E. Sed vera lectio videtur esse بكراباذ vid. M ۲۷, 6.

5 et *g* L et O ut C et E. — 6 et *i* L, F et O اوق.

7 et *k* L عربر, F عزير.

۳۵۱, 5 et *k* L حاربان, F حاوبان, O ut recepi.

6 fort. lectio كاويبشك est praeferenda.

7 post الناسى ins. منزل ut L et H habent.

ult. et *p* L et F كرابكان.

۳۵۲, 3 F habet ut recepi, sed sine وفى, ut quoque L ubi leviter corrupta sunt verba (ومن فره والعدس بينهما). O habet ut E.

4 pro لد L et F ندر.

6 post على ٥ فراسخ O addit من خواش; *f* L ut C فرسخين.

10 et *k* F quoque قبائل legit.

۳۵۴, 5 L pro لم نفردها habet غير مفردة فى الذكر والدواوين.

i L, F et O quoque مدينتان.

13 et *k* L بالعسكر; *l* L, F et O للحسين.

14 l. نحو رُبع فرسخ ut L, F et O habent.

۲۵۵, 5 pro شبرين repone سپريس.

6 L المدينة خارج et pro واعظم habet وعين.

8—12 pro his inde a نحو المشرق F habet: از طرف مشرق وهمجنان بدارازا (sic) مى كشد تا بكورستان حمره (sic) وهر وقت كه از مربعه كوجك بكيرد از طرف مغرب آن بازار مى كشد تا انجا كه از بوستان معمر مى كذرد وجون از جنوبى مربعه بكيرد آن بازار ممتدّ مى شود تا بكورستان حسين وشمالى مربّعه بزرك تا سر قنطره مى كشد ومربّعه كوجك بنزديك كورستان حسين انجا كه دار الاماره است. L haec tantum: نحو المشرق فالسوق ممتدًّا حتى تُجاوز مقابر معره حمره (sic) واذا اخذت من المربعة الصغيرة فالسوق ممتدًّا الى مقابر للحسين ويمتدّ السوق الخ. — 12 L ميدان للحسين. — 13 L تجرى pro تخرج.

15 et *m* L سغاود, F سعَاود. — 16 et *n* L قوامهم.

17 F آب وهوائى خوشتر وعرصه بزركتر.

ult. L وبعض الترك لكثرته وجودته.

۲۵۶, 2 *e* L وحامد, in itin. حامد. — *g* L وسُنكان. Deinde F وزوْزن.

۲۵۷, 1 L et F وخسروجرد. — l. ومَزينان, vid. H ۳۱۳ *m*.

d L رنواده, F زنراده, mappa رنواره. In mappa O ريواره (s. ريواده) et parva distantia abhinc رنود (F رنوند) i. e. ريوذ. Andersoni coniectura itaque falsa est.

2 et *f* L وزمدين, F وربريدس, O وريدس.

3 et *g* Lectio الرايكان quoque bona est et plerisque Codd. commendatur. Cf. Defrémery in *Journal des Savants*, 1873, p. 17.

l. وتُروغْوذ.

۲۵۸, 1 et *a* L وقبر الرشيد امير المومنين رضّه من المدينة على اربعة فراسخ, F بقرية الخ ونوقان كه على بن موسى الرضا رضّه دران مدفون است وهرون الرشيد ازان شهر بجهار فرسنك دورتر بديهى كه انرا سناباد مى كويند مدفون است (sic). O eadem habet quae E.

4 L addit: حتى انتابها الكتاب والادباء لمقامهم وقد اخرجت نيسابور من العلماء من قد اشتهر ذكره ممن كثر عددهم. F et O fere eadem in suis Codd. habuerunt, ut quoque H ٣١٤, 1 seqq.

5 L post فانها addit مدينة.

٢٥٩, 2 L وتركوا لحديث اصحاب, F addit در ايام ما.

4 L hic et infra ماخان.

٢٥٩, 7 Post ذراعًا e L et F adde فى مثله. Deinde pro وتنصّ scribendum videtur وتُنْبَصَرُ (vid. Gloss. sub نصب). L habet مسطحة الظهر فى السطح (sic) من داخل شبه (s. p.) العيان, quae verba quoque perspicuitate carent.

9 lacuna suppleatur ex L et F ثلاثون ذراعًا.

10 et *h* L مربع على. — 12 L حيث pro جنب.

٣٦٠, 1 L et F addunt البلعمى.

2 post دار الامارة ins. والاسواق ex L, F et O.

3 L دار ابى النجم et آل بنى معيط.

5 post اليوم L addit: وهى للشيخ ابى الفضل i. e. البلعمى, F وايس ساعت. ان خانه ملك شيخ اجل اوحد ابو الفضل است Pro بالرزيق L بررنق sic.

6 L يستاق من هذا النهر الى حياض فيصبّ فى نهر المسجد العتيق.

7 L خالد واحمد.

9 pro وبنى ماهان F quoque وميرماهان ut M ٣٣١, 10.

٣٦١, 2 L دار كان مسكن المامون.

4 L بنهر مرغاب واصله مرواب اى الخ.

7 l. حَوْزان et فحوزان. Vid. M ٣٤٧ *n*.

8 et *m* L et F ررنق. Cf. quoque Jacût, III, ٢٠٠, 9 seqq. Lectionem الرزيق quoque tuetur versus Abu Tammâmi in carmine in سيف (سوق) quo laudat Abu Sa'îd Mohammed ibn Jûsuf at-Thaghrî.

10—11 L ثقب مدورة لا يترك احد يزيد فيه ويتولى الخ.

٣٦٢, 5 L om. آل et habet سواد بنى العباس والمسودة. O addit يعنى سيه بوشان.

7 et *i* L ولاة ووجوه. — 11 برزويه, vid. ann. 5 ad *Fihrist* ٨٧.

12 البارند quoque appellatur بلهبذ (بهلبذ) Jacût, IV, ١١٣, 1 Kazwînî, II, ١٥٦, 18 et الفهلبذ Agh. V, ٥٨ et ٦٤, 8 (ubi male الفهليذ).

14 L طعاما منها — بخراسان مدينة.

15 post الاماكن L addit من الصحة.

٣٦٣, 1 L غيرهم et habet تفضل على سائر omisso deinde في حسنه.

2 L مغازتها. — 7 et *f* هرمزفره postea مَسْقَرًا appellata est, vid. Jacût in v.

٣٦٤, 3 post ماء F addit: وبندی محکم بر آورده O vertit وخندق دارد ودرين خندق آبست.

5 O addit كه لشكر كاه بودى.

٣٦٥, 2 L يسعمل بها ما يحيف بها من المحال.

6 l. وحواليه ut L et H habent. — 9 pro حلق L من خلق ut H.

10 pro ينزاحمون L منزاحمون في عامة الايام ut H.

12 L, F et O ut H على فرسخين. Sed vid. ٣٦٨, 2 (H ٣١٩, 6 quoque فرسخان).

14 L يرتفع منه الحجارة. — ult. et *g* L s. p. Recepi ubique برخوى, sed nunc praefero legere برجوى.

h L اسبداسبر, F سداسد, O سبيذاسنك.

i F بارست, O باراست.

٣٦٦, 2 et *f* F مبرسان, O ut E ميرستان.

h F صقله, O زرين. In L praeced. desunt.

3 et *i* L كوان, F كركان.

k L et F عوسكان; *m* L كمل, F كبل, O كبك.

4 *n* In L superest بان, F عربان.

5 *p* L om. F ورونی دیکر هست که انرا سعر می خوانند وآن رود در حد بوشنج روانه است وروستای سوحبررا آب از آن می باشد. O habet سعر ut E, et روستای سوی.

q L لحمر, F et O حمر. L habet وبساتين et sic legerunt F et O. F habet وآن بهراة روانه مى باشد در راه سجستان وبقدر يك منزل بستانها وباغها بيكديكر متصل وملاصق اند ايشانرا آب مى دهد,

کی شهر هراة وباغ وبوستانهارا آب از آنست بر راه سیستان همه O باغهاست بیوسته.

۳۶۷, ult. Jacût quoque habet formas فوشنج et بوشنك. Pro کره O جره.

۳۶۸, 6 pro فی بعض السنة O بوقت انك کرمای سخت بود L ut H حصار وعليه خندق ولها ثلاثة.

7 L ter addit يخرج منه. — 9 pro قليلة L كثيرة.

۳۶۹, 5 post ومياه L addit جارية قليل وانما مياههم من الابار.

8 L et F عبيد الله. — ult. et *n* L, F et O quoque اكبر.

۳۷۰, 2 et *a* L السان, F سار.

7 et *c* L ut edidi, F واز طرف مشرق بکوه دو فرسنك. Fort. من جانب tantum var. lect. est ad مما يلى.

12 et *g* L ابلح et السلح. Lectio F vid. ad H ۳۲۲ *a*. Deinde L et F كندروم.

۳۷۱, 3 et *a* L quoque ومرسان, F om.; O confirmat lectionem receptam, habens وبزرکتر از کندرم است وسان کشاورزی بیشتر دارد وانـدك (haec l. 2 omisit) مایه باغ وبوستان دارد.

5 l. شعر ومدر secundum L qui habet وبها بيوت الاكراد شعر ومدر وهم اصحاب اغنام وابل. F post وبيوت addit از سنك.

6 pro عامة L على غاية.

8 post مرحلتين L et F addunt ut Jacût فى الشمال (از طرف شمال).

ult. l. بشين hic et deinde.

۳۷۲, 2 l. بليكان. Vid. M ۳۰۹ *l*. — 4 L ut H يحمل الى النواحى.

9 pro المشرق L ut H المسلمين; mox بمسلمين et من عمل.

11 L et F افريغون, O افريقون; mox L et F غرجستان.

۳۷۳, 3 post الدواب L addit ut H وليس بها من طواحين الماشى.

6 post ثغر L addit عظيم. — 9 pro الا مباقل L ut H ولا مباقل.

10 et *a* L دون الغى.

ult. post قاين F addit ut C, E et O: واهل ان شيعت امير المومنين على بن ابى طالب انـد.

۳۷۴, 4 L مدينة صغيرة اصغر.

5 L وليس لها قهندز ولها بساتين قليلة ونخيلهم كثيرة. — ult. et *o* L

quoque s. p. Apud H recepi النجاحى. F وكل كه جهة خوردن بادويه در افاق حمل مى افتد از انجا الخ.

۲۷۵, 2 L بها من الكرابيس ما. Pro وليس الخ quae L om., F habet: واقمشه رفيع در انجا بسيار مى باشد.

۲۷۶, 1 et *a* L وورروا, F وورا. Fortasse leg. روو = روب. Hunc enim locum a Hwen Thsang indicari nomine Helu i. e. *Hro* ut opinatur Yule in *Journ. of the R. As. Soc.* 1873, VI, 101, valde probabile est, nam quoque Jacût locum in vicinia Simindjâni collocat. Recepi رؤب cum Hamza secundum Jacût, sed in *Lobb al-lobâb* et in TA scribitur روب. — F habet اما ختلرا شهرها جند هست ودريشان جهار بايان نيك وقوى مى باشد جنانك از جودت وكثرت آن در افاق حمل مى افتد وجهت فروختن نقل مى كنند.

۲۷۷, 3 et *g* L وبحرا, infra ۲۸۰ ult. بحرباب. Cf. H ۳۳۹ *a* et M ۲۹۹ *k*.

۲۷۸, 1 et *a* O habet eadem quae E: — وانرا ساطير خوانند وما ابن الخ ازين شهرها عمل باميان است.

2 L et F ابن الفتح. — 4 L et F ut C كرم.

5 ante ومسجدها L inserit فى المدينة.

7 L وباب وجه الحديد, F دروازهٔ رحب الحديد.

8 et *g* L سسب, F سيست omisso بند.

9 L رساتيقها كلها الى شاه جرد. — ult. L et F الطالقان (طالقان).

۲۷۹, 3 pro تقع L ترتفع.

6 L والداب فيهما ذات اشجار وثمار — عامرتان خصبتان. — 10 L ثم يليها.

12 F hic habet ودر حوالى شهر منك سورى رفيع وبلند ومنبع هست وآن سور در عهد قديم وروزكار كفر نبوذه است الا در اسلام آن سوررا برين حالت كه كفته شد از سنك وكج محكم وعظيم بر اوردند وشهر منك الخ.

13 L اندراب. — 15 L رساتيق عامرة جدا. — ult. L بدخشان.

۲۸۰, 1 L ويرتفع اليها المسك.

3 et *c* F legit العبث nam vertit بلهو وعشرت وطرب وفساد مشغول ومشغوف اند. — 9 L الباميان.

10 L تجلب اليها. Hic F addit از شهرها نزديك مثل ارسفىر وغيره ; L l. 11 post بساتين inserit ut H ٣٢٨, 2: وينقل الثمار اليها من ارسف وغيرها.

12 L بها ولهم نهر. — 13 L بنواحى بلخ كلها.

14 Urbs provinciae Kâbul proprie vocatur طابان, Jacût, III, ۴٥۴, 17. L habet ولها قهندز موصوف بالتحصين واليه.

٢٨٠, 15 L om. الملك et l. 16 l. يصير pro يصل ut Kazwînî, II, ١٦٢, 3. Pro اليه ut quoque L habet, videtur legendum اليها. F habet: وجون خواهند كه در شهر حاكمى نصب كنند البته ان حاكمرا بخدمت ملك كابل مى آورند تا باوى عقدى مى بندد واكر جه موضع ان ملك در مسافت دور باشد وايشانرا دعوى جنانست كه حكم وامر كسى كه با اين ملك عقد نكرده باشد درست نمى باشد وجون اورا بخدمت ملك كابل مى برند وباوى عقد مى كند مملكت وخزاين وحشم وخدم ودفاين برو مقدّر ومعيّن مى شود واوامر ونواهى او ممضى وروان مى كردد.

18 L واللينوفر. — 19 L ويرتفع pro ويقع.

٢٨١, 7 seq. l. (وسوس) لبان والسوس, vid. M ٢٩٣ q. F habet لبان وسوس, O tantum سوس. In L haec desunt.

9 L واعودها pro واغزرها et l. 10 واعود.

14 seq. L habet: طرق خراسان وما وراء لنهر، وخوارزم على الساحل وبآمل معظم المقام بها وبه معظم المفاوز بما وراء النهر ; cf. H ٣٢٩, 18 بما وراء النهر, quae verba non magis perspicua sunt.

16 L تتصل ut H. — 20 post وبلخ O addit ومرو.

٢٨٢, 3 L واطيب البر وانقاه ما يقع. Pro وخير لنحمان السخ F habet: واز اجناس جلود سختيان در آن ديار آنست كه از شهرها غزنه در آنجا جمع مى آورند. In his غزنه ut saepius est pro غزيه.

5 L وانجب بلدان خراسان مرو وبلخ والفقهاء والادباء واهل الدين والعقل وازكى الخ. De annot. f vid. H ٣٣٠ f.

6 L ومرو ommisso الروذ ut E et O.

9 L واما المسافات بخراسان فلست استقصى فى ذكر الفراسخ والمنازل لانا بنينا الكتاب على التحرير فى مثل هذا فنذكر جوامع منه اذ كان غير

متعذر على من اراد ان يتقصى معرفته ان شاء الله تعالى. F et O similem introductionem habent.

۲۸۳, 3 L et F الى فراوة خمس مراحل. — 15 et 16 L quater addit نحو ut H.
20 L على مرحلة مالن مدينة تعرف. — ult. L et F مرحلة pro يومان.

۲۸۴, 3 post ينابذ L يوم pro يومان. — 5 l. مَزِينَان.
10 et *h* L سقاية, F سعاية. Probabiliter legendum est سيفايه (سيپايه). Cf. meum *Das alte Bett des Oxus*, 95, ann. 1.
12 L فيما بين ut H. — ult. et *o* L, F et O quoque مرحلتين.

۲۸۵, 2 et *c* L والسوسقان. — 6 L et F om. نصف ut H.
h L quoque وكنج (F وميان هرج وكرج).
8 et 9 pro يومان L نحو يومين.

۲۸۶, 1 pro ومن خلم L et B iterum ومن بلخ.
3 يومان. Vid. H ۳۳۴ *p*. — 8 et 9 restitue الطالقان.
15 l. الخرخية ut recte L et F.
ult. et *m* L وسدكر, in mappa سسكىد. Vid. porro H ۳۳۵ *h*. Djordjânî habet in Clim. 5to ستكند.

۲۸۷, 1 l. الخرخية. — 4 L وراء. — 7 L واهلاً ويرجعون. — 10 L الا ويقحط.
14 post مباخس L habet او مزارع او مراع لسوائمهم. — ult. L يقوم باودهم.

۲۸۸, 3 pro لهم مع L على ut H. — 4 et *b* L النعاج; l. الخرخية.
6 L القز والوبر والصوف الكثير, O جاى كه (كاغد, كرباس ?) وسمرقندى ستوده است وقزّ وصوف وموى بسيار افتد. F et H quoque القزّ.
7 et *e* L وفيها معادن. — 9 et *g* L, F et O quoque addunt والنحاس.
11 O وجون كاغد سمرقندى هيچ ديكر نبود.
15 et *m* L quoque om.; L habet التبت.
16 L ما يفضل عن كفايتهم وينقل الى امصار الاسلام.
ult. والثعالب F et O vertunt وبوست روباه.

۲۸۹, 6 pro من القيام L والقيام التانى.
7 post ضيعة L addit يستقلّ بمؤنته (cf. H ۳۳۸ *f*), pro ابتناء habet اقتناء et للضيافة pro للاضياف.
13 L لم يغلق برِّ منه زيادة على مائة سنة ولا.

۲۹۰, 13 post مسبّل O addit بتنابستان. — 15 l. وحِبَّاب.

٣٩٠, 16 L اكثر ut H. — 17 L الى دور الحرب.

ult. l. الخرخية et l. السقينة = Schikhini, vid. *Journ. of the R. Asiat. Soc.* 1873, VI, 97 et 113. Apud Jakûbî ٧٣, 3 quoque l. سقينان pro سقبان. L et F habent ut Jacût الصغدية.

٣٩١, 3 L وجوه. — 5 pro وانّ الخ L habet او اربع مائة الف.

6 L وما كان فيهم من غير اهل; F habet: واز بسيارى وجمهور كه ان لشكر بود هيچ يكرا معلوم نشده بود كه كسى ازيشان غايب شده است. Pro عدد L habet احد.

8 L فانفذ فيه ينتهده. — 12 L ما بين مائة — مائتين.

15 فيما l. وفيما ut recte L. — 16 L (sic) رجالًا فكانت الاتراك حنتهم.

٣٩٢, 3 pro وتجدتهم L وعدتهم وعددهم. — 5 et *c* L والسلاح حدائه, F حدائه.

10 L او تمزقوا — فاذا. — 12 et *f* L فاذا.

13 L عدتهم وعددهم. — 18 L post اسمعيل addit بن احمد.

٣٩٣, 1 L عبدًا لهم لم يبين على جيش.

7 l. مِكَبَّة زرقاء (L et F خضراء).

8 et *d* F مانند سپرها پيدا مى باشد, O چون سپرى, legerunt igitur كالتراس (L om.).

15 et 16 F sic explicat: وبهترين شهرها در نزاهت آنست كه از هر طرف كه كسى نظر اندازد هيچ كوه وموضعى خالى از درخت وسبزى وتماشاكاه O ,اورا معاين نشود وانجا كه مدّ نظر شود نيك سبز باشد چنان بايد كه چشم ازو پر شود كه جز اسمان وسبزى نتوان ديد.

٣٩٤, 2 et 3 videtur legendum سعة et وسفر. Cf. Gloss. sub وقف.

4 post بصره على videtur supplendum على خضرة ونزهة وليس بقرب موضع منها, vid. H ٣٤٩ *f*. L autem sic habet: اذا علا قهندزها الانسان لا يقع بصره الا على جبال.

5 L مزروعًا غير ان المزارع.

7 et 8 L وبشتمل على بخارا وقراها ومزارعها نحو اثنى عشر فرسخا فى من غوطة دمشق ونهر الابلة. — 9 post ذكرنا L addit ut H مثله كله عامر.

11 et *n* O همه تماشاكاه وباغ وبوستنان وديهها وكشاورزى وكوشكها ومزارع وآبهاى روان وحوضها.

٢٩٥, 8 pro وباشروسنة O (سترشنه) وبشهرستان سترشنه.
11 L semper الصغد. — 13 L واحسسكت et باراب.

٢٩٦, 7 et *f* L باحس i. e. بأَخْش cf. H ٣٤٨ *e*.
8 et *i* L فارى hic et infra.

٢٩٧, 2 O ut solet وبشكرد et deinde آموى pro آمل.
9 et *m* L om. — 10 pro لها L لها ut quoque legit O.
11 l. والسقينة. De regione كَرَّان cf. *Journ. R. As. Soc.* 1873, VI, 110 seq. (Kurána).
12 pro الفضة F الذهب (زر), O زر ونقره.

٢٩٨, 3 L على السوق. — 7 L لضياعهم من ماء جيحون.
8 et *d* L ut A et B. — 12 L من الترمذ.

٢٩٩, 2 L وحدّه. — 11 L addit او تفريقها نصفين. — 12 et *c* L quoque om.

٣٠٠, 1 l. ومزداخقان, vid. Lerch, *Khiwa*, 16 et meum opusculum *Das alte Bett des Oxus*, 87. L addit وهمساباد وحاس. Vid. H ٣٥١ *e*, ubi observare debuissem, Codices E et O proprie non addere كركانجك, sed substituere lectioni textus الجرجانية.
2 appellatur quoque المنصورة, Jacût IV, ٦٦٤, 9 seqq. L قهندز وانرا قهندزى در قديم نموده است اما بروزكار ما خراب, F وليس بعامر شده است.

٣٠١, 3 L نهر يسمى حردور.
8 et *f* L عارابحسه. Deinde habet ثم يكون منها ستة فراسخ الى مدينة F et O quoque distantiam addunt, vid. H ٣٥٢ *e*.
12 l. وينشعّب. Pro يجرى خمسة فراسخ, L يصير بفرسخين. F et O quoque دو فرسنك.
13 et *l* L كرنه.

٣٠٢, 2 et *b* melius جيبت (L حيب).
3 l. كرجانج, vid. *Das alte Bett*, 64 (L كراع).

٣٠٣, 4 L (ut C) وعرض الكاوخوارة فرسخين.
8 L بحذاء حب بفرسخ فى الجانب. In textu videtur legendum من المغازة, *Das alte Bett*, 91, ann. 1.
9 pro الا انها من L habet الانهار......

10 L يجرى من كردن ويقطع ما بين حنب. — 11 et 12 l. مـزداخقان.

٣٠٤, 3 et *c* L وبوفسه. — 4 pro وببن i. e. وبين potius l. من.

5 et *d* L, F et O quoque عشرة. — 8 et *f* L حعراعـن.

9 pro وهو L وى. -- 10 pro مائة F بناجاه. Pro مغبض L مغيض.

12 post خروق L addit تحت الارض.

٣٠٥, 1 F ودر خلقت از اهل خراسان نحيفتر مى باشند.

5 et *b* L والثعالب لحرزيه, F et O روباه (وموى) وبوست.

6 L بكورة pro فى كورة. — 7 L كور خراسان وما وراء النهر.

9 l. نومحكث vid. M ٣٩٧ *b*.

g L بهذا البناء المشتبك من القصور — والمحال المفترشة والسكك الخ.

12 et *l* L قفار, F جاى خالى. Cf. ٣١٢, 4; *m* L على خاص القصبة.

14 ante سور L addit لها. — ult. L قهندز — متصل بها ومقداره. F بشهر بيوسته وان نيز قهندزى منيع وحصين است.

٣٠٦, 3 L مدينة بناؤها اشدّ اشتباكا.

6 et *h* L et F quoque بحذاء, O وتا حد بيكند در آبكير افتد برابر بيكند بجائ كه انرا سام كاس كويند.

٣٠٧, 3 et *a* L بعاسكون. — 4 et *c* L حداسرون. — 5 L قنطرة خراسان.

6 et *e* Jacût IV, ٣٨٠, 2 legit ماخ (L s. p.).

6 *f* L s. p.; *g* L, F et O quoque هاشم.

10 l. فشيرديزه vid. H ٣٥٧ *a*. L فسردره.

11 pro جوبار L et F legunt جويبار.

٣٠٨, 1 L فوهة. — 5 et *e* L الفرارين, F العرارين, L من هذا النهر.

6 pro وى l. وهو. Pro واعم L ut H واعمر.

7 et *g* L بعروعسح, L بعروعسح. Post مسجد العارض L inserit ايضا.

8 pro يعرف بجويبار l. نحو جويبار ut recte L et F, vid. H ٣٥٧ *m*.

9 L ut H ياخذ من النهر فى المدينة; *k* L خبع. — 10 L ويفيض.

٣٠٩, 1 et 3 pro كشنة l. كَسْبَة.

2 post كثيرة in L desunt folia usque ad ٣٢٣ paen.

ult. l. وانديان, vid. H ٣٥٩ *h* et fort. وكندمان.

٣١٠, 3 pro ورامند fort. l. وراميثنة.

٣١١, 4 et 5 pro كشنة l. كَسْبَة. — 5 et *d* Ibno 'l-Athîr, IV, ٤٢٢ رامثنة.

10 et *h* pro اوبوقار cum F videtur leg. ربوقان.

11 et *k* F et O s. p.

13 et *m* F رقاع, O رفاغ. Non differre videtur ونوفاغ apud Jacût, IV, ٩۴٢, 2.

٣١۴, 5 post وحدها F addit دران منبر نيست (لا منبر لها), O habet كى روستا ندارد ليكن.

٣١٦, 11 ante ولها F addit وكس شهرى خوش ونزه است.

14 pro كله — ووجه F ودر قعر ان رود سنكها بزرك بيكديكر متصل ساخته است.

٣١٧, 1 O سرطاق et habent deinde وجوى ارزيز بر سر آنست ودكانهاى اين بازار بسيار آنست كه بر عمارت اين جوى وقف كرده اند. F غلات vertit per عمارتهاى.

4 pro بين وبين O habet زير (تحت), sed F ante بينه inserit زيرتر ut H ٣٦٦, 13 اسفل القهندز از قهندز موضوع است.

4 seq. et *e* O ودر شارستان ازين رود ارزيز جويها وآبها بر خيزد كه باغ وبوستانهارا آب دهد. — 8 l. كُوهَك.

٣٢٠, 10 l. بوزماجن vid. H ٣٦٩ *m*.

٣٢٢, 7 l. بوزماجن.

٣٢٣, paen. Hic desinit lacuna L, sed hinc textum ampliorem habet, dabo igitur collationem ad textum H.

٣٢٥, ult. Vera lectio videtur esse ارسبانيكث, vid. M ٢٦٣ *c*.

٣٢٧, 4 videtur legendum سرسندة, ut quoque L habet; vid. H ٣٨٠ *r*. Cum lectione سرسنه conferatur راغ سرسنة apud Jacût, II, ٧٣۴, 8, quod iterum apud eum occurrit, II, ٩٠٧, 12 sub forma زاغرسوسن.

٣٢٨, ult. L وقصبتها نبكث ولها من المدن السكث. Cf. M ٢٦۴, 3 et 6 البيكث.

٣٢٩, 1 et *c* L وسبيغوا. — l. كندراك, est *Kundurak*.

2 et *n* pro غدرانك praefero nunc نمدوانك, vid. M ٢٦۴ *n*. L om.

٣٣٠, *f* L وجعونكث.

٣٣١, 1 et *a* L وتكالك. — *d* L سكالب. Deinde وبالحاش وبرنكث وبالان.

٣٣٢, 1 L وخاس وخركالث.

۳۳۵, 2 et *b* L صرت فى رباط. — 4 et *e* L, F et O اوركند.
6 post رشتان L مرحلة كبيرة. — ult. pro v L تسع.

۳۳۶, 4 et *c* L, F et O قطران (قطران) درة. — 6 pro نزلت L الى انقلبت.
e pro بئر L et F ىسق. Pro للحسين iidem للحسن. Pro حميد L حىد, F حسب, O كىىد.
ult. et *f* (sic l. pro *g* et deinde *g* pro *h*) L وقىكرد, F وقىكرد, O فىكرد. — *i* L, F et O ىىكب i. e. بنكث, mappa F ىوكث, O ىوكب.

۳۳۷, 1 et *a* L s. p., F ىعرّب, O انقرن. — 2 L لا لان يومان.
7 et *f* L مباركاك. Deinde ut quoque F ماى مرغ.
8 post ديدجى (L الرىدان) L recte addit ut quoque F مرحلة ومنها.
ult. et *l* L اوىك.

۳۳۸, 1 post تعبر insere cum L, F et H جيجون.
5 L h. l. om. مرحلة et l. seq. habet مرحلة عامرة.
11 videtur legendum سيغاية, vid. supra ad ۲۸۴.
11 et 12 L, F et O quoque ponunt حكربند (L خركرند, F حىىكىىد, O حرىىد) post درغان. Iure ut videtur, cf. *Das alte Bett*, 95, ann. 2.
12. et *h* L, F et O سدون.

۳۳۹, 3 et 4 F habet بر روذ حرىاب دو منزلست واز ميل تا قنطرة للحوالى شش منزل واز انجا تا وحساب دو منزل O eadem habet quae E, sed addit وتا وخشاب دو مرحله. In L plura desunt.
5 post مرحلة F addit بكشنى مى روند.
11 pro برسان l. بربان, vid. H ۴۰۱ *g*.

۳۴۰, 4 القلعة operae pretium est conferre observationem quam Yule fecit de Kal'a Kum in *Journ. As. Soc.* 1873, VI, 98.

۳۴۱, 2 et *a*. Cf. M ۲۹۸ *i*.
10 l. درخاس (درخاش)=خاس (*Das alte Bett*, 79) ut urbs تل in Sedjestán quoque درتل appellatur.

۳۴۲, 2 l. مزداخقان. — 9 et *d* L نومحكث. — 10 L h. l. كرمانية.
14 et *g* L مارکث.

۳۴۳, 12 videtur legendum وارسبانيكث.

ult. et *o* L, F et O quoque سبعة. Deinde L ٣ على مقدار.

٣٤٤, 5 et *f* L درسانك.

6 et *g* L البكار, F دالسكد, O زالنيكنت. Post *h* explicit O ultimo folio deperdito.

7—8 L corrupte على طريق بكث وبكث فصد ابلاق برل من بكث كه بر راه بكث وبوكث است شهر بزرك وقصبه على فرسخين, F ابلاق است واوّل از بكهث (بكث ؟) وابويكث يك فرسنك.

8 et *l* L et F بالان. — 9 et *o* L بوبكث, F بوبكث.

ult. seq. L فيما يلى المشرق وطريق فلاروان على طريق برك من بكث الخ.

٣٤٥, 2 legendum videtur ونمدوانك pro وغدرانك.

4 et *c* L اسبغوا, F سبعو. — 5 et *d* L وساميسك, F وساميسك.

8 L ربلخ, F اربلخ. — 11 L et F وكمراك; l. وكندراك.

ult. et *n* L حومانكث, F حومانكث.

٣٤٦, 1 Post مرحلتان explicit L hac subscriptione وهذا اخر ذكر الاقاليم المصورة. Exaratus est Codex anno 589.

i pro *Est urbs provinciae Schásch* l. *Alia eiusdem nominis urbs iacet in provincia Schásch.* — ult. l. فراسخ. Pro ٧ F ٩ (نه).

٣٤٧, 2 pro باراب F باب (ناب). — 6 pro ٧ F ٩ (نه).

٣٤٨, 1 pro ٧ F ٩ (نه) habens primum بسلاب, deinde ونساكنند ودر شلاب منبر نمى باشد.

Ibn Haukal.

١١, 17 male hic et deinde, secutus nonnullos Codices Istakhrîi recepi الخزلجية, scribe الخَزْلَخِيَّة. Vid. Quatremère, *Hist. des Mongols*, 52 et cf. Jacût, III, ٤٤٩, 3, Mas'ûdî, III, 254, Kazwînî, II, ٣٦٥, 9 a f., ٣٩٢. Auctor operis *Mafâtîh al-Olûm* qui in Chowareznia scripsit saeculo quarto f. 37 r. distincte sic scribit in verbis: (sic) حَيّويه ملك غَزَنَة وكذلك ملك الخَزْلَخِيَّة يسمّى حَيويه. Quoque القارلخية appellantur e. g. Ibno 'l-Athîr, XI, ٢٠٥ secundum A. Codd. Ist. F et L saepe recte scribunt nomen, ut Codd. Ibn Hauk.

١۴, 5, 10, 11, 18, 19 et ١٥, 7 eadem correctio.

١٩, 16 seqq. Khazradjî, *Histor. Jeman.* Cod. 302, p. 79 haec habet ex Omâra (+ 569), qui usus est nostro et haec refert ad annum 366. Patrem principis Ishâki memorat Mas'ûdî, III, 35.

٢٠, 9 post ومواصلته P addit: قال كاتب هذه الاحرف دخلتُ عدن سنة ٥۴. وكان العميد بها بلال بن جرير والمشرف عليه خالى احمدُ بن غياث من قبل سلطانها محمد بن سبا وكان ضمان عشر المراكب فحسب مائة الف واربعة عشر الف دينار مرابطيّة وهذا اكثر ممّا ذكره مصنّف الكتاب باضعاف قال المولّف ويتلوه الخ. Obiit hic Ibn Djarîr anno 545, Mohammed ibn Sabâ anno 548 (sec. alios 549 s. 550). Vid. Khazradjîi *Histor. Jeman.* Cod. 302, p. 71 seqq.

٢٢, 3 *Gerra*, vid. Sprenger, *die alte Geographie Arabiens*, p. 132, 135.

5 l. قبلىّ.

٢۴, 13 post الحرام P haec inserit: وكانت لعبد الله بن جدعان التيمىّ وكان يملأه بالفالودج وله منادٍ ينادى عليها فى الموسم هَلِمّوا (sic) الى الفالودج وفيه يقول الشاعر

له داعٍ بمكّة مُشْمَعِلٌّ   وآخر فوق دارته تنادى

Deinde pergit ومن وقف الخ.

٢٥, *e* Cf. quoque Jacût, IV, ٣٩٢, 1.

٢٩, 19 l. potius الشام sine *hamza*.

٣٠, 13 l. الخرلخية. — 16 post يتوغل fort. ins. فيه (فيها).

٣١, ult. l. الجمَسْت.

٣٢, 15 post اعمال عمان P addit: وطول بلادهم اربع مائة فرسخ قال كاتب هذه الاحرف ان المستولى على هذه البلاد لمّا دخلتُها فى سنة ٥۴. والمتحكّم فيها احمد بن منجويه وكان دار مُلْكه بمرْباط وهى مدينة صغيرة على شاطئ البحر وعلى مسيرة يوم ونصف منها مدينة ظفار وهى ايضًا له.

٣٦, 11 ut piratae القطريّة ab insula Katar nomen habent, sic forte الصفرية ab ea insula quae apud Jacût sub formis شُفَار et شُقَار memoratur.

12 post مرابطون P haec addit: قال كاتب هذه الاحرف اجتزتُ بعبادان سنة ٥٣٨ وهى جزيرة فى وسط الدجلة (l. دجلة) ومآء الفرات عند مصبّهما فى البحر واختلاط مآء البحر بهما وفيها رباط يسكنه جماعة الصوفيّة والزهّاد وليس بينهم المراة (l. امرأة) البتّة وفى هذه الجزيرة مسجد من [جانب] شرقىّ (l. الجانب الشرقىّ) وفيه ودائع وامانات غير مسلّمة الى احد من الناس وقد قرّر الجماعة بتلك البقعة انّ كلّ من اخذ من عبّادان شيئًا على سبيل الخيانة والسرقة فانّ السفينة تغرق لا محالة بزعمهم حتّى انّهم قد رسّخوا فى قلوب الناس انّ تراب عبّادان ان حمله احد بغير امر اولئك الجماعة فانّ تلك السفينة ألّتى فيها من ذلك التراب تغرق وليس كما زعموا، وبعبّادان بئر يزعم الشيعة انّ الرجل اذا وقف عليها واقسم على المآء بكلّ اسم خلق الله فانّ المآء لا يتحرّك فاذا اقسم عليه بعلىّ رضوان الله عليه فانّ المآء يفور ويصعد الى شفير البئر فمضيتُ الى تلك البئر واقسمتُ عليها بما زعموا فوالله ما تحرّك مآؤُها ولا تزعزع من موضعه ففكّرتُ وقلتُ هذه الجزيرة فى وسط المآء وهذا المآء فى اليوم والليل (l. والليلة) يمدّ ويجزر مرّتين ومادّة هذه البئر من ذلك المآء ولا يبعد ان يتحرّك المآء فى البئر عند الزيادة وقد أَنْفَقَ (l. اتّفق) فى تلك الساعة من لا يهتدى الى حقائق الاشيآء، امّا المدّ والجزر فانّه من اعجب الاشيآء وذلك انّه يبتدئُ بالمدّ عند طلوع القمر ولا يزال يتزايد الى ان يصير القمر فى وسط السمآء ثمّ يبتدئُ بالجزر الى ان يحصل القمر فى افق المغرب ثمّ يبتدئُ بالمدّ الى ان يصير القمر فى درجة (l. الدرجة) الرابع الى (supplevi) وتد الارض ويبتدئُ بالنقصان الى وقت طلوع القمر ويعود فى الزيادة ويختلف اوقاته باختلاف طلوع القمر ومغيبه فتبارك الله احسن الخالقين، نعود الى نسخة الاصل، .ثمّ يقطع عرض الخ

٤٠, 7 post حارة جدا P haec addit: وتعرف بالتير وهي مساكن بين جبلين فى شعب ممتدّ وصلتُها سنة ٥٣٩ وكان عميدها انذاك محمّد ابن المرزبان من اهل شيراز الملقّب بصاحب السيف والقلم ولعمرى انّه كان مستحقًّا لهذا اللقب اذ كانت له اريحيّة حازميّة ومروّة حاتميّة واهلها ذو (l. ذوو) مروّة ظاهرة ورياسة كاملة وكان بها عدّة من التجار ذوى اليسار من جملتهم رجل يعرف بحسن بن العبّاس له مراكب تسافر الى اقصى بلاد الهند والصين ومبلغ مضاربيه (numerus deëst) وكان له غلمان زنوج يضربون على باب مسجده خمس نُوَبٍ فنُقِل ذلك الى ملك كرمان وهو محمّد بن ارسلان شاه فقال لو ضرب خمسين نوبةً لما اعترضتُ له رجلٌ يتحصّل فى خزائنى من مراكبه فى، كلّ سنة نحو من مائة الف دينار وانافسه فى الريح الهابّة' عُدْنا الى الصفة والشرح' ثم يسير الخ.

٤٤, 7 l. يدّخر.

٥١, 18 pro كثيرة l. كثير.

٥٦, 14 l. يغرون ويَنْسبون. — 15 l. شيًّا.

٦٧, 18 l. مدينتين.

٧١, 11 l. قويّة.

٧٣, 5 وادركتُ. P habet: اما الاندلس فهى من نفائس جزائر البحر وجلالة القدر قال مولّف الكتاب دخلتها سنة ٣٣٧ والقيّم بها عبد الرحمان بن محمد الخ.

18 l. وتغلب sine *taschdîd*.

٧٨, 10 l. بآيين.

٨١, 2 et 17 probabiliter scribendum est والمخلّفين et ومخلّف.

٩١, 10 fort. l. شبرو الى مينا vid. M ٥٤ *l.* — 20 fort. l. شبرو الاو, vid. ib.

٩٣, 2 eadem correctio.

٩٨, 3 Ad h. l. P habet: قال كاتب هذه الاحرف زعم مؤلّف الكتاب انّ النيل لا يعلم احد مبتدأه وانّه يخرج من مفاوز ورآء بلاد الزنج وقد رايتُ فى رسالة جغرافيا انّ مبدأ النيل بطيحتان مدوّرتان

يصبّ الى كلّ واحدة خمسة انهار من جبل القمر ويخرج من هذين (l. هتين) البطيحتين من كلّ واحدة اربعة انهار الى بطيحة مدوّرة فى الاقليم الاوّل قطرها جزءان ومركزها عند طول نج (sic) والعرض من الاقليم الاول ب ♀ ثم يخرج من هذه البطيحة نهر هو نيل مصر اليه (l. ويصبّ اليه) نهر يجرى من عين تخرج من خطّ الاستوآء عند طول نط ♀ ويأتى الى قريب من بلد النوبة فيقسم قسمين يصبّ احدهما الى النيل عند طول نج ♀ والعرض عند نو ♀ فى الاقليم الاول والثانى مصبّه فى الاقليم الاوّل عند طول نا ♀ وعرض نج ♀ ثم يمتدّ ولا يزال ينعطف انعطافات كثيرة ليس هذا موضع شرحها حتى ياتى الى اسوان ثم يمرّ الى مصر مُمَاسًّا لها عند طول ند ♀ والعرض كط ♀ ثم يتفرّق من مصر فى سبعة خلجان الى البحر الاوّل الى الاسكندريّة عند طول نا ♀ والاخر عند طول نج ♀ والثالث عند طول نجل والرابع عند طول نجم والخامس عند [طول] نجن والسادس عند طول ندك والسابع عند طول ندل كما نصوّره فى الصفحة الاخرى من هذه الورقة والله الموفق. Numeri passim corrupti sunt. In Cod. 193, f. 39, v., 40 r. eadem in extenso leguntur cum mappa (cf. Catal. III, p. 129).

١٠٦, 8 شُبْرَة est الحَمَّارة شَبْرَى s. شَبْرَى الخيمة.

١٠٧, 3 De hisce pellibus, nunc *Astrakan* dictis, vid. Petermann, *Mittheilungen*, 1874, p. 126, Polak, *Persien*, II, 97.

١٠٩, 6 l. الخرخية.

١١٨, 4 Ibno 's-Schihna Cod. 1444, f. 54 r., ubi additur testimonium al-Mohallabîi: ويكنيه اهل الخلاعة ابا الحسن. — 9 locum de Kinnasrîn idem transscripsit f. 65 r., ubi libro nostro titulum dat جغرافيا.

١٣٦, 12 l. النصرانية.

١٣٩, 13 pro المنخرق Dimaschkî ١٢٢, 7 et ١٩١, 7 المنحرّق.

١٤٤, 8 l. والاويّة, vid. ٣٩٥ *b*.

١٤٥, 16 et ١٤٧, 4. Cum Nöldeke opinor legendum esse باهدرى(ا) licet forma plena et antiqua sit بانهدرى (בית נוהדרן). Cf. quoque Jacût, IV, ٩٨٣, 16, Aghânî, VI, ٨٧, 9 باهدرا وهى اجل كور الموصل.

١٤٧, 5 l. الى المزارعين (pro من).

١٥٠, 14 pron. التَجَحْشِيَّة secundum Jacût, II, ٣٥, 14.

١٧٦, 6 locum laudat Ibn Khallicân ed. Slane, p. ٦٧٤, ubi العمائر.

١٨٢, ult. et *r*. Incolae Nâbendi navigationi incumbebant. Vid. Kazwînî, II, ١٣٠, 5 a f., ubi pro النابدية l. النابندية.

١٨٤, 8 l. والمادَوان et pro حشوا l. خَسُو.

١٨٥, 11 l. بالزميجان.

١٨٩, 22 pro كَاوشيذ l. كَاوسَر.

١٩٩, 10 l. شقّ.

٢٢٩, 5 l. مربّع.

٢٣٢, *i* l. جدران.

٢٣٤, 16 Cf. Jacût, IV, ٢١, 11 cum I ١٨٠, 1.

٢٤٠, 5 السير fort. l. اليسير.

٢٤٩, 8 l. وجزيرة باب الابواب, vid. ٢٧٧ *f* et ٢٨٢, 16.

٢٥٦, 1 lectio القدار quoque bona est.

٢٥٨, 3 pro نارستان vera lectio est بارسين.

٢٦٩, 9 l. أَلْهَمَ. — 14 ad lectionem باطاق pro باب طاق cf. I ٨٣ *p*.

٢٧٤, 17 l. كلارك.

٢٩٣, 1 pro وشعث l. وشعب, vid. M ٤٩٤ *c*.

٣٠٤, 15 pro السب l. البستنك.

٣١٠, 15 pro ميل l. ربع فرسخ.

٣١١, 6 pro شيرين l. سپريس. — 14 l. باهل sine و.

٣١٣, 5 pro وبزدغور l. وتروغوذ.

٣١٥, 10 pro وخوزان l. وحوزان.

٣٢٢, *d* قرعون. Intelligitur فريغون.

٣٢٣, 1 l. بابشين. — 3 l. ببليكان. — 5, 7 et 8 l. ابشين.

٣٢٨, *a* l. أرسعمر.

٣٢٩, 11 pro والشاش ايلاق l. لبان وسوس.

٣٣٠, 2 accuratius foret الّا آبارًا ومراعِىَ ut quoque apud I ٢٨١, 5 a f.

٣٣٣, 13 l. سيفايه.

٣٣٥, 3 l. الطالقان. — 10 et 13 et ٣٣٦, 17 l. الخرخية.

٣٣٧, 14 l. القرطاسية sine و, vid. Gloss. sub. قرطس.

٣٣٩, 14 l. وحِبّاب et ann. r l. حباب.

٣٤٠, 2 l. الخرخية.

٣٤٩, 9 l. والسقينة.

٣٥٠, 9 et f. Cf. Jacût, III, ٣٩٣, 19.

٣٥٢, 11 كوجاغ l. كرجانج. — l pro Cod. E l. F.

٣٥٨, 5 et ٣٦٠, 10 l. كَسْبَة.

٣٧٠, e. Cf. Ibno 'l-Athîr, V, ٧٠, 8.

٣٧٥, 11 pro h l. i et in ann. pro g et h pone h et i.

٣٧٦, 4 l. ينسب.

٣٧٩, 2 et b *Sutruschna* est nomen antiquum (Ritter, VII, 563, 570, 647). — 7 l. ارسبانيكث.

٣٨١, 1 ad h. l. cf. M ٢٧٧ r. — 7 et l Cod. L Ist. عليه قباب للسبيل.
10 et o Cod. L Ist. جليلة. — ult. pro جيّد — والجليد Cod. L جيّدة — والتربة ut F.

٣٨٢, 7 et f Cod. L وفرباذعام. — 8 et l Cod. L quoque البرد.

٣٨٣, 2 post منه Cod. L insert وهو. — 7 Cod. L احتنق ut Jacût.

٣٨٥, 4 l. وكندراك. — 5 l. ونمدوانك.

٣٨٦, a Contuli nomen جيغويه, sed addendum est illud alibi scribi جبغويه e. g. IV, ٤٣١, cf. ann.
g Nomen urbis inter اربيلخ et نموذلغ in mappa Mok. scribitur ابولغ.

٣٨٦, ult. Cod. L post المدينة inserit: وللمدينة الداخلة سور آخر ملاصق للسور غير محيط به وعليه ثلاثة الخ.

٣٨٧, 1 et a Cod. L الكش; b Cod. L الحديد. — 2 et d Cod. L بباب احمد.
3 et f Cod. L باب كره. — 4 l. كرمابج (Cod. L كوابح).
i Cod. L راسدىحاف (apud hunc haec porta est nona).
6 m Cod. L فوعكب, n id. حامكب. — 7 p id. بالرددحارا.

٣٨٨, 3 Cod. L مفترشة. Idem بسابلغ. — 5 et d Cod. L واذا جزت.
8 l. الخرخية (Cod. L الحكلية). — 9 et m Cod. L فى بلد بحاكث.
ult. et s Cod. L وحدّ لها الى نهر.

٣٨٩, 3 et 4 Cod. L ut Abulf., 4 pro جبل Cod. L جبال.
9 et *l* Cod. L quoque وسكب.

٣٩٠, 3 Cod. L فى المدينة الداخلة وفى مدينة على غاية الخصب والسعة.
6 et *h* Cod. L om.; *k* Saepe سيرام appellatur, sed cf. Quatremère *Masâlik al-absâr*, 226 seq. ann. — 7 et *m* Cod. L كساحه. Quatremère l. l. 225 ann. et 234 كنجك. Cod. L hic et porro باراب pro فاراب.

٣٩١, 6 et 11 l. الخرخية.

٣٩٢, 2 pro كند Cod. L كنه, ceterum habet ut C et Jacût.
5 Cod. L وهو بلد يضيق عما يقيمهم فى الزرع.
7 Cod. L فى نهر الشاش.
ult. Cod. L سسكس. — ann. *u* dele »= جكل", vid. M ٣٩٣ *n*.

٣٩٣, 1 et *a* Cod. L على جانبيه. — 8 Cod. L وهو عريض الموضوع.
10 pro نحو فرسخ Cod. L خمسة فراسخ.
11 post *i* Cod. L addit بقربه — 13 et *l* Cod. L اكثر من الثلث فراسخ.

٣٩٤, 1 et *a* Cod. L الرهانة. — 5 post اخسيكث Cod. L addit فى اللبر.
6 Cod. L الا ان قهندزها خراب ومسجد الجامع.
9 Cod. L وللمدينة ربض وعلى الربض سور.
10 et *k* Cod. L مرقب الاحراس على الترك.
11 Cod. L اربعة, habens وباب المدينة المحصنة. — 12 Cod. L دار الحرب.
13 Cod. L محصنة. — ult. et *p* Cod. L اكثر من قرى فرغانة.

٣٩٥, 2 Cod. L دسا et دسا. Idem اورشت et deinde tantum واسب.
3 Cod. L h. l. السفلى, l. 5 العليا.
4 Probabiliter سُوخ est scribendum, ut habet quoque Cod. L, nam est Such apud Baber (Ritter, VII, 734), Soch apud Petzhold, *Turkestan*, 32. — 5 et *h* Cod. L مرعسان.

٣٩٦, 1 Cod. L على حده فى الجبال (l. حدّة). Pro جليلة habet جبلية ceteris om.

٣٩٧, 3 Cod. L وفى جبال اسبيره تخرج النفط والحراعسك والفيروزج والحديد والصفر والذهب والانك.
4 Cod. L حجارة سود تحترق كما يحترق الفحم تباع ثلثة اوقار بدرهم فاذا احرق اخذ رماده فيستعمل فى تبييض الثياب ولا اعلم فى بلدان الارض مثل هذا.

5 Cod. جبال قطعة منها سوداء وقطعة حمراء وقطعة بيضاء الوان مختلفة. Aspara in Codd. constanter اسبره scribitur, nec video cur Defrémery in *Journ. des Sav.* 1873, *Sur les Mémoires de Baber*, p. 16 praescribat اشپره cum ش.

٣٩٨, 1 seq. Cod. L والكولكان الذى يكون بنواحى اسبيجاب et deinde ويقع من باب اوزكند من بلد الترك النوشاذر الذى يرتفع من جبال البتم.

٤٠٢, 13 l. مزداخقان.

٤٠٥, 5 l. كندراك.

Mokaddasî.

٢, 20 l. المعصية sine *taschdîd*.

٥, *a* l. 6 l. الحرق.

١١, 17 Thorbecke proponit فتتجاذبان.

١٢, 3 l. الجخوار, vid. Gloss. in v.

13 quod edidi بنسب revocandum videtur. Von Kremer suadet legere بسيف, sed Cod. habet certissime ىىسب. Forte l. التى تنسب الى, nam vulgo dicitur خشبات البصرة, e. g. Mas'ûdî, I, 330 seq., Bekrî Ms. Schefer, 161.

١٥, 1 verba يعنى يسار البحر transponenda sunt post الاخرى l. 2.

٢٠, *i* pro فيلقى l. فتلقى.

٢٢, *q* lectio الاكام servari potest et est revera antiquior (Nöldeke).

٢٤, 7 الاسامى i. e. اسامى الاشياء.

٢٦, *b* dele verba »quae ad aliud nomen pertinere videntur".

٢٨, *t* بنطيوس est lapsus calami pro تقيوس.

٢٩, 9 pro تنبع عيونا l. وينْبُع بالحجاز.

٣١, 9 l. أُكْلَة v. Gloss. — 10 pro هديها l. هدّنها, v. Gloss. sub كركر. Videtur pronunt. أُنْقِصَ زَوِّر, v. Gloss. sub زور. — 13 repone شرتة.

٣٢, 8 l. بلاغتنا. — 10 potius الانهاء (Thorb.). — 11 l. والتشغيف.

٣٣, 15 pro وبمصر l. وبالبصرة.

٤٠, 8 l. بنَسَا. — *d* pro والسندة l. والسذة. Vid. Gloss. Dele igitur verba: »Pro —' عيد" (Nöldeke).

٤٩, 3 potius لتبايُنِ الصحة ونحاز (Thorb.).

٥١, 3 l. أَلْهُمْ. — 14 pro سبه l. بوسنه et l. نواحٍ.

٥٣, 6 pro الجهنه l. الحمضة et dele ann. c.
19 دريجان l. دررزيجان. — 20 l. عبدس.

٥٩, 5 quae de longitudine dicuntur quoque absurda sunt.

٦٠, 14 l. الاقليم. — 16 pro مائة l. مائتين.

٦١, 8 pro سبعة l. ستّة.

٦٣, 6 post الجبال dele signum ،. — 14 وخراسان melius الى خراسان.

٦٥, ann. l. 11 l. مخْتلطًا.

٦٦, ann. l. 15 l. والتاييد.

٧١, w l. والمرندجة, vid. Gloss. sub رندج.

٧٢, 11 l. والسّكّر.

٨٢, 11 l. وآثارات.

٨٣, 3 l. مفوّه.

٨٥, 4 المغرب l. الغرب.

٩١, *n* Male h. l. laudatur Jacût. Debuerat fieri in ann. *e* ad عنّة.

٩٤, 4 verba فى البحر transponenda sunt post اوال. — 16 l. والعُمَق.

٩٨, 6 l. خطرًا. — ann. *g* l. *hanc* pro *hunc*.

٩٩, 2 pro مجوع *Aghânî* IV, ١٨٧, 7 من بعده.

١٠١, 10 pro أسر l. أَسْرِعَ.

١٠٢, 3 l. الآيب, vid. Gloss. sub اوب.

١٠٥, 2 et ١٠٦ ult. Ibn Djobair ٧٧ ult. القُرين.

١١٢, 3 pro تاخذ من l. تاخذ الى s. تاخذ من مكة الى.
11 pro طريق melius foret طرق.

١١٣, 15 pro Codicum بقربه l. يقرّ به.

١١٤, 9 et *m* Nöldeke: »Die Zusammenstellung mit Spasini-Kharax ist schwerlich richtig. Auf der Palmyr. 5 heisst dies כרך אספסנא (Arab. كرخ ميسان). Bei der Beliebtheit der Wurzel כסס im Aram. liegt es nahe, irgend eine davon gebildete Form anzunehmen". Karabacek formam السامية tuetur quam in monetis invenit, *Numism. Zeitschr.* 1876, VIII in recensione operis Poolei »Catalogue of oriental coins", p. 3.

١١٥, 3 l. عَبْدَس.

١٢١, ult. l. وعَبْدَس.

١٢٨, 4 l. فمثل اى.

١٣٠, *p* paen. l. الابرهيمى , البرناج et الجيسوان.

١٣٣, 7 illud قر ridiculum esse, debueram notare. Desumpta haec sunt ex Ibn Khordâdbeh, ubi est وجباه.

١٣٤, ult. l. باحَمْشا.

١٣٩, 12 l. التَحْرِبىّ.

١٤٠, 12 الرقّة false pro قرقيسيا. Videtur auctor confundere fluvios Khâbûr et Balîkh.

١٤٤, 15 l. تدبير.

١٤٧, ult. l. ابوابهما.

١٤٩, 8 Legimus Agh. XII, ٨, 12 قرية بين آمد وسميساط يقال لها تل خوم. Lectio autem حوم quoque confirmatur nomine pagi in Palaestina (Juynboll ad Merâcid, IV, 489).

n Nöldeke: Die Uebereinstimmung mit dem untern *Birtha* (des Ptolem.) ist sehr unwahrscheinlich, da sich Mok. hier an die östliche Ufer des Euphrat hält, während jene Stadt am westlichen Ufer lag, was nicht blos durch Ptolem., sondern noch weit sicherer durch die Militärstation »Contra Birtha" in *Osrhoene*, Notit. Dignit. or. Cap. XXXIII bezeugt wird. Die Orte, welche aram. בירתא hiessen, scheinen arab. auch immer (ال)بيرة genannt zu sein.

١٥١, ult. l. لأوى, vid. Gloss.

١٥٣, 13 l. رقودًا.

١٥٥, *f* pro بان l. باب.

١٥٨, 7 l. ثمانى عشرة.

١٦٠, 4 metrum postulat ديننا s. دينها pro Codicis اديانا: Probabiliter desumptum est hemistichium ex antiquo carmine populari, cf. *Kitâbo 'l-Oyûn*, ١١٤ seq.

١٦٧, *k* l. Jacût مشهور.

١٦٨, 6 correctius عشر.

١٧٣, 6 et *f* قريّات forte praeferendum est قَرَيَات.

١٧٧, *q* Nöldeke: Mahûza heisst »Stadt" besonders »Grossstadt" (ungefähr wie مِصْر im Arab.) und ist Eigenname verschiedener grosser Binnenstädte; unweit Seleucia lag »Mâhôz Malkâ" (Maozamalcha bei Ammian); ܡܚܘܙܐ scheint gradezu = المدائن den Complex der pers. Königstädte zu bedeuten etc.

١٨١, 5 l. ستّة pro اربعة (Codd. اربع). — 6 l. فالسبعة et والسبعة.

١٩١, *a* et *c* Restituendum est كفر كيلى apud Kodâma. In mappis hodiernis (e. g. Van de Velde) »Kefr Kile" (Nöldeke).

٢٠٠, 3 l. فظيعة وبين, cf. p. ٢٠٦, 2 et ٢٠٥, 14 seq.

٢٠٤, 1 et *a* l. وخَيْسهم (v. Kremer).

٢١٣, 8 probabiliter l. بالقشّ, vid. Gloss.

٢٢٨, 9 pro والمنيفة vera fort. lectio est والسيفة quod nomen quoque alibi corruptum est, vid. ١٧٣ *i*, ٢٥٦ *b*.

٢٥٠, 6 et ٢٥٣, 13 l. ماخْرِى sine *taschdîd* (Nöldeke).

٢٥٨, 2 pro بيسان Abu No'aim in Historia Ispahâni habet ميسان.

5 pro مكران apud Abu No'aim est ماء كران, ut quoque restituendum videtur apud Jacût, IV, ٦١٢, 17. Praecedens خوز apud Abu No'aim non exstat, magna enim est discrepantia inter duas redactiones. — 9 l. وعَبْدَس.

11 Abu No'aim وماء سوران وماء ذات المطامين من قرى حلوان وماء هفنجانى.

16 pro النوبندجان Abu No'aim البندنجان.

٢٥٩, 3 pro السرّ Ibn Khord. 123 السنّ quae lectio quoque bona esse potest.

5 et *f* Ibn Khord. حسن الاشجار quod iam propter homoioteleuton falsum esse debet. — 6 et *h* Ibn Khord. الواديان.

٣٢٣, ann. l. 5 l. اسبانيكث et ٣٢٥.

٣٢٩, 7 accuratius est خَطًا (Thorb.).

٣٧٠, 17 dele signum ' post اخار.

٢٧٦, 7 l. اسخياء.

٢٨٠, ult. l. تخالف (v. Kremer).

٢٨٣, 8 Operae pretium est adnotare locum ex opere *Mafâtîh al-Olûm*, Ms. 514, f. 37 r. الهياطلة جيلٌ من الناس كانت لهم شوكة وكانت لهم بلاد طخارستان واتراك وخُلج وكنجينه من بقاياهم.

٢٩٧, 5 l. رَخُود = رَخَّج, coll. Bekrî ٤٠٥ (Nöldeke).

٢٩٩, 10 l. والحمام sine *taschdîd.*

٣٠٣, *f.* Cf. quoque Jacût, III, ٤٤٨ ult.

٣١٠, 14 l. ظرفها, vid. Gloss. sub صنيفة.

٣١١, 5 l. كتيفة.

٣١٦, 8 l. اسوار كاريز ut ٣٢٩, 4.

٣٢٢, ann. l. 7 l. كلُّها (Thorb.).

٣٢٣, 9 l. كلُّهم (Thorb.). — 10 l. قاصٍ (Thorb.).
17 l. القرأتَيْن (v. Kremer). — 19 l. والتناختج.

٣٢٤, 2 l. والزنبفت.

٣٢٦, 4 restitue السّاف. — *e* pro فاخصمهم v. Kremer proponit فافحمهم.
9 pro وذو l. ودواء. Dubito quoque au lectio الفار sana sit, vid. Gloss. sub دوى.

٣٢٧, *f* l. يجوّدونها (Thorb.). — *g* post تبرّد ins. (l. يترّدى).

٣٢٨, *a* post بالغداوات ins. (l. بالغدوات).

٣٥٥, 2 l. علماً (Thorb.)

٣٥٧, 8 restituenda videtur lectio B الحَمْرِيَّة. Nempe quaestio quidem est de Khorramitis, sed in Khorâsân appellabantur de قرية الحمراء (M ٧١, 6, ٣٥٢, 8), vid. Ibn Khallicân n. 350, Fasc. IV, p. ٣٥. Corrigatur igitur index et Gloss. sub خرم et خمر.

٣٦٣, 15 l. مدٌّ (Thorb.).

٣٦٤, 10 Thorb. vult دويّا, sed cf. Gloss. sub راى. — 14 l. الصدأ.

٣٧٧, 8 restitue ثوران, vid. Gloss.

٣٨٦, 10 pro سبه l. بوسنه. — 14 l. كلٌّ.

٣٩٢, *h* pro ٩٥٨ l. ٩٨٥.

۴۰۱, *a* Dicere debuissem: in vicinia iacet locus باايوب appellatus. Diversas enim esse stationes patet ex itinerario Ibn Rosteh, Cod. Mus. Britt. f. 191 r., cuius apographum amice mihi misit Cl. G. Hoffmann.

g post Kod. ins.: ut quoque ipse M ۱۳۵, 7.

۴۰۳, 6 l. بيت.

۴۰۴, 12 scribendum est عَسْكَرَمُكْرَم coll. Ibn Ja'îsch ۷۸, 4, ۱۷۹, 4 (Thorb.).

۴۱۵, 5 restitue وحبّية.

۴۳۱, 2 l. يجرى.

۴۳۲, 11 l. بالفارسية.

۴۳۳, 9 Thorbecke proponit legere بيروون.

۴۴۸, 16 l. راهَوَيْه (Thorb.).

۴۵۰, ann. 7 a f. l. مبلولٌ (Thorb.).

۴۵۹, 8 l. وبه. سِمَاقٌ ورِمَال — 13 l. نظّارة.

۴۸۷, 1 in titulo l. المغازة.

۴۸۸, 4 et 9 et ۴۹۱ ann. l. 6 a f. male scripsi طَبْس, restitue طَبَس.

Gloss. p. 190 Baschkar apud Levi est falsa lectio pro Kaskar, vid. Landauer in *Gött. gel. Anz.* 1879, p. 390.

» p. 194 Imprudenter sub بنق recepi emendationem Kremeri ad *Fragm. Hist.* ۱۰۷, 10, nam مَنْبَقَة vulgaris forma est pro منطقة, vid. *Morgenl. Forsch.* p. 146 et alterum ex. *Fragm.* ۳۸۸ *b.*

» p. 278 In Codice Cahirensi locus Djâhiti sic legitur: ولنا الطبول المهولة والبنود العظام ونحن اصحاب التجافيف والاجراس والبارفكند واللبود الطوال والاعمدة والمعقفة والقلانس الشباشية (sic) والخيول الشهرية ولنا الكافركوبات والطبرزينات فى الاكف والخناجر فى الاوساط. Illud اعناد igitur mera corruptela est. Incertus sum utrum lectio المعقّفة sine aut cum copula praeferenda sit. Vocis بارفكند e بار et افكندن ut videtur compositae significatio etiam obscura mihi remanet.

» p. 338, l. 12 l. nam كتف = رفق.

www.ingramcontent.com/pod-product-compliance
Lightning Source LLC
LaVergne TN
LVHW102225300926
849160LV00005B/27